U0786873

涡轮机械与推进系统出版项目

航空发动机技术出版工程

航空发动机限寿件适航的五大问题

丁水汀　李　果　周惠敏　著

科　学　出　版　社

北　京

内 容 简 介

航空发动机限寿件是指其原发性失效将导致灾难性后果的关键零部件，更是国内外公认的发动机安全性水平要求最高的部件。要做好限寿件的设计，除了现有的设计流程和工具保障外，还需增加和融入满足安全性要求的流程和方法，具体就是要回答“五大问题”，即安全性指标是如何通过设计赋予、如何通过制造实现、如何通过验证表明、如何通过审定接受、如何通过维护保持。对此，本书结合型号研制和科研实例，给出了基于全流程管控的系统安全性双“V”流程，并针对限寿件“五大问题”的具体回答，提出了从“安全性六要素”（输入、输出、工具、数据库、流程、判定准则）出发的安全性设计技术流程和方法。

本书可供军、民用航空发动机研制、生产、使用、管理等工程技术人员和局方审定人员参阅，有助于其学习、思考、运用安全性与适航性设计的理念、方法。同时本书也可作为高等院校航空燃气涡轮发动机领域和适航技术领域的教学参考书使用。

图书在版编目（CIP）数据

航空发动机限寿件适航的五大问题 / 丁水汀，李果，周惠敏著. -- 北京：科学出版社，2025. 6. --（涡轮机械与推进系统出版项目）（航空发动机技术出版工程）.
ISBN 978-7-03-082744-9

Ⅰ. V232

中国国家版本馆 CIP 数据核字第 20251PS086 号

责任编辑：徐杨峰 / 责任校对：谭宏宇
责任印制：黄晓鸣 / 封面设计：殷　靓

科学出版社 出版
北京东黄城根北街 16 号
邮政编码：100717
http：//www.sciencep.com

南京展望文化发展有限公司排版
苏州市越洋印刷有限公司印刷
科学出版社发行　各地新华书店经销

*

2025 年 6 月第　一　版　开本：B5（720×1000）
2025 年 6 月第一次印刷　印张：20 1/2
字数：397 000

定价：170.00 元

（如有印装质量问题，我社负责调换）

涡轮机械与推进系统出版项目

顾问委员会

主任委员

张彦仲

委 员

（以姓名笔画为序）

尹泽勇 乐嘉陵 朱 荻 刘大响 杜善义
李应红 张 泽 张立同 张彦仲 陈十一
陈懋章 闻雪友 宣益民 徐建中

航空发动机技术出版工程

编写委员会

主任委员

尹泽勇

副主任委员

李应红　刘廷毅

委　员

（以姓名笔画为序）

丁水汀　王太明　王占学　王健平　尤延铖
尹泽勇　帅　永　宁　勇　朱俊强　向传国
刘　建　刘廷毅　杜朝辉　李应红　李建榕
杨　晖　杨鲁峰　吴文生　吴施志　吴联合
吴锦武　何国强　宋迎东　张　健　张玉金
张利明　陈保东　陈雪峰　叔　伟　周　明
郑　耀　夏峥嵘　徐超群　郭　昕　凌文辉
陶　智　崔海涛　曾海军　戴圣龙

秘书组

组　长　朱大明
成　员　晏武英　沙绍智

航空发动机技术出版工程

设计系列

编写委员会

主 编

李建榕

副主编

李孝堂　高　洁　李中祥　王占学

委 员

（以姓名笔画为序）

王　强　王　鹏　王占学　王延荣　毛军逵
石建成　朱如鹏　刘永泉　刘传凯　刘振侠
米　栋　江　平　李　果　李　维　李中祥
李孝堂　李建榕　李继保　吴　新　邱　天
何小民　邹正平　邹学奇　张世福　张志学
邵万仁　尚守堂　金　捷　洪　杰　姚　华
聂海刚　桂幸民　索建秦　高　洁　高为民
郭　文　黄　敏　黄金泉　黄维娜　梁彩云
程荣辉　温　泉　蔡建兵　廖梅军

涡轮机械与推进系统出版项目

序

涡轮机械与推进系统涉及航空发动机、航天推进系统、燃气轮机等高端装备。其中每一种装备技术的突破都令国人激动、振奋，但是由于技术上的鸿沟，使得国人一直为之魂牵梦绕。对于所有从事该领域的工作者，如何跨越技术鸿沟，这是历史赋予的使命和挑战。

动力系统作为航空、航天、舰船和能源工业的“心脏”，是一个国家科技、工业和国防实力的重要标志。我国也从最初的跟随仿制，向着独立设计制造发展。其中有些技术已与国外先进水平相当，但由于受到基础研究和条件等种种限制，在某些领域与世界先进水平仍有一定的差距。在此背景下，出版一套反映国际先进水平、体现国内最新研究成果的丛书，既切合国家发展战略，又有益于我国涡轮机械与推进系统基础研究和学术水平的提升。“涡轮机械与推进系统出版项目”主要涉及航空发动机、航天推进系统、燃气轮机以及相应的基础研究。图书种类分为专著、译著、教材和工具书等，内容包括领域内专家目前所应用的理论方法和取得的技术成果，也包括来自一线设计人员的实践成果。

“涡轮机械与推进系统出版项目”分为四个方向：航空发动机技术、航天推进技术、燃气轮机技术和基础研究。出版项目分别由科学出版社和浙江大学出版社出版。

出版项目凝结了国内外该领域科研与教学人员的智慧和成果，具有较强的系统性、实用性、前沿性，既可作为实际工作的指导用书，也可作为相关专业人员的参考用书。希望出版项目能够促进该领域的人才培养和技术发展，特别是为航空发动机及燃气轮机的研究提供借鉴。

张彦仲

2019 年 3 月

航空发动机技术出版工程

序

航空发动机被誉称为工业皇冠之明珠，实乃科技强国之重器。

几十年来，我国航空发动机技术、产品及产业经历了从无到有、从小到大的艰难发展历程，取得了显著成绩。在世界新一轮科技革命、产业变革同我国转变发展方式的历史交汇期，国家决策进一步大力加强航空发动机事业发展，产学研用各界无不为之振奋。

迄今，科学出版社于2019年、2024年两次申请国家出版基金，安排了“航空发动机技术出版工程”，确为明智之举。

本出版工程旨在总结、推广近期及之前工作中工程、科研、教学的优秀成果，侧重于满足航空发动机工程技术人员的需求，尤其是从学生到工程师过渡阶段的需求，借此也为扩大我国航空发动机卓越工程师队伍略尽绵力。本出版工程包括设计、试验、基础与综合、前沿技术、制造、运营及服务保障六个系列，2019年启动的前三个系列近五十册任务已完成；后三个系列近三十册任务则于2024年启动。对于本出版工程，各级领导十分关注，专家委员会不时指导，编委会成员尽心尽力，出版社诸君敬业把关，各位作者更是日无暇晷、研教著述。同道中人共同努力，方使本出版工程得以顺利开展、如期完成。

希望本出版工程对我国航空发动机自主创新发展有所裨益。受能力及时间所限，当有疏误，恭请斧正。

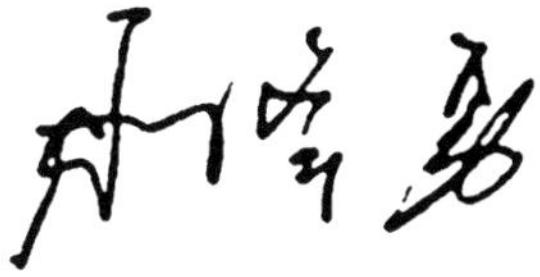

2024年10月修订

本书序一

自1939年航空燃气涡轮发动机装飞机以来的80余年历史表明,其原发失效可能导致危害性后果的转子及主要静子结构件是这类发动机限寿件,是航空发动机最为关键的零部件之一,对发动机整机安全性具有决定性影响。自1989年钛合金风扇轮盘由于材料缺陷引发“苏城空难”和1996年风扇轮盘螺栓孔制造缺陷引发“潘城空难”以来,国际审定局方和中国民用航空局更加关注限寿件适航工作,在深入研究的基础上分别修订规章以明确针对限寿件的适航要求,要求限寿件的风险小于发动机失效风险的1~2个数量级。

安全性与适航是“一个硬币的两面”,工业方应追求提高限寿件的安全性,而适航审定方则应通过适航规章审查来保障和确认其最低安全水平。一方面,安全性和适航的相关概念、方法、标准、体系是在航空发动机产业发展到一定水平之后,在航空产业实践的土壤上生长出来的。另一方面,由于适航标准应为最低安全标准,因此欧美航空发达国家的航空产业水平往往高于适航标准,其安全性与适航的技术体系比较成熟,“设计赋予”产品的安全性已经融入产品的研制体系,适航取证并无较大困难。

中国民用航空局借鉴国外先进适航标准,来帮助制定和修订我国的适航标准,客观上较好保证了中国民航的安全运行。然而,由于我国适航标准没有经历与工业实践的充分融合,针对具体技术的专门研究不足,使得适航规章要求在我国航空工业自主型号研制中表现为“自上而下”(审定方要求工业方)方式,而不是美欧的“自下而上”(工业方支持审定方)方式。另外,尽管新中国成立七十余年以来,我们已生产了数万台发动机,但由于之前工业底子薄、科学基础弱、经济实力不强,国内目前才有一型完全自主研制的民用航空发动机走完基础研究、关键技术研究、核心机/整机技术验证、工程研制、适航取证的全过程,刚进入市场使用及服务保障阶段,自主研制的民用发动机型号持续适航等还有不少工作要做。

丁水汀教授团队多年以来在限寿件安全性等方面开展了多项国内开创性工作,很多成果已在国家重点项目中得到应用。《航空发动机限寿件适航的五大问题》聚焦航空发动机限寿件的安全性设计,贯彻基于全流程管控的系统安全性双

“V”流程，阐述安全性与适航的五大问题，即如何设计赋予、如何制造实现、如何验证表明、如何审定接受、如何维护保持。同时，作者提出了从输入、输出、工具、数据库、流程、判定准则六要素着手的技术流程方法，揭示限寿件制造实现、维护保持与安全性设计的迭代小“V”研制流程的本质。书中给出的在设计体系中嵌入安全性与适航双“V”流程、限寿件安全设计技术方法和相关工具，对航空发动机的限寿件自主研制具有很强的现实意义。

该书可帮助航空发动机研发人员学习、思考、运用安全性与适航性设计的理念及方法，也可作为高等院校航空燃气涡轮发动机设计和适航专业的教学参考书使用。

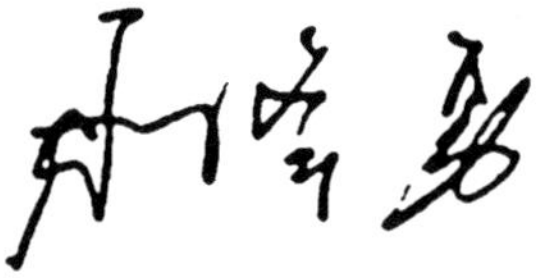

2025 年 3 月

本书序二

航空发动机作为飞机的心脏,其安全性直接影响飞机生存力和人员安全。

自20世纪30年代喷气发动机问世以来,限寿件概念所包含的盘、隔圈等部件,是工业方公认的航空发动机的最为关键的部件。其结构完整性设计方法历经迭代:20世纪50年代之前以静强度和刚度设计为主;1973年,美国《航空发动机通用规范》(MIL-E-5007D)中采用安全寿命设计法;1984年,《发动机结构完整性大纲》(MIL-STD-1783)将损伤容限设计作为指导性方法;2002年,MIL-HDBK-1783B引入概率损伤容限设计方法。2007年,美国联邦航空管理局新增民用发动机FAR33.70限寿件条款,限寿件不再针对固定的结构形式,而是失效会导致发动机危害后果的部件,其设计思路在结构完整性基础上发展为失效安全设计。此后,美国联邦航空管理局针对限寿件条款持续发布咨询通告AC33.70-1、AC33.70-2、AC33.70-3、AC33.70-4,用于指导不同材料、加工结构特征限寿件失效风险评估。

我国适航规章CCAR-33部直接借鉴美国联邦航空管理局适航规章FAR-33部产生,提出了CCAR-33.70限寿件条款。然而我国适航规章没有经历与工业实践的融合,未能将限寿件安全要求合理分解到设计、制造和使用维护各生命周期环节,对于失效安全设计理念的贯彻容易停留在文件符合性的层面。这导致军用发动机安全性水平不能满足使用的需要,制约着军用飞机战斗能力提升;同时,民用发动机难以表明适航符合性,制约民用飞机市场的准入。

另一方面,未来新一代变循环航空发动机具备"强整体、强耦合、强瞬变、强非线性"的"四强"特征,其相较于常规燃气涡轮航空发动机,通过多涵道气动布局,结合模式转换阀门实现工作状态切换,可以实现亚声速飞行条件下的低油耗及超声速飞行条件下的高推力。变循环发动机在高/低速模式切换过程中,与常规发动机相比,燃气温度瞬变率由100 K/s增至500 K/s量级,结构温度变化率由20 K/s增至100 K/s量级。限寿件所在的整机环境"四强"特征凸显。这些参数的变化已经带来安全性设计和评估方法的本质变革,限寿件的安全性设计向系统安全设计的方向发展,如何应对这些新技术的挑战在本书中进行了讨论。

该书凝结了丁水汀教授及其所带领的团队多年来在航空发动机安全性与适航研究领域的重要研究成果、技术积累、工业实践和深刻思考，具有较强的系统性、完备性、实用性和技术前瞻性。书中还归纳总结了大量的国内外有关航空发动机适航与安全的参考资料，系统地阐述了安全性这一航空发动机固有属性是如何通过设计赋予的，即如何在我国现有工业基础、研制体系的框架下，将适航规章的安全性要求融入航空发动机的设计活动中。该书提出的从“六要素”（输入、输出、工具、数据库、流程、判定准则）着手的技术流程方法，对我国军用航空发动机的型号研制具有重要的指导意义。其中，基于全流域耦合时变的高精度载荷时空演化捕捉技术、强瞬变环境下基于热力学熵产的限寿件损伤演化模型等新概念是首次提出，对航空发动机限寿件设计的未来发展具有里程碑价值。

该书对于我国从事军用航空发动机设计、生产、使用、管理等工程技术人员，都是很好的参考培训资料。

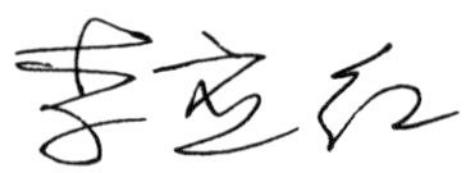

2025 年 3 月

本书序三

2024年，中国民用航空局发布的《新时代新征程谱写交通强国建设民航新篇章行动纲要》指出，为实现谱写交通强国建设民航新篇章，建设保障有力、人民满意、竞争力强的一流航空运输强国的战略目标，提出"五个一流"战略目标具体要求，即突出打造一流安全、一流设施、一流技术、一流管理、一流服务。

航空发动机作为民航运输系统的核心动力装备，其安全性水平直接关乎"一流安全"战略目标的实现。适航审定是确保航空发动机满足安全要求的关键手段。通过适航审定是民机研制和实现商业成功的必要条件，是保障民机安全的最低要求，是民机产业核心竞争力的重要组成部分。

航空发动机限寿件是原发失效可能导致危害性发动机后果的转子及主要静子结构件，对发动机整机的安全性具有决定性影响。2011年，中国民用航空局对《航空发动机适航规定》CCAR－33部的第二次修订中，主要更改即为以CCAR－33.70发动机限寿件条款替代原有33.14起动-停车循环应力(低循环疲劳)，明确了限寿件寿命期内概率失效风险评估的相关要求。由于限寿件寿命期内失效概率评估涉及的环节和专业领域复杂，国内一直以来缺乏自主表明适航符合性的方法和有效工具。对此，作者团队自2011年以来，在工业和信息化部装备二司、中国航空发动机集团有限公司多个研究所的大力支持下，连续承担了"航空发动机适航条款符合性技术研究""离心压气机转子制造工艺对其寿命期失效概率影响规律研究"，参研了"民用涡轴发动机适航热端部件技术要求及冷端限寿件验证技术研究"三个工信部民机科研项目，形成了限寿件的安全性设计与适航验证方法体系。该方法体系为适航审定部门提供了审定技术和工具，尤其是支撑了我国首个国际联合研制涡轴16民用发动机的适航验证，成为国内首个实际应用的自主航空发动机适航符合性表明方法；中国民航适航审定部门采纳该方法编制了民用航空涡轮发动机限寿件相关适航符合性验证指南。

该书基于系统安全统领，将适航规章抽象的安全性要求融入限寿件的设计流程，提出从"安全性六要素"(输入、输出、工具、数据库、流程、判定准则)着手的技术流程方法，对于促进工业实践与适航审定的融合具有重要的指导意义：一方面支撑国内工业部门将适航性条款要求融入研发过程的各个阶段，促进正在成形的航空发动机设计与验证体系的建设，实现从传统设计向适航性设计的转变；另一方面支撑适航审定部门对条款符合性进行技术判定，促进与国际接轨的航空发动机适航符合性技术体系的建立，也为形成下一代国际规章的中国方案奠定基础。

该书丰富了我国适航科学技术体系，必将对我国适航领域的技术进步起到积极的促进作用，对于局方适航审定能力的提升具有积极意义，是值得民用航空发动机研制工程技术人员和局方审定人员参阅的、可读性很强的一本专著。

2025 年 3 月

前　言

航空发动机是国之重器，也是关乎大国地位的战略性武器装备。其发展趋势除推力、耗油率等性能指标的不断提高外，更重要的是对安全性水平的要求越来越高（民机 10^{-7}~10^{-9} 次危害性事件/发动机飞行小时，其他军机类 10^{-5}~10^{-7} 次危害性事件/发动机飞行小时）。其中，限寿件是失效导致危害性发动机后果的部件，安全性水平高于发动机 1~2 个数量级，是发动机安全性水平要求最高的部件（失效概率 $<10^{-8}$ 次/飞行小时）。限寿件安全性设计与适航验证是我国多型在研民用航空发动机研制过程的技术瓶颈，其突破直接关系到型号是否能够适航取证并获得国内外市场准入资格；同时也是国产航空发动机军民融合战略实施的关键技术挑战。

2008 年，在与中国民用航空发动机适航审定中心沟通交流的过程中，作者了解到民用航空发动机的安全性水平必须通过适航规章得以保证，通过适航取证获得市场准入，而适航规章也是欧美国家对航空事故的总结和提升。基于十余年理论探索与工程实践，作者在“航空发动机技术出版工程”支持下，于 2019 年撰写了《航空发动机安全性设计导论》一书，完成了航空发动机安全性设计理论体系的构建，揭示了航空发动机的安全性与适航性是“一个硬币的两面”的技术本质，并提出了安全性与适航的“五大问题”——如何设计赋予、如何制造实现、如何验证表明、如何审定接受、如何维护保持。该著作的出版，受到业内专家的广泛关注，引起了行业权威专家的高度共鸣，也提出了改进建议和针对限寿件等核心问题进一步总结提升的要求。

在后续五年深化研究中，作者尝试从航空发动机安全性水平要求最高的部件即限寿件着手，开展安全性与适航的“五大问题”的研究，突破性地将基于全流程管控的系统安全性双“V”流程贯彻到限寿件安全性设计中，建立了以设计赋予为核心的限寿件“五大问题”工程实施框架，明晰了“五大问题”迭代交互界面，并阐述了限寿件制造实现、维护保持与安全性设计的迭代小“V”研制流程的本质。

从美国军民用航空发动机限寿件的设计标准演进视角来看，作者发现美国限寿件的安全性设计方法分为三个阶段：2007 年之前，尚无限寿件概念时，针对限寿件概念包含的盘、隔圈等部件的安全性分析主要以结构完整性为目标；2007年，FAR－33部首次提出限寿件概念，限寿件的失效风险必须满足发动机整机的安全性指标，即不导致危害性事故的失效概率，为失效安全设计阶段；随着未来发动机“强整体、强耦合、强瞬变、强非线性”特征凸显，限寿件在整机“四强”环境工作下的安全性需考虑整机的影响，同时，限寿件材料、制造和使用全流程不可避免引入小概率缺陷，因此限寿件的安全性设计已经向系统安全设计的方向发展。对此，将限寿件的设计分为结构完整性设计阶段、失效安全设计阶段与系统安全设计阶段。

作者聚焦航空发动机限寿件的安全性设计，贯彻基于系统安全的全过程安全性控制双“V”流程，明确限寿件的安全性设计的内涵：在航空发动机设计活动中贯彻安全性要求，对发动机整机识别的限寿件清单进行确认；基于限寿件气动及结构设计方案，在整机环境中考虑限寿件全寿命周期的影响因素，完成限寿件安全性指标即失效概率的定量表征，并与限寿件部件设计及发动机整机设计过程不断迭代，使得限寿件失效概率水平达到整机分解的限寿件安全性指标要求的过程。限寿件的安全性设计在方案设计阶段、初步设计阶段及详细设计阶段都涉及安全指标的计算和对应三大计划（工程、制造、使用管理计划）的制定。同时，作者提出从“六要素”（输入、输出、工具、数据库、流程、判定准则）着手的技术流程方法，并揭示限寿件制造实现、维护保持与安全性设计的迭代小“V”研制流程的本质。

令作者欣慰的是，在上述十五年间的研究过程中，得到了工业和信息化部装备二司、教育部科学技术与信息化司、中国民用航空局、中国共产党中央军事委员会装备发展部等国家机关的支持，中国航空发动机集团有限公司多个研究所专家的大力协作，特别是“两机”专项专家委员会的大力支持，承担APTD计划项目、工信部民机专项、国防973项目及自然科学基金等十余项国家级项目，揭示限寿件安全性与适航的技术内涵本质，基于系统安全理念逐步形成与我国工业水平和特点相适应的限寿件安全性设计及适航验证体系架构。

本书是作者及团队长期研究成果和思想理念的总结，反映了一定的领域共识，也有些一家之言，由于时间仓促，不足和疏漏在所难免，也希望能引起争论和批评，促进局方、工业方和大学研究机构的共同成长，为尽早形成我国自主“三位一体”适航体系尽绵薄之力。诚邀业界同仁共探航空发动机安全性设计技术前沿，书中的不妥之处，望能不吝指正。

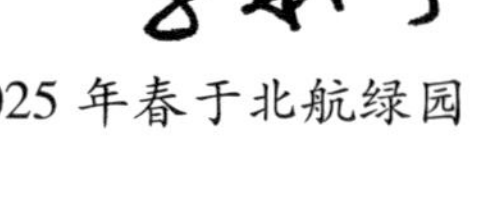

2025年春于北航绿园

目 录

第1章　概　述

第2章　限寿件设计赋予

第3章 限寿件制造实现

第4章 限寿件维护保持

第5章 限寿件验证表明与审定接受

第6章 限寿件设计赋予案例及方法

第7章 限寿件制造实现与维护保持的案例及方法

第8章 限寿件验证表明与审定接受案例

第 9 章 限寿件安全性设计与适航验证前沿展望

第 1 章
概　述

本章首先解释民用航空发动机限寿件定义，详述限寿件安全性设计内涵和限寿件适航规章条款的产生与发展过程，并概括凝练限寿件安全性的五大问题，即设计赋予、制造实现、验证表明、审定接受、维护保持，作为本书后续章节的论述基础。

1.1 航空发动机限寿件定义

发动机限寿件指的是其失效可能导致危害性发动机后果的部件，由工业方在设计阶段明确，通过审定基础（certification basis, CB）及审定计划（certification plan, CP）由局方确认。一般来说，限寿件的相对风险应低于发动机 1~2 个数量级。典型的航空发动机限寿件包括但不限于盘、隔圈、轮毂、轴、高压机匣和非冗余的安装部件。危害性发动机后果一般会在适航规章的系统安全分析条款中给出，比如 FAR－33 部/CCAR－33 R2 中 33.75 条款给出如下 7 种顶事件：

（1）非包容的高能碎片；

（2）客舱用发动机引气中有毒物质浓度足以使机组人员或乘客失去能力；

（3）与驾驶员命令的推力方向相反的较大推力；

（4）不可控火情；

（5）发动机安装系统失败，导致非故意的发动机脱开；

（6）如果适用，发动机引起的螺旋桨脱开；

（7）完全失去发动机停车能力。

表 1.1 列出了典型的发动机限寿件清单[1]。可以看出航空发动机限寿件基本都是转子件，通常盘类零件的破坏不可能被机匣包容，破坏后危及飞机安全，因此均被定义为限寿件；对于某些静子件而言，例如承受压力载荷的机匣，也可能产生爆炸失效，造成危害发动机的后果，因此承力机匣也被定义为限寿件。

因此，每种航空发动机限寿件数量和类型不完全相同，与工业方的设计体系有关。理想的发动机设计是减少限寿件的数量，甚至没有限寿件。

表 1.1 典型发动机限寿件[1]

发动机型号	限寿件总数/个	限寿件清单
CFM56	19	风扇：风扇盘、增压器转子、风扇轴； 压气机：前轴、1~2 级转子、3 级盘、4~9 级转子、压气机后封严盘； 涡轮：高压涡轮轴；封严盘；盘和后轴；1、2、3、4 级盘；低压涡轮轴；低压涡轮短轴和锥形支承
PW4052	40	压气机：低压压气机毂、盘鼓转子、2~4 级盘；高压前毂、5 级盘、6~12 级盘鼓转子、6~12 级盘、盘鼓转子、13~15 级盘、15 级毂、高压压气机驱动轴、进口空气封严、扩压器空气封严； 涡轮：涡轮轴、涡轮前毂、涡轮中后毂、高压 1 级涡轮空气封严、高压 2 级涡轮空气封严、高压 2 级涡轮叶片挡板、低压 3 级涡轮盘、低压 4 级涡轮盘、后涡轮 5 级毂、低压 6 级涡轮盘、低压 3 级涡轮空气封严、低压 4 级涡轮空气封严、低压 5 级涡轮空气封严
V2500	24	风扇：1 级风扇盘、短轴； 压气机：1~12 级盘、后轴、后旋转封严； 涡轮：1 级涡轮毂；高压 1 级涡轮空气封严；高压 2 级涡轮空气封严；高压 2 级涡轮毂；高压 2 级涡轮叶片挡板；3、4、5、6、7 级涡轮盘；3、4、5 级涡轮空气封严；6 级涡轮空气封严；7 级涡轮空气封严和低压涡轮轴

1.2 限寿件安全性设计内涵

1.2.1 限寿件安全性定义

安全性是航空发动机的重要属性之一。发动机的安全性，是指通过全寿命周期危害识别和风险管理，使人员遭受伤害或财产损害的风险降低并维持在可接受水平的状态。限寿件安全性是指通过设计使限寿件的相对风险小于发动机 1~2 个数量级。从工业方视角来看，是指在与数以万计零件组合，在不断变化的温度、压力和应力状态下，限寿件在全寿命周期内的风险维持在可接受水平；从局方视角来看，是指限寿件满足适航规章所要求的安全性标准，即限寿件失效引起的危害性发动机后果的概率不大于 10^{-8} 次/发动机飞行小时。值得一提的是，适航规章要求的是最低安全标准，工业方的安全性水平高于适航规章要求。

1.2.2 从适航规章及设计标准演进视角看限寿件安全性设计

限寿件概念提出于 2007 年 11 月 7 日，美国联邦航空管理局(Federal Aviation Administration, FAA)在针对 FAR-33 部进行的第 22 次修订中，新增第 33.70 条发动机限寿件[2]。限寿件被定义为原发失效会导致危害性发动机后果的部件，其概念来源于航空发动机整机安全性分析，并不针对固定的结构形式(盘、隔圈、轴等)。在这之前,限寿件概念所包含的盘、隔圈等部件,其安全性主要以结构完整性来保证,即在要求的结构安全性、结构特性、耐久性和可保障性水平下,保证结构完好和不受损伤[3-5]。

因此,将限寿件的安全性设计方法分为三个阶段：2007年之前,尚无限寿件概念时,针对限寿件概念包含的盘、隔圈等部件的安全性分析主要以结构完整性为目标;2007年提出限寿件概念之后,限寿件的失效风险必须满足发动机整机的安全性指标,即不导致危害性事故的失效概率,其失效概率的要求源于整机的系统安全分析流程。此时,限寿件的安全性设计为失效安全设计阶段。未来,限寿件所在的整机环境"强整体、强耦合、强瞬变、强非线性"的"四强"特征凸显,限寿件的安全性分析向着系统安全设计的方向发展。

1. 结构完整性设计阶段

1) 静强度设计

自20世纪30年代喷气发动机问世以来,限寿件概念所包含的盘、隔圈等部件,是工业方公认的航空发动机的最为关键的部件。针对盘、隔圈等部件的结构强度设计在20世纪50年代之前以静强度和刚度设计为主。上述方法通过证实结构能够承受使用中最大载荷而不破坏,使结构具有足够的强度和刚度[6]。

2) 安全寿命设计

自1954年彗星号喷气客机因为疲劳问题出现空中解体[7,8],疲劳强度设计理论逐步发展,并且1959年被飞机结构强度设计纳入设计体系[5,9]。此时飞机结构强度设计已从静强度和刚度设计发展为安全寿命分析。但对于航空发动机而言,盘、隔圈等部件的结构强度设计仍以静强度设计准则为主。导致20世纪60年代的F100-PW-100发动机事故频发[10]。

1973年,美国军用通用规范《航空涡轮喷气和涡轮风扇发动机通用规范》MIL-E-5007D中规定航空发动机结构采用安全寿命设计[11]。1974年,FAR新增33.14条款,提出对每一个轮盘和隔圈进行低循环疲劳寿命分析,确定起动-停车应力循环的运行寿命[12]。1984年,FAA对第33.14条进行了修订,修订当前条款的适用范围,使之覆盖失效后可能对飞机产生危害性后果的所有转子结构件[13]。

3) 确定性损伤容限设计

应用安全寿命理论设计的飞机及发动机仍然发生多次飞行事故。美国空军在20世纪70年代发表的飞行事故报告表明,基于安全寿命理念设计的军用飞机机型在服役过程中,发生超过31 000次疲劳裂纹事件,其中56%以上是由于生产加工制造过程造成的初始裂纹缺陷引起的[14],这些初始裂纹缺陷是飞机在服役期间过早发生疲劳破坏的主要原因。同时,由于安全寿命设计采用较大的安全系数,使得承力结构过重,且大量装备过早退役,并没有充分发挥寿命潜力。统计发现,依据安全寿命理论设计的涡轮盘,在达到服役期限后,有超过80%的涡轮盘仍具有10

倍,甚至更长的安全使用寿命,造成了极大的浪费。

因此,20 世纪 70 年代开始,随着断裂力学、结构分析理论发展,飞机损伤容限设计理念被提出。损伤容限设计理念认为结构存在来自材料、加工、制造,以及使用过程中未被发现的不同类型的缺陷或损伤,对于可以进行损伤检测的结构给出恰当的检修周期;对于不可检测的结构给出最大允许损伤程度,以保证结构在使用寿命期限内,不因未被发现的缺陷或损伤而发生灾难性的破坏事故。1972 年 9 月 1 日,美国空军正式颁布了第一部飞机结构完整性的军用标准 MIL - STD - 1530[15],随后颁布了空军飞机损伤容限要求规范 MIL - A - 83444,要求之后的军用飞机设计必须采用损伤容限设计理论。对于航空发动机而言,1984 年,美军又在 MIL - STD - 1783 中,将损伤容限设计作为指导性方法用于军用航空发动机关键结构件检修周期的确定。与此同时,1980 ~ 1987 年,美国国家航空航天局(National Aeronautics and Space Administration, NASA)组织实施了“发动机热端部件技术计划”(Hot Section Technology, HOST),旨在通过更精确的设计分析方法改善热端部件的耐久性和可靠性,发展了高温材料和结构的疲劳及蠕变寿命模型[16]。

4) 概率损伤容限设计

上述确定性损伤容限设计分析的主要内容为临界裂纹尺寸、失效判据断裂韧性、裂纹扩展寿命和剩余寿命等内容,这些参数都是用统计学中的中值来表示,是确定的数值。然而事实是结构中存在来自材料、加工、制造和使用过程中未被发现的缺陷,结构运行环境也是不确定的,这些因素都是难以准确予以描述的,因此,确定性损伤容限设计分析结构安全性可能会存在偏差,且确定性损伤容限设计难以考虑各种随机因素(载荷历程、温度、腐蚀环境等)对服役寿命的影响,无法量化评估结构失效概率风险。1988 年的阿罗哈(Aloha)空难[17]、1989 年的苏城(Sioux City)空难[18]和 1996 年的潘城(Pensacola)空难[19]就是未被检测出的材料和加工缺陷导致的严重事故。为了克服确定性损伤容限的缺陷和不足,随着考虑各种因素概率特性建立的概率断裂力学的发展,能够定量分析影响因素(材料初始缺陷、应力、温度、临界裂纹长度等)随机性对结构安全影响程度,评估失效风险的概率损伤容限应运而生。

概率设计系统理念来自 1988~2003 年美国国防部、空军、海军、陆军、NASA 和工业部门一起实施的“综合高性能涡轮发动机技术计划”(The Integrated High Performance Turbine Technology Program, IHPTET)[16]。20 世纪 90 年代,美国提出转子概率设计系统(Probabilistic Rotor Design System, PRDS),用以取代确定性设计理念。该设计系统在确定性方法的基础上,采用材料、几何尺寸、载荷等诸多变量的统计分布进行设计。美国军方委托通用电器公司(General Electric Company, GE)、普惠公司(Pratt & Whitney Group, P&W)承担了发动机轮盘概率设计系统的研制,主要工作基本在 2000 年前结束。并且,2002 年颁布的《发动机结构完整性大纲》(MIL - HDBK - 1783B)中引入了概率设计方法[3]。同时,2001 年 FAA 颁布高性能涡轮发动机转子损伤容限咨询通告 AC 33.14－1[20]，详细地讨论了在已有的常规寿命管理流程的基础上，通过增加概率损伤容限评估形成改进的寿命管理流程。

英国针对盘、隔圈等部件的适航条款及设计标准更替较少。20 世纪 60~70 年代，英国罗罗公司(Rolls－Royce, RR)综合多年设计研制经验，针对斯贝 MK202 发动机制定了 SPEY－MK202 应力标准 EGD－3。1967 年 1 月，英国发布军用航空发动机通用规范 Defence Engine RD2100, Issue No. 5，1967 年 7 月发布 Defence Engine RD2300, Issue No. 3。1987 年 5 月，英国国防部发布飞机燃气涡轮发动机通用规范 Defence Standard 00－971，并要求采用安全寿命设计方法。2006 年 1 月，英国颁布飞机用设计和适航性要求 11 部——发动机(Defence Standard 00－970 Part 11)，这是英国军用航空涡轮发动机通用规范。

从上述针对盘、隔圈等部件的适航条款及设计标准演进视角可知，部件的设计思路随着事故的发生，经历了静强度设计、安全寿命设计、损伤容限设计及概率损伤容限设计的演变，如图 1.1 所示。其核心目标是确保结构完整性，即在要求的结构安全性、结构特性、耐久性和可保障性水平下，结构完好和未受损伤时所处的状态[5]；设计准则在兼顾安全性和高推重比的条件下逐步精细化。同时，结构完整性也指影响发动机安全适用和成本费用的集体结构件的强度、刚度、耐久性、损伤容限和功能的总称。

2. 失效安全设计阶段

由于采用部件局部的高可靠性设计往往难以保证整机安全性的提高，安全性设计方法也在不断进步。1974 年，FAA 建立对于安全性分析的相关规章即增加航空发动机安全性分析条款 FAR－33.75，提出 4 个发动机危害后果的顶事件：着火；爆裂(击穿机匣)；产生负载超过 33.23 中规定的负载；丧失停车功能。此时，安全性分析才刚刚进入航空发动机的设计流程之中，盘、隔圈等部件的安全性设计仍以满足结构完整性为基础。

2007 年，随着近 20 年来航空发动机整机系统安全分析的快速发展，FAA 对 75 条款进行彻底修订，定义了航空发动机运行所出现的 7 个发动机危害后果的顶事件。与此同时，限寿件的定义与安全性分析的定义相关联，限寿件不再针对固定的结构形式(盘、隔圈、轴等)，而是针对部件失效的后果，即原发失效会导致发动机处于不安全状态的部件。这表明自 2007 年，FAA 从安全性分析的角度出发，按照危害影响而不是传统的功能结构形式划分航空发动机部件，限寿件设计方法为失效安全设计方法。

3. 系统安全设计阶段

限寿件破裂的主要原因包括材料、制造和使用所导致的缺陷。同时，限寿件工作在航空发动机空气系统及主流环境中。在不同的过渡态边界下，空气系统将呈现出形态各异的瞬时沿程压力分布，从而导致瞬态过程中气流以非预期的形式流

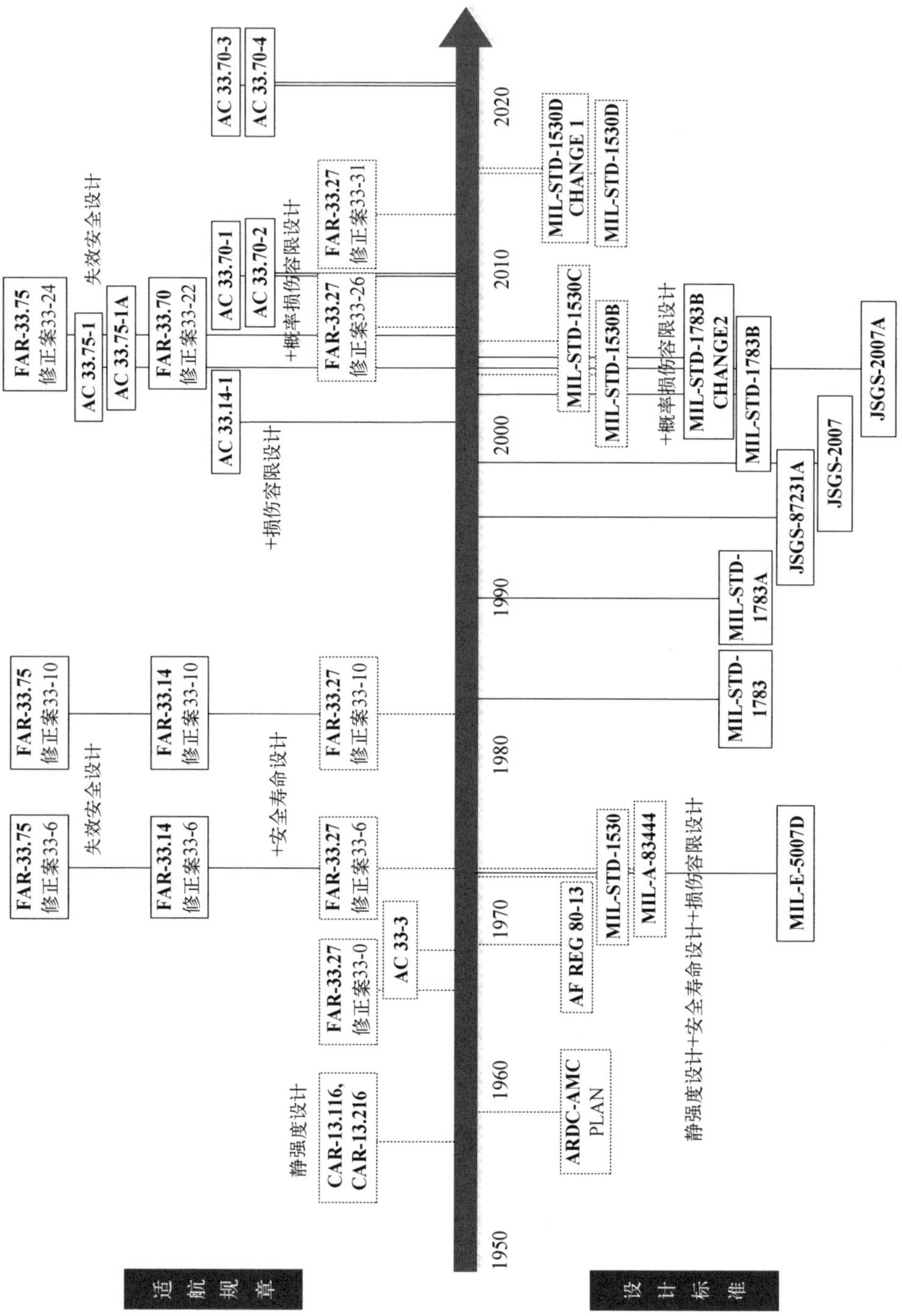

图 1.1　限寿件设计思路发展历程

动影响冷却、封严品质,甚至造成限寿件热损伤。航空发动机限寿件承受多种载荷,主要包括热载荷,以及离心、气动载荷等作用。这些载荷的叠加方式直接影响其损伤和寿命,尤其是限寿件制造加工引入了缺陷后。因此,限寿件安全性设计方法逐步趋于向系统安全设计方法发展,需考虑限寿件在整机环境中的过渡态边界。

未来新一代宽速域宽空域航空发动机具有超宽飞行包线、高涵道比调节范围、高增压比调节范围、低速飞行经济性和高速飞行加速性的特征。其限寿件所在的整机环境"四强"特征凸显,即"强整体、强耦合、强瞬变、强非线性"特征。对此,限寿件的安全性设计还需开发四强安全设计方法,如图1.2所示。

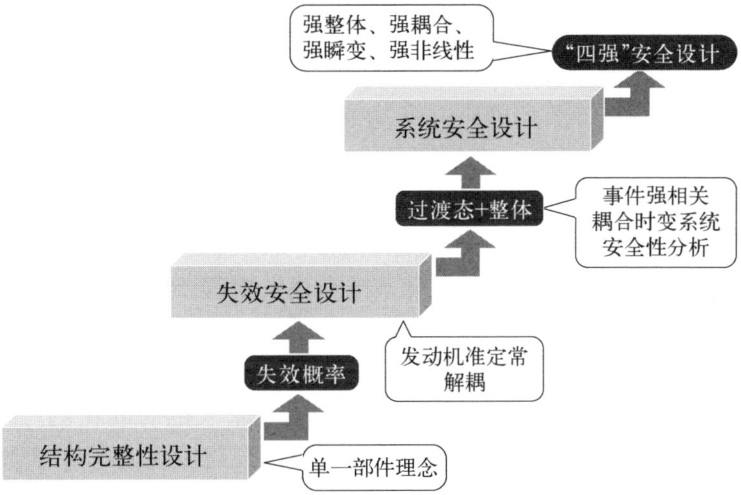

图1.2 限寿件安全性设计阶段

1.2.3 限寿件安全性设计定义

限寿件安全性设计是在航空发动机设计活动中贯彻安全性要求,对发动机整机识别的限寿件清单进行确认;基于限寿件气动及结构设计方案,在整机环境中考虑限寿件全寿命周期的影响因素,完成限寿件安全性指标即失效概率的定量表征,并与限寿件部件设计及发动机整机设计过程不断迭代,使得限寿件失效概率水平达到整机分解的限寿件安全性指标要求的过程。限寿件安全的前提是结构完整,因此限寿件安全性设计的前提是满足结构完整性。

现有发动机设计阶段包括方案设计、初步设计、详细设计及设计确认与验证四个阶段。在方案设计阶段,需对基于整机安全性要求辨识的限寿件清单进行确认。在初步设计阶段,需根据初步设计结构尺寸、材料选择、主要技术条件、检测方式等初步设计方案,快速计算限寿件的失效概率,即初步判定限寿件是否满足分解的安全性指标。在详细设计阶段,需基于详细设计的详细结构尺寸、材料选择、详细技术条件、详细检测计划等设计方案，评估限寿件是否满足分解的安全性指标。

1.3 限寿件安全性的五大问题

1.3.1 限寿件安全性五大问题逻辑关系

安全性是通过设计赋予、制造实现、验证表明、审定接受、维护保持的航空发动机固有属性。设计是制造、验证、审定、维护共同的上游工作，因此“设计赋予”是五大问题的核心。

制造是实现“设计赋予”的关键，其决定发动机限寿件对设计的符合程度，制造是获得满足安全性和适航要求的发动机限寿件的必要环节。

验证是确保设计与制造满足安全性与适航要求的手段，是基于结构化方法，对发动机各个设计、制造环节的确认过程，在确认的同时向研制方和局方表明航空发动机限寿件的安全性和适航水平。

审定是局方对发动机的安全性水平进行第三方确认的活动，审定的对象是研制方的最终成品，根据审定的需要，可能追溯到设计、制造、验证的全过程。审定的基准是适航规章，而安全性设计的最低基准为适航规章，即采用安全性设计的限寿件自动满足审定要求。

维护是在发动机使用过程中，持续保持发动机限寿件安全性水平的手段，是运行方、研制方共同面临的问题，在五大问题中占据最长的时间比例。维护计划来源于设计，随着运营经验的累积，不断地迭代优化，最终实现成本与安全的平衡。

1.3.2 设计赋予

限寿件设计赋予是在设计活动中贯彻安全性要求的迭代过程。发动机总体设计部门通过系统安全性分析方法，将整机安全性要求分解至限寿件层级，并识别出失效引起危害性后果的部件即限寿件；限寿件安全性设计部门对识别的限寿件进行确认，进而在整机系统环境中考虑限寿件全寿命周期（设计、制造、使用、维护）的影响因素，定量表征限寿件失效风险即失效概率，并不断迭代，使限寿件失效风险水平达到整机分解的限寿件安全性要求。需要强调的是，适航要求作为航空事故经验的总结，是安全性设计必须满足的最低安全标准。

限寿件安全性设计部门的安全性设计活动分阶段开展。在方案设计阶段，确认限寿件清单并初步分析限寿件的安全指标即失效概率；在初步设计阶段及详细设计阶段，定量表征限寿件失效概率。具体而言，在空间上，捕捉基于整机“四强”环境对限寿件造成的潜在风险；在时间上，分析设计、制造、使用、维护全寿命周期中超出设计假设情况带来的潜在风险。因此，每个设计阶段均需计算安全指标（失效概率）并同步制定对应的工程计划、制造计划、使用管理计划这三大计划。工程计划是设计过程对限寿件的寿命评估技术,包含了关于设计、制造、使用和维护阶段的各种假设;制造计划是为了保证工程计划持续有效而确定的专门的零部件加工工艺限制计划;使用管理计划是为了保持工程计划要求属性而确定的运行维护过程及零部件修理限制计划。三大计划构成了闭环系统,将工程计划中的各个假设与零部件制造和使用维护关联在一起。随着设计方案的完善,失效概率精度不断提高,三大计划也持续完善。

“设计赋予”是“五大问题”的核心,限寿件三大计划(工程计划、制造计划、使用管理计划)构成了“设计赋予”与“制造实现”及“维护保持”之间的关键桥梁。设计阶段制定的制造计划明确了影响限寿件安全性的关键制造工艺要求,作为“制造实现”过程的判据;“制造实现”则是在满足制造计划要求的基础上,通过制定详细的工艺规程并进行生产,将设计要求真正落实的环节。同样地,设计阶段制定的使用管理计划明确了影响限寿件安全的关键维护工艺要求,作为“维护保持”过程的判据;“维护保持”则是在满足使用管理计划要求的基础上,依照维修大纲执行维护操作,落实维护要求的环节。

1.3.3　制造实现

限寿件的设计赋予最终要靠制造来实现。限寿件的底层设计本质上是探索一种工艺、材料可实现结构和功能的过程;该结构在整机环境下,能够实现其预定功能,包括但不限于安全性、性能、寿命、可靠性等。

设计过程的关键之一就是如何定义“工艺、材料可实现”。狭义上的理解就是,如果设计可表达为一系列结构参数、材料性能参数的集合,则制造应该精确地实现这一集合中的所有结构参数及材料性能参数。实际上,加工、装配存在偏差是制造过程的固有属性,那么“工艺、材料可实现”的定义就应该稍加扩展,以适应制造过程的固有属性。因此,“工艺、材料可实现”的准确性描述应为“在制造偏差范围内,工艺、材料可实现”。

这样,“制造实现”将不可避免地对“设计赋予”提出新的要求。这些要求包括但不限于:在设计结构参数及材料性能参数的集合中,哪些参数是关键参数?哪些参数是非关键参数?其中关键参数允许的制造偏差是多少?非关键参数允许的制造偏差是多少?当“设计赋予”回答了上述问题之后,便形成制造计划,明确影响限寿件安全性的关键制造工艺要求。制造计划是限寿件“制造实现”的判据,也是设计与制造的关联桥梁。“制造实现”以满足制造计划为目标,通过保证关键参数的制造精度来实现零部件在整机环境下的预定功能;同时可通过有限度地放开非关键参数的制造精度要求来降低零部件的制造和维护成本。

1.3.4　验证表明与审定接受

限寿件的验证表明与审定接受是一个事物的两个方面,对工业方来说,重点是如何验证表明;对局方来说,重点是如何审定接受。工业方在完成验证表明的同时,为表明其适航符合性,需要向局方表明最终限寿件对 FAR/CCAR－33.70 条款的符合性。

从本质而言,验证是表明设计与制造过程满足安全性要求的手段,是一个确认发动机设计、制造环节水平的过程,并以航空发动机限寿件安全性作为最终的判据。但是,验证并非通过大量的试验去重复设计和制造过程,而是更为强调"理论分析+有限的试验"相结合的安全性与适航验证技术方法。理论分析是指通过系统、模型、仿真等多种方法表明绝大多数的设计和制造过程可以保证安全;有限的试验是指对于验证过程中特别重要及关键性的,或不能通过理论分析表明的部件或系统的设计与制造安全,需通过试验表明安全。所以,在这一过程中,如何分解验证的项目和类型,如何辨识必须通过试验表明的重要验证项目是关键。

审定是由局方作为第三方,对由工业方表明发动机安全性水平进行确认的活动。审定的内容和对象囊括了航空发动机研制的全过程,即可以追溯到设计、制造以及验证的任一环节。尽管审定过程有权利涉及航空发动机研制的各个方面,但在实际审查活动中,由于人力、成本等因素的限制,如何在不过多依赖设计细节,并在有限的验证活动下判定产品安全性水平和适航要求的满足,如何判定关键审定要素确实是关键,也是审定技术的本质。

1.3.5 维护保持

航空发动机的研制周期长,整个生命周期更长。从航空发动机的全寿命周期来看,维护保持问题占据着更多的时间区间。维护保持是航空发动机在全寿命周期内实现安全目标的关键。问题在于,如何制定维护保持计划(也称使用管理计划)?如何实现安全性与适航水平和维护成本的平衡?

使用管理计划来源于设计,完善于运行。设计阶段是制定使用管理计划的关键环节。要制定该计划,就必须回答航空发动机限寿件的初始安全性水平是多少?随着使用循环数/飞行小时数的增加,限寿件的安全性水平如何衰减?导致限寿件安全性水平衰减的关键因素是什么?如何通过维护发现并抑制这些关键因素的进一步劣化?因此,使用管理计划的制定依赖于设计活动本身。使用管理计划是限寿件"维护保持"的判据,也是设计与维护的关联桥梁。

在设计环节制定使用管理计划时,常常为了追求高的安全性目标,导致过于频繁的冗余维护,这将造成较高的维护成本。冗余维护是实现安全性与适航水平和维护成本平衡的方法,在一个型号运行的早期阶段是保障航空发动机安全性与适航水平的必要手段,但随着运行经验的积累和对低维护成本的追求,冗余维护的必要性也不断下降。这就要求充分利用机群发动机的在线监测和离线检测数据,迭代地减少维护活动的密度和强度,实现安全性与适航水平和维护成本的平衡。

参考文献

[1] 王大伟,孙丹,王伟,等. 航空发动机限寿件批准寿命适航验证方法[J]. 航空动力学报, 2015, 30(3): 603-610.
[2] FAA. Amendment No. 33-22[S]. FAA, 2007.
[3] Department of Defense. Engine structural integrity program (ENSIP): MIL-HDBK-1783B [S]. Department of Defense, 2002.
[4] Department of Defense. Engine structural integrity program (ENSIP) Change 2: MIL-HDBK-1783B[S]. Department of Defense, 2004.
[5] 焦志强,舒成辉. 飞机结构完整性设计思想的发展和标准的演变[J]. 航空标准化与质量, 2010,235(1): 21-24.
[6] 编委会. 航空涡喷、涡扇发动机结构设计准则(研究报告)第一册总论[M]. 北京: 中国航空工业总公司发动机系统工程局,1997: 1-11.
[7] Ministry of Transport and Civil Aviation. Report on the court of inquiry into the accidents to Comet GALYP on 10th January 1954; and Comet GALYY on 8th April 1954 [R]. Civil Aviation Publication 27, 1955.
[8] Walker P B. The scientific investigation of aircraft accidents[J]. Aircraft Engineering and Aerospace Technology, 1965, 37(2): 38-44.
[9] Spiegel J, Bennett E M. Military system reliability: Some department of the air force contributions[J]. IRE Transactions on Reliability and Quality Control, 1961, RQC-10(2): 53-63.
[10] 梁春华,王占学,曹茂国. F100/F110 发动机与 F-15/F-16 战斗机使用故障的统计与分析[J]. 航空动力学报,2011,26(7): 1575-1582.
[11] Department of the Air Force. Military specification: Engine: MIL-E-5007D[S]. Aircraft, Turbojet and Turbofan, 1973.
[12] FAA. Amendment No. 33-6[S]. FAA, 1974.
[13] FAA. Amendment No. 33-10[S]. FAA, 1984.
[14] 李培源,张华磊,季念坤,等. 飞机安全设计理论发展及展望[J]. 飞机设计,2021,41(3): 53-57.
[15] Department of the Air Force. Aircraft structural integrity program: MIL-STD-1530[S]. Airplane Requirements, 1972.
[16] 李其汉. 航空发动机结构完整性研究进展[J]. 航空发动机,2014,40(5): 1-6.
[17] NTSB. Aircraft accident report — Aloha Airlines, Flight 243, Boeing 737-200, N73711, near Maui, Hawaii, April 28, 1988[R]. Washington: NTSB, 1989.
[18] NTSB. Aircraft Accident Report — United Airlines Flight 232 McDonnell Douglas DC-10-10 Sioux Gateway Airport, Sioux City, Iowa, July 19, 1989[R]. Washington: NTSB, 1990.
[19] NTSB. Aircraft accident report — Uncontained engine failure delta air lines flight 1288, McDonnell Douglas MD-88, N927DA, Pensacola, Florida, July 6, 1996[R]. Washington: NTSB, 1998.
[20] FAA. Damage tolerance for high energy turbine engine rotors: AC 33.14-1[S]. FAA, 2001.

第2章 限寿件设计赋予

安全性是航空发动机的顶层设计指标之一。在航空发动机限寿件设计活动中,需贯彻从整机分解的限寿件安全性要求,首先对辨识的限寿件进行确认;进而,在整机系统环境中考虑限寿件全寿命周期的影响因素,完成限寿件安全性指标即失效风险的定量表征,并不断迭代使得限寿件失效风险水平达到整机分解的限寿件安全性要求。限寿件安全的前提是结构完整,因此限寿件安全性设计的前提是满足结构完整性。

2.1 限寿件设计赋予六要素

安全性是通过设计赋予的,即在研制阶段贯彻安全性要求。典型的航空发动机研制阶段按照时间先后顺序分为四个阶段,分别是方案设计阶段、初步设计阶段、详细设计阶段及设计确认与验证阶段。其中设计赋予开展工作主要在方案设计、初步设计及详细设计阶段,如图2.1所示。

在限寿件安全性设计部门开展限寿件安全性设计之前,发动机总体设计部门基于整机系统安全分析方法,根据安全性要求、发动机设计方案及飞行剖面辨识限寿件清单及其分解的安全性指标,并输入给限寿件安全性设计部门。限寿件安全性设计部门在设计赋予阶段开展分阶段安全性设计工作。

(1) 方案设计阶段:这是发动机研制的第一个阶段,掌握的设计信息量最少。发动机设计方案主要体现为发动机功能、发动机架构等,即发动机总体性能、总体结构、各部件功能及零组件安排,同时还包括各部件的材料和关键工艺选择。① 在方案设计阶段,限寿件安全性设计部门首先对发动机总体设计部门识别的限寿件清单进行确认,即确认清单中的限寿件失效是否会造成危害性的发动机影响结果。其中,FAR-33.70/CCAR-33.70 R2版33.75条中给出了7个顶事件,会造成危害性的发动机影响。② 在方案设计阶段,部件设计部门已初步确定部件的材料、关键工艺、几何信息。限寿件安全性设计部门基于部件设计部门的参数,对确认的限寿件开展初步限寿件失效概率计算,初步判定限寿件的失效概率是否满

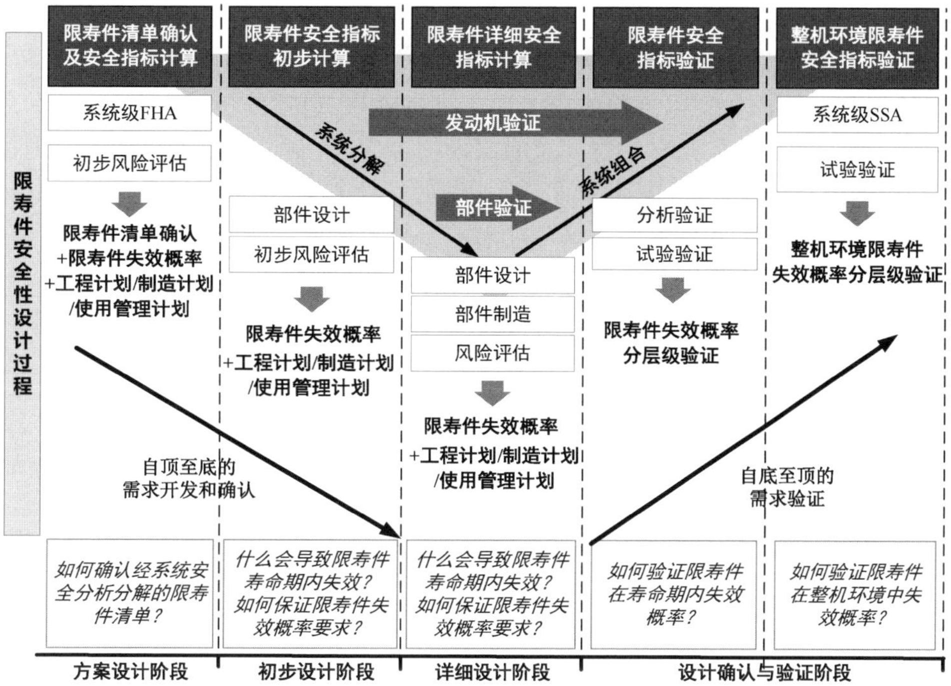

图 2.1　限寿件安全性设计过程

足安全指标要求，并制定初步的限寿件三大计划，即工程计划（Engineering Plan）、制造计划（Manufacturing Plan）及使用管理计划（Service Management Plan）。

（2）初步设计阶段：发动机设计方案主要体现为系统功能、系统架构等，具体体现为限寿件的初步仿真特性、材料/几何数据、主要制造技术条件等初步设计阶段迭代的限寿件设计数据。① 在初步设计阶段，限寿件安全性设计部门针对限寿件的安全要求即失效概率指标进行确认，包括分析方案设计阶段限寿件的初步计算失效概率的可行性，计算失效概率过程涉及假设的合理性，初步制定的限寿件三大计划的合理性。确认方法可以通过分析、仿真、试验等方法开展。值得一提的是，由于限寿件失效直接导致危害性顶事件，其失效概率直接针对限寿件提出，因此初步设计阶段及详细设计阶段均不涉及限寿件安全性指标的分解。② 在初步设计阶段，部件设计部门完成限寿件材料参数、几何参数的确定，并且完成限寿件制造单位、材料供应商的确认，同时制造部门开展初步的试制试验，获取限寿件的材料参数、几何参数等统计测量值，限寿件安全性设计部门基于更新限寿件设计数据，计算限寿件的安全指标即失效概率，判定限寿件的失效概率是否满足安全性指标要求，并进一步制定限寿件的三大计划。③ 限寿件安全性设计部门形成的初步设计方案反馈给总体设计部门，确认是否满足方案设计的安全指标要求。

（3）详细设计阶段：发动机设计方案主要体现为详细功能、详细架构和详细要求等，具体体现为限寿件的详细材料/几何数据、详细仿真特性及试验数据、详细制造技术条件等详细设计阶段迭代的限寿件设计数据。① 在详细设计阶段，限寿件安全性设计部门针对限寿件的安全要求进行确认，包括分析初步设计阶段失效概率可行性，计算失效概率过程涉及的假设的合理性，制定的三大计划的合理性。② 在详细设计阶段，部件设计部门完成详细的设计方案，包括限寿件材料参数、详细方案图纸的确定，并且累积了限寿件制造后材料参数、几何参数、详细试验数据等统计测量值，限寿件安全性设计部门基于更新的限寿件设计数据，计算详细的限寿件的安全指标即失效概率，判定限寿件的失效概率是否满足安全性指标要求，制定限寿件的三大计划。③ 限寿件安全性设计部门形成的详细设计方案反馈给总体设计部门，确认是否满足方案设计的安全指标要求。

总结而言，限寿件的安全性设计在方案设计阶段、初步设计阶段及详细设计阶段都涉及安全指标的计算和对应三大计划的制定。在方案设计阶段掌握的设计信息量少，因此，限寿件失效概率的计算和三大计划的制定通常依赖于历史型号累积的数据库。在初步设计及详细设计阶段，随着限寿件材料参数、几何参数的确定，限寿件制造单位、材料供应商的确认，制造加工推进及限寿件材料参数、几何参数等统计值的测量，限寿件的失效概率值不断精准，三大计划不断细化完善。

从上述限寿件安全性设计的流程可知，发动机总体设计部门、限寿件设计部门、限寿件安全性设计部门及限寿件制造维修部门在设计过程不断迭代，限寿件制造实现、维护保持与安全性设计迭代小"V"流程如图 2.2 所示。在方案设计阶段，

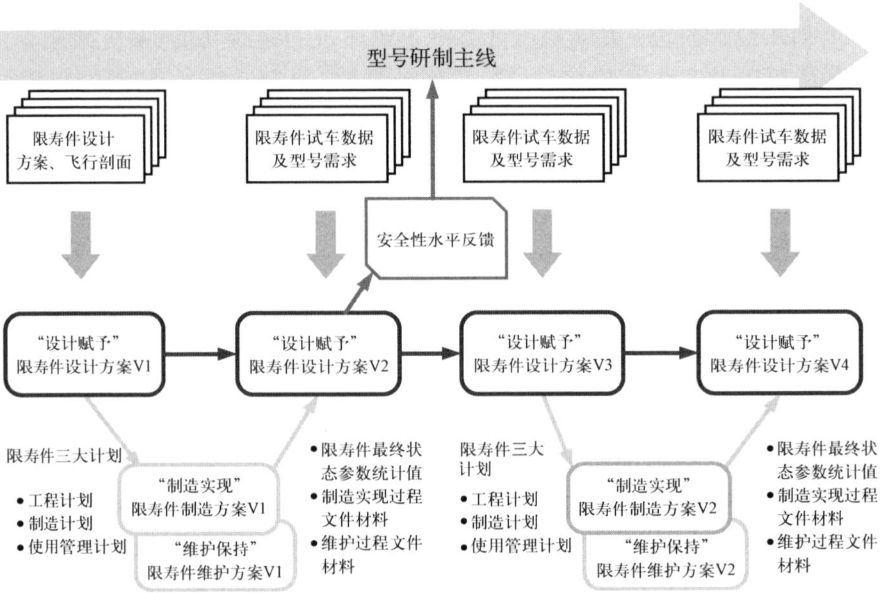

图 2.2 限寿件制造实现、维护保持与安全性设计迭代小"V"流程

总体设计部门对限寿件安全性提出安全指标,即失效概率要求;同时限寿件设计部门根据飞行剖面要求确定限寿件的设计方案;进而限寿件安全性设计部门基于总体设计部门及限寿件设计部门的输入,形成限寿件安全性“设计赋予”(第一版)方案。

限寿件安全性“设计赋予”(第一版)方案确定了限寿件的安全指标即失效概率,同时确认了保证限寿件安全性的“三大计划”,一方面输出给总体设计部门及限寿件设计部门,反馈安全性水平;另一方面, 输出给限寿件的制造加工部门及维修部门,以便制造加工部门依据三大计划中的“制造计划”要求完成制造加工,并编制制造过程的所有过程材料,包括工艺规程、检测要求、生产异常情况记录等;同时,维修部门依据三大计划中的“使用管理计划”要求完成维护,并编制维护过程的所有技术资料,包括维修大纲、检测要求等。进而,形成“制造实现”(第一版)方案及“维护保持”(第一版)方案。

完成限寿件的初步制造加工后,限寿件制造部门将输出限寿件最终状态的参数统计值及制造实现的过程文件,该输出又将输入限寿件安全性设计部门。限寿件安全性设计部门根据新增的限寿件制造加工最终状态统计值,更新方案设计阶段的假设数据,从而更精准的计算限寿件的安全指标即失效概率,并且形成“设计赋予”方案第二版,进而将第二版“设计赋予”的安全水平反馈给限寿件设计部门及总体设计部门。

进而,总体设计部门及限寿件设计部门在此给限寿件安全性设计部门输入更改的设计方案,从而限寿件安全性设计部门进一步迭代出“设计赋予”设计方案第三版,并与制造部门及维修部门不断迭代,最终设计方案收敛,完成发动机设计方案的定型。

由于航空发动机不同型号都有各自的特点,因此安全性设计方法不可能对特定的设计分析步骤采用的设计方法给出细节要求,而是通过对设计方法建立流程要求,通过保障设计流程可重复性与一致性有效实现安全性设计。这一流程可以概括为“安全性六要素”,即设计输入、设计工具、数据库、判定准则、过程控制及设计输出。安全性设计不是改变传统的部件设计体系,而是通过安全性设计思路将要求向部件设计分解,转化为具体要求,并在设计中加以应用。安全性设计赋予的六要素概括如表 2.1 所示。

在方案设计阶段,需对整机基于系统安全性分析识别的限寿件清单进行确认,输入为发动机总体设计部门从整机安全性指标要求分解的限寿件安全性指标要求以及辨识的限寿件清单,同时还包括限寿件设计部门提供的发动机设计方案及飞行剖面,输出为经过限寿件安全性设计部门确认的限寿件清单,同时也包括对限寿件安全性分析的初步结果,包括限寿件初步安全指标及对应的三大计划。

在初步设计阶段,限寿件安全性设计部门依据限寿件设计部门提供的设计方案计算限寿件的安全指标即失效概率,并形成限寿件初步三大计划,使得初步设计的限寿件满足整机分解的安全性指标要求。因此,输入为总体设计部门对于限寿

表 2.1 安全性与适航设计赋予六要素

阶段 / 六要素	方案设计阶段	初步设计阶段	详细设计阶段	设计确认与验证阶段	
输入	辨识的限寿件清单及限寿件安全要求+发动机设计方案+飞行剖面	限寿件安全要求+初步设计阶段发动机设计方案	限寿件安全要求+详细设计阶段发动机设计方案	安全要求+发动机设计方案+飞行剖面+所有表征限寿件最终状态的参数统计值+所有表征限寿件外场试验后的运行检测参数统计值	
输出	确认限寿件清单+限寿件失效概率+三大计划+分析及支撑材料	限寿件失效概率+三大计划+分析及支撑材料	限寿件失效概率+三大计划+分析及支撑材料	限寿件失效概率多层次验证+分析、试验支撑材料	整机环境限寿件失效概率多层次验证+分析、试验支撑材料
流程	功能危险性评估FHA+初步系统安全性评估PSSA+初步部件失效风险评估	初步部件失效风险评估	部件失效风险评估	失效风险评估+多层次验证	系统安全性评估SSA/共因分析CCA+失效风险评估+整机环境多层次验证
判定准则	导致危害性顶事件发生+满足限寿件安全指标	满足限寿件初步安全指标	满足限寿件安全指标	满足限寿件安全指标	整机环境限寿件满足安全指标
数据库	历史事故原因分析与控制举措、历史型号安全性分析的经验数据、材料数据库(包含针对限寿件出现的缺陷的特殊材料数据库,即缺陷分布数据与缺陷无损检测概率数据)、历史型号制造及维护的经验累积数据				
分析工具	具有建立各类失效或失效组合与后果之间映射关系的系统安全性分析工具+具有建立失效萌生和发展综合作用规律、反映"四强"(强整体、强耦合、强瞬态、强非线性)特性的建模与仿真工具+限寿件失效风险评估软件				

件的安全指标要求以及限寿件设计部门提供的初步设计阶段的设计方案,输出为限寿件安全性指标,即限寿件的失效概率,另外还包括保证限寿件达到安全性指标要求的三大计划、表明限寿件设计方案满足安全要求的全套分析和支撑材料。

在详细设计阶段,限寿件安全性设计部门根据限寿件设计部门的详细设计方案,进一步识别导致限寿件失效的潜在因素,并判定限寿件的失效概率是否满足总体设计部门从整机分解的安全指标要求。输入为总体设计部门对于限寿件的安全指标要求以及限寿件设计部门提供的详细设计阶段的设计方案,输出为限寿件安全性指标,即限寿件的失效概率,另外还包括保证限寿件达到安全性指标要求的三大计划、表明限寿件设计方案满足安全要求的全套分析和支撑材料。

值得一提的是,各个设计阶段的输出也是下游设计阶段的输入,例如方案设计阶段的全套分析材料均是初步设计及详细设计阶段的输入。限寿件的安全性设计输入及输出与实际设计过程的数据不断交互迭代,从而最终迭代出安全指标达到要求的限寿件。

2.2　限寿件设计赋予输入及输出

2.2.1　限寿件设计赋予输入

在限寿件安全性设计部门开展限寿件安全性设计之前，发动机总体设计部门基于整机系统安全分析方法，根据安全性要求、发动机设计方案及飞行剖面辨识限寿件清单及其分解的安全指标，并输入给限寿件安全性设计部门。

因此，限寿件安全性设计部门的输入包括总体设计部门识别的限寿件清单及其安全要求，另外包括发动机的设计方案和发动机的飞行剖面。其中，限寿件的安全要求源自整机系统安全分析分解的安全指标，即限寿件的失效概率要低于目标风险值。

1. 基于整机分解的限寿件安全要求

安全要求包括规章安全要求和客户安全要求。其中，规章安全要求是最低安全要求，客户安全要求通常高于规章安全要求。在不同的应用场景下，客户提出的安全要求各不相同，但规章安全要求则相对固定，主要源自 CCAR - 33.75[1]/FAR - 33.75[2]/CS - E 510[3]，即“安全分析条款”。由于客户安全要求的形式与规章安全要求一致，本节重点阐述安全要求中的规章安全要求。

FAR - 33 部中的安全分析条款最早出现于 1974 年的 33.6 修正案，之后在 33 - 10 和 33 - 24 修正案中对 FAR - 33.75 的相关内容进行了修订。其中，2007 年发布的 33 - 24 修正案提出了以系统安全性评估方法为核心的发动机适航安全性要求。

最新版本的 FAR - 33.75 条款定义了三类发动机影响：① 危害性的发动机影响(hazard engine effects)；② 轻微的发动机影响(minor engine effects)；③ 重大的发动机影响(major engine effects)，并规定了不同影响等级事件的最大允许发生概率，如表 2.2 所示。FAR - 33.75 条款通过控制单个发动机风险到可接受的水平，来达到可接受的发动机总设计风险，实质上是要求事件发生的可能性或概率的减少正比于它影响的严重性。

表 2.2　基于适航规章的航空发动机的安全要求

失效等级	失　效　影　响	最大允许发生概率
危害性的发动机影响	高能碎片不包容； 座舱用发动机引气中有毒物质浓度足以使机组人员或乘员失去活动能力； 与驾驶员指令方向相反的相当大的推力； 不可控的着火； 发动机安装系统失效，导致发动机意外脱开； 不能使发动机完全停车	$10^{-7} \sim 10^{-9}$

续　表

失效等级	失　效　影　响	最大允许发生概率
重大的 发动机影响	受控的着火（即通过关闭发动机或采用机载灭火系统控制）； 可以表明不会引起灾难性事故的机匣烧穿； 可以表明不会引起灾难性事故的低能量碎片飞出； 导致机组成员不舒服的振动； 座舱用发动机引气中有毒物质的浓度足以降低飞行机组成员的操作能力； 与驾驶员指令方向相反的推力，低于危害性的发动机影响规定的水平； 产生的推力大于最大额定推力； 发动机支承载荷路径失去完整性，但发动机没有脱开； 显著的无法控制的推力振荡； 其他的严重性在危害性的与轻微的发动机影响之间的影响	$10^{-5} \sim 10^{-7}$
轻微的 发动机影响	一台发动机失效，其唯一后果是该发动机部分或全部丧失推力或功率（和相关发动机服务），这种失效将被认为是轻微的	—

FAR－33.75 及其咨询通告的发布和修订体现了适航规章“突出多层次安全验证”的新特点。安全分析条款不是孤立的，表明对 FAR－33.75 的符合性离不开物理条款的支持。在实际研制过程中，准确获取极小可能性的原发失效概率存在很大困难，但若某关键零部件的原发失效可能导致危害性的发动机影响，则不得不证明该事件的发生概率满足安全要求。为了化解上述困难，在现行的适航规章体系中，关键零部件的安全性要求是由专门的物理条款约束的，其中即包括 CCAR－33.70/FAR－33.70 发动机限寿件条款。

CCAR－33.70/FAR－33.70 发动机限寿件条款指出必须指定使用限制中发动机每个限寿件的最大允许飞行循环数，确保结构件具有充分的低循环疲劳寿命，以防止使用中发生包括非包容高能碎片和防火等在内的危害发动机后果。限寿件的安全性要求来自发动机总体安全性要求。通常以失效概率作为安全性的定量指标，一般来说，限寿件的相对风险应低于发动机 1～2 个数量级。具体到各个设计阶段，限寿件的安全要求如下。

（1）方案设计阶段：这是发动机研制的第一个阶段，对于整机而言，安全要求是不能导致 FAR－33.75 条款中的危害性发动机影响的顶事件发生。在开展限寿件安全性设计之前，总体设计部门基于系统安全性分析方法，将发动机顶层安全指标分解至限寿件，并对限寿件提出安全要求。因此，在方案设计阶段，限寿件安全要求为限寿件的失效概率低于目标风险值。

（2）初步设计阶段：初步设计阶段限寿件安全要求与方案设计阶段相同。限寿件安全性设计部门分析初步设计阶段限寿件的设计方案是否满足部件级安全要求，即限寿件的失效概率低于目标风险值。

(3) 详细设计阶段：该阶段的安全性指标与初步设计阶段相同，限寿件安全性设计部门分析详细设计阶段限寿件的失效概率是否低于目标风险值。

一方面，通过限寿件物理条款约束关键零部件的安全要求，表明限寿件的原发失效可能导致危害性发动机的影响满足安全水平。这也呼应了 FAR－33.75 安全分析条款“突出多层次安全验证”的特点。

另一方面，适航条款 CCAR－33.70/FAR－33.70 明确提出应当通过执行一系列寿命管理行为来满足限寿件的完整性要求，并且针对所有限寿件制定和执行工程计划、制造计划和使用管理计划。三大计划的具体定义如下。

(1) 工程计划：包括确定和维持发动机限寿件的寿命性能所需的所有假设、技术数据及活动的计划，是一套综合的寿命评估过程和技术，以确保在危害性的发动机影响发生前拆除相关的所有发动机限寿件。

(2) 制造计划：确定专门的零部件加工工艺限制的计划。这些限制必须包含于加工定义(图纸、程序、技术要求等)中，以确保能够一致地生产出具有工程计划所要求属性的所有发动机限寿件。工程计划包括关于如何设计、制造、运营和维护发动机限寿件的各种假设，每种假设均可影响零部件寿命。因此，申请人有必要确保工程计划要求的属性持续有效，并可通过制造实现。

(3) 使用管理计划：定义与发动机限寿件相关的运营维护过程以及零部件修理限制的计划，使该零部件得以保持工程计划所要求的属性。这些维护过程和限制是持续适航指令的一部分。

三大计划构成了一个闭环系统，将工程计划中的各个假设与零部件制造和使用维护关联在一起。通过工程计划、制造计划与使用管理计划，揭示制造计划核心所在的制造工艺与工程计划核心所在的设计目标风险间的影响，其目的在于确保结构件具有充分的低循环疲劳寿命，以防止使用中发生包括非包容高能碎片和防火等在内的危害性发动机后果。

2. 发动机设计方案

发动机的设计方案是安全性分析的重要输入之一。在发动机不同设计阶段，需要提供的设计方案具有不同的含义，如表 2.3 所示。

(1) 方案设计阶段：这是发动机研制的第一个阶段，掌握的设计信息量最少。发动机设计方案主要体现为发动机功能、发动机架构等，即发动机总体性能、总体结构、各部件功能及零组件安排，同时还包括各部件的材料和关键工艺选择。此时，总体设计部门确定的限寿件的数量、限寿件设计部门确定的材料和关键工艺为限寿件安全性设计的输入。在方案设计阶段，设计信息往往不足以支撑限寿件的安全性设计，因此通常会基于历史型号累积的数据库开展限寿件失效概率计算，并初步制定限寿件的三大计划。

表 2.3 不同设计阶段发动机设计方案输入

<table>
<tr><th rowspan="2">阶段
类型</th><th colspan="4">发动机设计方案输入</th></tr>
<tr><th>方案设计阶段</th><th>初步设计阶段</th><th>详细设计阶段</th><th>设计确认与验证阶段</th></tr>
<tr><td rowspan="4">特性
输入</td><td colspan="4">反映各部件、各系统结构形式的通用特性、材料/关键工艺</td></tr>
<tr><td>—</td><td colspan="3">各部件、各系统仿真特性、材料/几何测量数据</td></tr>
<tr><td colspan="2">—</td><td colspan="2">各部件、各系统详细仿真特性及试验数据、
详细制造技术条件、材料/几何数据</td></tr>
<tr><td colspan="3">—</td><td>整机测试数据</td></tr>
</table>

(2) 初步设计阶段：发动机设计方案主要体现为系统功能、系统架构等，具体体现为限寿件的初步仿真特性、材料/几何数据、主要制造技术条件等初步设计阶段迭代的限寿件设计数据。

(3) 详细设计阶段：发动机设计方案主要体现为详细功能、详细架构和详细要求等，具体体现为限寿件的详细材料/几何数据、详细仿真特性及试验数据、详细制造技术条件等详细设计阶段迭代的限寿件设计数据。

值得一提的是，各个设计阶段的输出也是下游设计阶段的输入，例如方案设计阶段的全套分析材料均是初步设计及详细设计阶段的输入。限寿件的安全性设计输入及输出与实际设计过程的数据不断交互迭代，从而最终迭代出安全指标达到要求的限寿件。

3. 飞行剖面

狭义上讲，飞行剖面指与时间相关的动力需求。广义上讲，飞行剖面指决定发动机状态的所有边界条件与时间的关系。飞行剖面决定了发动机工作状态的演化历程和各系统、各零部件载荷及损伤的演化历程，是安全性分析的重要输入。

局方建议申请人应当根据营运人的预定用途预测飞行剖面，由于实际剖面不同于最初的预测剖面，这将造成发动机安全水平的变化，故应采用保守的飞行剖面。

用于安全性分析和设计的飞行剖面应当由发动机研制单位与预期制造单位、可能的营运单位联合定义。

2.2.2 限寿件设计赋予输出

限寿件设计赋予输出包括确认的限寿件清单、限寿件失效概率、保证限寿件达到安全要求的三大计划，以及表明限寿件设计方案满足安全要求的全套分析和支撑材料。值得一提的是，各个设计阶段的输出也是下游设计阶段的输入，例如方案设计阶段的全套分析材料均是初步设计及详细设计阶段的输入。

（1）方案设计阶段：此时，总体设计部门已根据发动机安全要求，初步辨识危害性的发动机影响、轻微的发动机影响、重大的发动机影响事件及对应的最大允许概率；并根据危害的发动机影响辨识限寿件。在该阶段，限寿件安全性设计部门对总体设计部门输入的限寿件清单进行确认，因此其输出为确认的限寿件清单。同时，输出还包括基于方案设计阶段的设计及历史经验数据库，初步计算的限寿件失效概率及对应的保证限寿件失效概率低于目标风险值的三大计划。另外，输出包括相应的分析及支撑材料。

（2）初步设计阶段：限寿件安全性设计部门基于输入的初步设计限寿件几何、材料、仿真特性等数据，开展初步的限寿件失效概率分析。该阶段输出为限寿件初步失效概率分析结果。同时，输出包括保证限寿件失效概率低于目标风险值的三大计划。工程计划包括了设计、制造、运营和维护发动机限寿件的各种假设，每种假设均可影响限寿件的寿命。因此，同步制定限寿件的制造计划及使用管理计划。

（3）详细设计阶段：基于输入的详细设计限寿件几何、材料、仿真特性、试验测量等数据，开展限寿件失效概率分析，辨识影响限寿件失效概率的关键因素。该阶段输出为详细的限寿件失效概率分析结果及三大计划。

此外，还需输出表明限寿件设计方案满足安全要求的全套分析材料和支撑材料，同时输出安全性设计方案，包括为了保证限寿件失效概率满足安全性指标要求下的应力分布及缺陷分布水平。其中，应力分布与总体设计中的主流、二次流、轮盘构型、制造工艺引入的残余应力相关；缺陷分布水平与材料制造工艺、材料制造过程检测手段及检出概率相关。可接受的输出形式包括安全性分析报告、试验结果报告、类似零件或组件的比较或其他定性/定量资料。

2.3　限寿件设计赋予流程及判定准则

2.3.1　限寿件设计赋予流程

在限寿件安全性设计部门开展限寿件安全性设计之前，发动机总体设计部门基于整机系统安全分析方法，根据安全性要求、发动机设计方案及飞行剖面辨识限寿件清单及其分解的安全性指标，并输入给限寿件安全性设计部门。

（1）方案设计阶段：这是发动机研制的第一个阶段，掌握的设计信息量最少。发动机设计方案主要体现为发动机功能、发动机架构等，即发动机总体性能、总体结构、各部件功能及零组件安排，同时还包括各部件的材料和关键工艺选择。① 在方案设计阶段，限寿件安全性设计部门首先对发动机总体设计部门识别的限寿件清单进行确认，即确认清单中的限寿件失效是否会造成危害性的发动机影响结果。其中,FAR-33.70/CCAR-33.70 R2 版 33.75 条中给出了 7 个顶事件,会造成危害性的发动机影响。② 在方案设计阶段,部件设计部门已初步确定部件的材料、关键工艺、几何信息。限寿件安全性设计部门基于部件设计部门的参数,对确认的限寿件开展初步限寿件失效概率计算,初步判定限寿件的失效概率是否满足安全指标要求,并制定初步的限寿件三大计划。

(2) 初步设计阶段:发动机设计方案主要体现为系统功能、系统架构等,具体体现为限寿件的初步仿真特性、材料/几何数据、主要制造技术条件等初步设计阶段迭代的限寿件设计数据。① 在初步设计阶段,限寿件安全性设计部门针对限寿件的安全要求即失效概率指标进行确认,包括分析方案设计阶段限寿件的初步计算失效概率的可行性,计算失效概率过程涉及假设的合理性,初步制定的限寿件三大计划的合理性。确认方法可以通过分析、仿真、试验等方法开展。值得一提的是,由于限寿件失效直接导致危害性顶事件,其失效概率直接针对限寿件提出,因此初步设计阶段及详细设计阶段均不涉及限寿件安全性指标的分解。② 在初步设计阶段,部件设计部门完成限寿件材料参数、几何参数的确定,并且完成限寿件制造单位、材料供应商的确认,同时制造部门开展初步的试制试验,获取限寿件的材料参数、几何参数等统计测量值,限寿件安全性设计部门基于更新限寿件设计数据,计算限寿件的安全指标即失效概率,判定限寿件的失效概率是否满足安全性指标要求,并进一步制定限寿件的三大计划。③ 限寿件安全性设计部门形成的初步设计方案反馈给总体设计部门,确认是否满足方案设计的安全指标要求。

(3) 详细设计阶段:发动机设计方案主要体现为详细功能、详细架构和详细要求等,具体体现为限寿件的详细材料/几何数据、详细仿真特性及试验数据、详细制造技术条件等详细设计阶段迭代的限寿件设计数据。① 在详细设计阶段,限寿件安全性设计部门针对限寿件的安全要求进行确认,包括分析初步设计阶段失效概率可行性,计算失效概率过程涉及的假设的合理性,制定的三大计划的合理性。② 在详细设计阶段,部件设计部门完成详细的设计方案,包括限寿件材料参数、详细方案图纸的确定,并且累积了限寿件制造后材料参数、几何参数、详细试验数据等统计测量值,限寿件安全性设计部门基于更新的限寿件设计数据,计算详细的限寿件的安全指标即失效概率,判定限寿件的失效概率是否满足安全性指标要求,制定限寿件的三大计划。③ 限寿件安全性设计部门形成的详细设计方案反馈给总体设计部门,确认是否满足方案设计的安全指标要求。

具体采用的安全性分析方法如下。

1. *系统安全性分析方法流程*

20 世纪 70~80 年代,随着航空技术的不断进步,飞机和发动机向综合化和复杂化发展。为了从设计角度保证飞机和发动机的安全性水平,并表明设计对 FAR-

25.1309[4]和FAR-33.75条款的符合性，在新的综合程度与复杂程度下，系统安全性方法应运而生。当时，各个公司将功能危险性评估(functional hazard assessment, FHA)、故障树分析(fault tree analysis, FTA)、失效模式和影响分析(failure mode and effects analysis, FMEA)、共因分析(common cause analysis, CCA)等方法应用于航空产品的开发过程，并逐渐形成了系统安全性评估与设计体系。为了规范相关设计、验证与审定技术，美国汽车工程师协会(Society of Automotive Engineers, SAE)与航空大国适航当局，以及各主要飞机、发动机公司一起，于1996年出台了两部推荐航空活动(Aerospace Recommended Practice, ARP)标准：SAE ARP 4754[5]和SAE ARP 4761[6]。其中，SAE ARP 4754的核心目的在于为设计方、制造单位、系统集成商和审定局方提供一个共同的国际性的基础，来表明复杂系统开发对适航规章要求的符合性。SAE ARP 4761的核心目的在于总结工业界成熟的系统安全性评估经验，为执行一个被工业界普遍接受的安全评估过程提供指南和方法。这两部标准及其引述文件对民机复杂机载系统的审定要求、开发过程、安全评估等方面做出指导，形成了规范化的复杂系统安全性体系。两部标准不仅适用于飞机，还适用于航空发动机系统及相关设备。

1) 系统安全评估活动

系统安全性评估活动在任何研制阶段都是研制工作的重要组成部分，安全性评估活动主要包括FHA、初步系统安全性评估(preliminary system safety analysis, PSSA)、系统安全性评估(system safety analysis, SSA)和CCA。上述活动通过与设计的充分交互最终实现安全性目标。在总体设计部门辨识限寿件清单及限寿件安全性设计部门确认限寿件清单时可采用上述系统安全评估方法。

a. 功能危险性评估(FHA)

FHA是系统安全性评估的第一步，在系统的研制初期就要开始实施，是一种定性的、归纳的评估方法，其优点在于能在设计的早期，在没有细节设计信息时，就能提供关键性的设计指南。其目的在于对功能进行系统、综合的检查，识别这些功能的失效状态，并根据严重程度对失效状态进行分类。FHA是自上而下的过程。

安全要求是FHA的重要输入。来自客户和适航规章的安全要求常常是针对各类不期望后果的发生概率要求。安全性设计与评估的首要工作是结合要研制的系统将这些安全要求具体化、实例化。承担这一转化任务的系统安全性评估工作是FHA。

FHA是面向多个设计层次的评估活动，在两个层次上完成上述转化：① 方案设计阶段的重要研制工作是顶层系统的功能设计。针对顶层功能实施FHA，完成了安全要求的第一次转化，通过顶层系统FHA识别出的失效状态严重性类别实质上就是针对顶层系统功能的具体化、实例化的安全要求；② 初步设计阶段，将顶层功能需求细化并分配给各系统是一项重要研制工作。在此阶段内，为了实现安全目标，细化后的功能必须取代顶层功能成为实现系统安全目标的主体。此时每个系统都承担了若干细化功能，大大增加了功能失效组合的可能，且细化功能的失效状态（及其任意组合）的安全性后果在实施针对各系统的 FHA 之前也是未知的。因此，在初始设计阶段，必须针对各系统的细化功能再次实施 FHA，最终形成针对细化功能的安全要求。

b. 初步系统安全性评估（PSSA）

PSSA 的目的在于系统地检查建议的系统架构，以确定失效如何导致 FHA 识别出的功能危险，以及如何满足 FHA 的要求。PSSA 是自上而下的过程。

各功能的失效状态及其严重性分类（FHA 的结果）是 PSSA 的重要输入。在 PSSA 中仍然涉及安全要求的转化与导出问题。初步设计阶段的重要工作是确定系统架构，用由硬件和软件构成的有机整体实现系统功能。在这一阶段，为了满足 FHA 阶段形成的安全要求，各种硬件、软件及系统架构必须取代系统功能，成为实现安全目标的主体。相应地，通过开展 PSSA，安全要求的形式也变为概率要求和研制保证等级要求，其中概率要求用于约束硬件设计，研制保证等级用于约束硬件和软件的设计。PSSA 同样是面向多个设计层次的评估活动，可在多个层次上传递安全要求。

PSSA 中的常用方法包括 FTA、相关图（dependence diagram，DD）分析和马尔可夫分析（Markov analysis，MA）。一般情况下，FTA 和 DD 完全等效，而在考虑容错系统具备持续监控功能时，MA 则更为合适。

c. 系统安全性评估（SSA）

系统安全性评估的目的是对所实施系统进行系统、综合的评估，表明设计满足相关的安全要求。SSA 是自下而上的过程。

与 FHA 阶段和 PSSA 阶段的核心问题不同，SSA 的核心问题是评估当前的设计是否满足 FHA 阶段和 PSSA 阶段得到的安全要求，即迭代的验证设计对安全要求的符合性。因此，FHA 和 PSSA 的输出是 SSA 的重要输入。由于 PSSA 可是多层的，相应的 SSA 也可是多层的，且 SSA 与 PSSA 的层次必须一一对应。SSA 既可以是定量的，也可以是定性的，这取决于安全要求。在 SSA 中应迭代地确认设计对定性和定量安全要求的符合性，确认活动包括概率计算、研制保证等级等。

SSA 中常用的方法包括 FMEA、失效模式和影响总结（failure modes and effects summary，FMES）、FTA、DD 和 MA。其中，FMES 是 FMEA 的总结，可通过逐层实施 FMES 最终获取硬件的失效模式及各种失效模式对应的概率，并最终实现与上层分析的对接。

d. 共因分析（CCA）

事件独立性假设是多数系统安全性评估方法的基本假设，但共因失效确是客观存在的。经验表明，独立性程度对危险后果发生概率的影响可达数个量级，危险后果的发生概率对失效事件独立性程度非常敏感。CCA 的目的是确认功能、系统、硬件（软件）之间具有独立性，或由于不具备独立性而引入的风险是可接受的。此外，CCA 必须完全排除可能导致灾难性后果的共因事件，即必须通过设计保证灾难性后果诱因的独立性。共因分析贯穿整个研制周期的各个环节。共因分析分为三种，分别是区域安全性分析（zonal safety analysis，ZSA）、特殊风险分析（particular risks analysis，PRA）与共模分析（common mode analysis，CMA）。ZSA 分析考虑发动机上各个系统/组件的安装关系以及发动机上安装非常邻近的各系统组件之间的相互干扰。ZSA 主要用来编写设计和安装指南、区域内的安装检查和系统（组件）间的干扰检查。

在 ZSA 中，重点关注空间距离较近的区域集合，其局限性在于考虑的区域较为集中，有可能遗漏全局性的影响，PRA 弥补了这一缺陷。特定风险是指超出有关系统，但可能破坏独立性要求的事件或影响，典型的特定风险包括着火、冰雹、鸟撞等。

CMA 的目的是确认 FTA、DD、MA 中的由“与门”连接的事件在实际执行中是独立的。典型的共模失效诱因包括硬（软）件错误、硬件失效、制造缺陷等。

2）系统安全性分析的实质

FHA 和 SSA 的共同特征是开展“由因推果”，即回答当发动机发生功能失效或者底层零部件失效后，在发动机全包线范围内将导致什么样的发动机后果？主要针对原发性的功能失效或底层零部件失效。

PSSA 的主要特征是开展“由果溯因”，即追溯每一个可能导致重大的或危害性发动机影响的组件失效模式的可能诱因或诱因组合。

CCA 的主要特征是识别“多因同源”，即回答哪些失效之间不满足独立性假设，具有强相关性。

因此，各类安全性分析方法的实质是建立航空发动机各类失效或失效组合与后果之间的映射关系。

2. 限寿件失效风险评估

在辨识出限寿件后，针对所有限寿件实行一系列寿命管理行为来保证限寿件的完整性。具体而言，增加目标风险值这一安全指标，并采用概率失效风险评估方法评估限寿件的失效概率，判定是否满足目标风险值要求。

概率失效风险评估技术是一种复杂而系统的部件寿命评估及失效分析方法。概率失效风险评估理论通常由多场耦合分析、概率断裂力学模型和无损探伤检查模型组成，其典型流程如图 2.3 所示。其主要思想是，基于广义应力-强度干涉理论，以应力强度因子为广义应力，以材料断裂韧性作为广义强度，构造极限状态函数，并通过概率统计方法获得部件的失效概率。

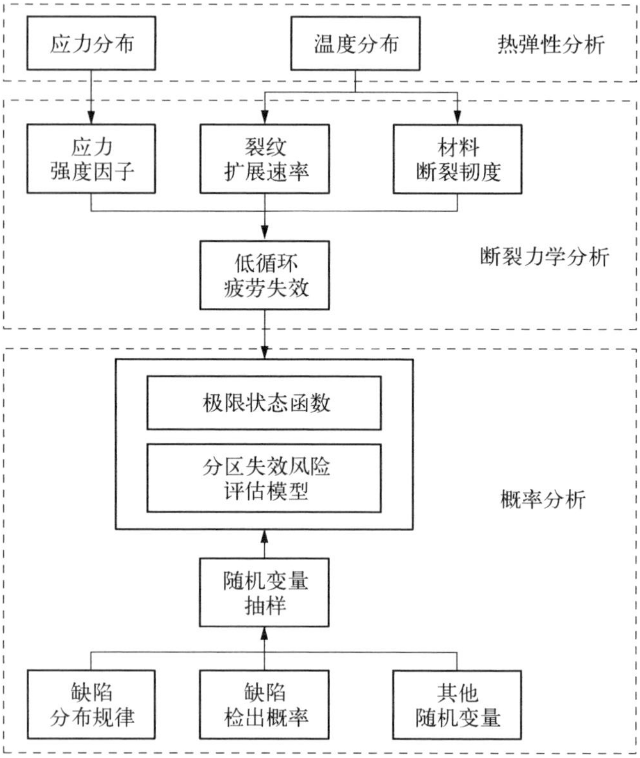

图 2.3　概率失效风险评估理论模型的基本框架

3. 限寿件三大计划制定

在评估限寿件失效概率时，还需制定和执行工程计划、制造计划和使用管理计划。三大计划构成了一个闭环系统，将工程计划中的各个假设与零部件制造和使用维护关联在一起。通过工程计划、制造计划与使用管理计划，揭示制造计划核心所在的制造工艺与工程计划核心所在的设计目标风险间的影响，其目的在于确保结构件具有充分的低循环疲劳寿命，以防止使用中发生包括非包容高能碎片和防火等在内的危害性发动机后果。

对于三大计划，需要指出的是，在 CCAR－21/FAR－21 部里明确规定“制造要符合经批准的设计”“使用维护要保持或不低于设计中经批准的设计状态”；此外，从上述条款中对三大计划的定义可以看出，工程计划包含了一整套的寿命评估过程和技术，而在工程计划的基础上制定相对应的制造计划和使用管理计划（各航空发动机制造单位不同），其目的是保证工程计划所要求的属性以及所用假设的持续有效。因此，工程计划是实现设计安全性的核心，也是设计活动中融合和贯彻 33.70 条款要求的关键所在。以工程计划为“主”，制造计划和使用管理计划为

“辅”,从而三大计划构成了一个闭环系统,将设计、制造和使用维护联系在一起,确保限寿件在整个寿命期间的安全,如图2.4所示。

在工程计划的实际实施过程中主要包含四个步骤,如图2.5所示:应当首先进行限寿件的确定(限寿件的确定基于本节所提出的系统安全性分析方法开展),然后针对确定的限寿件进行寿命分析,之后对寿命分析的结果进行认证,最后进行实际使用过程中限寿件运行条件与寿命分析中所采用的条件的符合性验证,即批准寿命的维持。这样可以确保对每一个限寿件的设计活动,都可以追溯其历史,评价结果的合理性;同时也可以甄别关键技术,也就是在流程中最易于出现错误,亟待改进的步骤。

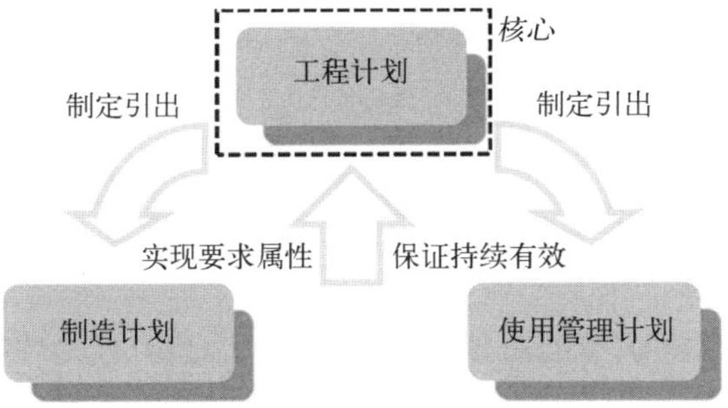

图2.4 三大计划构成的限寿件的寿命管理闭环系统

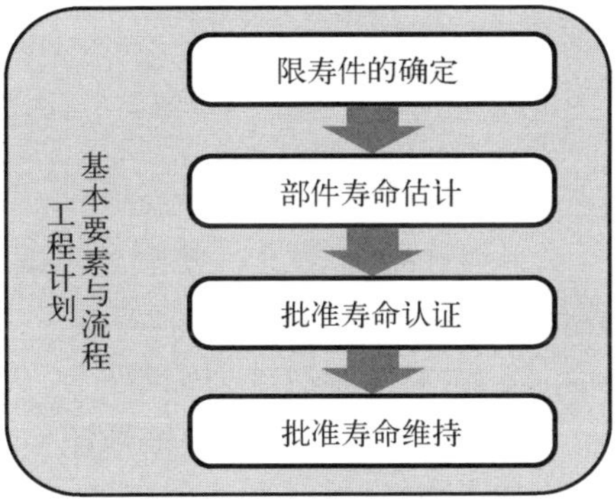

图2.5 工程计划的四个步骤

制造计划是确保零部件寿命性能完整性过程的一部分,如图2.6所示。工程计划中包括关于如何设计、制造、使用和维护发动机限寿件的各种假设,而每种假设均可影响零部件寿命,所以航空发动机制造单位有必要确保工程计划要求的属性持续有效,并可通过制造计划来实现。因此,在AC33.70-1有关制造计划的要素中,特别强调“设计过程中考虑制造工艺对限寿件寿命的影响,确认制造过程中未经合理验证和工程批准不可更改的工艺参数,即工艺参数合理性和不可更改性的技术判定”。所以,制造计划制定的核心和关键在于隐含在工程计划中的制造工艺过程的选取、工艺参数对寿命的影响和判定。正因为如此,工程计划才成为制造计划制定和批准的基础,也是核心性的体现所在,而两者间的紧密联系构成了限寿件寿命完整性过程和安全性保障的系统。

使用管理计划是工程中保持发动机限寿件在其使用期间的完整性的一部分。同样,由于工程计划包括限寿件制造、使用和维护所用的所有假设,其中每个假设都对零部件寿命有影响,因此为确保假设的有效性,需使用管理计划针对使用期间的修理、维护和大修进行约束,以令工程计划中的假设保持一致。

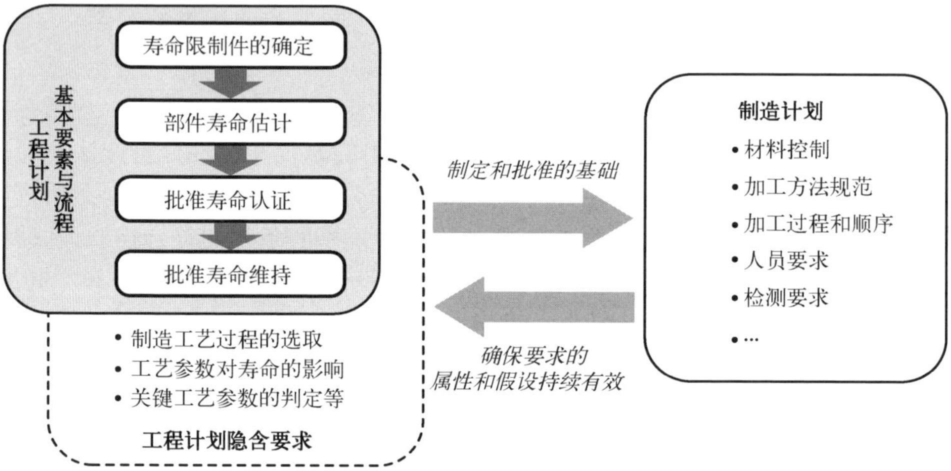

图 2.6　制造计划与工程计划的关联

1）限寿件工程计划制定

工程计划包含了一整套的寿命评估过程和技术，具体方法可采用失效风险评估。

2）限寿件制造计划编制

制造过程实施前必须根据航空发动机制造的总体及各阶段要求，结合航空发动机设计结构特点、制造部门的生产类型和生产能力，全面策划和确定航空发动机制造过程中的工艺准备、生产准备总原则、质量控制要求等，具体确定内容有：工艺文件及工艺准备；设备、工艺装备、计量器具；外购、外包产品的控制、人员资质能力要求、工作环境等。制造部门一般通过编制工艺总方案等工艺文件和质量系统控制文件等提出具体要求和控制方式，结合零部件和整机的试制过程结论，对其进行全面系统地评审并做出评价，确保航空发动机安全性与适航制造过程在受控条件下进行，保证制造出的零部件属性和质量，最终实现设计要求。

制造计划应同时明确由具备一定技能的工程和制造人员开展复查和验证工作的要求，具体内容包括：工程（设计和制造）；材料工程；无损检测；质量保证；制造工程（完善和生产）。从事以上内容工作的人员应当评估并批准工艺验证、控制改变规则、不合格零部件的处理以及纠正措施等质量保证或适航体系文件，并保证体系得到有效贯彻，以确保制造的零部件与设计假设保持一致。这样做是为了保证在一定级别的监督下持续地完善和应用制造工艺，以确保能持续达到设计所要求的航空发动机的安全性与适航性；具体方案与前期保持一致，同时要作为工艺验证的一部分来执行；制造工艺和手段的更改通常应该是显著的，并且要通过跨职能的复查和批准才允许施行；不合格零部件在处理前要由具有混合技能型的相关人员进行严格的复查；针对检测出来的不合格品执行纠正措施并跟踪纠正措施的有效性,以确保不合格品不再产生。

3）限寿件使用管理计划编制

使用管理计划是工程中保持发动机限寿件在其使用期间的完整性的一部分。工程计划包括了限寿件制造、使用和维护所用的所有假设,其中每个假设都对零部件寿命有影响,因此有必要确保假设的有效性。使用管理计划针对运营期间的修理、维护和大修进行约束,以令工程计划中的假设保持一致。

确定使用管理计划应当考虑零部件属性,这些属性经工程确认对零部件寿命起重要作用,不应当在零部件使用期间发生改变。使用管理计划应当包括监视限寿件运营的方法,以确保使用假设持续有效。使用管理计划包括而不局限于：维护和大修限制;修理工艺限制;营运人遵照 FAA 规章条例要求,维护特定限寿件可追溯运营记录的职责;检查间隔;检查程序;监测运营飞行剖面;损伤和可修理限制;针对运营和相关经验的定期技术复查等。

确定修理、维护和大修工艺的可接受性。修理、维护和大修工艺应当由具有以下技能的人员进行复查：工程(设计和定寿);材料工程;无损检测;质量保证;产品支持工程;修理开发工程。使用管理计划的跨职能复查所需技能与评估制造计划所需的技能是一致的。复查应当包括工艺验证、控制变化、不合格产品的复查及纠正措施,以确保所有的修理、维护或大修工艺与工程要求相一致。复查有如下好处：在一定级别的监督下完善修理、维护和大修的工艺和手段,并考虑其对零部件寿命的可能影响。具体方案与前期保持一致,并作为工艺验证的一部分来执行;制造工艺和手段的更改是显著的,并且通过跨职能的复查和批准施行;不合格产品在处理前要由具有合适的混合技能型的人员进行复查;针对检测出来的不合格品执行纠正措施。

为确保使用管理过程被正确执行和控制,申请人应当在持续适航指令中明确定义修理、维护和大修程序的限制。这些程序也应当包括与制造工艺和手段相关限制的明确定义,以确保重要的发动机限寿件的属性与工程计划中假设要求的属性保持一致。这是很有必要的,因为不恰当的修理或维护可影响部件的整体性能并导致危害性的发动机影响。

此外,发动机的持续适航文件也是在设计阶段编制。在研发阶段制定持续适航文件,满足使用阶段运行方、维修方实施的需要,以保证发动机的安全。发动机的持续适航文件分为两类,一类为外场维护技术资料,又称随机技术资料,随发动机产品交付运行方使用;另一类为内场维修资料,供发动机返回生产厂家或维修单位维修时使用。

发动机外场维护技术资料主要包括：发动机履历本、维护(或维修)手册、备件目录、工具目录、零件图解目录、结构修理手册、故障分析手册等,由研制方编制,经局方审定后随发动机交付运行方使用,以保证外场维护工作的基本要求,其中发动机维护(或维修)手册是外场维护工作的重要依据。

发动机内场维修技术资料主要包括：发动机翻修（或大修）手册及相应的工艺规程，由研制方或专业维修公司编制，经局方审定后由维修方实施。

发动机投入使用后，研制方应当对技术资料的准确性、可用性和设计的符合性进行全寿命周期的跟踪，当发现或者得到以下反馈时需及时修订相关的技术资料内容：① 存在错误或不准确的情况；② 存在内容缺失的情况；③ 存在无法操作的情况；④ 研制方对发动机进行了设计更改后。研制方也可根据使用经验对技术资料进行改进。

2.3.2 限寿件设计赋予判定准则

宏观上看，限寿件安全性分析的判定准则是明确的，即发动机设计方案对安全要求的符合性。但发动机研制是多专业参与的周期很长的过程，如果脱离了过程控制，最终的发动机设计方案将难以满足安全要求。因此，安全要求是发动机安全性设计的目标和最终判定准则，但各个研制阶段应有阶段判定准则，以降低大规模设计迭代的风险。

在方案设计阶段，限寿件安全性设计部门确认总体设计部门给出的限寿件清单，判定准则是发动机整机的架构和功能能否满足顶层的安全要求，即完成顶层安全要求符合性的确认，具体而言，即判定辨识的限寿件是否导致顶事件的发生。另一方面，初步设计阶段限寿件安全性设计方案的判定准则是初步计算的失效概率是否满足目标风险值要求。

在初步设计阶段，对初步设计的限寿件采用失效风险评估，其判定准则是限寿件的安全指标，即限寿件寿命期内的失效概率必须低于设计目标风险值。

在详细设计阶段，对详细设计的限寿件采用失效风险评估，其判定准则是限寿件的安全性指标，即限寿件寿命期内的失效概率必须低于设计目标风险值。

2.4 限寿件设计赋予工具及数据库

2.4.1 限寿件设计赋予工具

限寿件安全性设计的核心是计算其失效概率，涉及的分析工具主要有系统安全分析工具及限寿件失效风险计算工具。系统安全分析工具用于计算限寿件在整机环境中相应的瞬态边界条件；限寿件失效风险分析工具用于计算限寿件安全指标即失效概率。此外，还包括一般类设计工具，如热分析和应力分析软件或程序等，其不仅仅适用于限寿件的分析过程，也适用于非限寿件的分析过程，如 ANSYS、ABAQUS 等。

1. *系统安全分析工具*

系统安全性分析的流程分为 FHA、PSSA、SSA、CCA 等，各类安全性分析方法的实质是建立航空发动机各类失效或失效组合与后果之间的映射关系。

因此,必须掌握发动机失效萌生和失效发展的综合作用规律。而现代先进航空发动机是由主流道、空气系统、燃油系统、滑油系统、控制系统等多个子系统组成的高度耦合复杂系统,“四强”特性给航空发动机系统安全性分析带来了新的问题,而建模与仿真是研究具有“四强”特性系统的有效工具,为从模型层面反映航空发动机系统的“四强”特性,航空发动机系统安全性分析工具需要具有耦合性、动态性、不确定性等属性。

1）耦合性

耦合现象普遍存在于发动机系统、部件间。目前,广泛应用的发动机特性仿真模型多为基于气动热力学的零维模型,主要解决一次流部件的匹配、总体性能等问题。这类模型通过定比例引气、定比例流量分配和零维截面掺混等简单模型考虑二次流的影响;二次流空气系统模型则多基于流体网络法建立,主要解决二次流流量分配、压力和温度分布等问题。二次流空气系统的边界条件由零维特性仿真模型给出。发动机的全系统分析流程基于解耦假设(图 2.7),通过数据集成代替模型集成。系统分析中的简化和假设虽然会使计算复杂度大大降低,但由此产生的对设计的负面影响常常被推迟到设计后期——建立硬件并测试后才能逐渐消除。研究表明,解耦假设将给限寿件工作边界的分析结果带来不可忽略的误差。因此,解耦的假设不适用于航空发动机系统安全性分析工具。

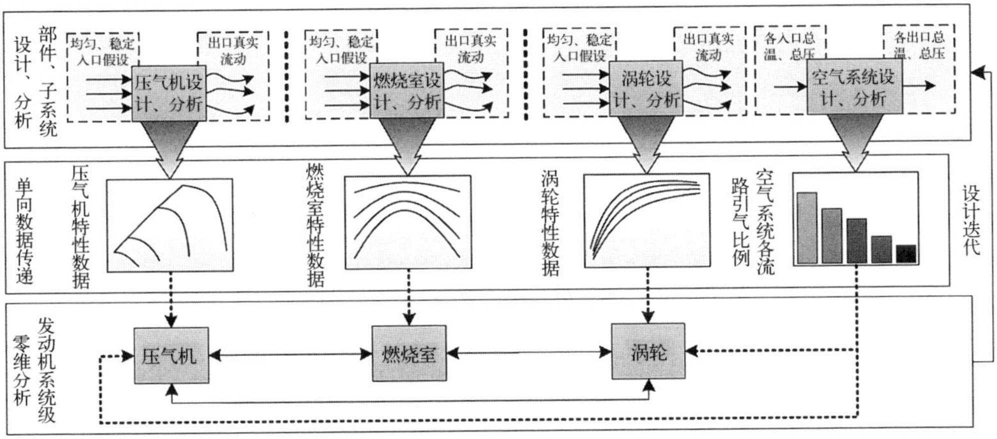

图 2.7　解耦的系统分析过程

2）动态性

“危险的 11 分钟”是航空安全领域中的著名概念,这一概念是指 8 分钟的进近着陆阶段和 3 分钟的起飞阶段(共计 11 分钟)是航空器最容易发生重大事故的阶段。事故集中发生在这 11 分钟内,原因在于: ① 飞行器各子系统过渡工作特征明显，系统危险机理复杂；② 系统工作状态显著偏离设计状态。而在诸多飞行器部件中，航空发动机的工作边界变化最为剧烈——在数秒内热端温度变化可达 1 000 K，转速变化 1 倍以上。因此，航空发动机系统安全性分析工具应具有过渡态分析能力。

图 2.8(a)～(c)分别是二次流空气系统引气比例、涡轮前总温、高压涡轮盘腔冷却气总温的过渡态与稳态分析结果对比。分析对比图可得如下结论：① 从图 2.8(a)可以看出，过渡过程中二次流空气系统引气比例的变化量级远大于不同稳态工作点的引气比例差异，变化幅度超过 1%；② 从图 2.8(b)可以看出，发动机加速的过渡过程中涡轮前总温曾超出 1 900 K，超温幅度大，但持续时间不长；③ 从图 2.8(b)和(c)可以看出，高压涡轮盘作为限寿件，其过渡过程工作边界变化剧烈。

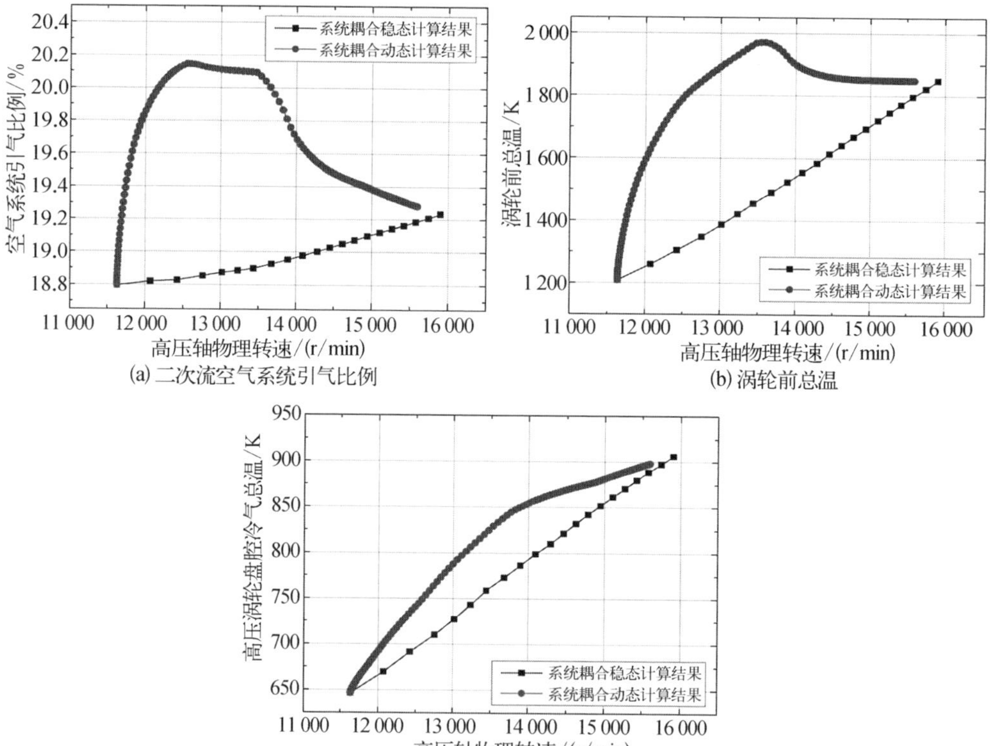

图 2.8　动态/稳态系统耦合分析结果

3）不确定性

发动机的加工、装配、运行及维护过程中均存在不确定性，而确定性的分析方法无法反映不确定的潜在危险。确定性分析方法难以定量评估发动机的概率风险。因此，航空发动机系统安全性分析工具应具有不确定性分析能力。

分别记所有压气机、涡轮、旋转盘腔的性能参数、一次流和二次流部件的流通面积、压力损失元件的总压恢复系数、转子机械效率的确定性取值为 $X_i(i = 1, 2, 3\cdots)$。定义 Y_i 是对应于 X_i 随机变量，Y_i 服从数学期望为 X_i、标准差为 $2‰X_i$ 的正态分布，即 $Y_i \sim N(X_i, (0.002X_i)^2)$。以带分布的 Y_i 取代确定性仿真输入 X_i，采用蒙特卡罗法得到的不确定性分析结果如图 2.9(a)~(c)所示。从图 2.9(a)~(c)可以看出，与确定性分析仅有唯一结果相比，不确定性限寿件工作边界分析结果具有“分布”属性。此外，各部件加工、装配给性能及几何造成的极小偏差，会给发动机关键零部件的工作边界带来显著的不确定性。

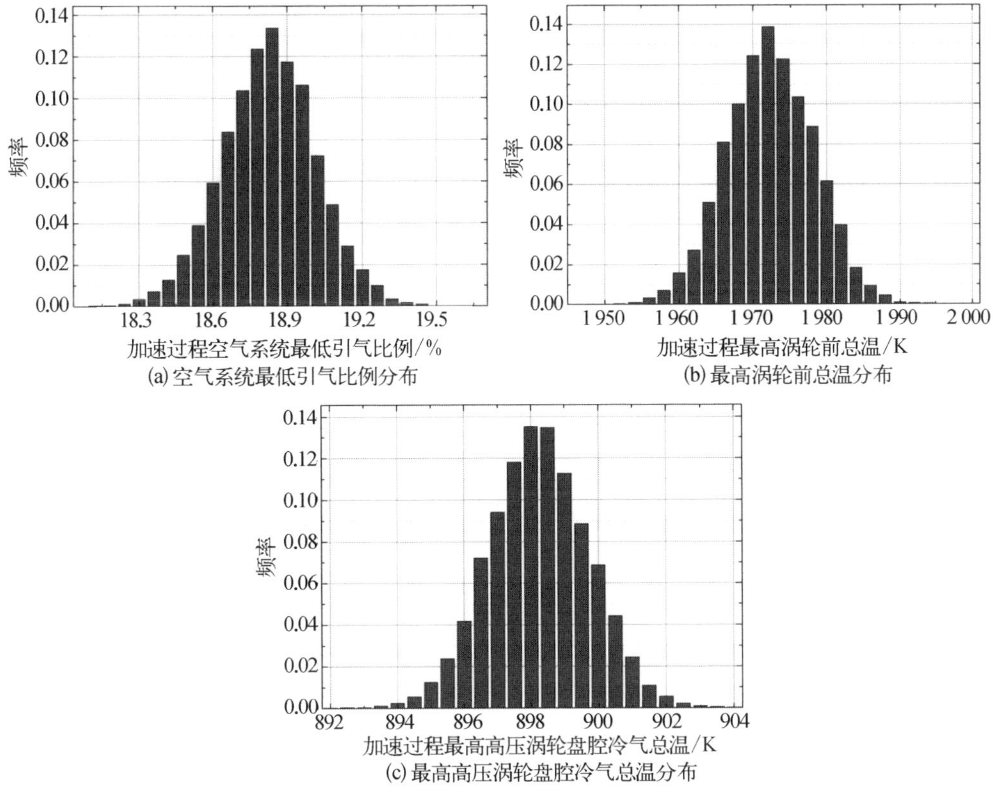

(a) 空气系统最低引气比例分布

(b) 最高涡轮前总温分布

(c) 最高高压涡轮盘腔冷气总温分布

图 2.9 动态系统耦合不确定性分析结果

2. 限寿件失效风险计算工具

限寿件失效风险评估软件用于在初步设计、详细设计阶段根据部件设计输入、历史累积数据库等参数，计算限寿件失效概率，从而判定限寿件是否满足安全指标。与传统性能程序、有限元分析工具关注航空发动机性能、效率及可加工性不同，限寿件概率失效风险评估工具旨在计算其运行寿命期内的失效风险值，在设计阶段定量评估加工引入的意外缺陷等因素对安全性的潜在威胁，从而在设计阶段分析加工引入随机缺陷在相应的工作应力设计、无损检测计划、制造加工工艺参数区间下是否达到相应的安全性水平，如图 2.10 所示。

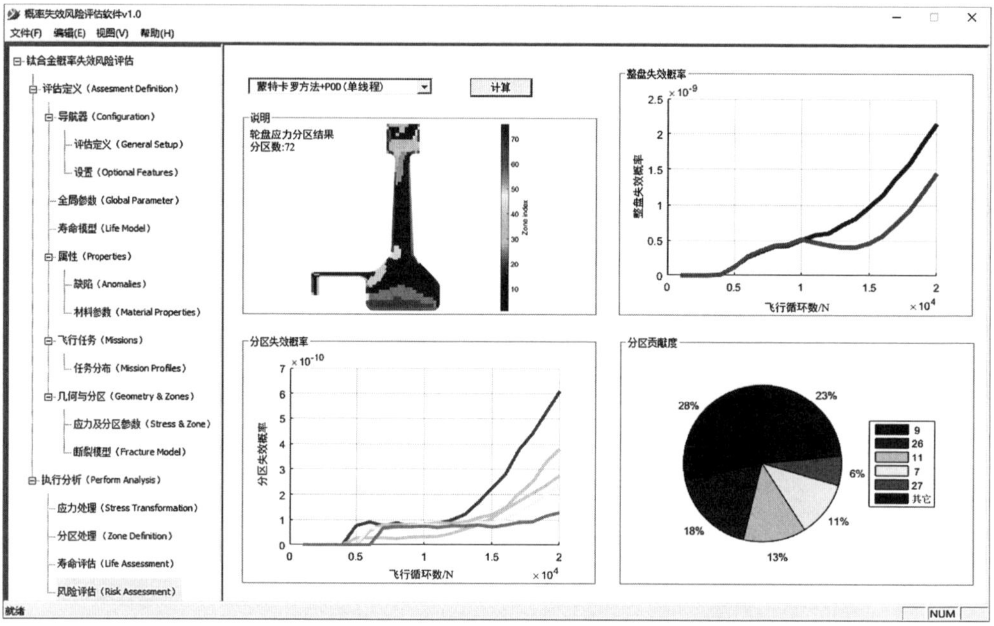

图 2.10 概率失效风险评估工具

因此，概率失效风险评估工具的开发，为设计者设计过程提供了新的“安全边界”，通过加工工艺、无损检测计划及工作应力设计迭代，在设计过程将潜在危险控制在相对安全水平。

3. 限寿件失效风险计算过程涉及一般类设计工具

一般类设计工具是指该工具对于航空发动机的设计活动是普遍采用的，如热分析和应力分析软件或程序等，其不仅仅适用于限寿件的分析过程，也适用于非限寿件的分析过程；同时，这类工具往往在工业界（包括但不局限于航空工业）是普遍采用的并得到了多年的发展，如 ANSYS、ABAQUS 等，其精度和核心算法等已经得到了大量的工业设计活动的证实。

2.4.2 限寿件设计赋予数据需求及获取途径

1. 限寿件安全性设计数据需求类型

限寿件安全性设计的支持数据库为支撑限寿件安全性设计可调动的公用数据库，不依赖于特定的型号设计输入数据，这是限寿件安全性设计“六要素”中数据库与输入的差异。限寿件设计迭代过程不断完善的特定型号设计方案数据是限寿件安全性设计的重要输入，不归类为数据库，包括限寿件边界条件的计算、测量数据，限寿件试制后测量的材料/几何等参数统计值等。

具体而言，一方面，限寿件设计的数据资料包括历史事故原因分析与控制举措、历史型号安全性分析的经验数据、材料数据库（包含针对限寿件出现的缺陷的特殊材料数据库，即缺陷分布数据与缺陷无损检测概率数据），主要用于支撑限寿件安全性设计过程中限寿件失效概率计算。另一方面，数据库包含历史型号制造及维护的经验累积数据，例如制造工艺手册、维修手等，用于指导限寿件制造计划及使用管理计划的制定。需要注意的是，材料数据库、制造及维护数据在设计过程中也随着试验的开展不断丰富，对于当前设计型号而言，累积的材料数据等统计数据均归类为“六要素”的输入；而对于新的设计，历史型号累积的统计数据则归类为“六要素”的数据库。

2. 限寿件安全性设计数据获取途径

数据是航空发动机安全性设计的重要支撑。在研制阶段，数据资源可用于避免曾经导致事故的设计缺陷；在运行阶段，数据资源可用于快速定位事故原因，并将危害隐患控制到最小范围；在发动机维修过程中，数据可用于排除易导致事故的维修缺陷。

具体而言，限寿件安全性设计的数据库按照获取方法分为两类，一类是可公开获取的数据资料；另一类数据库是内部数据资源（包括研制、制造、运营、维修单位等）。

1）公开数据资源

公开数据资源是指可从公开渠道获取的数据资源，包括手册、适航指令、各类公开报告等。

（1）手册。在各种公开数据资源中，手册是系统性最高、结构化最好的数据资源。典型的系统安全性手册包括《电子设备可靠性预计手册》（GHB/Z299C）、《NSWC 机械可靠性预计手册》等，分别用于支撑电子设备和机械设备定量失效概率分析。

（2）适航指令（airworthiness directive, AD）。适航指令是在某飞行器型号合格审定后，由局方针对在某一 民用航空产品（包括航空器、航空发动机、螺旋桨及机载设备）上发现的，很可能存在或发生于同型号设计的其他民用航空产品中的不安全状态，所制定的强制性检查要求、改正措施或使用限制的文件，其内容涉及飞行安全，如不按规定完成，有关航空器将不再适航。因此，在航空发动机设计中，系统回顾历史适航指令，检查并排除当前设计的类似隐患，可有效避免类似的不安全状态重现。

（3）美国国家运输安全委员会（National Transportation Safety Board, NTSB）事故调查报告。NTSB 成立于 1967 年，总部设于华盛顿，是美国联邦政府的独立机关,专责于美国国内的航空、公路、铁道、水路及管线等事故的调查。

NTSB 的使命之一是调查事故,确定事故发生时的条件和环境,确定可能的事故原因,提出预防同类事故的建议。NTSB 的航空事故调查过程及结论会以报告的形式在其官方网站发布。报告通常包含事故的过程、事故分析、分析结论及建议。在航空发动机设计中,系统回顾 NTSB 事故调查报告,检查并排除当前设计的类似隐患,可有效避免类似的不安全状态重现。

在全球其他国家和地区,也设有类似 NTSB 的机构,如日本的航空、铁道事故调查委员会、加拿大的运输安全委员会(Transportation Safety Board)、英国的航空事故调查局(Air Accidents Investigation Branch)、法国的航空事故调查局、德国的航空事故调查局及中国台湾地区的“行政院”飞航安全委员会等。

(4) 国际民用航空组织(International Civil Aviation Organization, ICAO)与国际航空运输协会(International Air Transport Association, IATA)安全报告。ICAO 是联合国的一个专门机构,1944 年为促进全世界民用航空安全、有序发展而成立。国际民用航空组织总部设在加拿大蒙特利尔,负责制定国际空运标准和条例。IATA 是一个由世界各国航空公司所组成的大型国际组织,其前身是 1919 年在海牙成立并在第二次世界大战时解体的国际航空业务协会,总部设在加拿大的蒙特利尔,执行机构设在日内瓦。IATA 的宗旨是为了世界人民的利益,促进安全、正常而经济的航空运输,对于直接或间接从事国际航空运输工作的各空运企业提供合作的途径,与国际民用航空组织以及其他国际组织通力合作。

ICAO 与 IATA 每年会发布安全报告(图 2.11),回顾过去一年内全球的商用航空事故,给出事故清单及摘要,分析过去一年的事故与地区、飞机/发动机类型、飞

图 2.11 ICAO 和 IATA 的安全性报告

行阶段等因素的关联性，并回溯数年内的数据，给出航空安全趋势分析。

2）内部数据资源（研制、制造、运营、维修单位）

内部数据资源是指分散在各个单位内部的，与航空发动机系统安全性相关的数据资源，包括但不限于统计数据、管理数据、核算数据等。内部数据资源的典型特点是分散、非结构化、关系不明确。如何建立数据之间的关系，并从数据中充分挖掘有用信息依赖于数据使用方、挖掘方与收集方的充分迭代和互动。只有建立了长效的数据采集、整理、挖掘机制，数据才能切实支撑航空发动机的研制安全、制造安全、运行安全。

参考文献

[1] 中国民用航空局. 航空发动机适航规定：CCAR－33R2[S]. 北京：中国民用航空局，2012.

[2] FAA. e-CFR 14 Part 33, Airworthiness standards: Aircraft engines[S]. Washington: FAA, 2009.

[3] EASA. Certification specification for engine[S]. Koeln: EASA, 2010.

[4] FAA. e-CFR 14 Part 25, Airworthiness standards: Transport category airplanes[S]. Washington: FAA, 2024.

[5] SAE. Certification considerations for highly-integrated or complex aircraft systems: SAE ARP 4754[S]. Warrendale: Society of Automotive Engineers, 1996.

[6] SAE. Guidelines and methods for conducting the safety assessment process on civil airborne systems and equipment: SAE ARP 4761[S]. Warrendale: Society of Automotive Engineers, 1996.

第 3 章 限寿件制造实现

航空发动机限寿件的设计赋予最终要靠制造来实现。限寿件的底层设计本质上是探索一种工艺、材料可实现结构和功能的过程;该结构在整机环境下,能够实现其预定功能。简而言之,其目标就是将图纸要求转化为实现其预期功能的实物。限寿件设计过程的关键之一就是如何定义"工艺、材料可实现"。狭义上的理解就是,如果设计可表达为一系列结构参数、材料性能参数的集合,则制造应该精确地实现这一集合中的所有结构参数及材料性能参数。为了使得限寿件满足设计赋予要求,在设计阶段制定限寿件制造计划,明确影响限寿件安全性的关键制造工艺要求。"制造实现"是在满足制造计划要求的基础上,通过制定详细的工艺规程并进行生产,将设计要求真正落实的环节。本章介绍"制造实现"的六要素,其判据是"设计赋予"阶段输出的制造计划。制造实现过程必须通过满足制造计划确保设计要求的属性持续有效。

3.1 限寿件制造实现六要素

"制造实现"是将限寿件的图纸要求变成实现预期功能的实物过程,即将原材料制成限寿件,并且限寿件与其他零部件组装成整机,经过各种检测,最后成为实现设计赋予其预定功能的限寿件。

限寿件"设计赋予"在方案设计、初步设计及详细设计阶段,都完成了限寿件安全指标的计算,并制定了对应的三大计划。为保证限寿件的"制造实现",在方案设计、初步设计及详细设计阶段,限寿件制造部门开展限寿件的样品试制、小批量试制及生产定型。在制造过程中,限寿件制造部门与限寿件安全性设计部门迭代,保证制造出的限寿件满足设计赋予的安全要求。具体迭代流程见 2.1 节。

与设计过程类似,发动机不同型号都有各自的特点,因此制造实现方法不可能对特定的制造步骤给出细节要求。本章通过"安全性六要素"分解制造实现,从而保障制造实现流程可重复性与一致性,并有效实现安全性。安全性制造实现的六要素概括如表 3.1 所示。

表 3.1　安全性制造实现六要素

六要素＼阶段	方案设计阶段	初步设计阶段	详细设计阶段
输入	限寿件方案设计阶段的设计方案+设计赋予输出的工程计划及制造计划	上游材料入库检测单+限寿件初步设计阶段的设计方案+设计赋予输出的工程计划及制造计划	上游材料入库检测单+限寿件详细设计阶段的设计方案+设计赋予输出的工程计划 及制造计划
输出	制造实现过程初步文件材料(工艺规程/检测要求等)	表征限寿件最终状态参数统计值(缺陷出现水平、几何尺寸、表面完整性、材料理化性能等)+制造实现过程初步文件材料(工艺规程/检测要求/生产异常情况等)	表征限寿件最终状态参数统计值(缺陷出现水平、几何尺寸、表面完整性、材料理化性能等)+制造实现过程详细文件材料(工艺规程/检测要求/生产异常情况等)
流程	工艺规程制定+制造工艺稳定性控制+部件失效风险评估(反馈限寿件安全性设计部门开展分析)		
判定准则	满足设计赋予阶段形成的设计方案、工程计划及制造计划		
数据库	历史事故原因分析与控制举措、材料数据库(包含针对限寿件出现的缺陷的特殊材料数据库,即缺陷分布数据与缺陷无损检测概率数据)、历史型号制造的经验累积数据(工艺规程/检测要求等)、各部件、各系统制造能力(质量系统控制文件、生产设备条件、流程规范等)		
分析工具	工艺/工序稳定性评价工具+限寿件失效风险评估软件(反馈限寿件安全性设计部门开展分析)		

限寿件制造实现的输入为限寿件设计部门输出的限寿件的设计方案、限寿件安全性设计部门在"设计赋予"阶段输出的工程计划及制造计划。此外,在初步设计及详细设计阶段,限寿件设计部门确定材料供应商,因此制造实现的输入还包括制造部门上游提供的材料入库检测单。

限寿件制造实现的输出为制造实现形成的过程文件,包括依照制造计划确定具体详细的工艺规程、检测要求等。在初步设计及详细设计阶段,制造部门按照工艺规程加工限寿件,因此输出还包括加工出限寿件后测量的所有表征限寿件最终状态的参数统计值。

需要指出,"设计赋予"阶段确定的制造计划中关注的是影响限寿件安全性的关键制造工艺,而"制造实现"确定的工艺规程是在满足制造计划要求的基础上,真正落实制造实现的文件,是保证制造可重复性的重要文件。

"制造实现"的核心判定准则是工程计划及制造计划要求。限寿件一旦满足工程计划和制造计划要求，就自动满足寿命期内失效概率低于设计目标风险值的安全指标。

3.2 限寿件制造实现输入及输出

3.2.1 限寿件制造实现输入

(1) 方案设计阶段：① 在发动机研制的第一个阶段，限寿件设计部门输出的设计方案是“制造实现”的输入，包括限寿件的材料选择、几何参数等；② 限寿件安全性设计部门在“设计赋予”阶段，为了保证限寿件的失效概率低于目标风险值，制定了限寿件的三大计划。其中，“设计赋予”阶段输出的工程计划和制造计划是“制造实现”的输入。

工程计划输出了进行限寿件寿命分析的各种设计、制造、使用和维护的假设，例如材料参数、几何尺寸等，而每种假设均可影响零部件寿命。

制造计划原则上包括所有与制造相关的影响限寿件失效概率的关键变量。限寿件制造计划包括以下要素：零部件所使用的材料（含对应的标准、规格、性能等）；规范、明确的加工方法；加工的步骤；切削参数和容许的散度系数；检测的方法和相应的灵敏度要求；特殊的零部件加工或精加工方法；旨在改善零部件疲劳性能或者最小化诱发缺陷的工艺方法；变更加工方法对零部件寿命性能影响的合格工艺验证；材料微观结构的具体要求；表面抛光的要求；残余应力的要求；确保零部件保持一致和重复生产的加工控制方式；零部件可追溯的加工记录或履历；不合格零部件的复查情况和记录。制造计划对上述变量提出要求，以确保其偏差不会对零部件寿命造成负面影响的相关分析资料。

(2) 初步设计阶段：① 限寿件设计部门输出的初步设计方案；② 限寿件“设计赋予”阶段输出的工程计划和制造计划；③ 与方案设计阶段相比，初步设计阶段应确定制造部门，因此输入还包括制造部门从上游获得的材料入库检测单（含对应的标准、规格、性能等）。

(3) 详细设计阶段：该阶段的输入类型与初步设计阶段相同。与初步设计阶段输入相比，随着限寿件设计方案更为详细，例如，限寿件设计部门提出了详细设计图纸要求、限寿件的选材要求；随着限寿件的试制试验开展，制造数据累积，在详细设计阶段，限寿件“制造实现”的输入更为详细。

3.2.2 限寿件制造实现输出

(1) 方案设计阶段：在该阶段制造部门获得的设计信息量较少，制造实现过程通常依赖于制造部门历史制造数据库，包括制造能力，例如生产设备条件（设备、工艺装备、计量器具）、人员配置、工作环境、流程规范（人员资质能力要求、外购/

外包产品的控制)等。因此,在方案设计阶段,限寿件制造部门输出制造实现过程初步文件材料给限寿件安全性设计部门,包括依据历史数据确定的工艺规程、检测要求等。

(2) 初步设计阶段: ① 在该阶段,随着材料供应商的选择和确认,限寿件制造部门开展限寿件的试制,不断累积限寿件制造后的测量数据。因此,限寿件制造实现的输出是按照工程计划要求制定的制造计划生产出限寿件后,所有表征限寿件最终状态的参数统计值,包括限寿件缺陷出现水平、几何尺寸、限寿件表面完整性(表面粗糙度、表面微观组织、显微硬度、疲劳数据、残余应力等)、部件材料理化性能(拉伸性能、疲劳性能、蠕变、断裂特性等)等。② 此外,该阶段的输出包括限寿件制造实现过程涉及的所有文件材料,如工艺规程、检测要求、生产异常情况等。

(3) 详细设计阶段: 该阶段的输出类型与初步设计阶段相同。制造部门不断累积限寿件制造后的测量参数统计值,包括材料参数分散性、几何尺寸公差等,将制造实现获得的测量数据输出给限寿件安全性设计部门,从而支撑总体设计部门及限寿件设计部门完成限寿件的设计方案的迭代,支撑限寿件安全性设计部门对限寿件工程计划以及制造计划进行迭代,具体迭代流程如 2.1 节图 2.2 所示。

3.3　限寿件制造实现流程及判定准则

3.3.1　限寿件制造实现流程

"制造实现"是将限寿件的图纸要求变成实现预期功能的实物过程,即将原材料制成限寿件,并且限寿件与其他零部件组装成整机,经过各种检测,最后成为实现设计赋予其预定功能的限寿件。"制造实现"由制造部门开展,由限寿件安全性设计部门提供制造计划,并且判定制造实现与制造计划要求的符合性。制造实现过程包括工艺规程的制定,制造工艺稳定性控制,当限寿件制造完成后,限寿件的测量统计值将直接反馈限寿件安全性设计部门,并进行限寿件安全指标即失效概率的计算,从而保证制造后的限寿件满足最初总体设计部门提出的安全指标要求。

1. 工艺规程制定

限寿件制造实现的流程为: 制造部门根据研制单位提供的限寿件设计方案(几何图纸等)、工程计划里提及的特性要求及制造计划里的制造要求(关键工艺/工序等),制定详细完整的工艺路线,形成工艺规程或加工计划,并进行制造;并且与设计赋予阶段制定的工程计划及制造计划不断迭代,最终确定工艺规程,并且制造出满足设计要求的限寿件。

其中,工艺路线设计一般分为两个步骤进行: 第一步是设计零件从毛坯到成品零件所经过的整个工艺过程，称为工艺路线；第二步是设计各工序具体内容，也就是工序设计。工艺路线设计是制定工艺规程中关键的一步，它是工艺过程的整体布局。工艺路线合理与否不但影响零件加工质量、生产率和经济性，而且也影响到工人的劳动强度、设备投资、车间面积及生产成本等问题[1]。

必须强调，设计过程的制造计划包含了加工方法、加工的步骤，但在实际制造实现之前，需依据各制造部门自身的制造能力编制工艺规程。理论上，制造计划与工艺规程不断迭代修改，最终确定的工艺规程满足制造计划要求，并且制造加工的限寿件所有测量参数值满足设计要求。

2. 工艺稳定性控制

除了完成工艺规程的制定，还需完成制造工艺稳定性控制，具体包括制造技术成熟度评估、关键/一般制造工序的控制、制造工序的稳定性要求、制造工艺的稳定性要求、制造工序/工艺的偏差敏感性分析等。

1）制造技术成熟度评估

技术成熟度是指技术相对于某个具体系统或项目来说所处的发展状态，它反映了技术对于项目预期目标的满足程度。任何一项技术都必然有一个发展和验证的过程。在技术成熟度评价体系中往往根据技术达到的成熟水平分成不同的等级。技术成熟度等级(technology readiness levels, TRL)是指对技术成熟程度进行度量和评测的一种标准[2]，将技术从萌芽状态到成功应用于系统的整个过程划分为几个阶段，为管理层和科研单位提供了一种统一的标准化通用语言。技术成熟度评价方法是采用 TRL 对技术的成熟度进行评价的一套方法、流程和程序，它是采用 TRL 和一个系统化的实施程序来完成技术成熟度评价报告的一个过程。制造技术成熟度等级(manufacturing readiness levels, MRL)是在 TRL 的基础上开发的，是 TRL 概念的拓展。

参考美国国防部 TRL 等级的定义，结合 GJB 8345－2015 装备制造成熟度等级划分及定义[3]，我们同样可以将航空发动机制造技术成熟度分为 10 个等级。结合航空发动机自身的特点，定义：确定基本原理，进行制造可行性评估为 MRL1；明确制造概念为 MRL2；开发制造概念为 MRL3；具备在实验室环境下的制造能力为 MRL4；具备在相关生产环境下制造零部件原型的能力为 MRL5；具备在相关生产环境下生产原型系统或子系统的能力为 MRL6；具备在典型生产环境下生产系统、子系统或部件的能力为 MRL7；试产能力通过验证，准备进入小批量生产为 MRL8；小批量生产通过验证，准备进入大批量生产为 MRL9；大批量生产通过验证，转向精益生产为 MRL10。

制造技术成熟度评估是一种结构化的评估方法，以 MRL 为标准，客观地评估技术、制造工艺、部件、子系统或系统的成熟度。评估应开始于发动机研发之前，持续于发动机研发过程之中，其目的是为决策者提供技术、零部件及工艺相对成熟度

（附带风险）的常识，以满足决策需求。制造技术成熟度评估的重点是确认理论上的生产能力是否满足项目生产率及决定需要哪些投资（资本、人力资源等）来满足生产需求。主要包括三方面的内容：一是定义 MRL 的当前级别；二是识别成熟度的缺陷和相关风险；三是为生产计划和风险管理提供基础原则。

针对航空发动机制造技术成熟度等级控制要求，进行成熟度缺陷和相关风险的识别，辨识出需要控制的关键技术元素清单。关键技术清单梳理时既不能保守，将相对成熟的技术识别为关键技术，导致项目管理成本的增加，又不能将相对不成的技术排除到关键技术元素之外，导致项目的技术风险得不到有效识别和控制。基于初步筛选的关键技术清单，通过界定每个关键技术元素的应用环境，判断每项关键技术元素的应用环境是否有重大变化，协调确定最终的关键技术元素清单。技术成熟度等级评价准则是对技术成熟度等级各级包含工作的更为细致的划分，在技术成熟度评价过程中用于关键技术元素技术成熟度等级的详判，可通过逐条对照的方法判定关键技术元素是否达到相应的等级。

依据技术成熟度评价结果，对照该阶段技术成熟度控制要求，将技术成熟度级低于 MRL3 的关键技术元素确定为项目论证阶段的主要的技术风险点；针对技术风险点分别制定技术成熟度的提升计划，并将其纳入科研管理计划，结合计划的实施达到对项目技术风险识别与管控的目的，为项目的决策起到重要的支撑作用。

2）关键/一般制造工序的控制

a. 关键制造工序的控制

制造部门依据设计单位下发的限寿件设计图样、制造计划等设计文件及以往成功的技术和成熟的经验，结合本单位的制造水平对加工难度大、质量不稳定、易造成重大经济损失的加工过程进行过程能力分析和研究，识别出关键制造工序。并在工艺规程中关键制造工序的工序页、现场使用的工序卡和合格证或质量保证单上进行标识。值得一提的是，设计单位提供的制造计划中已给出关键制造工序，制造部门确定的关键工序经过迭代必须完全满足制造计划的要求。

制造部门工艺人员分析各关键制造工序控制的重点部位，对限寿件的过程参数和关键特性、重要特性应在工艺规程中明确规定控制的项目、使用的设备、控制方法、控制要求、检测频次、测定方法等监视和控制措施。适用时，可编制关键制造工序质量控制卡，明确加工设备、工艺方法和人员（操作者、检验员）。工艺文件中关键制造工序中涉及关键特性、重要特性的加工设备、方法、过程参数及检验方案的任何更改，应进行验证并经过批准。

在关键制造工序开工前，对影响关键制造工序加工中涉及的文件、人员、设备装、器材、方法和环境因素进行检查，确保其处于受控状态。关键制造工序加工过程中，操作者应按工艺文件、关键制造工序质量控制卡等文件的要求，进行操作与检验，做好相关记录。当关键过程出现问题时要立即停止加工，找出原因，采取措施，保持关键过程质量的稳定。

关键制造工序中依据工艺文件或关键过程控制卡的要求对关键过程的每批首件进行首件鉴定，并做实测记录。对所有零件关键特性、重要特性实施百分之百的检验，并做好原始记录和记录保存工作，保证符合性和可追溯性。

b. 一般制造工序的控制

工艺人员应根据设计图样确定的关重特性、加工要素的重要程度、容易出问题的方面及对后续工序的影响，如加工、可检查性等方面，分析加工的零件，对需要重点监视和测量的过程参数和零部件特性，应设置过程控制点，在工艺规程中明确控制的项目和要求、控制的方法、类型、工具和图表、检测的频次和方法、实施控制的人员、实测值记录和原始记录等要求。

工艺规程根据限寿件的特性要求和制造部门工艺布局要求，从工艺和简化加工的角度进行编制，制定合理的工艺规范和加工流程，保持限寿件的制造控制符合要求。

工艺规程必须满足限寿件有效设计图样、制造计划的要求，保持与设计图样的符合性，选用的工艺装备应与加工零部件的精度相适应并能满足限寿件检验及生产批量要求。工艺规程应内容翔实，并不断完善，做到明确加工内容、加工方法（包括防错）、工艺参数、设备、工装、检测方法与频次。

制造工序加工前对复杂、关键、难度大的工序，工艺人员对操作者进行技术培训指导，开展技术交底或事先模拟试验加工。操作者熟悉本工序的工艺要求及质量要求，现场工艺规程或其他文件符合要求且制造加工条件满足工艺规程要求。操作者、检验人员严格按工艺文件规定的工艺路线、方法参数、加工时间要求，实施限寿件的加工、检测，按规定填写原始记录、流程卡等质量记录。当工序出现质量问题时要立即停止加工，操作者及时通知有关人员进行分析找出原因，采取有效的措施，保持工序质量的稳定。

制造部门和质量部门根据限寿件特点及工序质量控制的需要，对中间零部件和最终零部件的特性进行监视和测量，以验证限寿件要求已得到满足。适用时，过程监视和测量可采用过程审核或评审、统计技术的应用、过程的验证和确认（如首件鉴定和特殊过程确认）等方法。

3）制造工序的稳定性要求

制造工序的稳定性一般通过运用“统计过程控制”（statistical process control, SPC）技术来评估和监控。SPC 主要是指应用统计分析技术对生产过程进行实时监控，科学地区分出生产过程中零部件质量的随机波动与异常波动，从而对生产过程的异常趋势提出预警，以便生产管理人员及时采取措施，消除异常，恢复过程的稳定，从而达到提高和控制质量的目的。当过程受随机因素影响时，过程处于统计控制状态（简称受控状态）；当过程中存在系统因素的影响时，过程处于统计失控状态(简称失控状态)。由于过程波动具有统计规律性,当过程受控时,过程特性一般服从稳定的随机分布;而失控时,过程分布将发生改变。SPC 正是利用过程波动的统计规律性对过程进行分析控制的。因而,它强调过程在受控和有能力的状态下运行,从而使零部件和服务稳定地满足顾客的要求。

制造工序的稳定性要求一般采用诸如"过程能力指数"等指标来评价,过程能力指数,也称为工序能力指数,是工序在一定时间里,处于受控状态下的实际加工能力。它是工序固有的能力,或者说它是工序保证质量的能力。这里的工序是指人、机、料、法、环、测诸因素综合作用的过程,也就是零部件质量的生产过程。过程能力指数的值越大,表明零部件的离散程度相对于技术标准的公差范围越小,因而过程能力就越高;过程能力指数的值越小,表明零部件的离散程度相对于技术标准的公差范围越大,因而过程能力就越低。因此,可以从过程能力指数的数值大小来判断能力的高低。从经济和质量两方面的要求来看过程能力指数值并非越大越好,而是应在一个适当的范围内取值。

4）制造工艺的稳定性要求

限寿件合格率是制造工艺稳定性的直观表现,限寿件合格率越高,制造工艺的稳定性越高,限寿件合格率越低,工艺稳定性越差。反过来讲,只有通过提高制造工艺的稳定性,才能间接提高限寿件的合格率。那么,制造工艺的稳定性评价标准是什么?

在零部件加工过程中,从最初的零件研制开始到批产的不同生产阶段经常要接受各方审核,审核能够全面充分了解整个工艺过程,包括过程实现能力,通过不断对限寿件工艺进行评审或审核,针对发现的问题进行纠错、整改,形成工艺稳定性评价标准,提升工艺稳定性,最终实现限寿件零缺陷交付。为此,在学习借鉴国外先进做法的同时,我们摸索出一套对零部件各阶段进行评价的有力工具——"工艺稳定性评价工具",该工具有简单、实用、方便、快捷、涵盖全面等优点,通过量化评价,促进生产单位及制造供应商完善工艺与生产准备,持续改进、监控,确保风险得到有效控制,从而实现持续稳定的批产交付能力。

对于总平均数未达到要求的情况,需要对评估结果制定改进措施和改进计划,并规定责任人和完成节点。在改进措施和改进计划实施完后进行重新评估,目的是不断改进,不断评估,达到稳定的、持续的批产交付能力。

5）制造工序/工艺的偏差敏感性分析

敏感性分析是系统分析中分析系统稳定性的一种方法。敏感性分析时,仅需变动一个因素的取值,而保持其他因素值不变,由此逐个求出各影响因素的单位变化值引起的安全系数的增量和影响率。

制造工艺的偏差敏感性分析,是在假设发动机设计满足要求的前提下,针对发动机零件在试制生产工艺过程中每个工艺步骤可能发生的故障模式进行分析,并预测该故障模式对本零件下一道工序的影响、对组件的影响,以及对发动机的影响,分析造成潜在故障的原因,按故障模式的风险优先数(risk priority number, RPN)值的大小,针对工艺薄弱环节制定改进措施,并预测或跟踪所采取改进措施后减小 RPN 值的有效性,使 RPN 达到可接受的水平,进而提高发动机的质量和可靠性,即过程故障模式与影响分析(process failure mode and effects analysis, PFMEA)。

a. PFMEA 与工艺开发的关系

PFMEA 与工艺开发的关系如图 3.1 所示,PFMEA 的范围由虚线表示。工艺员拿到设计图纸,确定工艺路线,选取高风险零件进行 PFMEA 评估,确保潜在的失效模式和产生的原因被列出,再以标准化的方法去发现、评估工艺过程中的风险,并选取高风险项进行控制(确定关键特性,编制关键工序控制卡)和改进,然后重新进行 PFMEA 评估,直至初始能力分析达标。

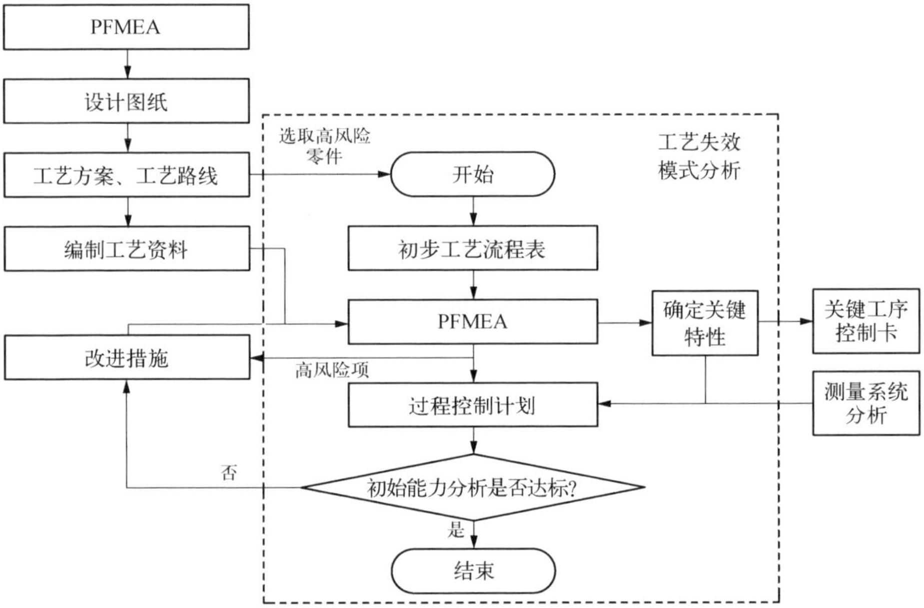

图 3.1 PFMEA 与工艺开发的关系

b. PFMEA 的时机

PFMEA 在工艺编制和实施过程中的任何阶段开展都是有益的,条件允许时,PFMEA 应按照限寿件生产阶段的不同,进行不同程度、不同层次的分析。PFMEA 应及时反映工艺设计和生产工艺上的变化,并随着研制阶段的展开而不断补充、完善和反复迭代。

以下两种情况最适合进行 PFMEA。

其一，在工艺初步设计时进行 PFMEA，并应随着工艺设计的深入与工艺编制工作同步展开。这样有利于及时发现工艺设计中的薄弱环节，并为安排改进措施的先后顺序提供依据。

其二，有任何零部件缺陷发生后，应及时组织对 PFMEA 的回顾，修改发生频率值，确认原因是否识别，预防手段和控制手段是否失效，为何导致缺陷发生，如何改进等。

c. PFMEA 的实施步骤

PFMEA 的实施步骤主要包括 PFMEA 的准备、记录基本事项、识别过程功能描述/要求、识别潜在失效模式、识别潜在失效后果、识别潜在失效起因、识别现行过程控制、识别与评估风险、确定措施与责任、跟踪措施的结果等。在对所建议的措施实施并验证后，最终确定采取的旨在降低严重度、频度、探测度的措施，并记录下来，然后进行新的风险评估，即重新估计采取措施后的严重度、频度、探测度，并计算 RPN。如果风险评估满足要求，则应将采取的措施反映到质量控制计划及有关的文件中；如果风险评估结果仍未达到预期效果，小组将进入新一轮建议措施的研究→验证→评估（一直到可接受为止）。PFMEA 是一个动态文件，随着设计的修改和过程的完善，PFMEA 也要进行不断的修订与完善。

3. 限寿件失效风险评估

限寿件由制造部门制造加工后，所有表征限寿件最终状态的参数统计值将输出给限寿件安全性设计部门，包括限寿件缺陷出现水平、几何尺寸、限寿件表面完整性（表面粗糙度、表面微观组织、显微硬度、疲劳数据、残余应力等）、部件材料理化性能（拉伸性能、疲劳性能、蠕变、断裂特性等）等。限寿件安全性设计部门开展限寿件的失效风险评估，计算限寿件寿命期内的失效概率，从而判定制造加工的限寿件是否满足失效概率低于目标风险值的安全要求。其失效风险评估流程与设计赋予阶段相同。

3.3.2 限寿件制造实现判定准则

设计赋予过程形成的限寿件设计方案、工程计划及制造计划是制造实现的判定准则。具体而言，判定准则包括限寿件的几何尺寸、材料选择、材料缺陷出现水平、限寿件表面完整性（表面粗糙度、表面微观组织、显微硬度、疲劳数据、残余应力等）、部件材料理化性能（拉伸性能、疲劳性能、蠕变、断裂特性等）、应力状态、工艺过程、关键工艺/工序参数等。例如制造实现流程中提及的首件鉴定，即是判定制造出的限寿件是否满足限寿件的设计方案；制造出的限寿件所有测量值是否满足工程计划计算限寿件寿命的所有假设；制造工艺规程是否满足限寿件制造计划的要求。限寿件一旦满足工程计划，自动满足限寿件在寿命期的失效概率低于目标风险值的要求。

3.4 限寿件制造实现工具及数据库

3.4.1 限寿件制造实现工具

1. 工序/工艺稳定性评价工具

制造工序的稳定性一般通过 SPC 技术来评估和监控。SPC 主要是指应用统计分析技术对生产过程进行实时监控,科学地区分出生产过程中限寿件质量的随机波动与异常波动,从而对生产过程的异常趋势提出预警,以便生产管理人员及时采取措施,消除异常,恢复过程的稳定,从而达到提高和控制质量的目的。可应用 MINITAB 等软件生成统计过程控制质量控制图,分析过程是否稳定;生成过程能力六合一图,判断数据是否为正态分布;对于连续性数据,过程在受控状态和数据呈正态分布时,利用能力分析图生成质量特性的过程能力。

工艺稳定性评价主要从工艺规程/操作指导卡满足当前加工任务要求的程度选用的刀具、夹具等工装的适宜性和稳定性、选用量具的精确性、有效性、再现性、设备持续满足零部件加工要求的程度、关重要素(设计、工艺、质量关重特性)的控制程度及协作工序或子供应商的工艺完备程度六个方面进行。"工艺稳定性评价工具"针对工艺文件及过程实现条件进行量化评价,分别从审查工艺规程、刀具/夹具准备、测量准备、关重要素/特殊过程控制、生产设备全员生产维护(total productive maintenance, TPM)、协作工序控制六个方面规范评估要点,分项设置量化指标,进行量化打分,显示过程能力的薄弱环节。该工具应用于不同的生产阶段,试制发展阶段的评估一般在第一批零件生产前开展,要求具备工艺实现基本条件;生产就绪阶段的评估在批产批准前开展,要求具备批产实现能力;批生产持续改进阶段的评估,要求具备批生产能力。各阶段的评估旨在找到工艺文件和工艺实现条件的差距,跟踪进展,不断完善,确保所有过程或系统的要素都得到有效发展、实施,且在批产前已经准备就位。

2. 限寿件失效风险评估软件

根据实际制造后测量的数据,开展限寿件失效风险计算,并且与目标风险值对比,其限寿件失效风险评估软件工具与设计赋予阶段相同。

3.4.2 限寿件制造实现数据库

限寿件制造实现的数据库包括航空历史事故原因分析与控制举措、材料数据库、历史型号的制造经验累积数据(工艺规程等)。与设计赋予数据库相比,制造实现数据库增加了制造部门制造能力数据,包括质量系统控制文件、生产设备条件(设备、工艺装备、计量器具)、流程规范(人员资质能力要求、外购/外包产品的控制)、人员配置、工作环境等。制造部门按照自身体系能力来编制工艺文件和质量系统控制文件，即制定限寿件的工艺规程，用于支撑限寿件的“制造实现”。

需要指出，限寿件制造生产后累积的部件最终状态参数统计值（包括材料缺陷出现水平、加工部件几何尺寸、表面完整性、部件材料理化性能等累积数据），制造生产过程累积的过程文件数据（例如工艺规程、工艺审查报告、生产过程异常情况统计、生产过程检测数据累积、产品质量检测报告、产品加工/装配/试验/试车的质量检测报告、生产首件鉴定评审材料等所有制造加工过程涉及的可追溯文件）均属于输出，需要与限寿件设计及总体设计部门进行迭代交互，不归类为数据库。

上述部件最终状态参数统计值、制造生产过程累积的过程文件数据如果是针对历史型号，而非针对当前设计型号，可归类为数据库，指导当前在研型号限寿件制造工艺规程的制定。尤其在方案设计阶段和初步设计阶段，掌握的设计信息量少，工艺规程的制定通常依赖于历史型号累积的数据库。随着限寿件材料参数、几何参数的确定，限寿件制造部门、材料供应商的确认，制造加工推进及限寿件材料参数、几何参数等统计值的测量，限寿件“制造实现”的输入数据不断完善，并且更新历史数据库，从而获得更为详细精确的制造工艺规程。同时，限寿件安全性设计部门计算的限寿件失效概率也不断精准。

参考文献

[1] 《航空制造工程手册》总编委会. 航空制造工程手册（发动机机械加工）[M]. 第2版. 北京：航空工业出版社，2016：61－141.

[2] 中国人民解放军总装备部. 技术成熟度评价指南 第5部分：航空发动机：GJB/Z 173.5－2014[S]. 中国人民解放军总装备部，2014.

[3] 中国人民解放军总装备部. 装备制造成熟度等级划分及定义：GJB 8345－2015[S]. 中国人民解放军总装备部，2015.

第 4 章
限寿件维护保持

航空发动机的研制周期长，整个生命周期更长。从航空发动机的全寿命周期来看，维护保持问题占据着更多的时间区间。维护保持是航空发动机在全寿命周期内实现安全目标的关键。问题在于，如何制定维护保持计划(也称使用管理计划)？如何实现安全性与适航水平和维护成本的平衡？使用管理计划来源于设计，完善于运行。设计阶段是制定使用管理计划的关键环节。要制定该计划，就必须回答航空发动机限寿件的初始安全性水平是多少？随着使用循环数/飞行小时数的增加，限寿件的安全性水平如何衰减？导致限寿件安全性水平衰减的关键因素是什么？如何通过维护发现并抑制这些关键因素的进一步劣化？本章介绍“维护保持”的六要素，其判据是“设计赋予”阶段输出的使用管理计划。维护保持过程必须通过满足使用管理计划确保使用维护阶段设计要求的属性持续有效。

4.1　限寿件维护保持六要素

维护工作目的是要保持发动机满足持续适航的要求，即保证发动机在取得适航批准投入使用之后，发动机使用安全性符合发动机设计时赋予的固有安全性。发动机在使用过程中，系统的工作性能会发生衰减，使用不当也会引起性能变差或变坏，甚至直接损坏而产生故障，不满足适航要求，需要对发动机进行计划维修和非计划维修，包括例行检查、勤务、监控、调整、更换、修理、大修测试等工作。维护保持是航空发动机在全寿命周期内实现安全目标的关键，良好的使用和有效的维护是保持发动机持续适航性的最重要因素。

与设计过程类似，发动机不同型号都有各自的特点，因此维护保持方法不可能对特定的维护步骤给出细节要求。本章通过“安全性六要素”分解维护保持，从而保障维护保持流程可重复性与一致性，并有效实现安全性。安全性维护保持的六要素概括如表 4.1 所示。

表 4.1　安全性维护保持六要素

阶段 六要素	方案设计阶段	初步设计阶段	详细设计阶段
输入	限寿件方案设计阶段的设计方案+设计赋予输出的工程计划及使用管理计划	限寿件初步设计阶段的设计方案+设计赋予输出的工程计划及使用管理计划	限寿件详细设计阶段的设计方案+设计赋予输出的工程计划及使用管理计划
输出	维修过程初步文件材料(维修大纲/检测要求等)	表征限寿件维修过程检测参数统计值(缺陷出现水平、几何尺寸、表面完整性、材料理化性能等)+维修过程文件材料(维修大纲/检测要求/检出缺陷等)	表征限寿件维修过程检测参数统计值(缺陷出现水平、几何尺寸、表面完整性、材料理化性能等)+维修过程文件材料(维修大纲/检测要求/检出缺陷等)
流程	内场/外场维修及维修技术资料制定+部件失效风险评估(反馈限寿件安全性设计部门开展分析)		
判定准则	满足设计赋予阶段形成的设计方案、工程计划及使用管理计划		
数据库	历史事故原因分析与控制举措、材料数据库(包含针对限寿件出现的缺陷的特殊材料数据库,即缺陷分布数据与缺陷无损检测概率数据)、历史型号制造的经验累积数据(工艺规程/检测要求等)、各部件及各系统制造能力(质量系统控制文件、生产设备条件、流程规范等)		
分析工具	运营信息和数据处理工具+限寿件失效风险评估软件(反馈限寿件安全性设计部门开展分析)		

限寿件“维护保持”的输入为限寿件设计部门输出的设计方案、限寿件安全性设计部门输出的工程计划及使用管理计划。“维护保持”的输出为根据使用管理计划确定的维修过程所有技术资料(包括维修大纲文件等)、限寿件运营检测的参数统计值(缺陷出现水平、几何尺寸、表明完整性、材料理化性能等)、累积的飞行数据(监测飞行剖面等)。值得一提的是,设计赋予阶段确定的使用管理计划中关注的是维护和大修限制、修理工艺的限制等,而维修大纲是在满足使用管理计划要求的基础上,真正落实维护过程的文件。维护保持的判定准则是工程计划及使用管理计划要求。

限寿件安全性设计部门在设计阶段由于数据量有限,通常可根据历史维修经验数据库设计维修技术资料。在进行外场试验后,维修过程不断累积限寿件的几何、材料参数统计值,限寿件的维修技术资料不断完善和改进。同时,发动机投入使用后,限寿件安全性设计部门应当对技术资料的准确性、可用性和设计的符合性进行全寿命周期的跟踪,当发现或者得到以下反馈时需及时修订相关的技术资料内容：① 存在错误或不准确的情况;② 存在内容缺失的情况;③ 存在无法操作的情况;④ 总体设计部门及限寿件设计部门对发动机进行了设计更改后。

4.2　限寿件维护保持输入及输出

4.2.1　限寿件维护保持输入

(1) 方案设计阶段：① 在发动机研制的第一个阶段，限寿件设计部门输出的设计方案是“维护保持”的输入，包括限寿件的材料选择、几何参数等；② 限寿件安全性设计部门在“设计赋予”阶段，为了保证限寿件的失效概率低于目标风险值，制定了限寿件的三大计划。其中，“设计赋予”阶段输出的工程计划和使用管理计划是“维护保持”的输入。

工程计划输出了进行限寿件寿命分析的各种设计、制造、使用和维护的假设，例如材料参数、几何尺寸、检出概率、工艺信息等，每种假设均会影响零部件寿命。

使用管理计划原则上包括所有与维修相关的影响限寿件失效概率的关键变量。限寿件使用管理计划包括以下要素：维护和大修限制；修理工艺限制；营运人遵照 FAA 规章条例要求，维护特定限寿件可追溯运营记录的职责；检查间隔；检查程序；监测运营飞行剖面；损伤和可修理限制；针对运营和相关经验的定期技术复查等。

(2) 初步设计阶段：① 限寿件设计部门输出的初步设计方案；② 限寿件“设计赋予”阶段输出的工程计划和使用管理计划。

(3) 详细设计阶段：该阶段的输入类型与初步设计阶段相同。一方面，与初步设计阶段输入相比，限寿件设计方案更为详细，例如限寿件设计部门提出了详细设计图纸和规范、限寿件的选材要求。同时，随着限寿件的装配与整机试验的开展，限寿件转速、盘腔温度、压力等试验测试数据不断累积；另一方面，随着限寿件的外场维修试验开展，维修数据累积。因此，在详细设计阶段，限寿件“维护保持”的输入更为详细。

4.2.2　限寿件维护保持输出

(1) 方案设计阶段：在该阶段制造部门获得的设计信息量较少，维护保持过程通常依赖于维修部门历史维修数据库，包括历史事故原因分析与控制举措、材料数据库、历史型号的维护经验累积数据（维护手册等）、维修部门的维修能力，包括质量系统控制文件、生产设备条件（设备、工艺装备、计量器具）、流程规范（人员资质能力要求）等。因此，方案设计阶段，限寿件维修部门输出维护保持过程涉及的过程文件材料给限寿件安全性设计部门，包括维修大纲、检测要求等。

(2) 初步设计阶段：① 在该阶段，限寿件维修部门开展维修试验，不断累积限寿件维修过程的测量数据。因此，限寿件维护保持的输出是按照工程计划要求制定的使用管理计划维修限寿件后，对限寿件进行运营维护后的监测参数统计值，包括缺陷出现水平、几何尺寸、表面完整性、材料理化性能等。② 此外，该阶段的输出包括限寿件维护保持过程涉及的所有文件材料，例如维修大纲、检测计划等。

(3) 详细设计阶段：该阶段的输出类型与初步设计阶段相同，包括限寿件运营维护后的监测参数统计值，以及限寿件维护保持过程涉及的所有文件材料。随着限寿件的装配与整机试验的开展，运营数据包括监测飞行剖面、限寿件转速、盘腔温度、压力等试验测试数据不断累积，限寿件维修过程的参数统计值不断输出给总体设计部门及限寿件设计部门，完成限寿件的设计方案的迭代，支撑限寿件安全性设计部门对限寿件工程计划及使用管理计划进行迭代，具体迭代流程如图 2.2 所示。

4.3　限寿件维护保持流程及判定准则

4.3.1　限寿件维护保持流程

1. 维修技术资料制定

发动机的持续适航文件[1]在设计阶段编制，满足使用阶段运行方、维修方实施的需要，以保证发动机的安全。然而运营单位/维修部门还需根据设计部门提供的工程计划里特性要求以及使用管理计划里的运行维护要求，制定详细完整的维护技术资料，与设计部门的工程计划及使用管理计划不断迭代，最终确定维护技术资料，并且进行维护。

持续适航文件分为两类：一类为外场维护技术资料，又称随机技术资料，随发动机产品交付运行方使用；另一类为内场维修资料，供发动机返回生产厂家或维修单位维修时使用。

发动机外场维护技术资料主要包括：发动机履历本、维护(或维修)手册、备件目录、工具目录、零件图解目录、结构修理手册、故障分析手册等，由研制方编制，经局方审定后随发动机交付运行方使用，以保证外场维护工作的基本要求，其中发动机维护(或维修)手册是外场维护工作的重要依据。

发动机内场维修技术资料主要包括：发动机翻修(或大修)手册及相应的工艺规程，由研制方或专业维修公司编制，经局方审定后由维修方实施。

一般而言，发动机的航线维护分为两级[2]：一级是基地维修即内场维修，维修基地是一个维修工厂，它具备大型维修工具和维修厂房，负责发动机的定期维修、翻修，拆换大型部件和改装。小型航空公司可以没有自己的维修基地，把高级的定检和修理工作委托给专业的维修公司或大型航空公司的维修基地完成。二级是航线维修也称外场维修，发动机一般不进维修基地，在停机坪营运的飞机上进行维护保养和修理，或者拆卸后在机场符合要求的维修场所进行。

1）外场维修

外场维修/航线维修按照时间可以分为航前检查、过站检查、航后检查。发动机外场维修方式包括在翼维修、离位维修和深度维修三类。发动机外场维修工作主要包括：例行维护、视情维修、排故维修、翻修寿命期送修和零部件寿命极限修理等。

例行维护：例行维护是一种预防性维护，包括各种强制性的维护工作，以保持发动机能持续安全运行。例行维护包括例行检查和定期检查。例行检查包括航前检查、过站检查、航后检查。定期检查工作按规定的时间周期进行，各项定检工作可以集中在一定时间内进行，也可以利用飞机不飞行的时间分散进行，由运行方根据具体情况决定采取何种方式，但须遵守定检周期规定。

视情维修：视情维修是根据监控检查时部件实际情况进行的维修。通过对零部件进行持续的监控检查，当发现有潜在故障或缺陷时及时采取措施（送修或更换）。发动机设计成可以在空中和地面进行故障探测和隔离的所有特征。视情维修可以充分利用现有的经过验证的成熟技术，也可以结合经过不断改进的诊断方法。以 CFM56－3 型发动机为例，其视情监控系统包括：气动区域健康监控；孔探；伽马射线探测；滑油分光仪分析；润滑颗粒分析；振动监控系统。

排故维修：排故维修是在发动机出现使用困难后进行的维修，如出现故障、操作失误或特殊条件下工作等。排故维修的目的是要使发动机尽快恢复使用功能。包括各种检查、试验和调整，零部件的拆卸、修理和安装等。排故维修是维护的一个重要方面，有效的诊断可以减少不必要的分解和诊断时间，从而降低维护费用。

翻修寿命期送修：翻修寿命是发动机或单元体或附件在正常条件下持续工作的规定期限，使用完翻修寿命后，发动机、单元体或附件应送回厂家翻修。翻修寿命根据经验和验证试验确定，须经有关管理部门批准。翻修寿命可以根据更改状况、试验或对已达到翻修寿命的发动机继续使用考察的结果而延长。翻修寿命用工作小时数和（或）循环次数或日历时间表示，一个循环是指一个标准的工作过程（例如：燃气发生器一个循环=起动+加速到起飞状态+停车）。发动机使用中的循环次数根据实际达到的状态决定（计算方法见维护手册）。当达到规定的循环次数或工作小时数或日历年限时（以先到者为准），发动机、单元体或附件就应送回工厂进行翻修。

零部件寿命极限修理：零部件寿命极限是对关键件工作期限的限制，到此期限时须终止使用或报废跟翻修寿命一样，寿命极限也是根据经验和试验而定，并且也可根据试验和使用情况延长。寿命极限用循环次数（或工作小时数）表示，当达到规定的寿命(循环次数或工作小时数)时,该零件就应拆下修理或报废。

2）内场维修

在发动机使用的过程中,维修和装配的质量直接影响到发动机的性能和使用寿命,甚至飞机的安全。为了保证发动机的性能稳定可靠,延长工作寿命,及时发现、处理发动机故障,避免发生安全事件,因此,需要对发动机及其零部件修理。发动机内场维修,是发动机及其零部件的离位不回装,未列入运行方维修方案的维修工作。

发动机单独维修工作是指运行方遵守批准的维护手册和维修大纲,判断发动机处于非适航状态,或处于安全风险状态下,或在规定的发动机时间、循环次数等条件满足限制条件时,拆下发动机送符合局方和企业规章规定资质的维修部门修理。

修理流程：发动机进厂初检、试车(视需)、进厂详细检查(包括孔探检查等)、分解、清洗部件检查/无损探伤、修理、检测、部件组装、单元体组装、发动机整机组装、发动机测试、出厂检查(包括出厂孔探检查等)。

检测：发动机的检测包括发动机各个组件(一组零件的组合)检测和发动机整体的检测检测,需要测试的车台,综合的校验设备、模拟的负载,详细的测试步骤和数据记录。测试工作需由授权人员完成。

发动机及其组件的测试车台、校验设备、模拟负载需要定期的校准、检定和标定,都需要符合厂家确定的国家或国际标准资格的组织完成。

在部件组装环节,会产生测量、匹配检测、平面度检测、同心度检测、跳动检测、流量检测、真空度检测、渗漏检测、同步检测等工作。

发动机及其部件的测试会使用大量燃油,也会产生很大噪声,因此需做好防火和人员安全防护工作。

修理、改装、翻修：发动机修理级别包括小修、中修和大修。小修(修理)指组件拆下后做目视检查并附带个别零件修理或更换;中修(改装)指对组件做部分分解,对分解下来的零部件进行检查、修理或者改装更换,以达到发动机性能恢复要求;大修,也称翻修,指把组件分解到零部件进行检查、修理或者改装、更换,以达到发动机修后寿命重新计算的目的。发动机结构件的修理,会产生大量特种作业维修任务,如打磨、表面处理、热处理等,这些特种作业维修需遵从研制方发动机翻修(或大修)手册及相应的工艺规程的规定。发动机改装的前提是研制方手册和运行方手册规定了改装的技术资料和方法,超出研制方持续适航性技术资料的改装视为超规范修理。同样地,发动机维修人员须判断修理任务是否属于重要修理或重要改装。

针对零部件维修,需要严格按照零部件维护手册进行。修理程序为：进厂检查、详细目视检查、台架测试、功能测试、分解、清洁、特殊检查、修理、组装、出厂测试。

维修放行：发动机的维修放行证明是《批准放行证书/适航批准标签》(AAC-038)[3]，这是代表局方签署的发动机适航性证明，同时还需编制出厂报告，详细地记录整个维修过程，适航指令(airworthiness directive，AD)和服务通告(service bulletin，SB)的执行情况，发动机上的时限件和寿命件寿命情况等。如果维修单位已知发动机有未执行的AD，不得对其进行适航性放行。

检修报告：发动机修后报告是重要技术文件，是发动机修后适航运行的技术数据。通常包括如下要素：发动机修理适航批准标签[必须有发动机营运所在国适航标签FAA(视需)适航批准标签、欧洲航空安全局(European Union Aviation Safety Agency，EASA)(视需)适航批准标签]、重大修理表格、单元体状态表、AD状态清单、SB状态清单、寿命件清单、试车单、附件清单、需要跟踪未完成事宜清单、寿命件/新件适航批准标签、缺件清单、重要零件状态表等。发动机修理过程中的工卡等文件一般保存在维修单位，需要时可以调取。

发动机及其零部件维修大纲：发动机及其零部件维修大纲是运行方维修工程管理手册"修理和改装的执行"中的一部分，主要以工作程序的形式规定发动机及其零部件如何完成在翼维修(结合维修方案一并实施)，以及如何完成离位车间修理任务，至少需要规定发动机及其零部件的清洁、检验、调节、测试和润滑的周期。单独维修任务的落实一般由运行方的维修计划部门与航材管理部门共同完成，根据运行方工程技术部门提出的计划性维修要求，以及可靠性部门提出的附加维修要求，签订合同或者工作指令给发动机、零部件单位由其实施。

2. 限寿件失效风险评估

限寿件由维修部门维修后，所有表征限寿件最终状态的参数统计值将输出给限寿件安全性设计部门，包括限寿件缺陷出现水平、几何尺寸、限寿件表面完整性、部件材料理化性能、无损检测概率、无损检测间隔、飞行剖面、性能退化数据等。限寿件安全性设计部门开展限寿件的失效风险评估，计算限寿件寿命期内的失效概率，从而判定维修后的限寿件的失效概率是否满足低于目标风险值的安全要求。其失效风险评估流程与设计赋予阶段相同。

4.3.2 限寿件维护保持判定准则

设计赋予过程设计所形成限寿件设计方案、工程计划及使用管理计划是维护保持的判定准则。具体而言，判定准则包括限寿件的几何尺寸、材料缺陷出现水平、限寿件表面完整性、应力状态、修理工艺过程、检查间隔、检查程序等。限寿件一旦满足工程计划，自动满足限寿件在寿命期的失效概率低于目标风险值的要求。

4.4 限寿件维护保持工具及数据库

4.4.1 限寿件维护保持工具

1. 限寿件失效风险评估软件

限寿件安全性设计部门根据实际运营过程测量的数据,开展限寿件失效风险计算,并且与目标风险值对比。限寿件失效风险评估软件工具与设计赋予阶段相同。

2. 限寿件运营信息和数据处理工作平台

在型号研制阶段,应当完成使用信息和处理工作平台的建立,并结合试验、试飞过程完成信息处理流程的验证和试运行。从首飞开始,全面收集限寿件的飞行剖面数据、维修记录数据,并快速分析维修数据,分析运营阶段的限寿件失效风险。

4.4.2 限寿件维护保持数据库

限寿件制造实现的数据库包括航空历史事故原因分析与控制举措、材料数据库、历史型号的维护经验累积数据(维护手册等)。与设计赋予数据库相比,维护保持数据库又增加了各个运营单位/维修部门维护能力数据,包括质量系统控制文件、生产设备条件(设备、工艺装备、计量器具)、流程规范(人员资质能力要求)等,另外包括运营数据(监测飞行剖面、性能退化数据)等,用于支撑限寿件的“维护保持”。

需要指出,当前研制型号限寿件维护保持过程累积的部件最终状态参数统计值(包括材料缺陷出现水平、加工部件几何尺寸、表面完整性、部件材料理化性能等累积数据),累积的飞行数据(监测飞行剖面等),维护保持过程累积的过程文件数据(例如维修工艺规程、维修工艺审查报告等可追溯文件)均属于输出,需要与限寿件设计及总体设计部门进行迭代交互,不归类为数据库。

历史型号最终状态参数统计值、维护保持过程累积的过程文件数据,可归类为数据库,指导当前型号维护保持过程维修大纲等过程文件的制定。

参考文献

[1] 中国民用航空局. 航空器的持续适航文件: AC-91-FS-011R3[S]. 北京: 中国民用航空局, 2024.
[2] 王桂华, 丁水汀, 单晓明, 等. 航空发动机安全性与适航技术[M]. 北京: 科学出版社, 2022.
[3] 中国民用航空局.《批准放行证书/适航批准标签》的签发与管理程序: AAC-038[S]. 北京: 中国民用航空局, 2022.

第 5 章 限寿件验证表明与审定接受

航空发动机限寿件的验证表明与审定接受是一个事物的两个方面，对工业方来说，重点是如何验证表明；对局方来说，重点是如何审定接受。从本质而言，验证表明的目标是确定按照设计与制造要求生产出的实际限寿件产品安全性符合设计预期。验证表明的主体是工业方。验证并非通过大量的试验去重复设计和制造过程，而是更强调"理论分析+有限的试验"相结合的安全性与适航验证技术方法。在这一过程中，如何分解验证的项目和类型，如何辨识必须通过试验表明的重要验证项目是关键。

审定是由局方作为第三方，对工业方表明的发动机安全性水平进行确认的活动。尽管审定过程有权利涉及产品研制的各个方面，但在实际审查活动中，由于人力、成本等因素的限制，如何在不过多依赖设计细节，并在有限的验证活动下判定产品安全性水平和适航要求的满足，如何判定关键审定要素是关键，也是审定技术的本质。

本章介绍"验证表明"的六要素及审定接受的流程体系。满足限寿件安全性要求是验证表明的判据。限寿件的失效概率安全指标为概率要求，高层级的安全性要求往往难以直接验证。因此采用多层次的方式验证失效概率，即验证失效概率计算流程中涉及各个环节，包括制造、维修过程提及的各种假设。

5.1 限寿件验证表明六要素

限寿件验证表明由工业方主导，验证的目标是根据设计和制造方案生产的实际产品的安全水平满足顶层的安全性要求。值得一提的是，适航要求是最低的安全性要求，这也表明工业方验证表明的安全性要求高于适航要求。

要保证验证表明的目标尽可能少地导致设计迭代，则需要工业方在设计赋予阶段的全过程中时刻考虑这样一个逻辑：一方面，如何通过理论分析和有限次的试验，验证设计活动对安全性要求的符合性？另一方面，验证工作需要经过工业方与局方的长期磨合，工业方面向安全性的验证工作高于适航要求，因此如何在不过多依赖设计细节的前提下,将这些验证过程向第三方表明,表明设计活动对适航要求的符合性,也是验证的核心逻辑。

在“设计赋予”的逐层分解阶段(图 2.1, 安全性分析 V 图“左臂”),要不断地确认分解到下一层的设计指标能否满足本层和下一层的安全性与适航要求。对于限寿件而言,限寿件失效直接导致危害性顶事件,其失效概率直接针对限寿件提出,不涉及限寿件安全性指标的分解。从方案设计、初步设计到详细设计阶段,限寿件安全要求均为失效概率低于目标风险值。因此,在“设计赋予”的逐层综合阶段(安全性分析 V 图“右臂”),要不断地验证方案设计、初步设计、详细设计每一阶段假设的合理性,下一层设计方案是否支撑了本层级安全性与适航要求的实现。当设计赋予回答了上述问题之后,验证表明就是设计赋予的自然结果。

具体而言,验证表明本质上是验证限寿件的安全性指标是否满足要求,即限寿件寿命期失效概率是否低于设计目标风险值。限寿件的失效概率安全指标为概率要求,高层级的安全性要求往往难以直接验证。因此,采用多层次的方式验证失效概率,即验证失效概率计算流程中涉及各个环节,包括制造、维修过程提及的各种假设。表 5.1 为验证表明六要素。

表 5.1　验证表明六要素

六要素＼阶段	方案设计阶段	初步设计阶段	详细设计阶段	设计确认与验证阶段	
输入	辨识的限寿件清单及限寿件安全要求+发动机设计方案+飞行剖面	限寿件安全要求+初步设计阶段发动机设计方案	限寿件安全要求+详细设计阶段发动机设计方案	安全要求+发动机设计方案+飞行剖面+所有表征限寿件最终状态的参数统计值+所有表征限寿件外场试验后的运行检测参数统计值	
输出	确认限寿件清单+限寿件失效概率+三大计划+分析及支撑材料	限寿件失效概率+三大计划+分析及支撑材料	限寿件失效概率+三大计划+分析及支撑材料	限寿件失效概率多层次验证+分析、试验支撑材料	整机环境限寿件失效概率多层次验证+分析、试验支撑材料
流程	功能危险性评估 FHA+初步系统安全性评估 PSSA+初步部件失效风险评估	初步部件失效风险评估	部件失效风险评估	失效风险评估+多层次验证	系统安全性评估 SSA/共因分析 CCA+失效风险评估+整机环境多层次验证
判定准则	导致危害性顶事件发生+满足限寿件安全指标	满足限寿件初步安全指标	满足限寿件安全指标	满足限寿件安全指标	整机环境限寿件满足安全指标

续　表

六要素 \ 阶段	方案设计阶段	初步设计阶段	详细设计阶段	设计确认与验证阶段
数据库	历史事故原因分析与控制举措、历史型号安全性分析的经验数据、材料数据库（包含针对限寿件出现的缺陷的特殊材料数据库，即缺陷分布数据与缺陷无损检测概率数据）、历史型号制造及维护的经验累积数据			
分析工具	具有建立各类失效或失效组合与后果之间映射关系的系统安全性分析工具+具有建立失效萌生和发展综合作用规律、反映“四强”（强整体、强耦合、强瞬态、强非线性）特性的建模与仿真工具+限寿件失效风险评估软件			

5.2　限寿件验证表明输入及输出

5.2.1　限寿件验证表明输入

限寿件验证表明的输入为安全要求、发动机设计方案、飞行剖面，也是安全性分析 V 图“左臂”设计赋予的输入，同时还包括所有制造加工后表征限寿件最终状态的参数统计值，所有表征限寿件外场试验后的运行检测参数统计值。上述型号设计过程累积的数据均是限寿件验证表明的输入。

基于上述输入数据，限寿件安全性设计部门开展限寿件寿命期失效风险评估，验证限寿件失效概率即安全性指标是否满足安全要求，从而在设计的每一阶段完成安全指标的验证。同时，对于限寿件安全指标计算的准确性，即限寿件寿命期失效概率计算的准确性，也需开展验证。

由于限寿件的失效概率安全指标为概率，高层级的安全性要求往往难以直接验证，因此采用多层次的方式验证失效概率计算的准确性，即验证失效概率计算流程中涉及各个环节。① 具体而言，限寿件安全性设计部门对计算失效概率过程涉及的算法进行验证，包括对失效风险算法进行验证，从而表明限寿件的寿命失效概率计算指标的准确性。② 限寿件安全性设计部门对输入参数或数据库参数进行验证。输入及数据库参数一般要考虑所有运行条件及实际影响，并表明数据的合理性和置信空间，以及数据来源的可追溯性。对于数值仿真，其初始条件和边界条件，一般来源于总体性能、空气系统等上游信息，因此必须表明初始及边界条件假设依据及实际差异性。③ 对限寿件的寿命计算模型进行试验验证。对于试验验证，输入表现为工程设计和数值仿真的结果，因此需要在试验大纲中表明试验状态与设计状态的差异性。

5.2.2　限寿件验证表明输出

限寿件验证表明的输出为限寿件寿命期的失效概率的多层次验证过程的分析及试验的所有结果,用于表明限寿件寿命期失效概率计算中各个过程量的准确性,包括失效概率计算的准确性、输入及数据库参数的合理性、寿命计算模型的合理性和准确性。

5.3　限寿件验证表明流程及判定准则

5.3.1　限寿件验证表明流程

验证表明活动的流程控制是指在验证表明活动中所采用的方法。验证表明[1]的主体是工业方,其应当在审查体系的指导下实现流程化、标准化,确保分析、试验方法的可复现性,以及分析、试验步骤的可追溯性。飞机的符合性方法包括 MC0 ~ MC9。

由于发动机和飞机的本质特点差异,发动机和飞机在研制方法上难以统一,具体体现在以下方面。

(1) 材料体系不同。对于航空发动机,其本质特点决定了的影响发动机安全性的关键问题有两个: 一是过渡态;二是耦合动刚度。这两项均与材料的随温度变化的应力-应变曲线强相关,是关键件安全性分析和故障追溯的重要支撑信息,这些重要的材料特性需要在试制阶段直接取自结构件的不同部位。因此,取样试验对于航空发动机而言,是一种不可或缺的验证方法和设计手段。例如,罗罗公司 AE3007C1 审定计划中将取样试验(specimen test, ST)作为一个独立的符合性方法。但对于飞机而言,过渡态与耦合动刚度问题往往不是关键件安全性分析的重点,对构件的取样试验并不成为一个独立的符合性方法。

(2) 发展思路不同。在市场经济条件下,要求发动机通用经济可承受,美国已从 2006 年开始实施 IHPTET 计划的后续计划——“通用的经济可承受的先进涡轮发动机”(Versatile Affordable Advanced Turbine Engines, VAATE)计划,其指导思想是在提高性能的同时,更加强调降低成本。VAATE 计划通过 3 个重点研究领域的相互配合来实现经济可承受性提高 10 倍的目标,其中就包括通用核心机领域。

通用核心机研究领域为一种多用途的 4 000 h 免维修发动机核心机发展技术。通用核心机为许多涡轮发动机提供一系列类似的核心机,从而达到高的通用性并降低成本。

通过以上分析,提炼得出以下 12 种适用于航空发动机的符合性验证方法,参见表 5.2。

表 5.2 航空发动机的符合性验证方法

代 码	符合性验证方法	符合性验证方法
I	inspection	检查
ST	specimen test	取样试验
RT	rig test	台架试验
CT	component test	部件试验
ET	engine test	整机试验
FT	flight test	飞行试验
D	document	说明文件
S	similarity	相似分析
A	analysis	分析
M	modeling	模型
SA	safety analysis	安全分析
R	review-engineering judgment	回顾-工程判断

(1) 检查(inspection):检查零部件的结构完整。

(2) 取样试验(specimen test):对一些零部件、组合件进行取样测试,如静力、疲劳试验。

(3) 台架试验(rig test):用于进行空气系统、滑油系统、控制系统等分系统验证的试验。

(4) 部件试验(component test):如对高温、高负荷涡轮叶片冷却效果的试验,推力矢量喷管试验等。

(5) 整机试验(engine test):系统完整的条件下才能进行的试验,如吞鸟、吞冰、点火性能试验及性能、寿命试验。

(6) 飞行试验(flight test):其他方法不能完成的验证内容或暴露不充分的问题均可在飞行试验中去完成。

(7) 说明文件(document):如技术说明、安装图纸、计算方法、证明方案、发动机手册等。

(8) 相似分析(similarity):说明待认证机型和以往已取证机型在某些方面的相似性,可简化衍生机型的取证过程。

（9）分析（analysis）：规章明确要求、其他方法无法安全演示符合性时采用。

（10）模型（modeling）：该方法是通过模型分析和计算的手段来证明有关设计符合相应的适航条款要求。

（11）安全分析（safety analysis）：该方法是通过 FMEA、FTA 等故障分析手段对有关设计进行安全性评估，验证其对于相应适航条款的符合性。

（12）回顾-工程判断（review-engineering judgment）：符合性工程分析方法，在应用中会调用工程数据库，数据库包含工程假设、工程模型、已发生事件、经验公式等工程化因素。

5.3.2　限寿件验证表明判定准则

在验证表明阶段，限寿件安全性设计部门对要不断地验证方案设计、初步设计、详细设计每一阶段假设的合理性，下一层设计方案是否支撑了本层级安全性与适航要求的实现。限寿件验证表明的判定准则是明确的，即发动机设计方案对安全要求的符合性。在验证表明阶段，判定准则是每一设计阶段（包括方案设计、初步设计及详细设计阶段）的安全要求，即限寿件寿命期失效概率是否低于目标风险值。在详细设计阶段完成后，限寿件已集成为整机，此时判定准则为整机试验后，所有影响限寿件失效概率的过程量是否满足设计赋予阶段三大计划提出的假设。

高层级的安全性要求往往难以直接验证，因此采用多层次的方式验证失效概率计算的准确性，即验证失效概率计算流程中涉及各个环节。因此，验证表明的判据是多层次验证过程中，失效概率计算的准确性、输入及数据库参数的合理性、寿命计算模型的合理性和准确性。

5.4　限寿件验证表明工具及数据库

5.4.1　限寿件验证表明工具

限寿件风险评估中各涉及活动所采用的工具是设计安全性实现的基本保障。其核心验证工具包括失效风险计算工具，另外包括失效风险计算涉及各个环节的通用工具。限寿件验证表明工具与设计赋予阶段相同，见 2.4.1 节。需要指出的是，尽管一般类设计工具是普遍使用的，但工业方仍必须向局方表明其有效性并得到局方确认。

概括而言，分析工具应该是在实际的设计工作中所采用的通用技术，其都应当通过试验或者其他可接受的方法加以验证，以表明其适用性和置信空间。对于工程设计，需表明经验或准则关系式针对工程问题的适用性，并且必须有针对经验参数的校准试验。

对于数值仿真，需表明软件平台对工程问题的适用性，一般通过理论分析和试验验证结合的办法综合表明。首先要用理论分析方法证明其具备适用性基础，然后通过校准试验证明其置信空间。

对于试验验证，需表明试验方案的合理性、试验台的校准的置信空间和过程的可追溯性，以及试验台精度对工程问题的满足度。

5.4.2 限寿件验证表明数据库

限寿件验证表明数据库覆盖设计赋予阶段数据库，为支撑限寿件安全性设计可调动的公用数据库，不依赖于特定的型号设计输入数据。具体包括历史事故原因分析与控制举措、历史型号安全性分析的经验数据、材料数据库（包含针对限寿件出现的缺陷的特殊材料数据库，即缺陷分布数据与缺陷无损检测概率数据），历史型号制造及维护的经验累积数据，例如制造工艺手册、维修手册等。此外，还包括试验台参数、试验设备条件。其核心是针对限寿件失效概率计算过程中的每一环节进行验证。

在设计赋予、制造实现、维护保持阶段，累积了大量依赖于特定型号的输入，包括限寿件设计迭代过程不断完善的特定型号设计方案、限寿件制造生产后累积的部件最终状态参数统计值、限寿件维护保持过程累积的部件最终状态参数统计值，上述数据均为限寿件验证表明的输入，不归类为数据库。

5.5 限寿件适航规章相关条款及咨询通告发展

限寿件条款的目的在于确保结构件具有充分的低循环疲劳寿命，以防止使用中发生包括非包容高能碎片和防火等在内的危害发动机后果。适航规章 FAR - 33.70、CS - E515、CCAR - 33.70 均对限寿件提出了工程、制造、使用管理三大计划，保证限寿件的完整性。具体而言，规定：必须通过中国民用航空局批准的程序，指定使用限制中发动机每个限寿件的最大允许飞行循环数。发动机限寿件指的是其主要失效可能导致危害性发动机后果的转子和主要静子结构件。典型的航空发动机限寿件包括但不限于盘、隔圈、轮毂、轴、高压机匣和非冗余的安装部件。对于本条的要求，危害发动机后果包括第 33.75 条中列举的任何一种情况。申请人将通过以下各项确定每个限寿件的完整性。

（1）工程计划。通过执行该计划，根据已经过验证的分析、试验或使用经验，充分了解或预测载荷、材料性能、环境影响和工作条件这些参数对限寿件的作用，使每个发动机限寿件，达到批准的使用寿命时，在危害性发动机后果发生前，从使用中拆下。还应通过执行该计划，始终保持符合上述要求。申请人必须进行适当的损伤容限评估，以确定在零件的批准寿命期内，由于材料、制造和使用引起的缺陷导致的潜在失效。必须按第 33.4 条的要求在持续适航文件的适航限制条款中公布发动机限寿件明细和批准寿命。

（2）制造计划。该计划明确了必须符合生产发动机限寿件要求的具体制造过程，使发动机限寿件具有工程计划要求的特性。

（3）使用管理计划。该计划规定发动机限寿件使用维护过程和修理限制，使发动机限寿件保持工程计划要求的特性。这些过程和限制必须包含在持续适航文件中。

5.5.1　33.70 条款及咨询通告发展

20 世纪 60 年代，FAA 开始编制与发动机相关的适航标准 FAR－33 部，用以取代原有民用航空规章 CAR－13 部。FAR－33 部制定的初期，各条款的规定相对比较模糊，适用范围较小，可操作性差，但是初步考虑了发动机本身的整体性，反映了规章强调安全性的本质特征。此后，FAR－33 部经历了 30 次修正案，逐渐发展为当前所通行的民用航空的适航标准。概括地讲，针对 FAR 的历次修订的内容包括：① 适用范围的变化；② 限制条件的更改；③ 技术与工具的进步。

这些修订内容从一方面反映了规章包含了美国航空工业界积累的大量的航空发动机使用经验，另一方面也反映了对航空发动机本质特点的认识逐渐深入，设计方法和审查技术在不断地进步。尽管目前的适航标准仍然不是完善的，有待于进一步的修订，但其趋势必然是向高安全性保障的目标发展。

FAR 中限寿件的相关规章于 1974 年制订，相关条款所涉及的修正案主要是 33－6 号、33－10 号和 33－22 号三次针对 FAR 的修正案，共涉及 3 个 CFR 的最终报告 CFR Final Rule 及 3 个建议立法通告（notice of proposed rulemaking, NPRM）。同时针对限寿件条款共有 5 个适航咨询通告（advisory circular, AC），如图 5.1 所示。

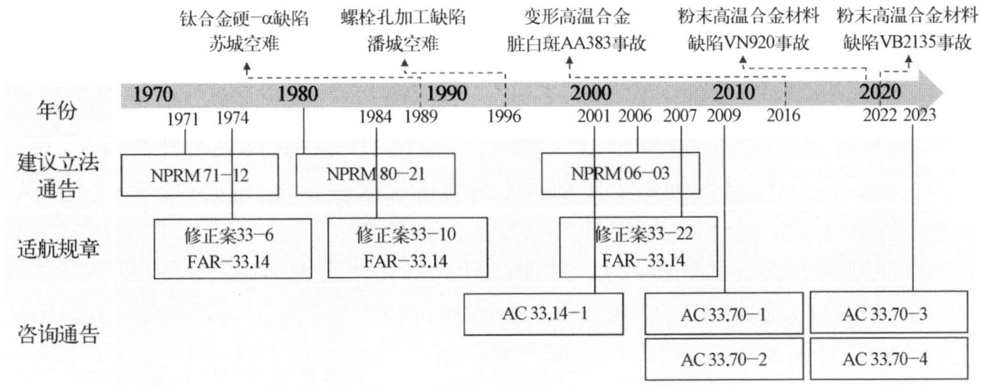

图 5.1　限寿件适航规章条款及咨询通告

具体而言，FAR 在 33－6 号修正案中增加关于航空发动机起动-停车循环应力（低循环疲劳）的条款 FAR－33.14，之后在 33－10 号修正案和 33－22 号修正案中对 FAR－33.14 的相关内容进行了修改，于 33－22 号修正案中以 FAR－33.70 替代原 FAR－33.14，形成了当前条款对于航空发动机限寿件的适航性要求（表 5.3）。

表 5.3　相关 FAA 修正案

序号	条款号	标　题	修正案	Final Rule 文档编号	生效日期	现行有效
1	33.14	Start-stop Cyclic Stress (Low Cycle Fatigue)	33－6	11010	1974.10.31	—
2	33.14	Start-stop Cyclic Stress (Low Cycle Fatigue)	33－10	16919	1984.3.26	—
3	33.70	Engine Life-limited Parts	33－22	FAA－2006－23732	2007.11.5	√

（1）FAR－33 部进行第 6 次修订（修正案 33－6 号），为适航规章增加了关于限寿件起动−停车应力（低循环疲劳）的相关规定，规定要求对于转子轮盘、隔圈、鼓、轴部件，必须建立运行限制，确定起动−停车应力循环的运行寿命，新增了 FAR－33.14。

（2）FAR－33 部进行的第 10 次修订（修正案 33－10），FAA 对第 33.14 条进行了修订，主要涉及条款适用范围以及延寿程序性规定方面的要求，提出了必须采用经由 FAA 批准的流程来建立运行研制的相关规定，并对原有规章某些易于混淆的描述进行了修订。

（3）FAR－33 部进行的第 22 次修订（修正案 33－22），FAA 新增第 33.70 条发动机限寿件，替代原有第 33.14 条要求。FAA 认为，转子轮盘破裂是发动机失效风险的重要方面。导致轮盘破裂的主要原因包括材料、制造和使用所导致的缺陷。同时，机匣破裂持续影响发动机的失效风险，因此引入发动机限寿件的概念，覆盖转子和主要静子件，并明确对于发动机限寿件的完整性要求，即必须采用经由 FAA 批准的流程建立工程计划、制造计划以及运行使用管理计划，以保障限寿件在预期运行寿命期内不会引起 FAR－33.75 定义的发动机危害性影响。

此外，在针对限寿件适航条款进行修订的过程中，在 Final Rule 文档完成之前，FAA 会发布数次 NPRM 来广泛征求工业界和学术界等相关技术与管理人员对即将发布的修订内容的建议，之后 FAA 对这些建议进行评估与甄别，并以此为参考对条款进行最终的修订，同时说明是否采纳这些建议及其原因。与限寿件相关的 NPRM 包括 1971 年 5 月 5 日发布的 NPRM71－12[2]、1980 年发布的 NPRM80－21[3]、2006 年发布的 NPRM06－03[4]（表 5.4）。

表 5.4　FAA 条款修正建议立法通告

序号	建议立法通告	内　　容	发布日期
1	NPRM71 - 12	增加关于航空发动机起动-停车循环应力(低循环疲劳)的相关规定	1971.5.5
2	NPRM80 - 21	a. 修订 FAR - 33.14 的适用范围; b. 重新定义起动-停车应力循环; c. 允许使用发动机最大状态时温度稳态的替代性方法; d. 删除现行的对于建立初始运行限制的条款	1980.11.20
3	NPRM06 - 03	提出新增第 33.70 条替代原有第 33.14 条要求,在适用范围、确定寿命相关的工程、制造和使用之间的联系以及将损伤容限评估作为安全寿命方法的补充方面,对条款进行大范围修订	2006.2.2

与限寿件条款相关的咨询通告共有 5 个,分别为 AC 33.14 - 1[5]、AC 33.70 - 1[6]、AC 33.70 - 2[7]、AC 33.70 - 3[8]、AC 33.70 - 4[9]。咨询通告的演变与条款的修订基本上是相适应的,阐明可用于表明对相对应条款的适航性的符合性方法(表 5.5)。

表 5.5　33.70 条款适航咨询通告

序号	咨询通告号	标　　题	生效日期
1	AC 33.14 - 1	Damage Tolerance for High Energy Turbine Engine Rotors	2001.8.1
2	AC 33.70 - 1	Guidance Material for Aircraft Engine Life-limited Parts Requirements	2009.7.31
3	AC 33.70 - 2	Damage Tolerance of Hole Features in High-energy Turbine Engine Rotors	2009.8.28
4	AC 33.70 - 3	Damage Tolerance for Material Anomalies in Titanium Life-limited Turbine Engine Rotors	2023.4.17
5	AC 33.70 - 4	Fatigue Life of Nickel Powder Rotating Life-limited Parts	2023.8.15

AC 33.14 - 1 于 2001 年 8 月 1 日发布,较 FAR - 33.14 的颁布迟 20 余年,因此 AC 33.14 - 1 与一般意义上针对特定条款的咨询通告有所区别,该咨询通告并未就航空发动机的起动停车应力循环(低循环疲劳)的符合性方法进行讨论与阐述,而是详细地讨论了在已有的常规寿命管理流程的基础上,通过增加概率损伤容限评估形成改进的寿命管理流程。需要指出的是,在 FAR - 33.70 替代 FAR - 33.14 之后,AC 33.14 - 1 作为 FAR - 33.14 的咨询通告却并未被取消,因此 AC 33.14 - 1 也在一定程度上描述了针对 FAR - 33.70 条款的适航符合性方法。

AC 33.70－1 于 2009 年 7 月 31 日发布，针对 2007 年颁布的 FAR－33.70 主要讨论了以工程计划、制造计划与运行使用管理计划为特征的限寿件寿命系统的相关符合性方法。AC 33.70－1 是从宏观的角度提供了关于发动机完整性要求的定义、指南以及部分可接受的方法。

AC 33.70－2 于 2009 年 8 月 28 日发布，主要讨论了包含孔特征的高能发动机转子的损伤容限分析的相关符合性方法，以及针对限寿件完整性的相关要求。作为 AC 33.70－1 的补充，AC 33.70－2 从细节上讨论了关于含孔特征的转子应如何采用寿命系统建立其预期运行寿命并进行运行期内的失效风险评估，进而判断其是否满足适航条款要求的符合性方法。

AC 33.70－3 于 2023 年 4 月 17 日发布，在 AC 33.70－1 的基础上，主要讨论了针对钛合金高能发动机旋转部件的损伤容限分析的相关符合性方法。所提及的损伤容限分析方法不取代现有的安全寿命方法，而是通过加强的寿命管理方法解决传统安全寿命法难以解决的缺陷导致风险问题。

AC 33.70－4 于 2023 年 8 月 15 日发布，提供了可用于表明镍基粉末合金发动机旋转部件的设计和寿命管理要求。镍基粉末合金引入的材料缺陷通常为夹杂物或孔隙，因此在确定旋转部件的批准寿命时，申请人应确定由于缺陷引入高应力位置发生异常并形成疲劳裂纹的可能性。

AC 33.14－1、AC 33.70－1、AC 33.70－2、AC 33.70－3 以及 AC 33.70－4 构成了目前针对条款 FAR－33.70 的咨询通告体系。

5.5.2 33.27 条款及咨询通告发展

FAR－33.14 条款在 1974 年引入，其目的是增加涡轮发动机转子（轮盘及隔圈）低循环疲劳寿命限制的要求。经验表明如果转子盘所经受的起动-停车循环应力足够大，并且承受足够多的循环数，就会导致转子盘失效。

在 FAR－33.14 条款低循环疲劳寿命引入之前，保证转子的要求是结构完整性要求，即 FAR－33.27，其目的在于要求转子结构件具有充足的强度裕度。33.27 条款来自 1957 年 CAR－13 部中引入的涡轮转子结构完整性要求，进而在 1965 年 FAA 根据 CAR 重新编排 FAR 时，合并针对活塞发动机和涡轮发动机通用的设计与构造要求；并且在 1974 年到 2011 年经历 4 次修订。

具体要求如下：

“（a）涡轮、压气机、风扇和涡轮增压器转子必须具有足够的强度以便能承受本条（c）款规定的试验条件。（b）除第 33.28 条要求之外的发动机系统、仪表和其他方法的设计和功能必须给予合理的保证，使影响涡轮、压气机、风扇和涡轮增压器转子结构完整性的发动机使用限制在使用中不会超出。（c）根据分析或其他可接受的方法确定的每个涡轮、压气机和风扇中经受最关键应力的转子部件（除叶片

外),其中包括发动机或涡轮增压器中的整体鼓筒转子和离心式压气机,必须在下列条件下试验 5 分钟:

(1) 除了本条(c)(2)(iv)的规定外,以其最大工作温度进行;

(2) 以下列适用的最高转速进行:

(i) 如果在试验台上试验并且转子部件装有叶片或叶片配重块,则以其最大允许转速的 120%进行;

(ii) 如果试验在发动机上进行,则以其最大允许转速的 115%进行;

(iii) 如果试验在涡轮增压器上进行,由一特制燃烧室试验台提供炽热燃气驱动,则以其最大允许转速 115%进行;

(iv) 以 120%的某个转速进行,冷转时,转子部件承受的工作应力相当于最高工作温度和最大允许转速导致的应力;

(v) 以 105%的最高转速进行,此最高转速是发动机典型安装方式中导致最关键的部件或系统失效时的转速;

(vi) 在发动机典型安装方式中,任一部件或系统失效并和飞行前例行检查中或正常飞行使用期间一般不予以检测的部件或系统发生的任一故障相组合时,所导致的最高转速。

试验后,在某种超转情况下的每个转子必须在批准的尺寸限制内,并且不得有裂纹。"

1965 年,FAA 根据原有 CAR,重新编排制定 FAR。首先详述 CAR 期间与转子结构完整性相关的修订说明及结果。

1957 年,美国民用航空委员会(Civil Aeronautics Board, CAB)在针对 1956 年版 CAR - 13 部进行的第 1 次修订中,引入了新的 CAR - 13. 116 和 CAR - 13. 216,提出了针对涡轮转子结构完整性方面的要求。CAR - 13. 116 针对活塞发动机设计与构造,CAR - 13. 216 针对涡轮发动机设计与构造,两个条款结构与内容基本一致。条款明确指出,为降低涡轮转子失效概率,必须满足 a 和 b 要求。a 要求涡轮转子必须验证具有充分的裕度以承受包括异常转速、温度或振动在内的可能导致损伤的因素;b 要求发动机控制装置、系统和设备的设计与功能必须提供合理的保证,使得可能影响涡轮转子结构完整性的发动机工作限制值在使用中不会被超出。此次修订后,FAR 颁布之前,针对涡轮转子结构完整性方面要求未发生改变。

(1) FAR - 33 部第 0 次修订,将原有的 CAR - 13. 116 及 CAR - 13. 216 合并成为针对活塞发动机和涡轮发动机通用的设计与构造要求 FAR - 33. 27。此次修订对原有规章部分词语进行修正,其安全要求与技术内涵与原有 CAR 规章完全一致。

(2) FAR - 33 部第 6 次修订。① 扩展条款适用范围,从涡轮、活塞发动机扩展到涡轮、压气机以及活塞发动机涡轮增压器。② FAA 增加 c 条款要求,即明确转子超转完整性试验的要求。

注意：此处提及的超转试验要求实际来自1968年9月9日颁发的，目前已被取消的AC33－3 Turbine and Compressor Rotors Type Certification Substantiation Procedures。

20世纪70年代美国军用标准MIL－5007D所要求的破裂转速裕度为22%（即载荷因数为1.5），略高于FAA此次修正案所要求的超转试验转速。随着美军发动机结构完整性大纲的发布与实施，破裂转速裕度要求有所下降，美军标JSSG2007中指出，FAA采用120%的裕度要求（在针对FAR－33部第31次修正案之前），美国海军和空军通常选取115%~117%，但对钛合金的风扇盘，美国空军要求最小破裂裕度应为最大允许稳态转速的130%。

（3）FAR－33部第10次修订。① 扩展条款适用范围，使之包含风扇转子组件，并明确结构上不可分割的鼓式转子、离心式压气机同样纳入c条试验要求的覆盖范围。② 从保障安全的角度出发，认为超过安装限制值的尺寸增长可以接受，对c条末尾的试验通过/失败判据进行修订，明确试验结束后，转子不得破裂，且尺寸增长应在经批准的限制之内。

（4）FAR－33部第26次修订。此次提出了修订33.27条款b条要求，将b条适用范围限定为控制系统之外的超转保护功能，例如，叶片脱落方式。同时修订33.28条款发动机控制系统要求，以达到与EASA相关规章要求一致的目的。

（5）FAR－33部第31次修订。FAA根据和EASA规章一体化的安排，对FAR－33.27进行修改，使之与CS－E 840、850的要求一致。RR、P&W、GE等公司提出了针对极不可能概率定义，将单位修订为“每发动机飞行小时”，并且规定不超过极不可能10^{-9}~10^{-7}/发动机飞行小时。同时保证符合规范的最差转子仍然具有满足实验要求的强度裕度。

FAA颁布过3项与FAR－33.27条款相关的咨询通告。

已取消的AC33－3为涡轮和压气机转子所涉及的超转试验、低循环疲劳寿命限制、超温试验相关符合性方法。部分方法的描述，经过FAR的历次修订，成为条款要求的一部分。其中，超转试验内容形成33.27条c款内容；超温试验内容形成33.88条款。

已取消的AC33.27－1是适用于我国当前有效的CCAR－33.27条要求的，咨询通告中对符合性方法进行了较为详细的描述，并明确了应采用规定的试验和必要的分析满足条款所规定的实质要求。咨询通告对转子单元内关键转子级的确定、超转转速的试验条件、试验通过/失败准则、试验所应考虑的其他因素，以及失效条件下转速的特殊分析要求均进行了阐述。

目前有效的AC33.27－1A是针对FAR－33部第31次修正案与CS－E规章一体化之后条款要求所颁布的咨询通告。其中相对于AC33.27－1，其明确了分析的方法可以用作表明符合条款要求的符合性方法，阐述了针对分析方法的要求，其他方面未作实质性更改(表 5.6~表 5.8)。

表 5.6　相关 FAA 修正案

序号	条款号	标　　题	修正案	Final Rule 文档编号	生效日期	现行有效
1	33.27	Turbine Rotors	Original	—	1965.2.1	
2	33.27	Turbine, Compressor, and Turbosupercharger Rotors	33-6	—	1974.10.31	
3	33.27	Turbine, Compressor, Fan, and Turbosupercharger Rotors	33-10		1984.3.26	
4	33.27	Turbine, Compressor, Fan, and Turbosupercharger Rotors	33-26	—	2008.10.20	与现行条款等效
5	33.27	Turbine, Compressor, Fan, and Turbosupercharger Rotors	33-31		2011.9.16	√

表 5.7　FAA 条款修正建议立法通告

序号	建议立法通告	内　　容	发布日期
1	NPRM63-47[10]	将原有的 CAR-13.116 及 CAR-13.216 合并成为针对活塞发动机和涡轮发动机通用的设计与构造要求 FAR-33.27	1964.1.1
2	NPRM71-12[2]	a. 扩展适用范围，使之包括压气机和涡轮增压器转子部件； b. 增加 c 条关于冷却涡轮转子的气流要求； c. 增加 d 条，明确转子超转要求	1971.5.5
3	NPRM80-21[3]	a. 扩展适用范围，使之包括风扇转子组件，明确结构上不可分割的鼓式转子、离心式压气机同样纳入覆盖范围； b. 提出“最关键应力”部件定义，替代“所有转子中在最大限制转速下经受最高工作应力”的描述； c. 调整 c 条 5 min 试验要求	1980.11.20
4	NPRM07-03[11]	修订 b 条要求，将 b 条适用范围限定为控制系统之外的超转保护功能，例如，叶片脱落方式	2007.4.11
5	NPRM10-06[12]	a. 对于整机进行的超转试验，将设计裕度要求由 115%提升到 120%； b. 将组合失效转速设计裕度要求由 100%提高到 105%； c. 新增了与 CS-E 相近的 OEI 超转设计裕度要求和失败/通过判据； d. 允许使用经验证的结构分析工具验证条款符合性； e. 允许在实际不可达到的情况下使用小于 5 min 的试验持续时间	2010.4.26

表 5.8 33.27 条款适航咨询通告

序号	咨询通告号	标　题	生效日期	是否有效
1	AC 33.27-1[13]	Turbine Rotor Strength Requirements of 14 CFR 33.27	2004.9.27	否 适用于当前 CCAR 要求
2	AC 33.27-1A[14]	Engine and Turbosupercharger Rotor Overspeed Requirements of 14 CFR $ 33.27	2007.7.18	是
3	AC 33-3[15]	Turbine and Compressor Rotors Type Certification Substantiation Procedures	1968.9.9	否

5.5.3 33.75 条款及咨询通告发展

FAR 对于安全性分析的相关规章建立于 1974 年。即 33-6 修正案增加关于航空发动机安全性分析的条款 33.75 之后，在 33-10 和 33-24 中对 FAR-33.75 的相关内容进行了修改，基本完善了关于航空发动机安全性分析的相关要求，反映了航空发动机安全性分析研究的深入，以及当时航空发动机的设计制造水平。

33.75 条款的演变历史如表 5.9 所示，与该条款相关的 NPRM 如表 5.10 所示，相关的适航规章咨询通告如表 5.11 所示。1973 年 10 月 31 日颁布的法规建议通告，即 NPRM 71-21，旨在更新飞机和发动机相关的审定程序和适航标准。针对 14 CFR 21、23、25、27、29 和 33 部的部分条款进行了修订。以往的运行情况和服务经验表明，非常有必要分析潜在的发动机问题是否会导致严重的发动机失效后果。对此，FAA 新增了 33.75 条款，要求对发动机进行安全性分析。本次 NPRM 确定了发动机的 4 个顶事件，包括着火、爆裂、产生负载超过了 33.23 中规定的负载以及丧失停车功能。随后，1980 年 11 月 20 日，FAA 颁布了 NPRM 80-21，本次对 FAR 33.75 条款的修订无重大改动。在针对 FAR-33 部的第 6 次修订中，FAA 基本采用了 NPRM 71-21 的建议，仅针对表达不够清楚、易于混淆的描述进行解释。此后，在针对 FAR-33 部的第 10 次修订中，FAA 进一步修改了表述。在针对 FAR33 部的第 24 次修订中，由于安全性分析技术的巨大进步，以及航空发动机整机安全性的深入研究，FAA 建议建立更完善的安全性分析规章，包括确定了发动机危害等级与可接受的失效概率、定义了发动机运行所出现的各种危险状态，同时加强了 33.75 条款与其他规章之间的联系，例如确定了原发失效会导致发动机灾难性后果的 33.70 条款限寿件。FAA 从安全性分析的角度出发，按照危害影响，而不是传统的功能结构形式划分航空发动机部件。

表 5.9 相关 FAA 修正案

序号	条款号	标题	修正案	生效日期	现行有效
1	33.75	Safety Analysis	33-6	1974.10.31	
2	33.75	Safety Analysis	33-10	1984.3.26	
3	33.75	Safety Analysis	33-24	2007.11.5	√

表 5.10 FAA 条款修正建议立法通告

序号	建议立法通告	内容	发布日期
1	NPRM71-12[2]	以往的运行情况和服务经验表明非常有必要通过分析的方法表明可能存在的发动机操作困难不会导致严重的发动机失效,FAA 相信增加此安全性条款可以充分评估设计消除危险状况;确定了发动机4个顶事件,但定义较模糊,包括:着火;爆裂;产生负载超过了33.23中规定的负载;丧失停车功能	1974.10.31
2	NPRM80-21[3]	与建议的33.77(a)(2)中 burst 解释保持一致,表达的含义更准确;33.23对限制载荷和极限载荷做了区分。本次修订并无重大改动,表明20世纪80年代美国航空工业界对于航空发动机整机安全性分析的理解与研究基本没有发生变化	1980.11.20

表 5.11 33.75 条款适航咨询通告

序号	咨询通告号	标题	生效日期	是否有效
1	AC 33.75-1[16]	Guidance Material for 14 CFR 33.75, Safety Analysis	2005.3.4	否
2	AC 33.75-1A[17]	Guidance Material for 14 CFR 33.75, Safety Analysis	2007.9.26	是 适用于当前 CCAR 要求

5.5.4 限寿件适航规章条款要求及分析

限寿件的失效会导致严重飞行事故的发生。因此,适航条款 CCAR-33.70 中,明确提出应当通过执行一系列寿命管理行为来满足限寿件的完整性要求。要求表明,有必要针对所有限寿件制定和执行工程计划、制造计划和使用管理计划。三大计划构成了一个闭环系统,将工程计划中的各个假设与零部件制造和使用维护关联在一起。通过工程计划、制造计划与运行管理计划,揭示制造计划核心所在的制造工艺与工程计划核心所在的设计目标风险间的影响,其目的在于确保结构构件具有充分的低循环疲劳寿命,以防止使用中发生包括非包容高能碎片和防火等在内的危害性发动机后果。第33.70条涉及的学科专业主要包括气动、传热、结构强度、断裂力学和安全分析。

三大计划的逻辑关系：对于上述的三大计划，需要指出的是，在CCAR/FAR-21部里明确规定“制造要符合经批准的设计”，“使用维护要保持或不低于设计中经批准的设计状态”；此外，从上述条款中对三大计划的定义可以看出，工程计划包含了一整套的寿命评估过程和技术，而在工程计划的基础上制定相对应的制造计划和使用管理计划（各航空发动机制造部门不同），其目的是保证工程计划所要求的属性以及所用假设的持续有效。因此，工程计划是实现设计安全性的核心，也是设计活动中融合和贯彻33.70条款要求的关键所在，以工程计划为“主”，制造计划和使用管理计划为“辅”，从而三大计划间构成了一个闭环系统，将设计、制造和使用维护联系在一起，确保限寿件在整个寿命期内的安全。

1. 工程计划

工程计划是一套综合的寿命评估过程和技术，以确保在危害性的发动机影响发生前拆除相关的所有发动机限寿件。

在工程计划的实际实施过程中主要包含四个部分：应当首先进行限寿件的确定，然后针对确定的限寿件进行寿命分析，之后对寿命分析的结果进行认证，最后进行实际使用过程中限寿件运行条件与寿命分析中所采用的条件的符合性验证，即批准寿命的维持。这样可以确保对每一个限寿件的设计活动，都可以追溯其历史，评价结果的合理性；同时也可以甄别关键技术，也就是在流程中最易于出现错误、亟待改进的步骤。

在工程计划的实施过程中主要包含六个核心设计活动（图5.2）。

(1) 飞行剖面的确定：为了制定限寿件的寿命，需要根据预定用途预测发动机的飞行剖面及相应的飞行阶段。实际剖面可能不同于最初的预测，会造成安全寿命的改变或降低，在不能获得足够的航空器运行信息，尤其是早期的航空器的运行信息时，适航性设计通常以保守预期作为确定飞行剖面的依据。

(2) 性能分析：通过针对航空发动机的性能分析和空气系统分析，确定限寿件的内部性能参数，如转速、内压等，以及流路的级间数据，包括气体温度、压力和质量流量等，以作为后面结构分析的边界条件。

(3) 空气系统分析：通过空气动力学设计和内流分析，确定限寿件在飞行剖面各阶段的稳态和瞬态温度，以确定飞行剖面的完整温度曲线。

(4) 热应力与结构应力分析：采用应力分析技术，建立计算模型，确定在限寿件各个寿命限制部位的循环应力和应变，并确定能够评估整个飞行循环中转子转速、机械和压力载荷、热梯度、装配预载荷及部件装配载荷的变化带来的影响，其中应特别关注应力集中部位如过渡圆角、孔、截面改变处、安装榫槽等。

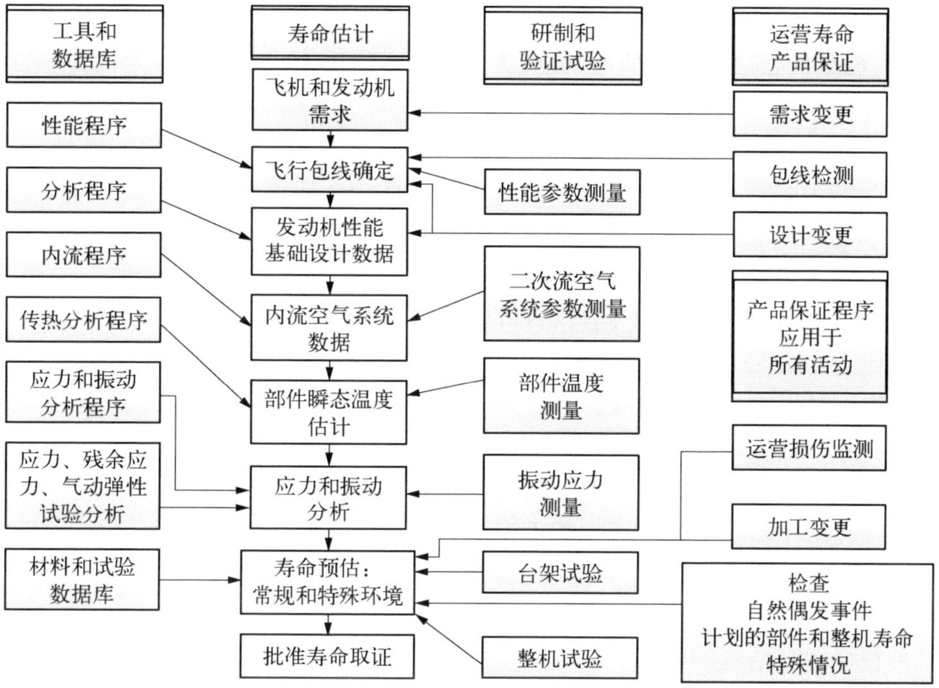

图 5.2　航空发动机限寿件寿命评估流程

（5）寿命分析：结合材料数据，确定限寿件的低循环疲劳寿命，即限寿件的预测寿命。由于限寿件多为高转速复杂载荷作用下的零部件，确定寿命的主要依据为限寿件的裂纹萌生寿命。需要采用应力-应变、温度历程与合适的材料及循环疲劳测试数据相结合的程序，来制定最差特性零部件的低循环疲劳裂纹萌生寿命。另外，还需要考虑塑性变形和蠕变带来的影响。在适航设计中，考虑到必然存在的数据分散度，应当采用合适的统计方法来减少使用的试验数据，试验数据应当用可接受的零部件风险等级来表示。

（6）寿命预估：针对限寿件，应开展适当的损伤容限评估，以尽可能降低零部件在批准寿命期内因材料、加工和使用引起的缺陷导致失效的可能性。

2. 制造计划

制造计划是确保零部件寿命性能完整性过程的一部分。工程计划中包括关于如何设计、制造、使用和维护发动机限寿件的各种假设，而每种假设均可影响零部件寿命，所以航空发动机制造部门有必要确保工程计划要求的属性持续有效，并可通过制造计划来实现。因此，在 AC33.70－1 有关制造计划的要素中，特别强调"设计过程中考虑制造工艺对限寿件寿命的影响，确认制造过程中未经合理验证和工程批准不可更改的工艺参数，即工艺参数合理性和不可更改性的技术判定"。所以，制造计划制定的核心和关键在于隐含在工程计划中的制造工艺过程的选取、工艺参数对寿命的影响和判定。正因为如此,工程计划才成为制造计划制定和批准的基础,也是核心性的体现所在,而两者间的紧密联系构成了限寿件寿命完整性过程和安全性保障的系统。

(1) 制造计划的要素:制造计划应当考虑加工后交付的零部件的属性,并应当特别强调影响零部件寿命的工艺参数。制造计划还应当确认工艺过程中未经合理验证和工程批准不得进行更改的工艺参数。可适当引用诸如图纸、材料规格和加工标准等资料。这些参数包括但不局限于:

- 材料控制,包括要求不同材料特性的区域划分;
- 加工方法规范;
- 加工过程的步骤和顺序;
- 切削参数和容许发散度;
- 检测方法和灵敏度;
- 特殊的零部件粗加工或精加工方法;
- 旨在改善疲劳性能或者最小化诱发缺陷的方法;
- 加工方法变化对零部件寿命性能影响的合格工艺验证;
- 符合微观结构的要求;
- 表面抛光;
- 残余应力场;
- 确保零部件保持一致和可重复生产的加工控制;
- 每个零部件的可追溯记录;
- 不合格零部件复查,以确保其偏差不会对零部件寿命造成负面影响。

(2) 制造计划的完善与验证。

① 制造计划应当由具备如下技能的关键工程和制造人员进行复查和验证:

- 工程(设计和定寿);
- 材料工程;
- 无损检测;
- 质量保证;
- 制造工程(完善和生产)。

② 上述人员应当评估并批准工艺验证、控制改变规则、不合格产品的处理及改正措施,以确保制造的产品与工程计划中的设计假设保持一致,是为了保证:

- 在一定级别的监督下完善和应用制造工艺,以确保能持续达到工程计划所要求的零部件寿命性能;
- 具体方案与前期保持一致,并作为工艺验证的一部分来执行;
- 制造工艺和手段的更改是显著的,并且通过跨职能复查和批准施行;

• 不合格产品在处理前要由具有混合技能型的相关人员进行复查；
• 针对检测出来的不合格品执行纠正措施。

③ 计划的详细程度可随所考虑的特定工艺的步骤、敏感度及达到所需寿命性能而要求的控制级别变化。

④ 举例。控制钻孔有其工艺规范，如果依照规范加工一个满足法兰螺栓孔寿命性能要求的孔，那么计划可简单注释该法兰螺栓孔是根据标准的规范加工的。然而，如果要求一个轮缘孔在钻孔后需进行冷扩张来满足寿命要求，那么除了钻孔规范外，还有必要参考冷扩张工艺规范。

3. 使用管理计划

使用管理计划是工程中保持发动机限寿件在其使用期间的完整性的一部分。同样，由于工程计划包括限寿件制造、使用和维护所用的所有假设，其中每个假设都对零部件寿命有影响，因此为确保假设的有效性，需使用管理计划针对使用期间的修理、维护和大修进行约束，以令工程计划中的假设保持一致。

（1）使用管理计划的要素：规定的零部件使用管理计划应当考虑零部件属性，这些属性经工程确认对零部件寿命起重要作用，不应当在零部件运营期间发生改变。使用管理计划应当包括监视限寿件运营的方法，以确保运营假设持续有效。使用管理计划包括但不局限于：

• 维护和大修限制；
• 修理工艺限制；
• 营运人遵照 FAA 规章条例要求，维护特定发动机和零部件可追溯运营记录的职责；
• 检查间隔（如有要求）；
• 检查程序（如有要求）；
• 监测运营飞行剖面；
• 损伤和可修理限制；
• 针对运营和相关经验的定期技术复查。

（2）确定修理、维护和大修工艺的可接受性。

① 修理、维护和大修工艺应当由具有以下技能的人员进行复查：

• 工程（设计和定寿）；
• 材料工程；
• 无损检测；
• 质量保证；
• 产品支持工程；
• 修理开发工程。

② 使用管理计划的跨职能复查所需技能与评估制造计划所需的技能是一致

的。复查应当包括工艺验证、控制变化、不合格产品的复查及纠正措施，以确保所有的修理、维护或大修工艺与工程要求相一致。复查有如下好处：

- 在一定级别的监督下完善修理、维护和大修的工艺和手段，并考虑其对零部件寿命的可能影响。具体方案与前期保持一致，并作为工艺验证的一部分来执行；
- 制造工艺和手段的更改是显著的，并且通过跨职能的复查和批准施行；
- 不合格产品在处理前要由具有合适的混合技能型的人员进行复查；
- 针对检测出来的不合格品执行纠正措施。

③ 为确保运营管理过程被正确执行和控制，申请人应当在持续适航指令中明确定义修理、维护和大修程序的限制。这些程序也应当包括与制造工艺和手段相关的限制的明确定义，以确保重要的发动机限寿件的属性与工程计划中假设要求的属性保持一致。这是很有必要的，因为不恰当的修理或维护可影响部件的整体性能并导致危害性的发动机影响。

(3) 静止件运营管理。

由于确定静止件寿命的方法可能会有所不同，尤其是在有压力载荷作用的情况下，申请人应当在修理说明书中增加一些批准寿命之外的信息。申请人应当把这部分信息加进适航限制部分中，这些附加信息包括但不局限于：

- 定期检查间隔；
- 使用的检查方法；
- 检查区域的详细描述；
- 与检查结果相关的接受和拒绝准则；
- 可接受的修理方法(如适用)；
- 其他有必要的、确保检查正确执行的手段；
- 要求的维护和与维护相关的限制。

5.6 限寿件审定接受

航空发动机安全性与适航的验证表明与审定接受是一个事物的两个方面，对工业方来说，重点是如何验证表明；对局方来说，重点是如何审定接受。审定由局方作为第三方，对由工业方表明的发动机安全性水平进行确认的活动。审定的内容和对象囊括了产品研制的全过程，即可以追溯到设计、制造及验证的任一环节。尽管审定过程有权利设计产品研制的各个方面，但在实际审查活动中，由于人力、成本等因素的限制，如何在不过多依赖设计细节，并在有限的验证活动下判定产品安全性水平和适航要求的满足，如何判定关键审定要素是关键，也是审定技术的本质。在验证表明阶段，要设置输入评价、工具评价、数据库评价、准则评价、输出评价、闭环评价等若干控制点，表明过程的可控性、可追溯性和置信空间；在审定接受阶段,其核心是对上述若干控制点进行审查。

5.6.1 发动机型号合格审定体系

航空发动机型号合格审定体系是中国民用航空局针对航空器的型号合格审定而建立的工作体系(图5.3)。该体系包括授权的责任审定单位、责任审查部门、型号合格审定委员会(type certification board, TCB)、型号合格审查组(type certification team, TCT)、项目工程师(project engineer, PE)及委任代表。

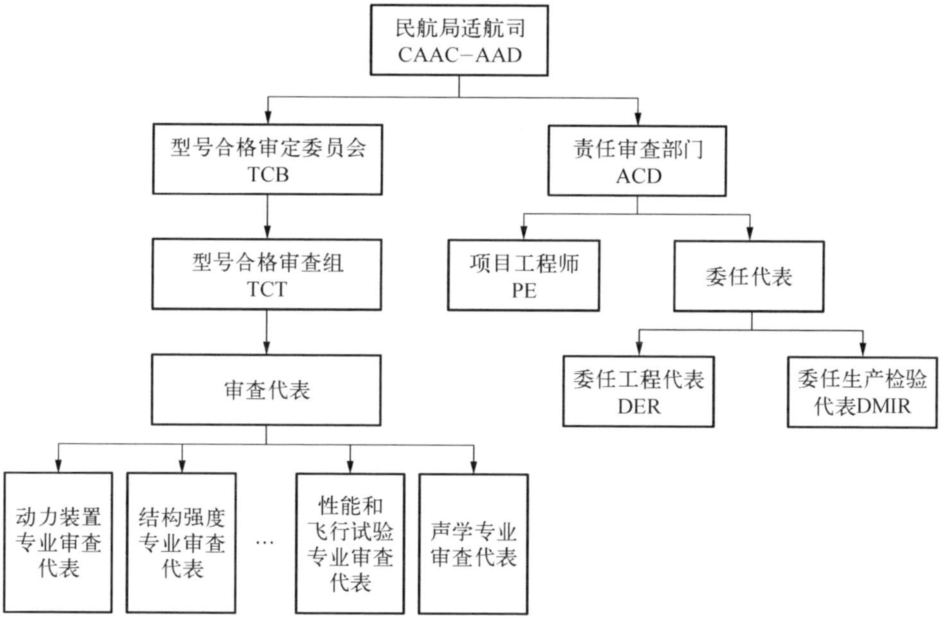

图5.3 中国民用型号合格审定体系

1. 责任审定单位

责任审定单位是指负责具体型号合格审定项目证件申请受理、颁发和管理的单位。适航司为民用发动机型号合格审定项目的责任审定单位,责任审定单位对相应的型号审查活动进行指导和监控。

2. 责任审查部门

责任审查部门是责任审定单位指定的负责完成型号合格审定项目具体审查任务的机构。针对特定型号合格审定项目,责任审查部门一般为上海航空器适航审定中心、沈阳航空器适航审定中心和各地区管理局适航审定处。

3. 型号合格审定委员会

TCB由适航司指定人员组成型号合格审定项目的管理团队,全面负责发动机型号合格审定项目的技术评审工作,确定审定基础、判定并解决审查中出现的重大问题。

4. 型号合格审查组

型号合格审查组是 TCB 的下设审查团队，根据需要，审查组可以分为若干个专业审查小组或者专题审查小组。主要工作是在 TCB 的领导下，就具体项目的型号合格审定工作与申请人沟通、联络和协调，审查申请人的审定计划(certification plan, CP)，制定审定项目计划(certification project plan, CPP)，在责任审查部门与申请人同意按专项合格审定计划(project specific certification plan, PSCP)进行项目管理的情况下，与申请人一起完成 PSCP，并按计划实施专业或专题审查。

5. 审查代表

审查代表负责按照审查组的分工履行自己的职责。负责开展具体审查工作，进行符合性确认。工程审查代表确定制造符合性检查项目、签发制造符合性检查请求单、处理制造偏离和判定制造符合性检查结果对符合性验证工作的影响。审查过程中，审查代表应及时将审查工作进展、存在问题和完成情况向审查组组长报告。

《航空器型号合格审定程序》中对审查代表进行分类，分为结构强度、动力装置、机械系统、电子电气、性能和飞行试验、声学、人为因素、客舱安全、制造符合性、设计保证系统。其中与航空发动机相关的有动力装置专业审查代表。动力装置专业审查代表负责对涡轮发动机的安装、活塞发动机的安装、发动机的安装总体方面、动力装置总体方面的型号资料进行审批，以确认符合审定基础。

项目工程师(PE)是责任审查部门指定的，对获得型号合格证或型号设计批准书后的航空器设计状态变更和制造过程中出现的设计构型偏离进行日常管理和监控，并对设计保证系统进行日常监察的人员。

适航委任代表在本程序中分为委任工程代表(designated engineering representative, DER)和委任生产检验代表(designated manufacturing inspection representatives, DMIR)两类。委任代表的委任、授权、培训等管理工作按《民用航空适航委任代表和委任单位代表管理规定》(CCAR－183)[18]及其相关程序进行。委任工程代表可以按照结构强度、动力装置、机械系统、电子电气、性能和飞行试验、声学、人为因素、客舱安全等专业进行分类。委任工程代表由型号合格证持有人提名，按需要参加型号设计大改和新型号的初步审查工作。委任生产检验代表由生产许可证持有人提名，按需要参加型号设计大改和新型号的制造符合性检查工作。

5.6.2 发动机型号合格审定程序

发动机型号合格审定程序主要包括申请、受理、审查、颁证和证后管理五个阶段。图 5.4 给出了型号合格审定程序简要流程图。在航空发动机型号合格审定过程中，审查方与申请人应该对每个阶段进行评估，完成阶段评估检查单。只有当评估结果满足相应的阶段性工作结果要求后，审定活动才能进入下一阶段。

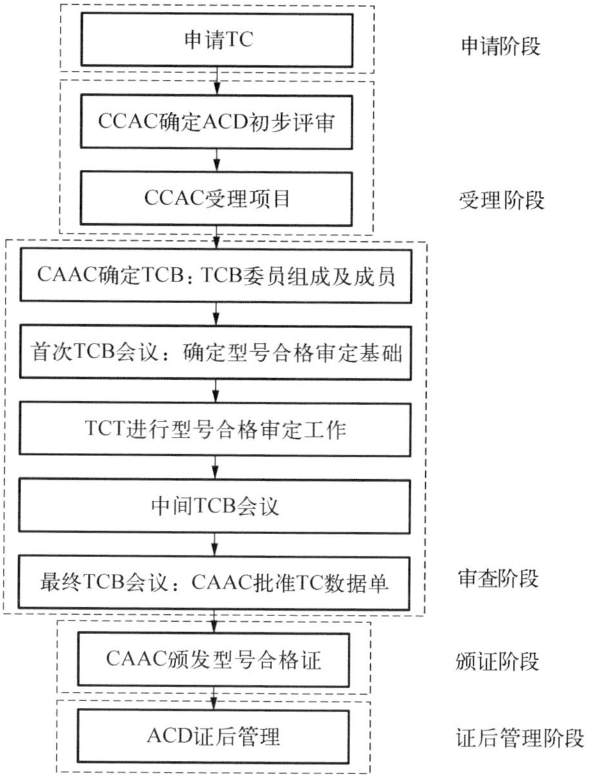

图5.4　航空发动机型号合格审定程序

1. 申请阶段

由申请人向适航司提交型号合格证申请书，提交申请书的同时需附上AP-21-AA-2023-11R1程序R3版中规定的适用资料，例如：① 新设计、新技术、新材料、新工艺等有关说明或报告；② 建议的审定基础和符合性方法；③ 设计保证系统有关信息和设计保证手册初稿；④ 供应商的有关信息；⑤ 初步安全性评估报告。

2. 受理阶段

适航司收到申请后，授权责任审查部门（authorized certification department，ACD）对申请人提供的资料进行初步评审，并在90天内决定是否受理。

3. 审查阶段

审查阶段的主要工作如下：① 适航司指定人员组成该项目TCB，召开首次TCB会议，确定审查组及其成员。了解项目产品情况，确定型号合格审定基础、型号合格审定计划等。② 审查组进行该项目的型号合格审查工作，主要流程如图

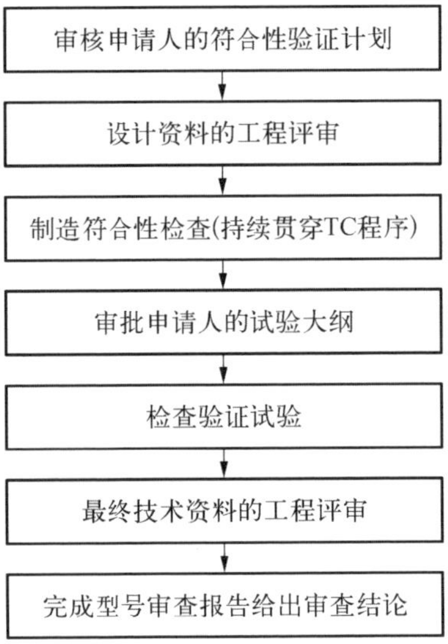

图 5.5　型号合格审查组(TCT)进行型号合格审查工作的简易流程

5.5 所示,包括:审核申请人的符合性验证计划;制定并提交专用条件草案和审查申请人提出的等效安全和豁免条款(如适用);根据审定基础和符合性验证计划对申请人提交的型号设计资料进行工程评审;进行试验产品的制造符合性检查;审批申请人的试验大纲和检查验证试验;完成最终技术资料的工程评审;完成型号审查报告并给出审查结论等。该阶段如有必要,可视情召开中间 TCB 会议。③ 召开最终 TCB,审核型号合格证或型号设计批准书数据单草案和维护手册等文件,审议所有问题纪要的处理情况,作出型号合格审定结论,并向适航司提出颁发型号合格证或型号设计批准书的建议。

4. 颁证阶段

适航司审核 TCB 或 ACD 的建议报告,如符合要求,由民航局批准颁发型号合格证和型号合格证数据单,或型号设计批准书及型号设计批准书数据单。

5. 证后管理阶段

由 ACD 负责颁证后的证后管理工作,主要包括对制造和使用过程中出现的工程问题和使用困难的调查和处理,型号设计更改、设计保证系统和手册更改的控制与管理,适航指令的编制签发和监督检查,委任代表的委任、培训和管理等。

5.6.3　发动机型号合格审定活动

在具体开展型号合格审定项目时,申请人与审查组开展大量技术交流与判定活动。申请人提交申请材料到适航司,由适航司确定是否受理该申请,最终也由适航司决定是否向申请人颁发行政许可。而中国民用航空局适航审定司授权中国民用航空发动机适航审定中心按照适航司颁布的审定程序开展型号合格审定工作,因而审定中心在其中扮演了责任审定单位的角色,并且提供技术判定。

本章重点阐述在型号合格审定过程中具体审定项目中的审查活动,如图 5.6 所示。审查活动内容主要包括设计保证系统、审定基础建立、构型基线与管理的审查、符合性验证计划的审查、型号资料的审查、制造符合性审查等。

1. 构型基线与管理的审查

构型管理是在产品寿命周期内,为确立和维持产品的功能特性、物理特性与产品需求、技术状态文件规定保持一致的管理活动。构型管理内容包括技术状态标识、技术状态控制、技术状态纪实和技术状态审核。其目标主要是确保文文、文实相符。

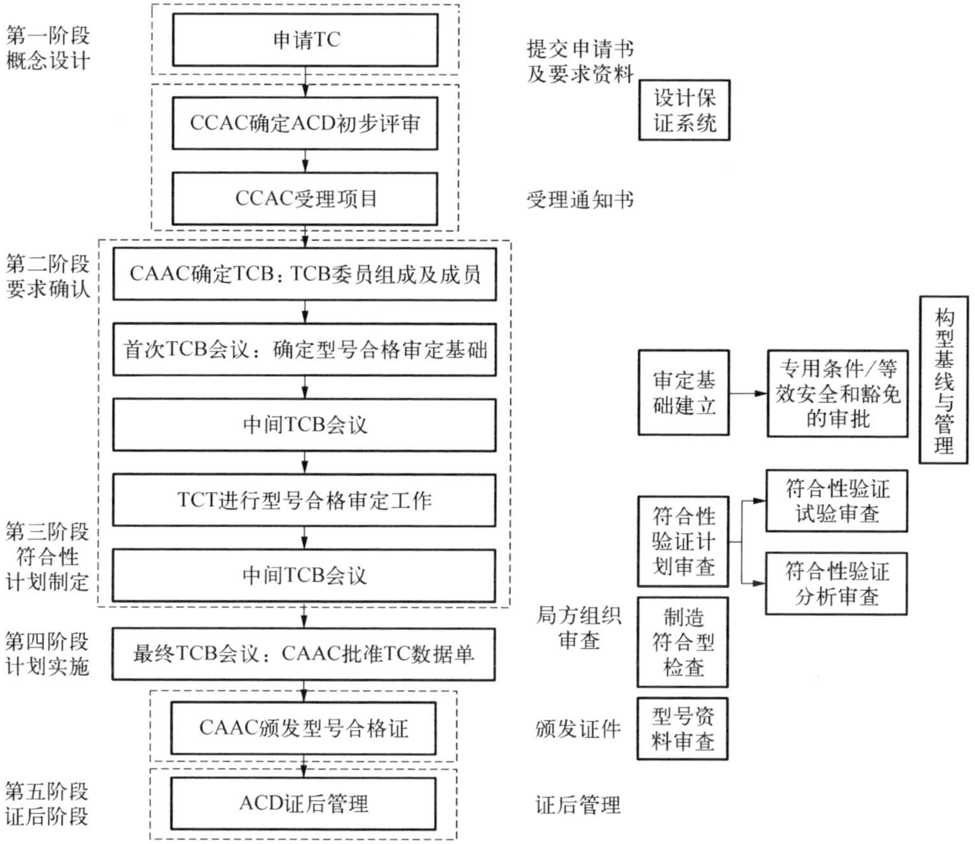

图 5.6　型号合格审定中的审查活动

构型基线是在产品寿命周期内的某一特定时刻，被正式确认并作为今后研制生产、使用保障活动基准，以及技术状态改变判定基准的技术状态文件。

构型基线主要包括以下文件：① 定义航空器构型和设计特征符合有关适航规章和环境保护要求所需的图纸、技术规范及其清单；② 确定民用航空器结构强度所需要的尺寸、材料和工艺资料；③ 适航规章中规定的持续适航文件中的适航性限制部分；④ 通过对比法来确定同一型号后续民用航空器的适航性和适用的环境保护要求的其他资料。

构型审查的最终目标就是确定发动机的零部件、组件实物与最终构型的一致性。构型审查的工作可分为两个步骤：第一步为资料审查；第二步为根据确定的构型，确定实物与构型的一致性，即零部件的制造符合性检查。构型的审查贯穿于型号取证的全过程。

2. 符合性验证计划的审查

符合性验证计划涉及多份计划：安全保障合作计划（partner for safety plan,

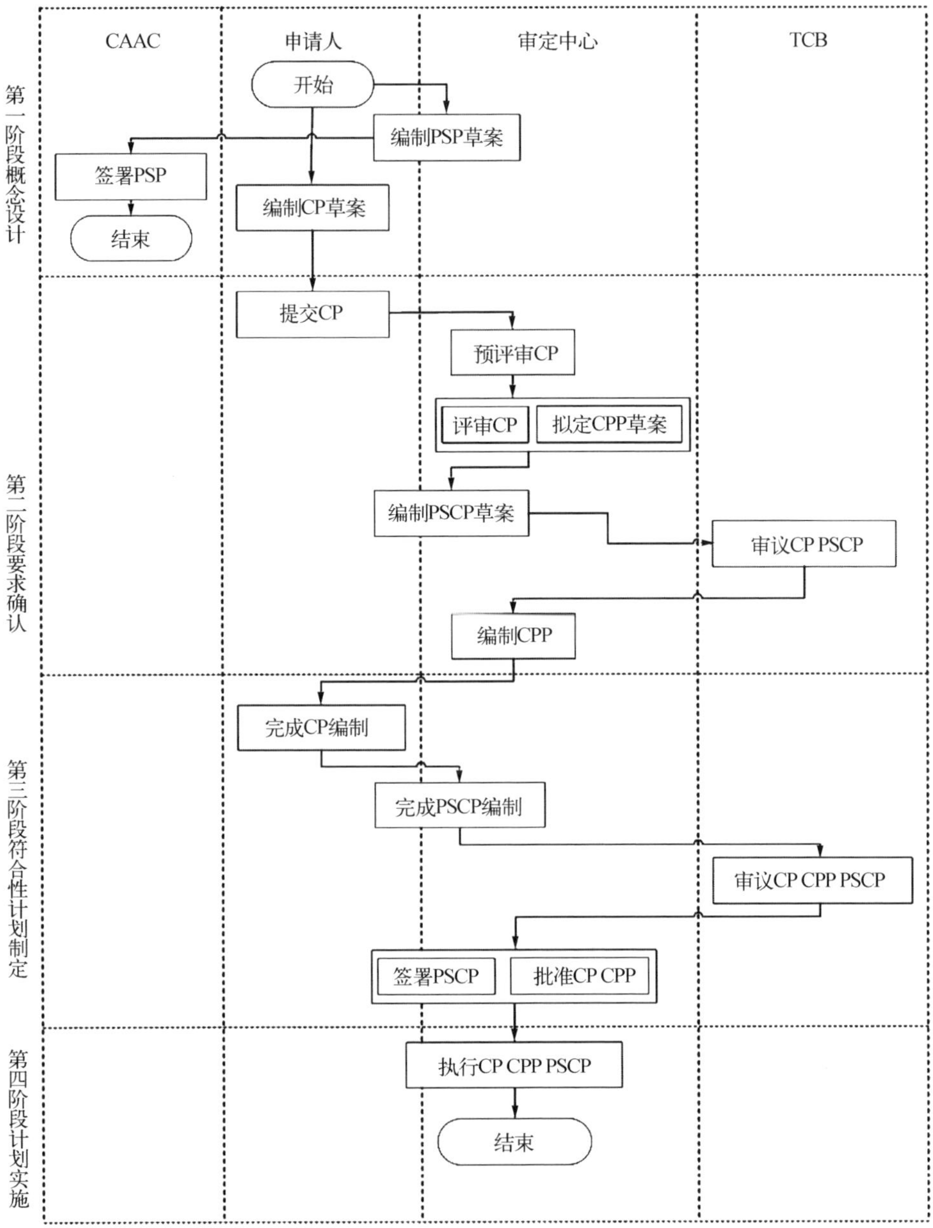

图 5.7　符合性验证计划审查流程

PSP)、CP、CPP 及 PSCP 等,审查流程如图 5.7 所示。

1) 安全保障合作计划

PSP 是为了在型号合格审定过程中达到相互合作和工作高效、确保航空器安全性的目的,CAAC 或适航司与型号合格证申请人共同签订的一份合作协议。

2）审定计划

CP 是申请人制定的关于采用何种符合性验证方法来表明产品符合审定基础的计划。申请人可与审定中心就审定计划进行讨论，并按 AP－21－AA－2011－03－R4 附录 D 的指南在第一阶段概念设计阶段编制审定计划草案。根据审查项目的复杂程度和需要，可拆分为项目级和系统级或专业/专题级。

在第二阶段要求确认阶段，型号合格证申请人提交申请书时，需提交相应的审定计划。适航司收到申请后，通知审定中心根据需求对申请人进行预评审，包括对审定计划的预评审，评审申请人提交的审定计划信息是否足够。在适航司确定受理申请后，首次 TCB 会前，由审定中心评审申请人的审定计划。在首次 TCB 会议中，审议申请人的审定计划。

在第三阶段符合性计划制定阶段，申请人完成审定计划编制并提交审查组，审查组审查审定计划，并与申请人达成共识。在经 TCB 审议后，审定计划由审查组组长（如果将审定计划进行拆分，则系统级或专业/专题级的审定计划可由专业/专题组组长）以型号合格审定信函的方式批准。

3）审定项目计划

CPP 是型号合格审查方内部的项目计划，用于协调型号合格审查方内部的人力资源、人员责任和进度。

4）专项合格审定计划

对于申请人和责任审查部门均同意采用 PSCP 方式进行管理的项目，PSCP 是协调审查组和申请人之间审查活动的主要项目管理工具，它包含了审查组的 CPP 信息和申请人的 CP 信息。

3. 审定基础建立

型号合格审定基础是经型号合格审定委员会确定的、对某一民用航空产品进行型号合格审定所依据的标准。审定基础通常在首次 TCB 会议，或中间 TCB 会议上确定，包括适用的适航规章和环境保护要求、专用条件、豁免和等效安全。适用的适航规章和环境保护要求主要由 CCAR－33 部、34 部、35 部及相应的修正案组成，根据型号的设计特征可分为型号合格审定和型号更改两类。

型号合格审定：对于新型号申请，或已有型号合格证（TC）的实质性更改，需申请型号合格审定。航空发动机、螺旋桨型号合格证的申请书的有效期为三年。

型号更改：对已有型号合格证（type certificate，TC）的非实质性更改，可申请型号更改。申请型号更改应确定适用的适航规章和环境保护要求。

1）专用条件

针对提交进行型号合格审定的民用航空产品，由于下述原因之一使得有关的适航规章没有提供适当的或足够的安全要求，由 CAAC 适航司制定并颁发专用条件（special condition，SC），作为补充安全要求，颁发流程如图 5.8 所示。原因如下：

① 民用航空产品具有新颖或独特的设计特点；② 民用航空产品的预期用途是非常规的；③ 从使用中的类似民用航空产品或具有类似设计特点的民用航空产品得到的经验表明可能产生不安全状况；④ 专用条件应具有与适用的适航规章等效的安全水平。

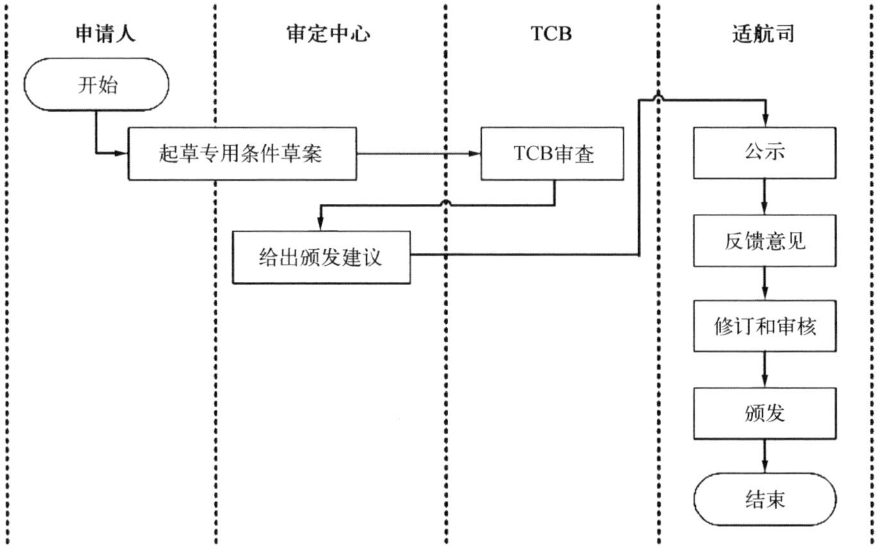

图 5.8　专用条件颁发流程

审定中心在第二阶段要求确定阶段以问题纪要的方式提出可能产生的专用条件草案，并附上必需的说明。在与申请人讨论修改专用条件草案后，以问题纪要的方式提交 TCB 审议，审议后，审定中心将 TCB 审查结论上报适航司，并提出建议批准的报告。针对专用条件建议内容，适航司征求特定单位及公众意见，并就意见进行反馈，经过最终的修订和审核后，适航司批准颁发专用条件，并作为审定基础的一部分列入型号合格证数据单（type certificate data sheet，TCDS）的附页中。

2）豁免

在型号合格审定中，申请人可以因技术原因向适航司申请暂时或永久豁免适航规章和环境保护要求中的某些条款。豁免的审批程序可参考 AP－21－AA－2011－03－R4 程序，豁免审批流程如图 5.9 所示。申请人应当向审查组提交包括下述内容的请求豁免报告：① 请求豁免的适用航空规章和环境保护要求的具体条款；② 豁免的原因及为了保证具有等效安全水平所采取的措施和限制；③ 豁免涉及的范围，包括航空器及适用期限；④ 申请人的名称、地址，如果适用，包括法定代表人的姓名、职务。

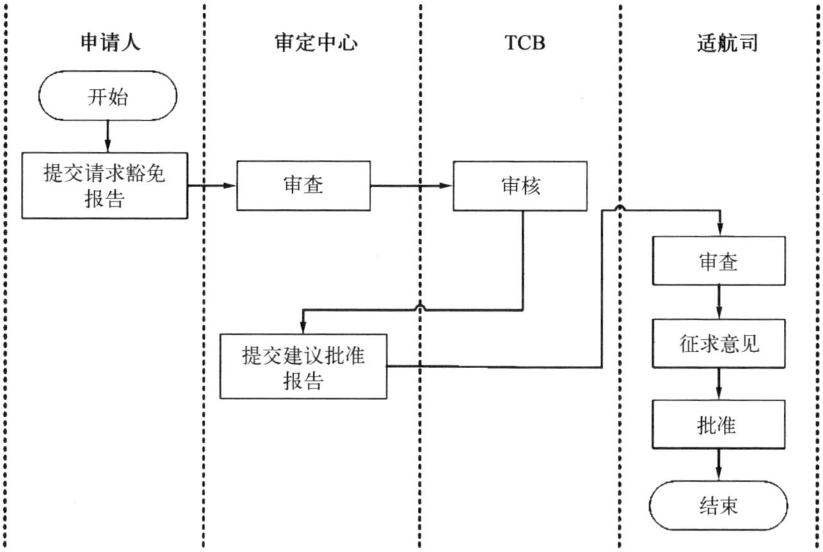

图 5.9　豁免审批流程

审查组对申请人提交的豁免请求进行审查并给出审查建议。经 TCB 审核后，由审定中心根据 TCB 的审查结论提出建议批准的报告上报适航司。适航司审查报告，必要时广泛征求意见，并书面答复是否批准其豁免请求和采取的相应措施。批准的豁免必须作为审定基础的一部分，并列入 TCDS 的附页中。

3）等效安全

当不能表明符合条款的字面要求，但存在补偿措施可达到等效的安全水平，可采用等效安全(equivalent level of safety, ELOS)。等效安全的审批流程如图 5.10 所示。申请人向审查组提交等效安全的请求。为了证明等效安全，申请人提交的资料应至少包括下列内容：① 列出相应的条款；② 说明能达到等效安全水平的设计特征；③ 陈述等效安全所带来的任何设计更改、限制或设备；④ 说明如何采取措

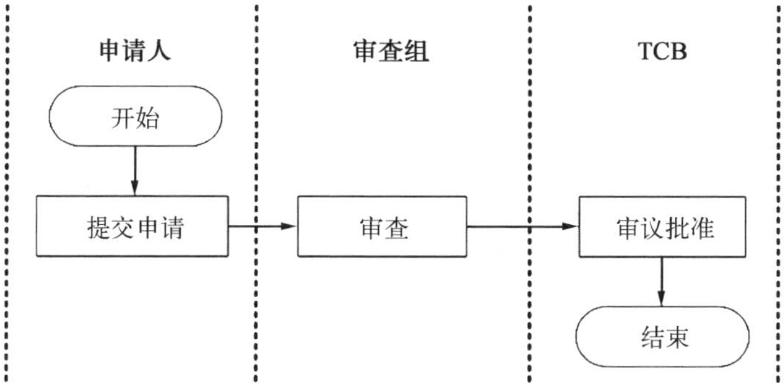

图 5.10　等效安全审批流程

施达到条款要求的等效安全水平。

审查组对申请人提出的等效安全进行审查后，以问题纪要的形式提交 TCB 审议批准。所有等效安全应作为审定基础的一部分列入 TCDS 的附页中。

4. 制造符合性检查

1）制造符合性检查定义与目的

CCAR－21 部《民用航空产品和零部件合格审定规定》§ 21.3 条定义："设计符合性"是指民用航空产品和零部件的设计符合规定的适航规章和要求；"制造符合性"是指民用航空产品和零部件的制造、试验、安装等符合经批准的设计。任何必要的检查以判定原型机或试验件及其零部件符合经批准的设计即为"制造符合性检查"。

制造符合性检查的主要目的是：确定产品能够按照型号设计资料始终如一地生产，确认试验产品的确切构型和对设计的偏离，协助工程人员批准需要实物检查和试验验证的设计资料，确保最终产品符合型号设计并处于安全可用状态。

2）制造符合性检查工作

型号合格审定过程中的制造符合性检查工作由工程审查代表与制造符合性检查代表来完成，工程审查代表应确定制造符合性检查项目，制造符合性检查代表可予以协助。工程审查代表、制造符合性检查代表应与申请人协商制定一个合适的制造符合性检查计划，并要根据申请人的生产能力和管理水平来确定和适时调整制造符合性检查计划，使之符合实际情况。

制造检查代表的主要职责为：负责审查试验产品符合型号资料；以制造符合性检查请求单或型号检查核准书为依据，协助审查组其他专业代表检查和目击验证试验以及负责管理和监督委任生产检查代表的工作。

型号合格审查（TC）过程中的制造符合性检查工作主要包括：制造符合性检查计划制定，工艺评审，试验件的制造符合性检查，试验设施的制造符合性检查和验证试验的目击。

5. 型号资料的审查

型号资料包括型号设计资料和符合性验证资料。

型号设计资料包括：① 定义航空器构型和设计特征符合有关适航规章和环境保护要求所需的图纸、技术规范及其清单；② 确定民用航空器结构强度所需要的尺寸、材料和工艺资料；③ 适航规章中规定的持续适航文件中的适航性限制部分；④ 通过对比法确定同一型号后续民用航空器的适航性和适用环境保护要求的其他资料。

符合性验证资料是用于表明型号设计符合审定基础的资料，包含：① 试验大纲；② 计算报告；③ 分析报告；④ 试验报告。

符合性验证型号资料的审查过程如图 5.11 所示，具体流程：① 在验证试验前至少两个月，申请人向审查组提交型号资料；② 提交大纲后，申请人对型号资料进行讲解，方式不限；③ 讲解之后，审查代表视情组织审查组内部讨论；④ 内部讨论后，审查代表与申请人就型号资料进行讨论；⑤ 与申请人的讨论可按需进行多次，但一般应在型号资料提交后两个月内完成审查；⑥ 对需要补充的型号资料，审查代表视情以型号资料评审表（CAAC 表 AAC－209）的方式向申请人反馈评审意见，返回起始流程；⑦ 经审查组内部互检，对通过评审的型号资料以型号资料批准表（CAAC 表 AAC－039）给出，未通过评审的型号资料返回起始流程。

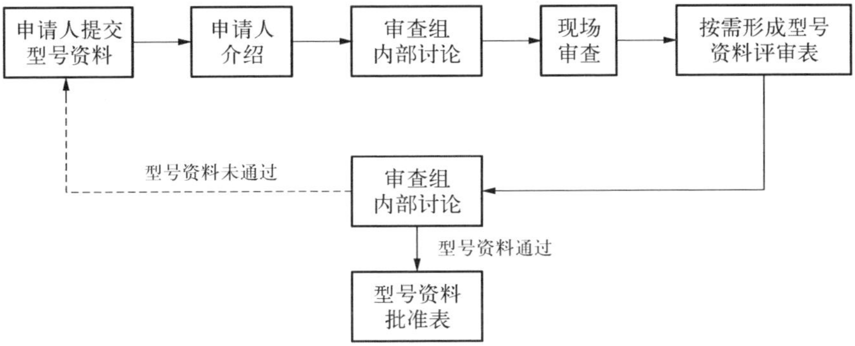

图 5.11　型号资料审查流程

关于审定计划和符合性验证计划的审查，尽管两者不能作为最终表明符合性的资料，但作为前期计划，可以列入符合性验证资料一类。对审定计划的审查，不再以型号资料批准表进行批准，而是以型号合格审定信函予以批准。另外，符合性报告作为表明对条款符合性的文件，可以也可以归类为符合性验证资料。在型号资料审查以及后续的制造符合性检查和试验目击等审查活动中，需要生成审查活动纪要以记录审查活动。

5.6.4　限寿件审定接受主要内容

限寿件审定需逐条满足适航规章符合性前提，针对 33.70 条发动机限寿件的审查，应包含下列几方面的内容：

（1）发动机限寿件工程计划审查；

（2）发动机限寿件制造计划审查；

（3）发动机限寿件使用管理计划审查；

（4）发动机限寿件低循环疲劳试验审查；

（5）发动机限寿件批准寿命发布。

根据以上审查内容的概述，审查代表在审查中着重需要关注以下技术要点。

1. 工程计划

工程计划中包括确定限寿件清单、确定寿命和损伤容限评估三个方面。其中安全寿命确定部分目前常见的符合性方法主要分为两种：以部件试验为主、结合分析的方法；以分析为主、结合试验的定寿方法。根据两种方法的成熟度和可用性，审查要点主要针对以部件试验为主的方法。

（1）发动机限寿件清单；

（2）任务循环飞行剖面；

（3）发动机性能分析；

（4）限寿件热分析；

（5）限寿件应力分析；

（6）材料疲劳性能数据；

（7）工程定寿方法；

（8）有影响的零部件；

（9）低循环疲劳试验参数与验证循环数；

（10）静子类限寿件裂纹扩展寿命分析与验证；

（11）转子类限寿件损伤容限评估；

（12）批准寿命。

需要指出的是，发动机限寿件的定寿是包含一系列技术在内的复杂流程，依据上述要点开展工作需要较深入的工程判断，申请人应尽早提交关于限寿件定寿的程序，经局方批准后开展工程计划相关工作。

2. 制造计划

制造计划是对工程计划要求的属性进行物理实现过程的管理计划。其要点包括：

（1）工艺参数的识别；

（2）工艺参数更改的控制标准或程序；

（3）制造计划的确认与验证。

3. 使用管理计划

使用管理计划针对使用期间的修理、维护和大修进行约束，以令工程计划中的假设保持一致。其要点包括：

（1）使用管理计划的可用性；

（2）使用管理活动有效属性的识别；

（3）强制性的检查与维护；

（4）软时限的检查与维护；

（5）使用损伤的监测；

（6）零部件可追溯性；

（7）限寿件剩余寿命（usage based lifing，UBL）方法的应用。

参考文献

[1] 中国民用航空局. 型号合格审定程序：AP－21－AA－2023－11R1[S]. 北京：中国民用航空局，2023.

[2] FAA. Notices of proposed rulemaking：NPRM 71－12[S]. Washington：FAA，1971.

[3] FAA. Notices of proposed rulemaking：NPRM 80－21[S]. Washington：FAA，1984.

[4] FAA. Notices of proposed rulemaking：NPRM 06－03[S]. Washington：FAA，2006.

[5] FAA. Damage tolerance for high energy turbine engine rotors：AC 33.14－1[S]. Washington：FAA，2001.

[6] FAA. Guidance material for aircraft engine life-limited parts requirements：AC 33.70－1[S]. Washington：FAA，2009.

[7] FAA. Damage tolerance of hole features in high-energy turbine：AC 33.70－2[S]. Washington：FAA，2009.

[8] FAA. Damage tolerance for material anomalies in titanium life-limited turbine engine rotors：AC 33.70－3[S]. Washington：FAA，2023.

[9] FAA. Fatigue life of nickel powder rotating life-limited parts：AC 33.70－4[S]. Washington：FAA，2023.

[10] FAA. Notices of proposed rulemaking：NPRM 63－47[S]. Washington：FAA，1964.

[11] FAA. Notices of proposed rulemaking：NPRM 07－03[S]. Washington：FAA，2007.

[12] FAA. Notices of proposed rulemaking：NPRM 10－06[S]. Washington：FAA，2010.

[13] FAA. Turbine rotor strength requirements of 14 CFR 33.27：AC 33.27－1[S]. Washington：FAA，2004.

[14] FAA. Engine and turbosupercharger rotor overspeed requirements of 14 CFR § 33.27：AC 33.27－1A[S]. Washington：FAA，2011.

[15] FAA. Turbine and compressor rotors type certification substantiation procedures：AC 33.3[S]. Washington：FAA，1968.

[16] FAA. Guidance material for 14 CFR § 33.75，safety analysis：AC 33.75－1[S]. Washington：FAA，2005.

[17] FAA. Guidance material for 14 CFR 33.75，safety analysis：AC 33.75－1A[S]. Washington：FAA，2007.

[18] 中国民用航空局. 民用航空适航委任代表和委任单位代表管理规定：CCAR－183[S]. 北京：中国民用航空局，2017.

第6章 限寿件设计赋予案例及方法

安全性是航空发动机的顶层设计指标之一。在开展针对限寿件的安全性设计之前,总体部门基于系统安全性分析方法,将整机安全性要求分解至限寿件,并实现失效引起灾难性后果的部件(即限寿件)的识别。进而,限寿件安全性设计部门需针对识别的限寿件,开展限寿件的安全性设计,包括对辨识的限寿件进行确认;再者,根据设计方案完成限寿件安全性指标(即失效风险)的定量表征,并不断迭代使得限寿件失效风险水平达到整机分解的限寿件安全性要求。限寿件的安全性设计,本质上是在限寿件的设计过程中,保证限寿件满足安全性指标的要求。当前在用"目标风险值"这一安全指标约束限寿件安全性水平的情况下,限寿件的安全性设计是在设计阶段通过所有方式或手段,让限寿件满足目标风险值的迭代过程。

本章以某型发动机限寿件为对象,重点介绍限寿件安全性指标定量计算的流程及方法,为方案设计、初步设计、详细设计阶段的安全性指标的定量计算方法提供参考。值得一提的是,本章主要聚焦设计赋予阶段工程计划的制定,制造计划及使用管理计划也应是限寿件设计赋予阶段确定的。制造计划及使用管理计划采用的分析方法将在第7章中阐述。

6.1 限寿件安全性设计概述

限寿件的安全性设计,本质上就是限寿件的设计满足安全性指标的要求。

限寿件失效直接导致高能碎片飞出发动机,引起非包容等危害性事故,其相对风险应低于发动机1~2个数量级。值得一提的是,适航规章是最低的安全性要求。因此,本节以CCAR-33 R2版为例,分解限寿件的安全性设计流程。

可能导致危害性发动机影响的底事件的概率要求在适航咨询通告中给出。按照AC33.75-1A的建议,以下两种情况都是可接受的:每种引起危害性的发动机影响的单独失效的概率小于10^{-8}次/发动机飞行小时;或引起特定危害性的发动机影响的组合的概率总和小于10^{-7}次/发动机飞行小时。因此限寿件失效概率要求应小于10^{-8}次/发动机飞行小时。

在实际研制过程中,限寿件的设计必须通过符合性方法表明满足 FAR－33.70 条款相关的完整性要求,即预期寿命期内的失效风险应小于设计目标风险值(design target risk, DTR),其中对包含材料缺陷的设计,DTR 一般为 10^{-9} 次/发动机飞行小时。

对于典型的轮盘类限寿件,其设计过程包括了气动设计与结构设计(图 6.1);而安全性设计在此基础上增加了寿命期失效概率低于 DTR 的定量安全性指标,以满足限寿件对整机系统安全性的要求,如图 6.2 所示。对于限寿件的安全性设计可以用“六要素”分解,保障设计流程可重复性与一致有效性,“六要素”包括输入、数据库、流程、工具、判定准则和输出。

输入包括限寿件清单、限寿件的具体设计方案、飞行剖面,具体而言包括限寿件的几何参数、边界参数等。输入参数的选择及取值范围受到航空发动机总体设计、不同部件之间的关联等方面的制约,并不能任意改变。因此,轮盘类限寿件输入参数的类别与取值范围相对固定,开展安全性设计时一般不会增加输入参数,但需要输入参数分散性,分析参数分散性对安全性指标计算结果的影响。

数据库是独立于设计方案的可通用于所有型号设计的数据。例如限寿件的材料性能数据,可通过试验或者查阅材料手册获得;历史型号的制造及维护经验数据的累积也是安全性设计的数据库;此外,历史型号的分析数据均可作为经验数据指导当前型号的安全性设计过程,也是安全性设计的数据库。值得一提的是,对于轮盘类限寿件失效风险评估而言,数据库中新增特殊材料数据库,包括材料缺陷数据与缺陷无损检测检出概率数据,用于定量表征材料制造加工及维护过程中缺陷出现水平与缺陷检测能力。此外,由于限寿件设计过程会确定其制造计划与使用管理计划,因此另外还需要制造加工工艺参数与实际制造加工材料性能、几何尺寸等最终状态参数统计值的对应关系数据库,从而为指导制造计划与使用管理计划的制定提供数据库。

流程主要是限寿件的失效风险评估,而在开展限寿件失效风险评估的同时,涉及了轮盘类限寿件空气系统分析、热弹性应力分析、寿命评估等流程。其中,空气系统分析用于获得盘腔流动换热特性;热弹性应力分析用于获得轮盘温度及应力分布,进而评价盘腔冷却效果及轮盘应力水平;寿命评估基于安全寿命设计方法,确定轮盘批准寿命。值得一提的是,轮盘类限寿件的设计过程会包含空气系统分析、热弹性应力分析、寿命评估等流程。最终开展的失效风险评估,即在设计过程加入安全性的定量指标,是航空发动机安全性设计的核心活动。

工具主要是具备限寿件失效风险评估的软件工具,同时也包括具备限寿件空气系统分析、热弹性应力分析、寿命评估等能力的工具。

判定准则是限寿件的安全性指标。该安全性指标应该是整机系统安全性分解的指标。适航规章的安全性指标为最低安全性要求,即限寿件的失效风险是否低

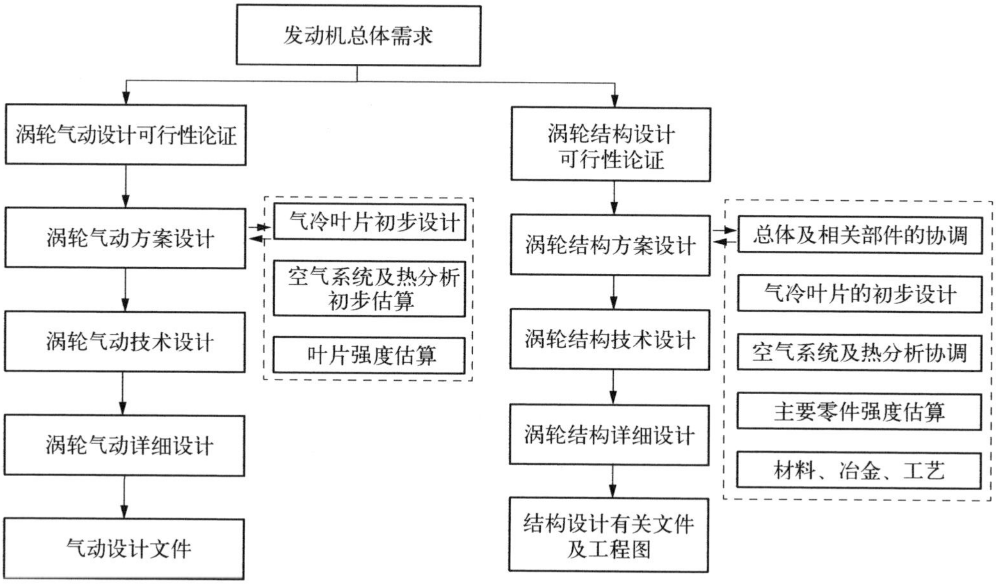

图 6.1　限寿件传统设计流程[1]

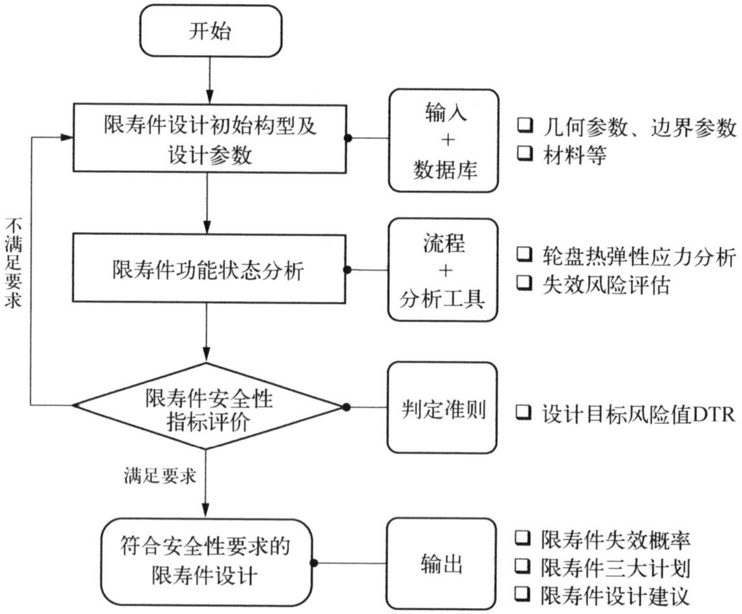

图 6.2　限寿件安全性设计流程

于 DTR，对于含有钛合金硬 α 缺陷的限寿件而言，适航规章要求的寿命期 DTR 为 10^{-9} 次/发动机飞行小时；对于限寿件孔特征而言，适航规章要求的寿命期 DTR 为 2×10^{-5} 次。本章以适航规章的限寿件安全性指标为例，说明如何对限寿件完成安全性设计。

6.2　限寿件安全性设计输入

输入包括限寿件清单、限寿件的具体设计方案、飞行剖面，具体到限寿件而言，为限寿件的几何参数、边界参数等。输入参数的选择及取值范围受到航空发动机总体设计、不同部件之间的关联等方面的制约，并不能任意改变。因此，轮盘类限寿件输入参数的类别与取值范围相对固定，引入安全性设计一般不会增加输入参数，但需要输入参数分散性对安全性指标计算结果的影响。

1. *几何参数*

本节分析某涡轴发动机压气机盘在飞行循环内的温度及应力演变。计算模型对真实轮盘进行了一定简化，忽略了分布细节几何特征，真实弯曲叶片简化为直叶片。这些简化一方面保留了真实轮盘的基本轮廓和几何尺寸，同时对敏感数据进行脱密处理；另一方面也可在不影响本书研究目标的前提下减少部分不必要的工作。此外，考虑到模型的周期对称特性，为了减少不必要的计算成本，仅取 1/10 扇区为计算模型，如图 6.3 所示。计算中在扇区的两个径向界面施加周期对称条件，以模拟整盘情况。

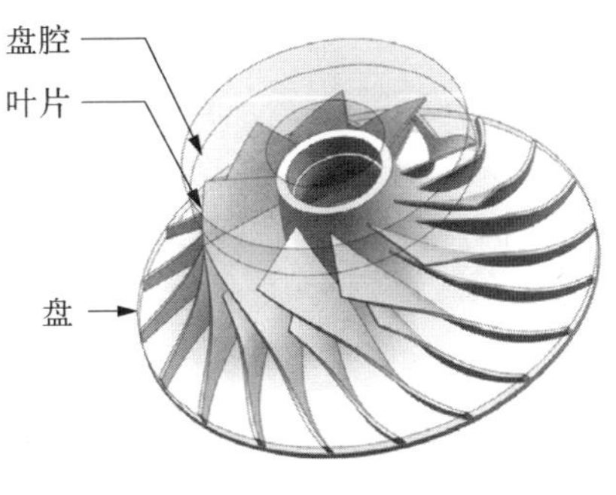

图 6.3　某型压气机旋转盘腔模型示意图

2. *边界参数*

计算边界条件的施加方式如图 6.4 所示。计算选取了模拟发动机由稳态设计点至单台发动机不工作(one engine inoperative, OEI)状态[2]的过渡过程，发动机首先经历加速阶段，达到稳态设计点转速之后进一步加速，经一段时间过渡到 OEI 状态，即最大转速状态，最后经历减速阶段回到初始状态，从而构成一次飞行循环。具体而言，过渡过程中，盘腔进口气流温度保持定值，$T_{in}=288.15$ K。其他边界条件均随时间变化，如图 6.5 所示，各边界条件随时间变化趋势相似，加速阶段边界随时间迅速增大，约 3 s 时达到设计点数值，稳定运行至 10 s 后进一步加速，经历约 2 s 达到最大转速状态，最后在 24~26 s 间隔内减速至稳态设计点状态，稳定运行一段时间后经历约 2 s 的减速阶段完成一次循环。飞行循环中最大转速与稳态设计点状态的持续时间可根据计算需求进行延长。

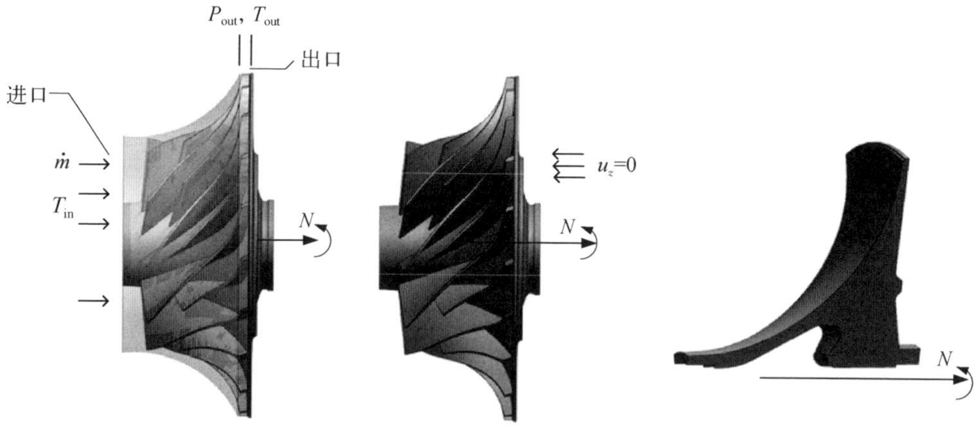

(a) 流固分析边界条件

(b) 1/10 模型

图 6.4　旋转压气机盘腔边界条件

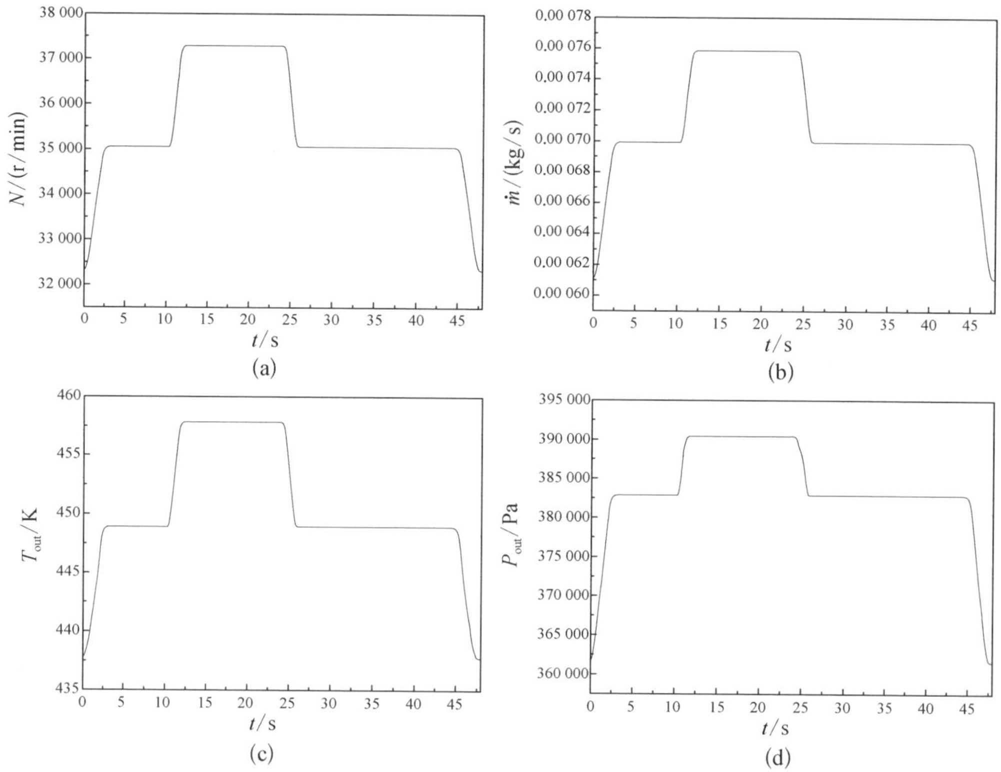

(a)　(b)　(c)　(d)

图 6.5　随时间变化的压气机盘腔边界条件

飞行循环载荷历程取决于实际的飞行包线与飞行任务,本书选取了压气机典型过渡过程即OEI状态,基于此开展后续失效风险评估。选取这一过渡过程的原因有两点:一方面,对涡轴发动机而言,其工作特性决定了OEI状态是发动机的重要工作状态,在轮盘初始设计阶段必须予以充分考虑;另一方面,由于过渡过程中轮盘转速高于稳态设计点,其应力水平偏高,将对轮盘安全性产生重要影响。本书分析轮盘失效风险,需要考虑过渡过程的影响,而由稳态设计点至OEI的过渡过程是涡轴发动机的关键工作过程,因此选取该过渡过程作获得轮盘应力演变历程,并进一步分析轮盘失效风险。最后需要说明,如2.2节所述,边界条件作为轮盘热弹性分析的输入条件,不是本书研究所能解决的问题,也非本书的研究目标。本书采用了空气系统分析方法获取边界载荷。由于空气系统方法需要对真实情况进行必要条件,由此分析获得的边界条件与真实边界存在偏差。尽管如此,各边界条件互相匹配,并且其随时间变化的趋势仍能反映真实边界的演化规律,因此满足本书的研究需求。

6.3　限寿件安全性设计数据库

数据库是独立于设计方案的可通用于所有型号设计的数据。例如限寿件的材料性能数据,可通过试验或者查阅材料手册获得;历史型号的制造及维护经验数据的累积也是安全性设计的数据库;另外,历史型号的分析数据均可作为经验数据指导当前型号的安全性设计过程,也是安全性设计的数据库。值得一提的是,对于轮盘类限寿件失效风险评估而言,数据库中新增特殊材料数据库,包括材料缺陷数据与缺陷无损检测检出概率数据,用于定量表征材料制造加工及维护过程中缺陷出现水平与缺陷检测能力。此外,由于限寿件设计过程会确定其制造计划与使用管理计划,因此还需要制造加工工艺参数与材料性能的对应关系数据库,从而为指导制造计划与使用管理计划的制定提供数据库。

6.3.1　安全性设计数据库案例

概率失效风险评估的输入条件包含两大部分。① 失效外因输入,即飞行循环中轮盘温度与应力历程。根据发动机工作特性,飞行循环考虑了加速及OEI等过渡过程,并通过空气系统分析获得了一组轮盘前行边界条件,以此计算获得轮盘在飞行循环内的温度与应力演变历程,详见6.4节,在此不再赘述。② 失效内因输入,包括轮盘材料的相关数据(基本材料数据、断裂力学相关数据)、缺陷数据及检查数据等,主要为数据库形式。本节也给出了概率失效风险评估所需各项数据的获取规范,可为未来基础数据的累积与数据库的搭建提供参考。

本节基于国外材料及缺陷数据开展计算。同时,为了实现计算并节约计算成本,并考虑相关条件的限制,在不影响本文研究目的的实现及研究结论的通用性的前提下，对相关数据采取了一些简化处理，具体介绍如下。

1. 基本材料数据库

1）物性参数

物性参数包括轮盘材料的基本材料数据、断裂力学相关数据、缺陷数据及检查数据等。轮盘材料为钛合金 TC4。由于计算域内温度变化不大，在本节计算的温度范围内，材料物性参数可近似视为不随温度变化，其数值如表 6.1 所示。

表 6.1　压气机轮盘及冷气的物性参数

	物性参数	数　值
冷气 （流体域）	$\rho_{air}/(kg/m^3)$ $\lambda_{air}/[W/(m\cdot K)]$ $\mu_{air}/[10^{-5}\ kg/(ms)]$	1.173 0.0261 1.831
轮盘 （固体域）	$\rho/(kg/m^3)$ $\lambda/[W/(m\cdot K)]$ E/GPa μ $\alpha/(10^{-6}/℃)$	4 620 7.955 110 0.30 8.6

2）断裂力学参数

断裂力学参数包括线弹性断裂力学涉及的疲劳裂纹扩展速率以及断裂韧性。一般而言，这些参数均与当地温度水平相关。然而，由轮盘在飞行循环中的温度历程可知，轮盘温度范围较小，在此范围内轮盘各项材料参数所以温度的变化均可近似忽略。因此，本文计算断裂力学参数取值为常数，包括：Paris 模型中 $C = 9.25\times10^{-13}$，$n = 3.87$（对应应力单位 MPa，长度单位 m）；断裂韧性 $K_c = 64.5\ \text{MPa}\cdot\sqrt{\text{m}}$。

2. 特殊材料数据库

1）缺陷参数

轮盘概率失效风险评估所需的缺陷参数包括缺陷在分区的位置、缺陷形状及初始缺陷的尺寸分布。

缺陷在分区的位置：概率失效风险评估的分区判据保证了分区内区域的均匀性，即分区内各单元（质点）的应力与温度相似，从而使分区失效概率与缺陷出现在分区中的位置无关。因此，对于内含裂纹（embeded crack，ec）、表面裂纹（surface crack，sc）和角裂纹（corner crack，cc），其缺陷位置分别设定为：ec 位于分区的中央位置，sc 位于分区的中央表面位置，而 cc 则位于分区的角点位置。缺陷均位于最大主应力法向平面内，并假设裂纹扩展过程中不会出现跨越分区的情况（裂纹尺寸较之分区几何尺寸为小量）。分区应力及温度按照分区所含单元应力及温度的最大值选取，以与此对应的应力强度因子、断裂韧性及裂纹扩展速率开展计算，保证失效风险评估结果偏于保守和安全。

缺陷形状：尽管实际缺陷一般为不规则形状，但概率失效风险评估中多将其等效模化为椭圆裂纹的等分形式[3]，其中，ec 为椭圆裂纹，sc 为 1/2 椭圆裂纹，cc 为 1/4 椭圆裂纹。本节计算中进一步采用圆形裂纹假设，即椭圆长轴与短轴相等：

$$a = c \tag{6.1}$$

该假设满足适航符合性方法的要求。

初始缺陷尺寸分布：采用工业方累积的缺陷尺寸超越分布数据，源自适航规章 AC 33.14 − 1[4]。

2）检查参数

本研究暂不考虑检查影响，即概率失效风险评估中仅考虑初始缺陷尺寸这一单一随机变量。由于本研究的核心在于考虑过渡过程对轮盘失效风险的影响，因此，该假设不会影响本节研究目的的实现，同时节约了计算成本。

6.3.2　安全性设计数据库获取方法

1. 基础材料数据库获取

针对某型钛合金材料，考虑适航要求，按照汇总的数据类型与数据架构形式，以及数据获取方法，给出了该材料满足适航要求的概率失效风险评估基础数据的获取规范。考虑数据分散性要求，利用有限盘坯（10 件），设计取样方式及数量，提出取样方案建议。

1）基本材料性能数据

a. 测试项目

（1）物理性能：导热系数、热膨胀系数、密度、比热容。

（2）弹性性能：弹性模量、泊松比。

（3）拉伸性能：抗拉强度、屈服强度、规定延伸强度、断面收缩率、应力应变曲线。

各个测试项目的试验条件如表 6.2 所示。

表 6.2　基本材料性能试验测试项目及试验条件

序号	测试项目	试验条件							
		室温	100℃	200℃	250℃	300℃	350℃	400℃	500℃
1	密度测试	✓							
2	热膨胀系数		✓	✓		✓		✓	✓

续 表

序号	测试项目	试验条件							
		室温	100℃	200℃	250℃	300℃	350℃	400℃	500℃
3	比热容		✓	✓		✓		✓	✓
4	导热系数		✓	✓		✓		✓	✓
5	弹性模量及泊松比	✓	✓	✓	✓	✓	✓		
6	拉伸性能	✓	✓	✓	✓	✓	✓		

b. 试验依据

(1) GB/T 1423－1996《贵金属及其合金密度的测试方法》。

(2) GB/T 4339－2008《金属材料热膨胀特征参数的测量》。

(3) GB/T 3651－2008《金属材料高温导热系数测量方法》。

(4) GB/T 22315－2008《金属材料弹性模量和泊松比试验方法》。

(5) GB/T 228－2002《金属材料室温拉伸试验方法》。

(6) QJ969－86《固体材料室温至800℃平均比热容测试方法》。

c. 补充说明

试验件、试验控制、数据处理等均应符合对应的试验标准的要求。试验条件选取了有限温度点,其余温度条件下的数据可由试验测得数据插值获得。

2) 材料疲劳性能数据

a. 试验项目

完成室温、200℃、300℃,应力比0.1、0.5条件下国产钛合金材料轴向光滑疲劳性能测试,并给出每个温度点不同应力比下-3σ基值(置信度50%、存活率99.87%)的S－N曲线。

b. 试验依据

GB/T 3075－2008《金属材料 疲劳试验 轴向力控制方法》。

c. 试验件

(1) 试验件要求。依据GB/T 3075－2008,选取圆形截面试验件。试验件形状、尺寸、公差及表面质量均须满足GB/T 3075－2008的相关要求。

(2) 试验件数量。试验件数量必须保证所得试验结果满足-3σ基值要求,应通过预先试验来确定。这里给出试验件数量的参考值,即:每一种试验工况下需要有效试验件不少于50件;本试验中有6种工况,共需要有效试验件不少于300件。

(3) 取样方式。推荐取样方式为沿加工金属的主流线方向取样,即L方向。

试验件应均布于所提供的各个盘坯，取样位置应分布于盘坯的内缘与外缘。初定：从10个盘坯中取出300件试验件，应保证每个盘坯中各取出30件，且其中15件来自盘坯内缘，15件来自盘坯外缘。试验件制备完成后需对所有试验件编号，明确每一件试验件取自哪一个盘坯的哪一个位置（内缘或外缘）。

如前所述，试验件数量必须保证所得试验结果满足-3σ基值要求，需通过预先试验来确定，故最终取样方案暂时不能确定，这里只是说明了取样的基本要求。

d. 试验工况

（1）测定钛合金材料在室温、200℃以及300℃下的$S-N$曲线。

（2）加载方式为轴向加载，设定为等幅正弦波形循环载荷，应力比为0.1、0.5。

（3）每一组$S-N$曲线试验有效数据包括不少于6级应力水平（寿命水平），循环次数应达到3×10^7次（疲劳极限循环数），且各级疲劳寿命均布在$1\times10^7\sim3\times10^7$次区间。

（4）试验件温度波动范围≤2℃，温度梯度≤2℃。

e. 考核标准

所得$S-N$曲线满足-3σ基值（置信度50%、存活率99.87%）要求。

f. 试验数据处理

在试验件疲劳试验过程中测定并记录不同温度不同应力比下试验件的加载载荷幅值与对应的疲劳寿命，从而得到分散的（$S-N$）数据点，对数据点进行拟合，即得到了材料的$S-N$曲线。具体处理方法应符合对应的试验标准的要求。试验条件以外的温度条件下的数据可由试验测得数据插值获得。

3）材料疲劳裂纹扩展数据

a. 试验项目

完成室温、200℃、300℃，应力比R分别为0.1、0.5条件下国产钛合金材料试验件的疲劳裂纹扩展试验，测得不同时刻（循环）的裂纹长度，分析得到国产钛合金材料每个温度点不同应力比下-3σ基值（置信度50%、存活率99.87%）的疲劳裂纹扩展常数C、n以及裂纹扩展门槛值ΔK_{th}。

b. 试验依据

GB/T 6398－2000《金属材料疲劳裂纹扩展速率试验方法》。

c. 试验件

（1）试验件要求。依据GB/T 6398－2000，试验件选取标准CT试验件。试验件形状、尺寸、公差及表面质量均须满足GB/T 6398－2000的相关要求。

（2）试验件数量。试验件数量必须保证所得试验结果满足-3σ基值要求，应通过预先试验来确定。这里给出试验件数量的参考值，即：每一种试验工况下需要有效试验件不少于20件；本试验中有6种工况，共需要有效试验件不少于120件。

(3) 取样方式。采用 $L-T$ 取样方式[图 6.6(a)],其中,L 表示裂纹平面的法向方向,为主变形方向;T 表示预期的裂纹扩展方向,为最小变形方向。

试验件应均布于所提供的各个盘坯,取样位置应分布于盘坯的内缘与外缘[图 6.6(b)],且所占比例分别为 2/3 与 1/3。其中,取自内缘的试验件用于室温和 200℃下的试验,取自外缘的试验件全部用于 300℃下的试验。初定:共需从 10 个盘坯中取出 120 件试验件,应保证每个盘坯中各取出 12 件,且其中 8 件来自盘坯内缘(4 件用于室温试验,4 件用于 200℃试验),4 件来自盘坯外缘(用于 300℃试验)。试验件制备完成后需对所有试验件编号,明确每一件试验件的取样位置。

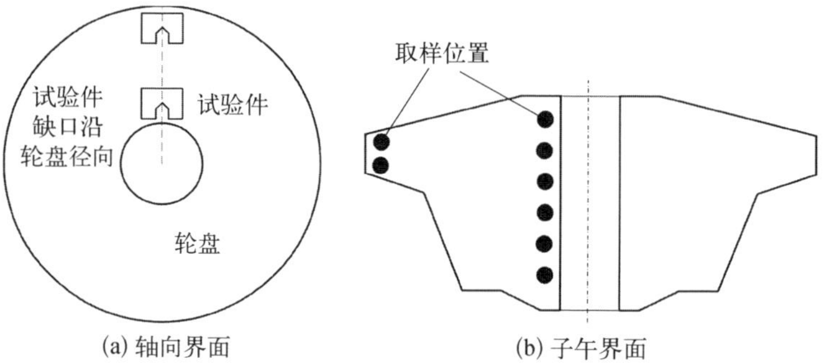

图 6.6　轮盘取样位置示意图

d. 试验工况

(1) 试验工况。温度:室温,200℃,300℃;应力比:$R=0.1$、0.5;环境:空气。

(2) 误差控制。试验件温度波动范围≤2℃,温度梯度≤2℃。

e. 考核标准

(1) 对于 C 和 n 的测量,每个温度/应力比组合下,每一件试验件裂纹扩展速率的数据范围至少超过 2 个数量级($10^{-5}\sim10^{-4}$ mm/cycle)。

(2) 对于 ΔK_{th} 的测量,按照 GB/T 6398－2000 的要求,在裂纹扩展速率应 $10^{-6}\sim10^{-7}$ mm/cycle 范围内获得不少于 5 组数据。

(3) 每个温度/应力比组合下试验数据需满足 -3σ 基值(置信度 50%、存活率 99.87%)要求。

f. 试验数据处理

处理方法参照 GB/T 6398－2000 的要求。试验条件以外的温度条件下的数据可由试验测得数据插值获得。

4) 材料平面应变断裂韧性

a. 试验项目

使用预制疲劳裂纹试验件,通过增加力来测定国产钛合金材料在室温、200℃、

300℃条件下-3σ 基值(置信度 50%、存活率 99.87%)的平面应变断裂韧性 K_{IC}。

b. 试验依据

GB/T 4161－2007《金属材料平面应变断裂韧性 K_{IC} 试验方法》。

c. 试验件

(1) 试验件要求。依据 GB/T 4161－2007,试验件选取为 CT 试验件,试验件形状、尺寸、公差及表面质量均须满足 GB/T 4161－2007 的相关要求。

(2) 试验件数量。试验件数量必须保证所得试验结果满足-3σ 基值要求,应通过预先试验来确定。给出试验件数量的参考值,即:每一种试验工况下需要有效试验件不少于 10 件;本试验中有 3 种工况,共需要有效试验件不少于 30 件。

(3) 取样方式。采用 $L-T$ 取样方式,其中,L 表示裂纹平面的法向方向,为主变形方向;T 表示预期的裂纹扩展方向,为最小变形方向。

试验件应均布于所提供的各个盘坯,取样位置应分布于盘坯的内缘与外缘,且所占比例分别为 2/3 与 1/3。其中,取自内缘的试验件用于室温和 200℃下的试验,取自外缘的试验件全部用于 300℃下的试验。初定:共需从 10 个盘坯中取出 30 件试验件,应保证每个盘坯中各取出 3 件,且其中 2 件来自盘坯内缘(1 件用于室温试验,1 件用于 200℃试验),1 件来自盘坯外缘(用于 300℃试验)。试验件制备完成后需对所有试验件编号,明确每一件试验件的取样位置。

d. 试验工况

(1) 试验环境条件。根据试验测试要求,同时考虑到钛合金压气机盘真实工作中的温度工况,初步制定试验工况为:室温,200℃,300℃。

(2) 加载条件。试验件加载速率应该使应力强度因子增加的速率控制在 $0.5\ \mathrm{MPa}\cdot\sqrt{\mathrm{m}} \sim 3.0\ \mathrm{MPa}\cdot\sqrt{\mathrm{m}}$之间。

(3) 误差控制。非室温条件下试验时,需控制并记录试验件温度,控温精度±2℃,试验件温度在整个试验过程中要保持在名义试验温度的±2℃之内。

e. 考核标准

(1) 试验须严格按照 GB/T 4161－2007 的规定施行,试验报告中需提供相关校准与标定说明。

(2) 特定力值 F_Q 与最大力值 F_{max} 的比值不超过 1.10。

(3) 计算 $2.5(K_Q/R_{p0.2})^2$ 的数值,其中 K_Q 为 K_{IC} 的条件值,$R_{p0.2}$ 为规定非比例延伸强度,试验中须保证 $2.5(K_Q/R_{p0.2})^2$ 的数值小于试验件厚度、裂纹长度和韧带尺寸,试验结果方视为有效。

(4) 每个温度下试验数据需满足-3σ 基值(置信度 50%、存活率 99.87%)要求。

f. 试验数据处理

使用预制疲劳裂纹试验件,通过增加力来测定国产钛合金材料的力-位移曲线，确定特定力值 F_Q。由特定力值，根据适用于试验件的应力强度因子计算公式，计算得到材料平面应变断裂韧性 K_{IC}。具体处理方法应符合对应的试验标准的要求。试验条件以外的温度条件下的数据可由试验测得数据插值获得。

5）取样方案

用于取样的盘坯为某型航空发动机钛合金转子离心叶轮盘，盘坯形状如图 6.7 所示，共 10 件。根据已确定的试验件形状及数量要求，考虑盘坯尺寸，确定试验件尺寸。最终取样方案如图 6.8 及表 6.3 所示。

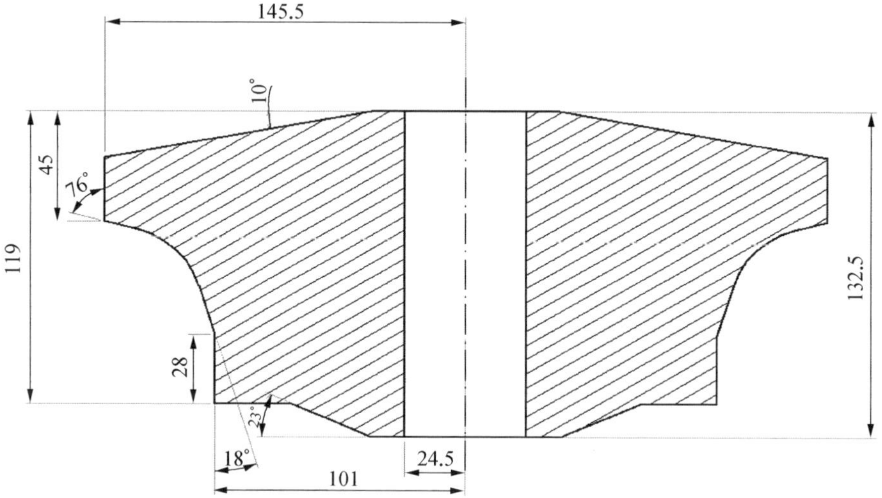

图 6.7　取样用盘坯示意图（长度单位：mm）

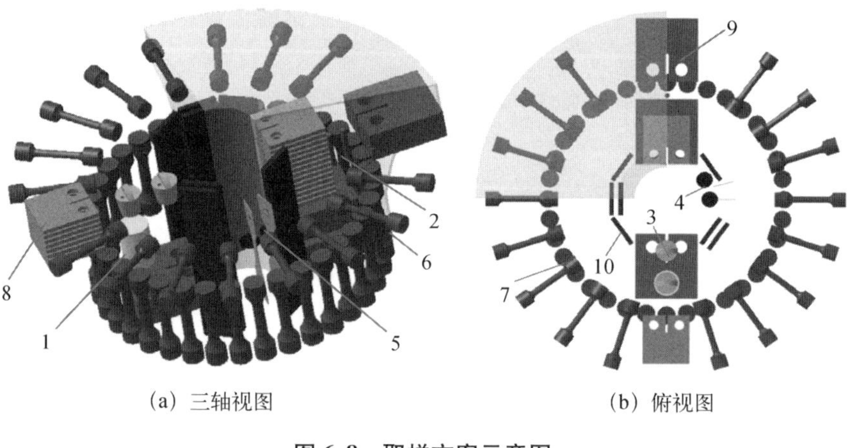

(a) 三轴视图　　(b) 俯视图

图 6.8　取样方案示意图

表 6.3 取样方案汇总

序号	试 验 名 称	试验件数量	最小间距/mm
1	密度 ρ	3	—
2	热膨胀系数 α	11	6.0
3	定压比热容 c_p	11	8.0
4	导热系数 λ	11	—
5	弹性性能	15	6.4
6	拉伸性能	160	7.7
7	疲劳性能($S-N$ 曲线)	360	1.6
8	疲劳裂纹扩展速率	150	1.0
9	断裂韧性	33	5.0
10	疲劳裂纹扩展门槛值	70	1.0

概率失效风险评估基础数据库是开展概率失效风险评估的必须输入条件,其完备性、准确性将直接影响评估结果的可靠性。此外,为满足适航性设计需求,相关数据的获取与累积还需符合适航要求。本章针对概率失效风险评估基础数据库,分析数据特点,梳理数据类型,并考虑数据的完备性、可靠性、来源的可实现性及适航要求,提出了数据获取方法规范及数据累积机制建议,详见表 6.4。

表 6.4 我国航空发动机轮盘概率失效风险评估材料数据获取规范

序号	数据类型	获取方法	技 术 途 径
1	疲劳性能数据 ($S-N$ 曲线)	试验件疲劳试验	棒状试验件;考虑材料分散性; 考虑温度及应力比影响
2	疲劳裂纹扩展参数 (C 与 n)	试验件裂纹扩展试验 (空气环境)	CT 试验件;考虑材料分散性; 考虑温度及应力比影响
3	缺陷及检出数据	按照适航咨询通告的建议,累积部件加工过程及使用维护过程中的缺陷及检出数据	

2. 特殊材料数据库获取

1) 钛合金硬 α 夹杂缺陷数据累积机制

概率失效风险评估过程中需要处理含初始缺陷的低循环疲劳裂纹扩展问题,

初始缺陷分布是其关键输入。为形成符合失效风险分析要求的内含硬 α 缺陷分布曲线并开展相关研究工作，对相关研究现状进行梳理分析。

钛合金内含缺陷（硬 α 夹杂）分布是进行概率失效风险评估分析的关键输入。航空发动机工业经验表明，材料中缺陷客观存在，尽管其出现频率极低，但一旦出现就有可能对部件结构完整性产生重大影响，甚至引发灾难性事故，1989 年苏城空难即为一典型案例。为此，FAA 于 1990 年 12 月颁布了“钛合金审查小组报告”（Titanium Review Team Report），建议工业方进行技术评估，研究是否可以引入损伤容限设计以降低航空发动机非包容性事故率。按照 FAA 的建议，工业方成立了航空航天工业协会转子完整性委员会（Aerospace Industries Association Rotor Integrity Sub-Committee，以下简称“工业委员会”），并开展相关工作。

工业委员会提出了一种基于概率失效风险评估的设计策略，其关键技术之一就是建立钛合金部件的硬 α 缺陷分布（即缺陷尺寸及其出现频率）[3]。由工业委员会牵头，联合多家下属成员单位，开发了钛合金部件硬缺陷分布建立方法。由于理论分析流程中引入了诸多假设，缺陷分布基线存在不确定性，为此，需根据商业发动机运行对缺陷分布基线进行校准与微调，得到最终的部件硬缺陷分布。

为了获得成品部件的缺陷分布，需要成品部件中缺陷尺寸及其出现频率。然而，实际情况中此类数据并没有足够多的积累。因此，研究中可以采用的数据实际是材料加工过程中被检测出含有缺陷并被已移除的材料。喷气发动机钛合金质量委员会（Jet Engine Titanium Quality Committee, JETQC）记录了 1990~1992 年间两次和三次真空电弧熔化钛合金转子[5]（double and triple vacuum arc remelt titanium alloys, Ti 6-4, Ti 6-2-4-2, Ti 17β）缺陷相关数据[6]，作为后续缺陷分布理论分析流程的输入数据，通过汇总上述数据，工业委员会发现了一些对于缺陷分布分析具有重要意义的规律：

（1）材料在由铸块加工成坯料与棒料的过程中，材料所含缺陷会发生变形，其变形量与由铸块到坯料/棒料的材料伸长量成比例；

（2）棒料中单位质量材料检出缺陷的数量高于坯料；

（3）毛坯盘缺陷检出数量不超过坯料检出数量的 10%；

（4）材料中存在超声检测未检出的隐含缺陷分布。

其中，规律（1）与规律（2）是构建缺陷分布理论分析流程的基础，而规律（3）与规律（4）将作为理论分析所得缺陷分布的检查指标使用。

基于规律（1）的发现，工业委员会提出了变形模型，用于描述材料在由铸块加工成坯料/棒料的过程中，缺陷伸长量与材料宏观变形量的函数关系。如图 6.9 所示，假设铸块中缺陷形状为球状，在铸块被加工伸长为坯料或棒料的过程中，球状缺陷也沿着同一方向被拉长，从而变成椭球形，但变形过程中缺陷体积保持不变。

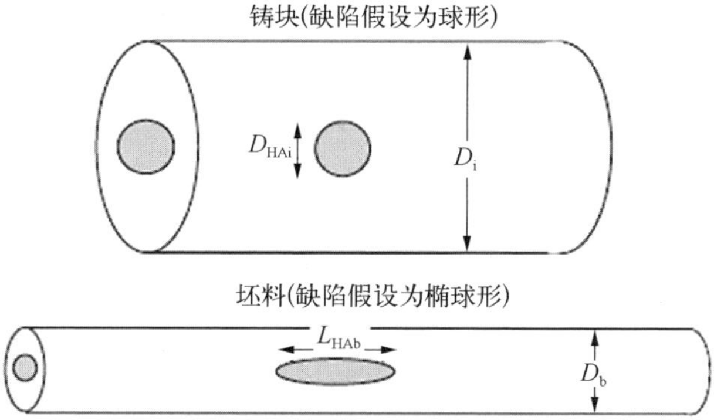

图 6.9　硬 α 缺陷变形示意图[3]

利用 JETQC 提供的缺陷数据,建立了缺陷变形量与坯料伸长量的关系。在此基础上,工业委员会又开展了大量更复杂的试验和理论分析,最终分析得到了变形模型的理论公式。为了获得成品部件的缺陷分布,针对钛合金材料的整个加工过程:铸块→坯料或棒料→锻件(毛坯盘)→成品盘。引入假设:① 所有加工工序均不会引入新的缺陷或者破坏原有缺陷,即缺陷数量在加工过程中保持不变;② 缺陷形状会随着材料宏观变形而发生改变。基于以上两个假设,如果已知铸块中缺陷分布,就可以按照加工流程顺序推导,最终得到成品盘的缺陷分布,如图 6.10 和图 6.11 所示。按照以上加工过程模型,制定缺陷分布曲线基线的建立的数学模型。获得基线后,根据实际缺陷与事故数据对基线进行调整,得到最终的钛合金硬 α 分布曲线。

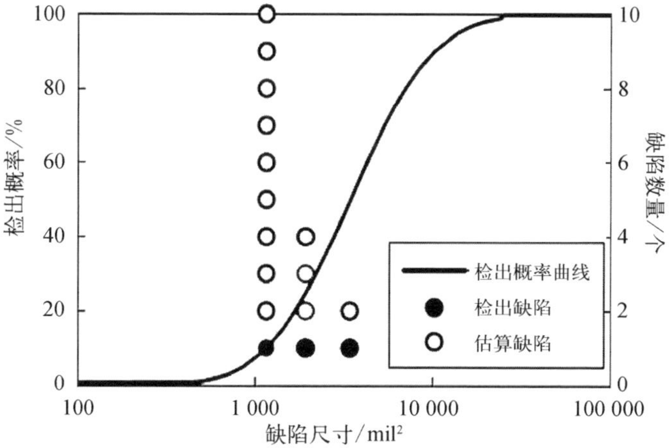

图 6.10　由缺陷尺寸与 POD 估算缺陷数量的示意图[3]

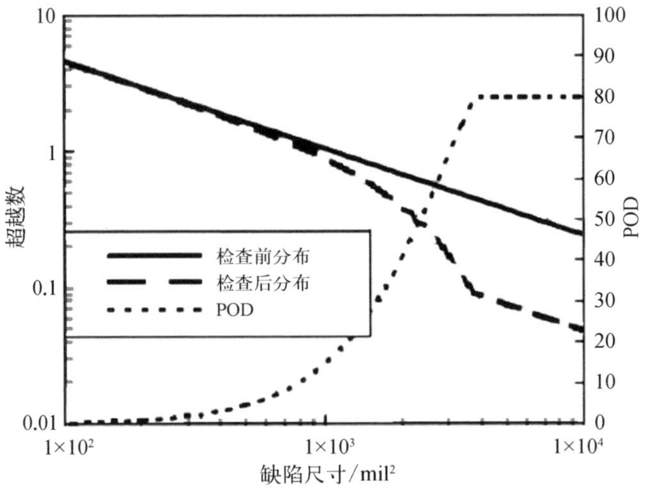

图 6.11 利用 POD 曲线对缺陷分布进行筛选的示意图[3]

丁水汀等[7]在收集整理国内外资料的基础上，分析钛合金材料缺陷及无损检测数据的数据特征，调研总结国外钛合金材料缺陷数据的累计方法和国内工业方数据累积现状，凝练出一种获取国产钛合金材料硬 α 缺陷分布曲线的方法。开展检出概率试验，形成符合国内工业实际水平的超声检测检出概率曲线，建立国产钛合金缺陷分布曲线基线。然而，如图 6.12 所示的缺陷分布曲线建立过程中，并未针对国产锻造工艺形成反映我国制造水平的缺陷变形模型。为支撑自主型号取证，亟待解决内含缺陷分布曲线建立的变形数学模型。

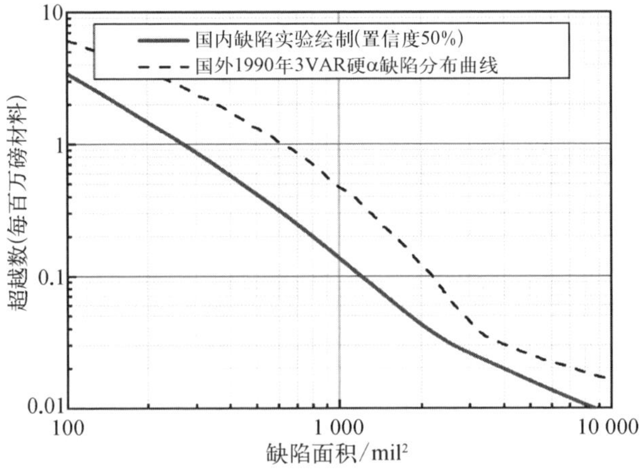

图 6.12 国产钛合金坯料缺陷分布曲线与国外缺陷分布曲线对比

概括而言，当前已经形成成熟的内含硬 α 缺陷分布曲线建立方法，在理论模型、累积机制、缺陷热变形特性、变形仿真方法及试验验证方面开展了研究工作，支撑能够反映欧美工业水平的内含硬 α 缺陷分布曲线的建立。由于起步晚，我国在缺陷数据累积、缺陷热变形特性数据试验研究、缺陷变形仿真模拟与试验验证方面仍是空白，国外缺陷数据难以反映我国工业实际。同时，目前的内含硬 α 缺陷分布曲线建立方法是建立在长期工业实践数据累积的基础上，对于后发工业国家并不适用。其理论模型、累积机制、缺陷热变形特性、变形仿真方法及试验验证的研究工作有一定借鉴意义，但无法满足快速建立能够反映实际工业水平内含硬 α 缺陷分布曲线的需求，严重制约我国钛合金转子盘适航符合性表明。

2）表面缺陷分布累积机制

金属机械加工及表面强化后会形成新的表面特征，包括表面几何特征及表面力学、物理及化学特征。所形成的表面几何特征包括表面粗糙度、表面纹理等，呈现规则分布，并具有一定的周期性，如图 6.13 所示。其中，由于意外刀具磨损、冷却剂缺失、机器故障、参数超限、包装运输等过程会由于加工意外会引入宏观缺陷，这些缺陷一旦存在于限寿件当中，会带来潜在的危险。此外，材料的铸造、锻造过程存在内部缺陷，经过一定机加工过程，内部缺陷会暴露在表面，形成表面缺陷，其缺陷类型多为裂纹。缺陷的三维尺寸示意图见图 6.13(a)、(b)，包括几何不连续缺陷及变形微观结构缺陷。值得一提的是，本书聚焦成熟加工工艺下由于意外加工事件引入的随机缺陷对限寿件带来的潜在影响。加工过程出现类似白层这类普遍存在的缺陷，更多要求对工艺进行改进，不在本书研究范畴。

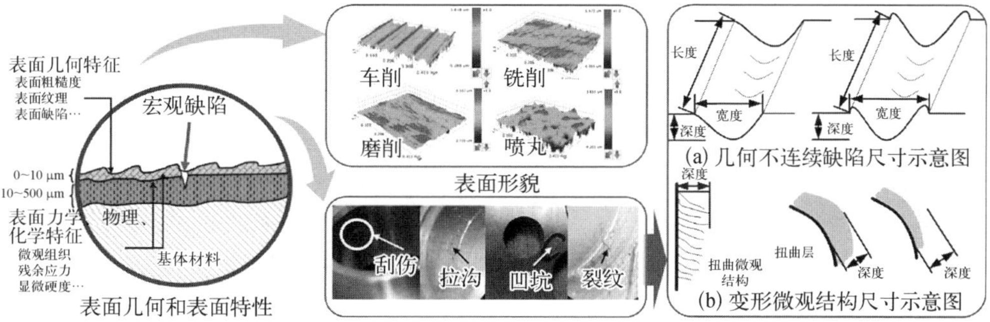

图 6.13　表面缺陷是由于加工意外导致的表面不连续
（几何不连续及变形微观结构）

由于表面缺陷往往是在生产过程中引入，因此需要在生产检测过程记录缺陷尺寸。生产过程中，缺陷的长度和宽度信息可以借助数字游标卡尺进行测量，其精度为 0.01 mm，如图 6.14(a)所示。缺陷深度可借助千分表和机床定心功能进行测量，该方法适用于表面缺陷的深度测量，如图 6. 14(b)和(c)所示。测量内孔缺陷深度时由于孔内尺寸有限，因此采用“Z”型千分表指针；对于外圆或者平面区域，采用直型千分表指针即可。然而，尽管千分表的尺寸精度达到微米级，由于针头具有一定的尺寸，不可能接触到划痕底部，因此，测量的缺陷尺寸偏低。此外，可以采用复型方法复制孔内缺陷的表面形貌，形成复型胶，复型胶测量尺寸的原理如图 6. 14(d)所示，在不破坏部件的情况下，将表面缺陷形貌复制到凝固胶水上，进而借助白光衍射仪观测凝固胶水上的缺陷三维形貌。

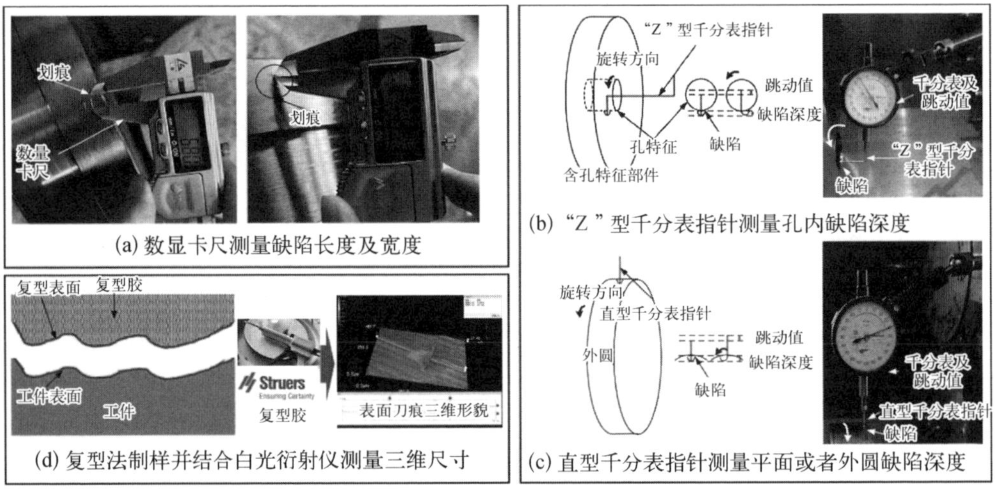

(a) 数显卡尺测量缺陷长度及宽度

(b) “Z”型千分表指针测量孔内缺陷深度

(d) 复型法制样并结合白光衍射仪测量三维尺寸

(c) 直型千分表指针测量平面或者外圆缺陷深度

图 6. 14　表面缺陷非破坏测量方法

此外，为了更精确的获取缺陷的三维尺寸，可以采用光学显微镜或者白光衍射仪器进行测量，见图 6. 15(b)、(c)。这两种方法可获得高精度的缺陷尺寸，但对于生产实际盘件，其尺寸较大，需要进行破坏性取样后再测量。

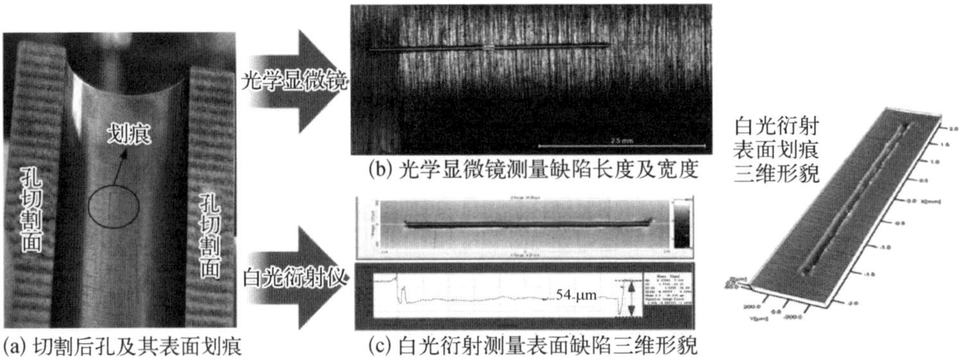

(a) 切割后孔及其表面划痕

(b) 光学显微镜测量缺陷长度及宽度

(c) 白光衍射测量表面缺陷三维形貌

图 6. 15　表面缺陷破坏测量方法

表面缺陷数据的获取,需要结合生产厂商初步统计历史数据,对航空发动机中表面孔特征加工缺陷数据进行统计,统计内容见表6.5,具体包括:① 孔特征尺寸:孔径,孔深,孔数;② 孔特征材料:钛合金/镍基合金/钢;③ 缺陷尺寸:缺陷深度,缺陷长度,缺陷宽度;④ 检测方式:目视检测和荧光检测及其测量标准;⑤ 返修零件孔特征缺陷信息及飞行时长;⑥ 孔特征加工方式:钻孔/镗孔/铰孔,以及不同加工方式下孔特征(有缺陷/无缺陷)加工总面积。

表6.5　孔特征缺陷分布数据需求

类　型	信　息
材料	□ 钛合金　□ 钢　□ 镍基合金　□其他_______
缺陷来源	□ 机械加工引入　□ 检测引入　□ 运输引入
缺陷尺寸	长度、深度、宽度 □ 几何缺陷(划痕、凹坑、裂纹、拉沟、其他_______) □ 非几何缺陷(晶粒变形、其他_______)
孔特征尺寸	直径、深度、孔数
检测方法及检测计划	□ 目视检测　□ 荧光检测
孔特征总面积	检测的所有孔特征面积总和
多缺陷问题	是否同一孔特征出现多个缺陷

其中缺陷的尺寸数据是反映加工过程缺陷尺寸大小分布的关键输入数据,孔特征的加工面积及检出缺陷个数反映了缺陷出现的概率。上述统计内容适用于历史数据的统计获取,同时也需要对在生产过程中的零部件进行数据不断累积和更新。

表面缺陷分布曲线建立流程共包含5个步骤,如图6.16所示。

步骤1:首先需累积生产过程及维修过程缺陷数据,获得缺陷尺寸。步骤2:由于步骤1累积的缺陷数据均为检出数据,因此结合无损检测概率反推真实缺陷个数,并计算缺陷的超越数。步骤3:进而根据缺陷尺寸信息及缺陷超越数获取缺陷分布基线。步骤4:为了使得基线的超越数水平与真实累积数据相同,又对缺陷分布基线进行校核,使得检出的缺陷个数与真实累积缺陷出现个数相同。上述缺陷分布曲线获取的流程思想与贝叶斯思想近似,结合实际数据与无损检测概率建立缺陷分布基线,进而再次根据真实检出缺陷的概率修正缺陷分布曲线,以此获得能反映孔特征现有加工水平下缺陷分布曲线。步骤5:最终,缺陷分布曲线需要结合孔特征几何特征,对缺陷容易扎堆出现的现象进行修正。

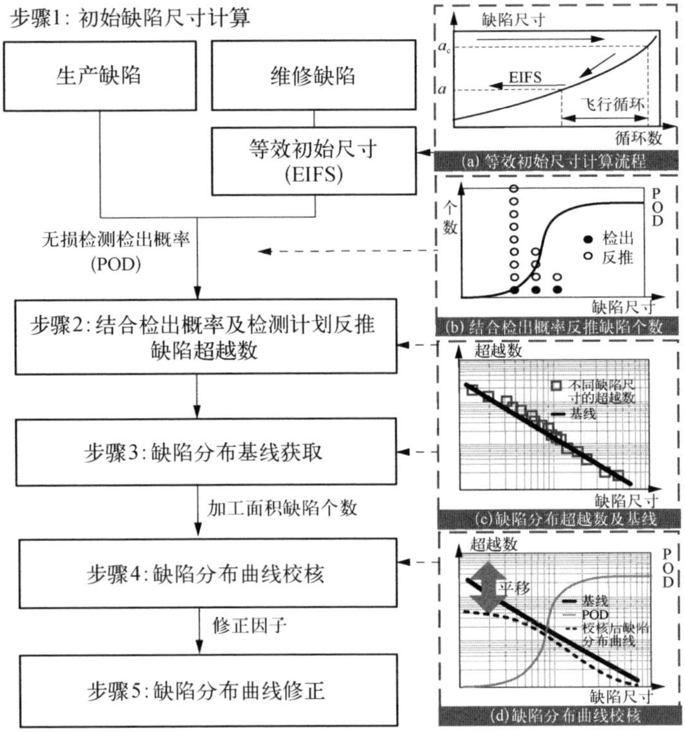

图 6.16 表面缺陷分布曲线建立流程

a. 初始缺陷尺寸计算

缺陷的三维尺寸包括缺陷长度、深度以及宽度。在进行损伤容限分析时,假设所有的缺陷均为半圆形的片状裂纹,因此缺陷的宽度假设为 0,缺陷尺寸为缺陷长度 1/2 或者是缺陷深度中的最大值,也为片状半圆形裂纹的半径,记

$$a_i = \max\left\{\frac{s_i}{2},\ d_{\alpha i}\right\},\quad i = 1,\ 2,\ 3,\ \cdots,\ m_1 \tag{6.2}$$

其中,a_i 为初始缺陷尺寸;s_i 和 $d_{\alpha i}$ 为缺陷的长度和深度;i 是统计缺陷的序号;m_1 是统计的生产过程出现的缺陷的总数量。

对于生产维修的缺陷数据,统计过程获得扩展后的裂纹数据,其尺寸为

$$a_{c,\,j} = \max\left\{\frac{s_{\alpha j}}{2},\ d_{\alpha j}\right\},\quad j = 1,\ 2,\ 3,\ \cdots,\ m_2 \tag{6.3}$$

由于在工作应力下工作了一定时间,因此生产过程的缺陷大多为裂纹数据。结合断裂力学分析,假设裂纹满足 Paris 裂纹扩展公式,反推其初始缺陷尺寸:

$$\frac{\mathrm{d}a_{c,\,j}}{\mathrm{d}N} = C_j \cdot K^{\gamma_{p,\,j}},\quad j = 1,\ 2,\ 3,\ \cdots,\ m_2 \tag{6.4}$$

其中,$a_{c,j}$ 是裂纹尺寸;N 是飞行循环数;$\gamma_{p,j}$ 是裂纹扩展过程 Paris 公式种的指数;C_j 是裂纹扩展过程 Paris 公式中的常数;ΔK 是裂纹的应力强度因子差值,记为

$$\Delta K = K_{max} - K_{min} \tag{6.5}$$

其中, $K_{min} = 0$, 因而应力强度因子差值可表示为

$$K_{max} = \sigma_j \sqrt{\pi a_{c,j}} G_j(a_{c,j}, H_j, T_j), \quad j = 1, 2, 3, \cdots, m_2 \tag{6.6}$$

其中,H_j和 T_j 表示包含缺陷的结构体的尺寸;假设包含缺陷的结构体为一个矩形体,H_j和 T_j 即为包含裂纹的结构体的长度和深度;G_j 是由矩形体尺寸以及裂纹尺寸 $a_{c,j}$ 确定的形状因子函数;σ_j 是不包含裂纹时,作用于裂纹区域的垂直于裂纹面的应力分布。

结合 Paris 公式[8]与应力强度因子计算公式,可以反推未扩展的初始裂纹数据,即等效初始缺陷尺寸:

$$a_{e,j} = \left\{ a_{c,j}(N)^{1-\frac{\gamma_{pj}}{2}} - \left(1 - \frac{\gamma_{pj}}{2}\right) C_j [\sigma_j G_j(a_{cj}, H_j, T_j)] N \right\}^{\frac{2}{2-\gamma_p}}, \quad j = 1, 2, 3, \cdots, m_2 \tag{6.7}$$

其中,$a_{e,j}$ 为等效初始缺陷尺寸,即裂纹的初始半径。

最终,获取生产初始缺陷与等效初始缺陷均为收集所得的初始缺陷数据:

$$a_i = \begin{cases} \max\left\{\frac{s_{\alpha j}}{2}, d_{\alpha j}\right\}, & i = 1, 2, 3, \cdots, m_1 \\ a_{e,(i-m_1)}, & i = m_1 + 1, m_1 + 2, m_1 + 3, \cdots, m_1 + m_2 \end{cases} \tag{6.8}$$

其中,a_i 为初始缺陷尺寸,也是进行概率损伤容限分析的裂纹半径;m_1 表示生产过程中的缺陷个数;m_2 为维修过程获得裂纹总个数,最终所得的初始缺陷样本总数为 $m_1 + m_2$。

b. 结合检出概率及检测计划反推缺陷超越数

步骤 1 获得的初始缺陷数据均为检测所得的缺陷。然而实际仍然有相当一部分的缺陷尚未检出。因此结合无损检测检出概率,反推出未检测的缺陷,以获得接近于真实情况的缺陷分布。由于本节所获得缺陷数据主要来自生产过程,维修过程尚未收集缺陷数据,因此,接下来重点阐述生产过程结合无损检测检出概率反推真实缺陷个数。

本节累积数据过程无损检测共经历 3 次,如图 6.17 所示。对于孔而言,检测人员会在孔加工结束后进行第一轮目视检测,主要观测表面的加工缺陷,包括划痕、凹坑、拉沟等,主要为机加工带来的表面形貌不连续;此外还存在微观结构变形缺陷,有可能是不正当的加工过程导致,也有部分是材料热加工过程引入的晶粒不

均匀，在机加工过程中将其暴露至表面。这些表面缺陷在工作状态下，承受较高的离心力时，容易由于几何不连续或者晶粒组织的不均匀，引入应力集中，成为裂纹萌生及扩展的高发区域。

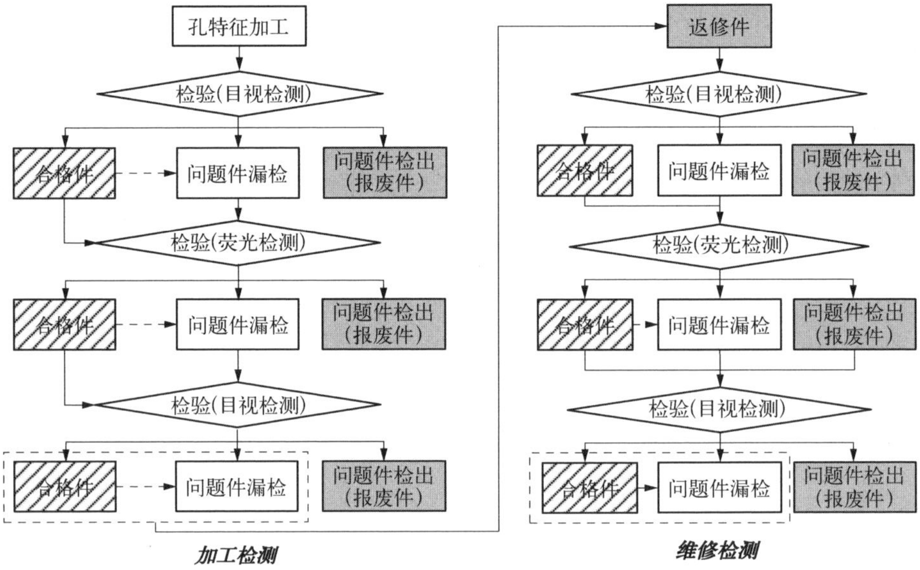

图 6.17 无损检测流程

其次是零部件加工完毕后会安排一道荧光检测工序，其主要检测部件中是否存在裂纹缺陷。裂纹缺陷多为材料铸造、锻造过程引入的材料不均匀而导致内部产生裂纹，机加工后暴露至表面区域。

荧光检测结束、清洗完荧光剂后，加工的最终部件在入库之前需要再次进行目视检测，以检出可能遗漏的表面缺陷，以及荧光检测、搬运过程引入新的划痕、凹坑。最终部件才算完成加工过程并入库。

因此，钛合金零件加工过程统计的生产初始缺陷均来自三个阶段，主要涉及目视检测和荧光检测。结合目视检测、荧光检测的流程以及检出概率，可以推出总缺陷个数：

$$n_i = \begin{cases} \dfrac{1}{p_{\det1}(a_i)S_{\det}}, & i = 1, 2, 3, \cdots, l \\ \dfrac{1}{[1 - p_{\det1}(a_i)]p_{\det2}(a_i)S_{\det}}, & i = l+1, l+2, \cdots, l+\tau \\ \dfrac{1}{[1 - p_{\det1}(a_i)][1 - p_{\det2}(a_i)]p_{\det3}(a_i)S_{\det}}, & i = l+\tau+1, l+\tau+2, \cdots, m_1 \end{cases} \tag{6.9}$$

其中,i 是缺陷的序号,其对应的缺陷尺寸为 a_i;l 是第一次目视检测检出缺陷的总数;τ 是第二阶段荧光检测过程检出的缺陷总数;m_1 是加工过程检出的缺陷总数,包括第一阶段的目视检测、第二阶段的荧光检测以及第三阶段的目视检测;S_{det} 是收集缺陷数据过程中检测的总加工孔面积;$p_{\text{det1}}(a_i)$、$p_{\text{det2}}(a_i)$ 及 $p_{\text{det3}}(a_i)$ 分别是第一阶段检测、第二阶段检测及第三阶段检测尺寸为 a_i 的缺陷的检出概率,这也表明检出概率与缺陷尺寸相关。因此,$n_i(i=1, 2, 3, \cdots, l)$ 是第一阶段目视检测检出的缺陷尺寸为 a_i 的单位孔加工面积上的理论总个数,包括了检出的缺陷以及结合 POD 反推的未检出的缺陷。$n_i(i=l+1, l+2, \cdots, l+\tau)$ 是第二阶段荧光检测检出的缺陷尺寸为 a_i 的单位孔加工面积上的理论总个数,上述的缺陷实际上在第一轮目视检测过程是被遗漏的。$n_i(i=l+\tau+1, l+\tau+2, \cdots, m_1)$ 是第三阶段目视检测过程中单位孔加工面积上出现缺陷的理论总个数。

最终可以得到三个阶段的缺陷尺寸 a_i 及对应的缺陷个数 n_i。因此所有缺陷尺寸下的缺陷总个数为

$$n_{\text{all}} = \sum_{i=1}^{i=m_1} n_i, \quad i=l, 2, 3, \cdots, m_1 \tag{6.10}$$

将上述的缺陷数据从小到大进行排序,缺陷尺寸可记为: a_μ, $\mu=1, 2, 3, \cdots, m_1$, 每个缺陷尺寸对应的缺陷个数为 n_μ, $\mu=1, 2, 3, \cdots, m_1$。定义超过某一缺陷尺寸的单位加工面积缺陷总个数为超越数[9]:

$$F_{\text{ex}}(a_\mu) = n_{\text{all}} \cdot P[a \geqslant a_\mu], \quad \mu=1, 2, 3, \cdots, m_1 \tag{6.11}$$

其中,$P[a \geqslant a_\mu]$ 是缺陷尺寸 a 大于等于 a_μ 的概率;$F_{\text{ex}}(a_\mu)$ 是缺陷尺寸为 a_μ 的超越数。$P[a \geqslant a_\mu] = 1 - P[a \leqslant a_\mu]$,并且 $P[a \leqslant a_\mu]$ 是缺陷分布的累积分布函数。缺陷超越数可以记为

$$P[a \geqslant a_\mu] = \frac{\sum_{i=\mu}^{i=m_1} n_i}{n_{\text{all}}}, \quad \mu=1, 2, 3, \cdots, m_1 \tag{6.12}$$

因此结合式(6.10)~式(6.12),可以计算得不同缺陷尺寸 a_μ 及其对应的缺陷超越数 $P[a \geqslant a_\mu]$。

c. 缺陷分布基线获取

为建立缺陷分布曲线,先对离散的缺陷尺寸及缺陷超越数进行拟合,初步建立缺陷分布基线。经验数据表明,对数拟合及指数拟合可能适用于缺陷数据,将对数方程及指数方程取对数,可得

$$\ln(F_{\text{lg}}(a_\mu)) = w + \xi \ln(a_\mu) \tag{6.13}$$

$$\ln(F_{\text{expo}}(a_\mu)) = k a_\mu + \ln(\lambda) \tag{6.14}$$

其中，w 是对数线性方程的截距；ξ 是对数线性方程的斜率；k、λ 是指数方程中的常数。上述常数项均为拟合系数，因此采用线性回归对未知常数进行拟合。式(6.13)和式(6.14)可表述为[10, 11]

$$Y_{1\mu} = \hat{\gamma}_0 + \hat{\gamma}_1 X_{1\mu} + \varepsilon_\mu, \quad \mu = 1, 2, 3, \cdots, m_1 \tag{6.15}$$

其中，$Y_{1\mu}$ 是因变量；$X_{1\mu}$ 是自变量；ε_μ 是拟合的数据存在的误差，并且假设服从高斯分布；$\hat{\gamma}_0$ 及 $\hat{\gamma}_1$ 是待拟合的系数。对于对数线性曲线，其对应关系为

$$\begin{cases} Y_{1\mu} = \ln(F_{\lg}(a_\mu)) \\ X_{1\mu} = \ln(a_\mu) \\ \hat{\gamma}_0 = w \\ \hat{\gamma}_1 = \xi \end{cases} \tag{6.16}$$

对于指数函数，其对应关系为

$$\begin{cases} Y_{1\mu} = \ln(F_{\text{expo}}(a_\mu)) \\ X_{1\mu} = a_\mu \\ \hat{\gamma}_0 = \ln(\lambda) \\ \hat{\gamma}_1 = k \end{cases} \tag{6.17}$$

拟合系数 $\hat{\gamma}_0$ 及 $\hat{\gamma}_1$ 可以使方程(6.15)中的误差平方和 $\sum_{\mu=1}^{m_1} \varepsilon_\mu^2$ 最小，可以表示为

$$\begin{cases} \hat{\gamma}_1 = \dfrac{SXY}{SXX} \\ \hat{\gamma}_0 = \bar{Y} - \hat{\gamma}_1 \bar{X} \end{cases} \tag{6.18}$$

其中，$\bar{X}$ 为自变量的均值；$\bar{Y}$ 为因变量的均值；SXX 为自变量及的方差；SXY 为自变量与因变量的协方差，记为

$$\begin{cases} \bar{X} = \dfrac{\sum_{\mu=1}^{m_1} X_{1\mu}}{m_1} \\ \bar{Y} = \dfrac{\sum_{\mu=1}^{m_1} Y_{1\mu}}{m_1} \\ SXX = \sum_{\mu=1}^{m_1} (X_{1\mu} - \bar{X})(X_{1\mu} - \bar{X}) \\ SXY = \sum_{\mu=1}^{m_1} (X_{1\mu} - \bar{X})(Y_{1\mu} - \bar{Y}) \end{cases} \tag{6.19}$$

当拟合置信度为$(1-\alpha)\times100\%$时,拟合系数可以表示为

$$\begin{cases}\widehat{\gamma}_1=\dfrac{SXY}{SXX}\pm t\left(\dfrac{\alpha}{2},\ m_1-2\right)\sqrt{\dfrac{1}{SXX}}\sqrt{\widehat{\sigma}^2}\\ \widehat{\gamma}_0=\overline{Y}-\widehat{\gamma}_1\overline{X}\pm t\left(\dfrac{\alpha}{2},\ m_1-2\right)\sqrt{\dfrac{1}{m_1}+\dfrac{\overline{X}^2}{SXX}}\sqrt{\widehat{\sigma}^2}\end{cases}\tag{6.20}$$

其中,$\widehat{\sigma}^2$ 是误差的平方和的估计值,记为

$$\widehat{\sigma}^2=\frac{\sum_{\mu=1}^{m_1}\widehat{\varepsilon}_{\mu}^{2}}{m_1-2}\tag{6.21}$$

基于式(6.13)~式(6.20),可以获得拟合系数 w、ξ、k 及 λ,可获得缺陷分布基线:

$$f_{\lg}(a)=\exp(w+\xi\lg(a))\tag{6.22}$$

$$f_{\mathrm{expo}}(a)=\lambda\exp(ka)\tag{6.23}$$

式(6.22)和式(6.23)为拟合的缺陷分布基线,$f_{\lg}(a)$是符合对数线性分布的缺陷分布基线,$f_{\mathrm{expo}}(a)$是符合指数分布的缺陷分布基线。为描述回归方程的拟合效果,计算回归方程的相关指数为

$$R^2=\frac{1}{SYY}\frac{SXY^2}{SXX}\tag{6.24}$$

其中,SYY 为因变量的方差,记为

$$SYY=\sum_{\mu=1}^{m_1}(Y_{1\mu}-\overline{Y})(Y_{1\mu}-\overline{Y})\tag{6.25}$$

d. 缺陷分布曲线校核

步骤 3 结合无损检测检出概率反推的缺陷分布基线的缺陷个数会相当高,这是因为采用的无损检测概率曲线对于小缺陷而言,其检出概率可能低于 1%,因此就会有 100 个缺陷被反推出来。因此,上节获得缺陷分布基线一定程度上反映了缺陷大小的分布状态,但其描述的缺陷超越数量级高,采用无损检测曲线对其进行二次校核,直到检出的缺陷个数与真实的加工过程累积个数近似,以此获得与真实加工过程相近的缺陷分布曲线,其流程如图 6.18 所示。

实际上检出的缺陷总个数包括加工过程的缺陷 m_1 及维修过程的缺陷 m_2,检测的孔总面积为 $S_{\det}$,因此单位检测面积实际检出的缺陷个数为

$$n_{\mathrm{real}}=\frac{m_1+m_2}{S_{\det}}\tag{6.26}$$

结合缺陷分布基线以及检出概率,实际也可获得检出的缺陷个数。由于缺陷

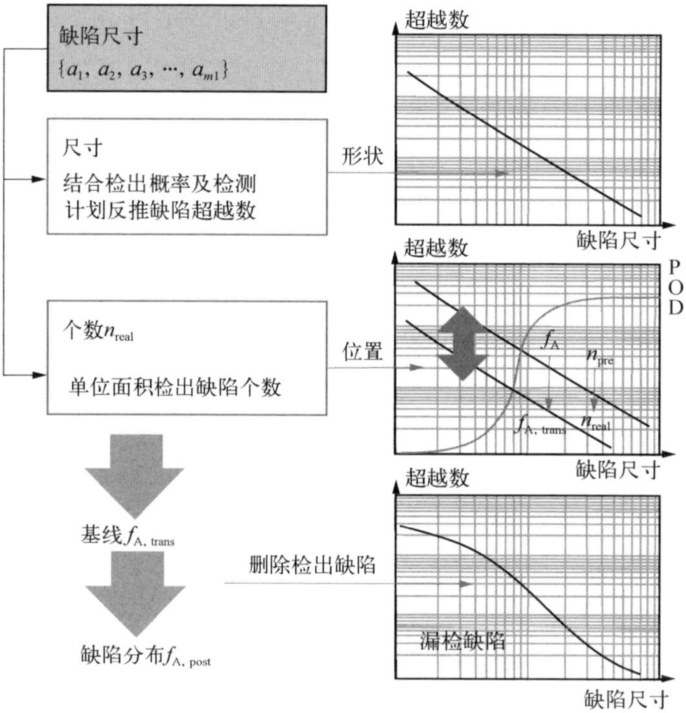

图 6.18　表面缺陷分布曲线校核(步骤 4)流程

分布基线过高,因此需要对缺陷分布基线进行微调,最终使得检出的缺陷个数与真实的检出缺陷量级相同。

基于缺陷分布基线检出的缺陷个数可积分:

$$n_{\mathrm{pre}} = \int_0^{\infty} p_{\mathrm{det}}(a)\,\mathrm{d}f_A(a) \tag{6.27}$$

式(6.27)可以离散为

$$n_{\mathrm{pre}} = \sum_{j=1}^{J-1} [f_{\mathrm{A}}(a_j) - f_{\mathrm{A}}(a_{j+1})] \times p_{\mathrm{det}}\left(\frac{a_j + a_{j+1}}{2}\right) \tag{6.28}$$

其中,$A = \lg$、expo;J 是离散的区间个数。

为了使得结合缺陷分布基线以及无损检出概率计算的缺陷个数与真实缺陷出现水平相同,将缺陷分布基线进行平移,即对于对数线性分布而言,改变其参数 w,对于指数分布而言,改变其参数 λ,得到平移后的缺陷分布基线 $f_{\mathrm{A,\ trans}}$,最终使得推导检出的缺陷个数与实际检出缺陷个数相同,即满足:

$$n_{\mathrm{real}} = \sum_{j=1}^{J-1} [f_{\mathrm{A,\ trans}}(a_j) - f_{\mathrm{A,\ trans}}(a_{j+1})] \times p_{\mathrm{det}}\left(\frac{a_j + a_{j+1}}{2}\right) \tag{6.29}$$

缺陷分布曲线包含两类信息：① 缺陷分布基线由检出缺陷及对应无损检测概率反推获得，反映的是缺陷分布当中不同缺陷尺寸存在的比例关系；② 缺陷分布曲线的位置，反映了真实缺陷存在的概率水平。

在进行风险评估时，采用的缺陷分布并不是$f_{A,\ trans}$，需要结合无损检测概率，去除其中已检出的缺陷数，因此最终采用的缺陷分布曲线为$f_{A,\ post}(a_j)$，记为

$$f_{A,\ post}(a_j) = \sum_{j=J-1}^{1}\left[f_A(a_j) - f_A(a_{j+1})\right] \times \left[1 - p_{det}\left(\frac{a_j + a_{j+1}}{2}\right)\right] \tag{6.30}$$

此外，最终缺陷分布曲线也可以表示为

$$f_{A,\ post}(a_j) = \lambda_p P[a \geqslant a_j],\quad j = 1,\ 2,\ 3,\ \cdots,\ J \tag{6.31}$$

其中，λ_p 为单位加工面积下有可能遗漏在孔特征中的缺陷总数；$P[a \geqslant a_j]$ 是任意缺陷尺寸 a 大于一定尺寸 a_j 的概率，其取值范围为$[0,\ 1]$。

e. 缺陷分布曲线修正

步骤 4 获得缺陷分布曲线一定程度上反映了缺陷的尺寸分布规律以及出现概率。然而缺陷分布曲线还受到孔特征形状因素的影响。因此采用孔特征的形状因子对缺陷分布再进行修正[12]：

$$z_B(L_h/D_h) = f_I(L_h/D_h) \tag{6.32}$$

其中，L_h 是孔特征的深度；D_h 是孔特征的直径；z_B 是与孔特征形状相关的修正因子。

除了孔特征的形状，同一孔特征多缺陷的存在也会影响最终的缺陷分布结果。统计结果表明，通常存在一类孔特征中会出现多个缺陷[13]，这是因为缺陷多由于加工产生，当一个孔存在缺陷，表明机加工过程出现了问题，因而会同时产生多个缺陷，也就是一个孔特征搜集到多个缺陷数据。

因此又提出修正因子 $z_C(\beta)$ 修正缺陷分布曲线。目的是对缺陷分布曲线进行修正，使得考虑了多孔带来更高的缺陷出现情况也被考虑。β 是同一孔特征上，第二个孔上也出现缺陷的概率，该数据通常通过统计获取，近似 0.5。多孔修正因子为

$$z_C(\beta) = \frac{1}{1 - \beta} \tag{6.33}$$

因此最终的缺陷分布曲线通过修正因子进行调高，以此获得更为保守的缺陷分布曲线。最终所得的缺陷分布曲线为$f_{A,\ post}\, z_B(L/D) z_C(\beta)$。

多孔修正的推导过程如下：

（1）不考虑多孔效应对盘失效概率的影响，计算孔特征的失效概率。假设同一个盘上的一个孔特征共有 n 个孔，并且每个孔上的缺陷相互无影响。其中一个

孔上缺陷出现的概率为 λ_c，该孔的条件失效概率为

$$p_{\text{no batch}} = f(P[a \geqslant a_j]) \tag{6.34}$$

因此单孔的失效概率为 $\lambda_c p s_\eta$，其中 s_η 是单个孔的面积。可得孔特征的失效概率：

$$P_{\text{no batch}} = 1 - (1 - \lambda_c p_{\text{no batch}} s)^n \approx n\lambda_c p_{\text{no batch}} s_\eta \tag{6.35}$$

（2）计算多孔效应影响下孔特征失效概率。由于同一个盘的同一个孔特征中，有一个孔特征存在缺陷，因此其余的孔特征缺陷出现的概率均升高，这是因为表面缺陷大多由于机械加工过程或者毛坯问题产生，缺陷更容易扎堆出现。

因此假设第一个孔出现缺陷的概率为 λ_c，其对应的缺陷分布曲线为 $P[a \geqslant a_j]\lambda_c$；第一个孔存在缺陷的条件下第二个孔出现缺陷的概率为 $\lambda_c(1+\beta)$，其对应的缺陷分布曲线为 $P[a \geqslant a_j]\lambda_c(1+\beta)$；第三个孔出现缺陷的概率为 $P[a \geqslant a_j]\lambda_c(1+\beta+\beta^2)$。$\beta$ 是同一孔特征上，第二个孔上也出现缺陷的概率。

通过演绎推理法，第 i 个孔缺陷分布曲线为

$$P[a \geqslant a_j]\theta(1+\beta+\beta^2+\cdots+\beta^{n-1}) = P[a \geqslant a_j]\lambda_c \frac{n(1-\beta)-\beta+\beta^{n+1}}{(1-\beta)^2} \tag{6.36}$$

对多孔效应下的失效概率进行计算，第一个孔的条件失效概率为

$$p_{\text{batch1}} = f(P[a \geqslant a_j]) \tag{6.37}$$

第二个孔的条件失效概率为

$$p_{\text{batch2}} = f((1+\beta)P[a \geqslant a_j]) \tag{6.38}$$

通过演绎推理法，第 n 个孔的失效概率为

$$p_{\text{batch}n} = f((1+\beta+\beta^2+\cdots+\beta^{n-1})P[a \geqslant a_j]) \tag{6.39}$$

最终可得所有小孔的失效概率为

$$P_{\text{batch}} = 1 - \prod_{i=1}^{n}(1 - \lambda_c s p_{\text{batch}i}) \approx \sum_{i=1}^{n}\lambda_c s p_{\text{batch}i} \leqslant n\lambda_c s p_{\text{batch}n} \tag{6.40}$$

可见最终多孔影响效果下的失效概率高于不考虑多孔效应的失效概率：

$$P_{\text{batch}} \geqslant P_{\text{no batch}} \tag{6.41}$$

实际上，失效概率由缺陷分布决定，因此可以提出修正系数对缺陷分布进行修正，以此避免多孔效应情况下的复杂计算过程。修正因子 z_C 乘以不考虑多孔效应的缺陷分布使得每个小孔的失效概率均为 $p_{\text{batch}n}$，即满足：

$$z_C p_{\text{no batch}} = p_{\text{batch}n} \tag{6.42}$$

结合式(6.34)和式(6.42),可得

$$z_C = (1+\beta+\beta^2+\cdots+\beta^{n-1}) = \frac{1-\beta^n}{1-\beta} \leqslant \frac{1}{1-\beta} \tag{6.43}$$

这也就表明将所有的缺陷分布从原有的 $\lambda_c P[a \geqslant a_j]$,修正为 $\lambda_c \frac{1}{1-\beta} P[a \geqslant a_j]$。最终缺陷分布修正因子即为 $\frac{1}{1-\beta}$。

6.4 限寿件安全性设计流程

失效风险评估理论通常由热-机械应力分析、低循环疲劳失效分析和失效风险分析组成,其典型流程如图6.19所示。其主要思想是,基于广义应力-强度干涉理论

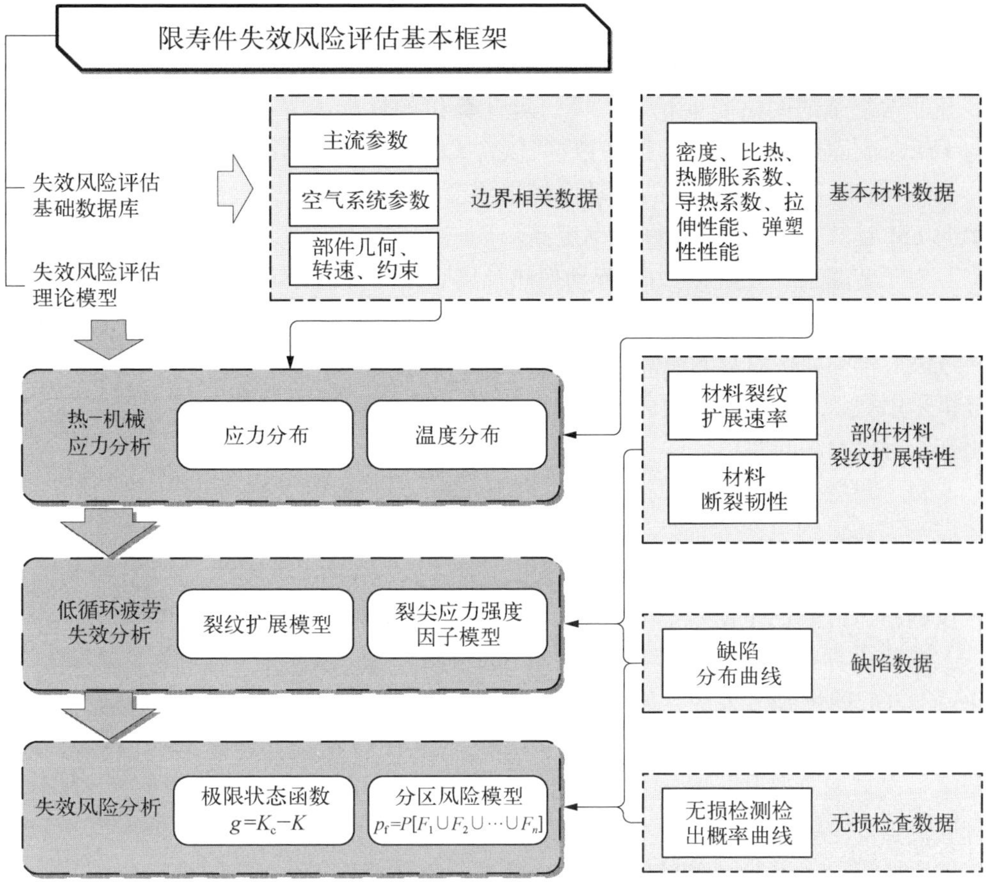

图6.19 限寿件失效风险评估的基本框架

和概率断裂力学理论,以应力强度因子为广义应力,以材料断裂韧性作为广义强度,构造极限状态函数,并通过概率统计方法获得部件的失效概率。其核心内容包括:

(1) 热-机械应力分析;

(2) 低循环疲劳失效分析;

(3) 失效风险分析。

6.4.1 热-机械应力分析

采用流固耦合(fluid-structure interaction, FSI)方法,通过界面载荷传递考虑流固两区域耦合效应,以模拟盘腔流动换热。FSI 方法一般可分为双向耦合分析与单向耦合分析两种类型。双向 FSI 在流固交界面上双向传递数据,即流体的流动与换热计算流体动力学(computational fluid dynamics, CFD)分析结果(如气动力、温度、热流等)作为外部载荷条件传递至固体有限元分析(finite element analysis, FEA)中;同时,固体 FEA 分析结果传递至 CFD 分析中,作为流动区域的边界。双向 FSI 分析主要用于流、固两域的变形和运动相互影响紧密的问题,例如输流管道振动现象、含液容器震荡问题[14],以及旋转叶片气动弹性和颤振分析[15]等,往往涉及非常复杂的网格畸变情况[16, 17],对计算机的性能要求高,计算耗时漫长。单向 FSI 在流固交界面上单向传递数据,仅将 CFD 分析结果作为 FEA 分析的附加载荷,而不考虑结构变形引起的流动区域边界变化对流场的影响。相较于双向 FSI ,单向 FSI 计算成本较低,计算效率更高。

对于转静系旋转盘腔,由于流动换热及离心载荷引起的轮盘变形相对较小,对流体流动的影响不大,可忽略轮盘变形对流体流动与换热的影响,采用单向 FSI 方法分析过渡过程中旋转轮盘的流热固耦合问题。分析流程如图 6.20 所示,盘腔流固耦合分析采用基于有限体积法的商用软件 ANSYS CFX 17.0 完成,轮盘热固耦合分析采用基于有限元法的商用软件 ANSYS MECHANICAL APDL 17.0 完成。

对于盘腔 CFD 分析,网格划分通过 Hypermesh 14.0 完成,如图 6.21 所示,流体域及固体域均采用六面体网格,经过网格无关验证,最终网格数量为流体域 5.0 万,固体域网格 5.7 万,可满足分析要求。对于轮盘 FEA,采用与 CFD 分析相同的轮盘网格,如图 6.21 所示。

参照边界条件演变历程,选取以下几个时刻分析轮盘温度与应力随时间的变化: ① 0 s,即过渡过程的初始状态;② 2 s,即第一次加速阶段某一时刻;③ 11 s,即第二次加速阶段某一时刻;④ 24 s,即 OEI 状态,此时轮盘转速达到峰值;⑤ 25 s,即第一次减速阶段某一时刻;⑥ 40 s,即稳定运行阶段,对应设计点转速。本小节首先分析以上六个时刻下轮盘的温度及周向应力分布,这些数据将作为第 5 章压气机盘概率失效风险评估的输入条件;之后针对轮盘的核心区域,重点分析其应力随时间的演变规律。

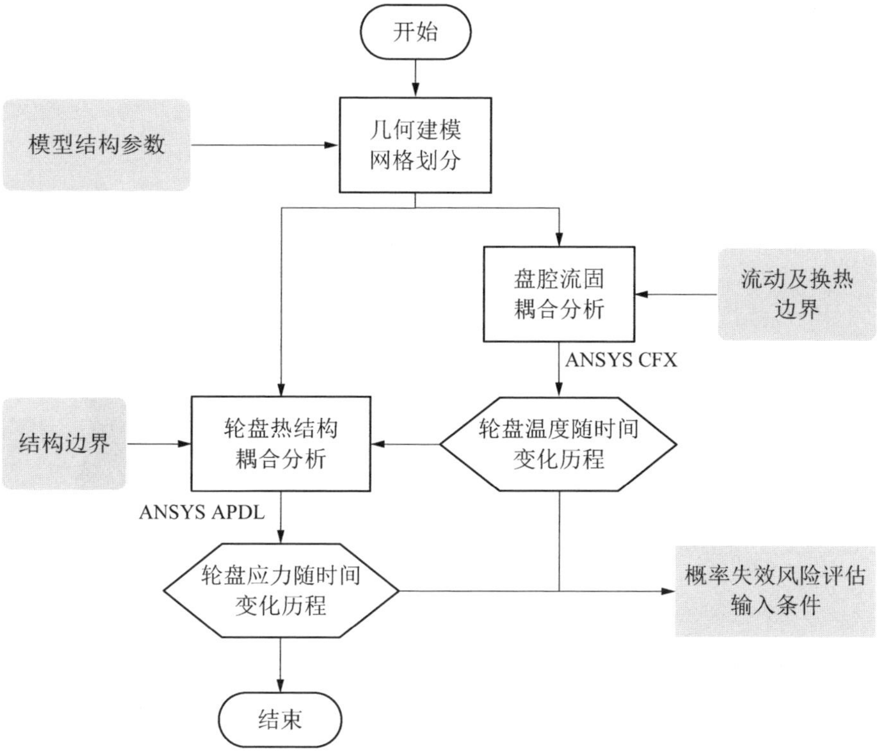

图 6.20 旋转轮盘瞬态热弹性 FSI 分析流程

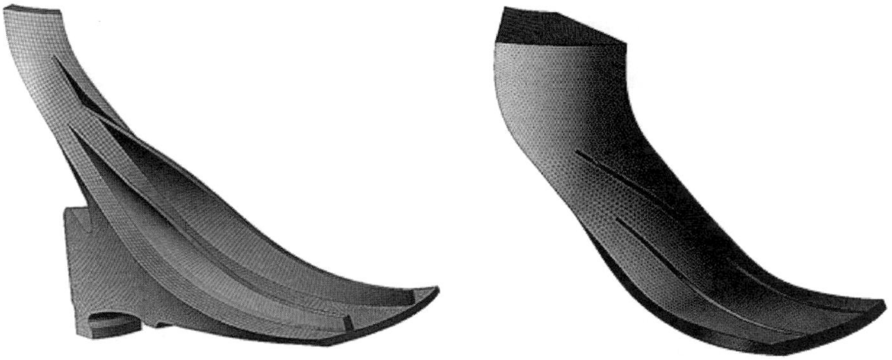

(a) 轮盘网格　　(b) 盘腔网格

图 6.21 计算模型网格示意图

1. 温度分布

不同时刻下轮盘温度如图 6.22。可以看出，轮盘温度随时间发生变化，但温度分布形式基本保持不变，轮盘外缘温度较高，内缘温度较低，温度自内缘向外缘呈现递增趋势。究其原因，由于压气机对气体做功，压气机盘腔出口处气体温度较之入口处升高，气体对压气机盘传热，导致轮盘外缘温度升高。压气机的工作特性决定了热载荷并非其核心载荷，其温度梯度不大，温度分布形式随时间变化较小，对轮盘工作应力的影响较小。

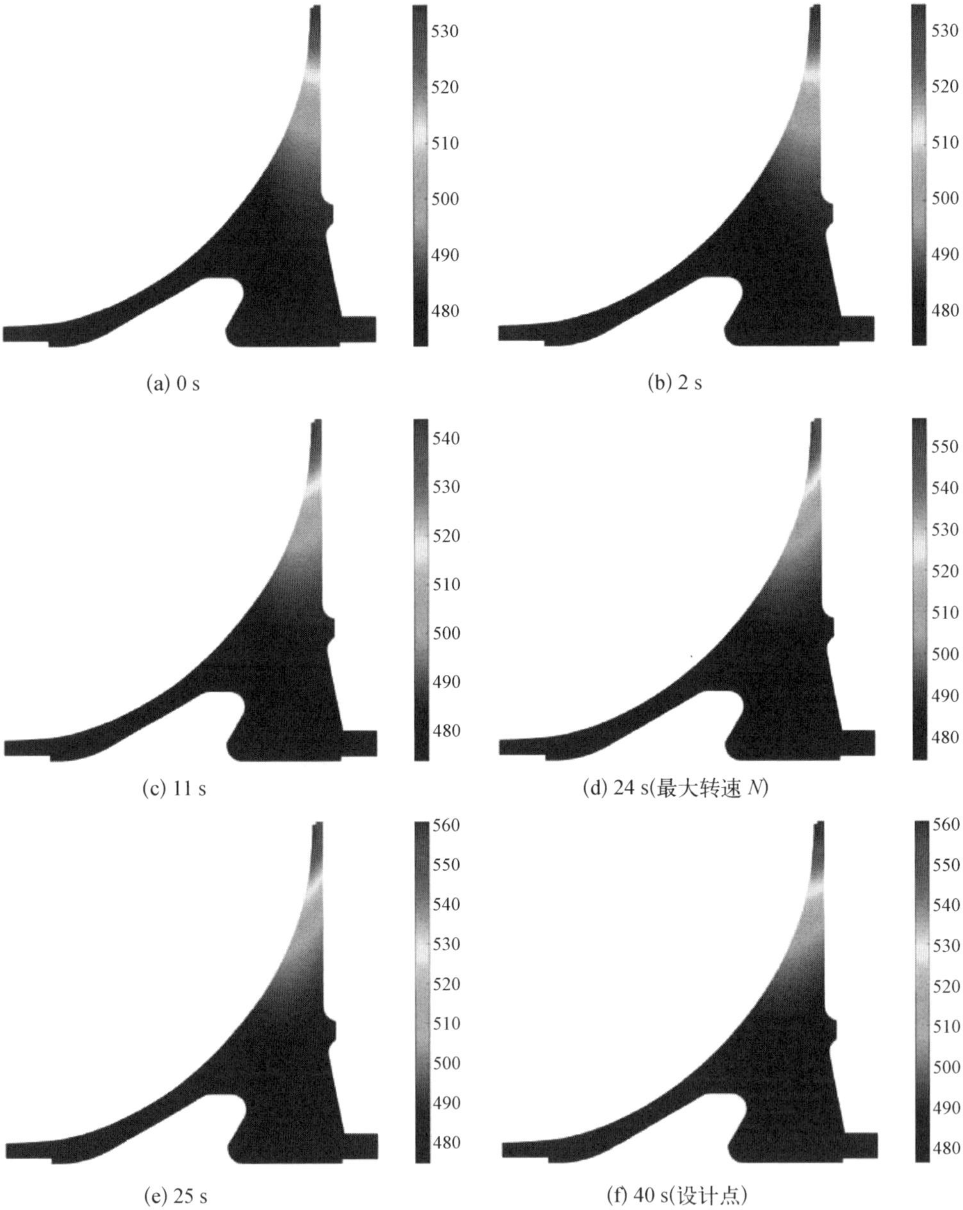

(a) 0 s　(b) 2 s

(c) 11 s　(d) 24 s(最大转速 N)

(e) 25 s　(f) 40 s(设计点)

图 6.22　不同时刻轮盘温度分布云图(单位：K)

2. 周向应力分布

不同时刻下轮盘周向应力分布如图 6.23 所示。与温度分布类似,周向应力分布的数值随时间发生变化,但其分布形式保持稳定,轮盘最大应力位于盘心区域,应力数值整体上沿半径增大而减小。轮盘应力是离心力与热应力的叠加,上一节某型涡轮盘的计算结果表明,离心力占主导地位,这对压气机盘同样适用。图 6.24 所

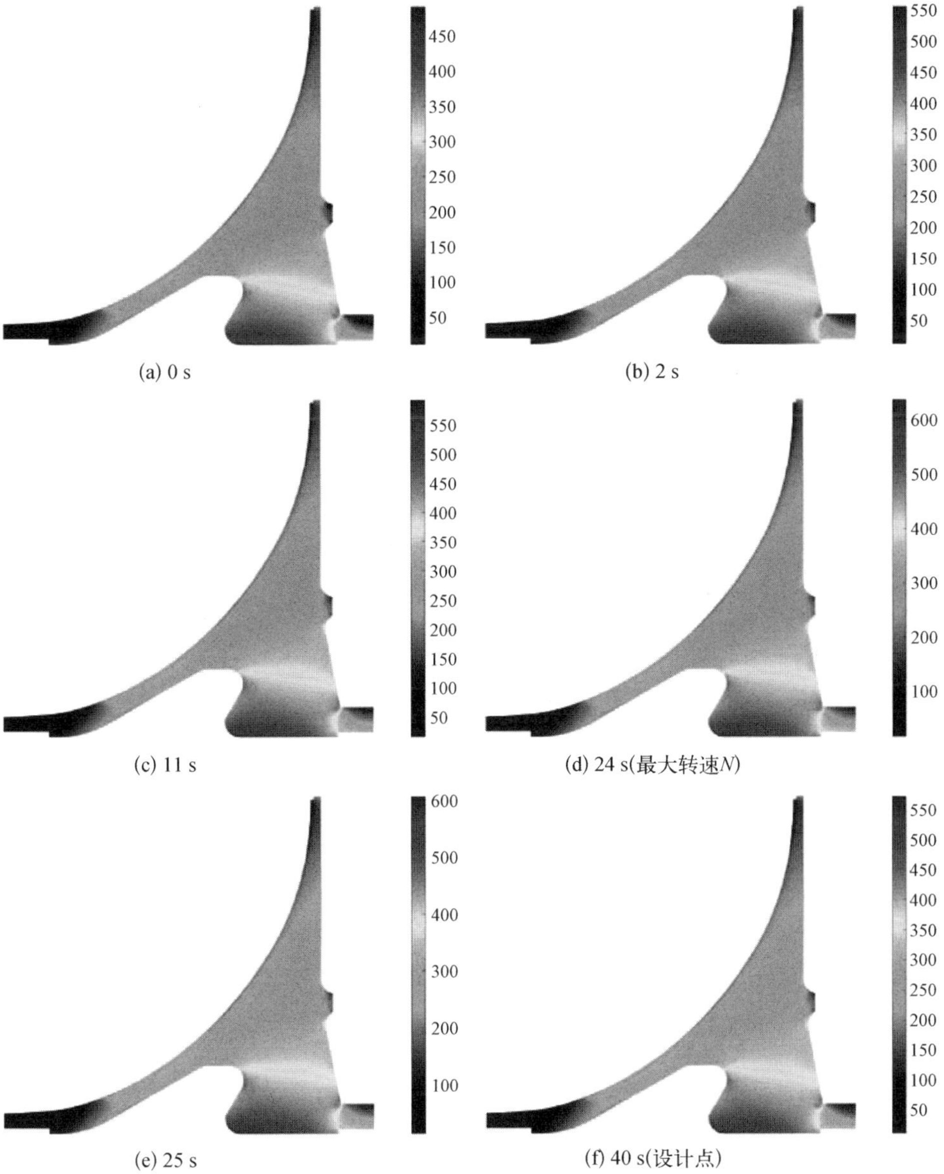

图 6.23　不同时刻轮盘周向应力分布云图(单位: MPa)

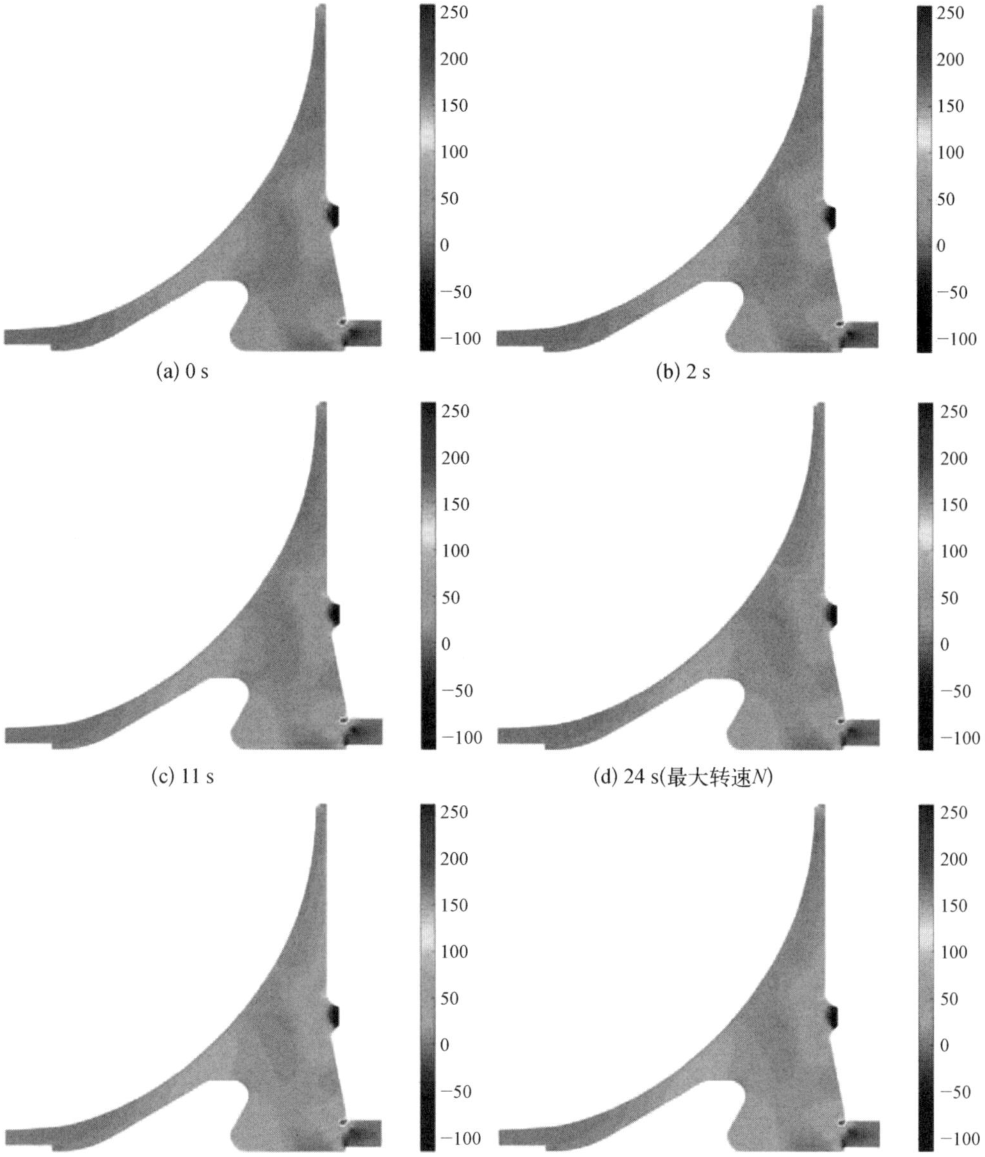

图 6.24　不同时刻轮盘周向热应力分布云图(单位：MPa)

示为不同时刻下轮盘周向热应力的分布云图，对比如图 6.23 可知，轮盘热应力量级相对较小，除个别区域(盘心及辐板倒角处)外，全盘周向热应力为 0~50 MPa，因此，热应力对轮盘应力分布的贡献较小。此外，轮盘热应力无论分布形式还是数值，随时间变化都较小，轮盘应力的演变主要取决于离心应力。

3. 盘心应力历程

为了更直观得分析过渡过程中的瞬态应力，以轮盘关键部位盘心为例，分析其周向应力随时间的变化规律。如图 6.25 所示，飞行循环内盘心应力的变化趋势与转速变化同步，原因在于，压气机盘应力分布主要取决于离心载荷，而离心应力作为场力，其分布仅取决于当前时刻的转速数值。由于实际飞行中飞行器不可避免经历机动飞行阶段，如本算例中模拟的 OEI 状态，轮盘转速存在超出稳态设计点转速的峰值转速。盘心在飞行循环内峰值应力为 572 MPa，而稳态设计点下应力数值为 503 MPa，峰值应力较设计点应力高出约 13%。因此，压气机轮盘同样经历瞬态应力超出稳态设计点应力的危险状态，在失效风险评估中必须加以考虑。

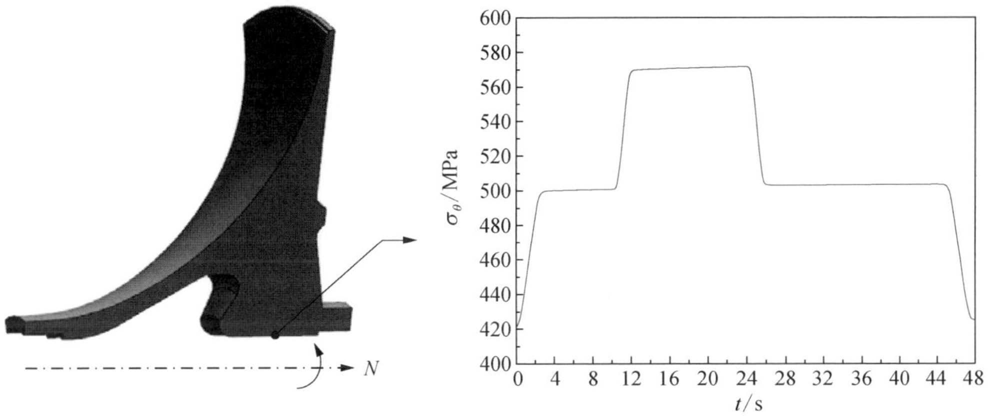

图 6.25　过渡过程中盘心周向应力随时间的变化历程

上述内容提出了可用于简化轮盘模型的半理论数值方法，定性分析轮盘的瞬态温度与应力演化规律。同时，采用基于单向 FSI 的数值模拟方法，获得某型压气机轮盘在飞行循环中的温度与应力历程，从而为后续的轮盘失效风险评估提供输入条件。

主要结论如下：

（1）以某简化涡轮盘为例，经过与数值模拟对比分析，验证了本书提出的旋转轮盘热弹性分析半理论数值分析方法可行有效，可用于轮盘瞬态温度及应力的定性分析；

（2）轮盘在过渡过程中经历危险状态，即过渡过程中轮盘瞬态应力超出轮盘设计点稳态应力；

（3）应力水平直接影响轮盘安全性，基于稳态设计点应力的安全性分析忽略了实际飞行循环的过渡过程中可能出现的峰值应力，即飞行循环中轮盘危险状态，不足以充分保证轮盘安全性。因此，轮盘概率失效风险评估须考虑过渡过程的影响,从而更加科学地评估轮盘的失效概率,为设计中轮盘安全性水平的提升奠定理论基础。

6.4.2 失效风险分析

1. 分区失效风险计算模型

轮盘失效风险数学模型建立的难点在于对缺陷随机性和无损探伤检查间隔随机性的处理,其中最关键的是对缺陷随机性的处理。缺陷的随机性体现在两个方面: 一是缺陷尺寸的随机性;二是缺陷位置的随机性。由于限寿件载荷分布不均匀,随机缺陷分布出现的位置对其是否能够扩展直至失效的影响很大,在分析中对整个部件直接建立失效风险的数学模型以反映缺陷的随机性对最终失效风险的影响十分困难。因此,失效风险数学模型采用分区分析的方法完成,将限寿件模型划分为 n 个区域,任意区域 i 的应力分布与温度分布基本相同,若区域 i 包含随机性的缺陷分布,那么缺陷出现在区域内的任何位置都以相同的概率发展成为能够导致断裂失效的裂纹。令事件 F_i 表示分区 i 发生失效,那么轮盘的失效风险 p_f 就等于任一区域发生失效的概率,即

$$p_f = P[F_1 \cup F_2 \cup \cdots \cup F_n] \tag{6.44}$$

其中,n 为轮盘的总分区数。令 p_i 为分区 i 发生失效的概率,则有

$$p_f = 1 - \prod_{i=1}^{n}(1 - p_i) \tag{6.45}$$

至此,问题转化为分区失效风险的求解。

分区 i 的失效取决于两个随机事件,即分区包含 j 个初始缺陷 A_j 以及包含缺陷的条件下分区发生失效 $F_{i|A_j}$,则

$$p_i = P[(F_{i|A_1} \cap A_1) \cup (F_{i|A_2} \cap A_2) \cdots \cup (F_{i|A_{m-1}} \cap A_{m-1}) \cup (F_{i|A_m} \cap A_m)] \tag{6.46}$$

显然,事件 A_j 互斥,而事件 A_j 与事件 $F_{i|A_j}$ 相互独立,则可表示为

$$p_i = \sum_{j=1}^{m} P(F_{i|A_j}) \cdot P(A_j) \tag{6.47}$$

即分区失效概率由两部分概率共同决定。

对于分区包含 j 个初始缺陷的概率 $P(A_j)$,按照缺陷出现规律,可假设为泊松分布[18]:

$$P(A_j) = \left[\frac{(\lambda_i)^j}{j!}\right]\exp(-\lambda_i) \tag{6.48}$$

其中,λ_i 为泊松分布中值,表示分区内可能出现缺陷的数量中值,取决于分区体积 V_i 及单位体积材料出现缺陷的数量 λ_c,即

$$\lambda_i = \lambda_c V_i \tag{6.49}$$

其中,λ_c 体现材料出现缺陷的平均水平,取决于一批次材料的加工工艺,一般通过大量数据累积及统计分析获得。不同材料不同缺陷出现频率 λ_c 数值相差可能很大,应在实际使用中具体分析。

对于分区包含缺陷条件下的失效概率 $P(F_{i|A_j})$,考虑分区包含 j 个缺陷,并且缺陷均位于分区最危险位置,则

$$P(F_{i|A_j}) = 1 - P\left(\bigcap_{j=1}^{n} \overline{F}_{i|A_j}\right) \tag{6.50}$$

或

$$P(F_{i|A_j}) = 1 - [P(\overline{F}_{i|A_j})]^j \tag{6.51}$$

得到分区失效概率的表达式:

$$p_i = \sum_{j=1}^{n} \left(\{1 - [P(\overline{F}_{i|A_{j,L}})]^j\} \cdot \frac{(\lambda_j)^j}{j!} \exp(-\lambda_i) \right) \tag{6.52}$$

进一步推导有[18]

$$p_i = 1 - \exp(-\lambda_i \cdot p_{\mathrm{d}i}) \tag{6.53}$$

其中,$p_{\mathrm{d}i}$ 表示分区 i 包含给定尺寸分布形式缺陷的条件下,受循环载荷作用而发生失效的概率,本书后续将其记为条件失效概率,其数值与分区应力水平及缺陷尺寸分布形式相关,需通过有限结构体内的疲劳裂纹扩展分析求解,分析方法涉及线弹性断裂力学、低循环疲劳及概率统计等学科内容。

由以上分析获得分区失效概率后,可计算轮盘的失效风险。当分区失效概率足够小或者缺陷出现频率足够低,式(6.45)可近似简化为

$$p_{\mathrm{f}} = \sum_{i=1}^{n} p_i \tag{6.54}$$

即轮盘的失效风险等于所有分区失效风险之和。至此,本节建立起基于分区的概率失效风险评估模型。其核心主要包括两个模块,即基于应力分布的轮盘分区与分区条件失效概率分析。

缺陷分布数据是概率失效风险评估的必要输入条件,也是概率失效风险评估区别于传统安全寿命分析的核心特征。缺陷分布数据包含两部分,即初始缺陷的

概率(缺陷出现频率)及初始缺陷尺寸的概率分布。不同材料、不同缺陷的缺陷分布数据可能存在较大差异,应针对具体材料及缺陷类型采取相应的处理,但从目前材料缺陷领域的相关研究以及国外公开的有关数据可以得知,各种材料缺陷分布数据均依赖于材料供应商、制造商等长期积累相关数据,经由确定的理论分析、数值模拟与试验研究分析获取,并在发动机使用期间不断基于使用维护数据进行修正与更新,从而保证初始缺陷分布数据的时效性与可靠性。有关缺陷数据的获取方法及其累积机制,本书已在6.3节详细分析。

一般而言,缺陷分布数据可以采用超越曲线来表示,即初始缺陷尺寸的累积分布函数 $F(a_{in})$,其定义为

$$F(a_{in}) = \frac{N(a_{in}) - N(a_{min})}{N(a_{max}) - N(a_{min})} \tag{6.55}$$

其中,a_{in} 为初始缺陷尺寸;a_{max} 与 a_{min} 分别为统计数据中的最大缺陷尺寸与最小缺陷尺寸;$N(a)$ 表示不小于 a 尺寸的缺陷数量。典型材料缺陷的超越曲线横坐标表示缺陷尺寸,纵坐标表示每百万磅材料中出现超过对应横坐标给定尺寸的缺陷的频率。由 $F(a_{in})$ 的定义和缺陷超越曲线分布可知,缺陷的随机性可由初始缺陷尺寸分布唯一定义。

2. 极限状态函数构造

$p_{i|d}$分析所需的极限状态函数采用应力强度分布干涉模型进行构造,其基本思想是:零部件要能安全地使用,其强度必须超过外部载荷引起的应力,如图6.26所示。应力强度分布干涉模型可用广义的应力和强度概念,并不局限于材料力学中的强度范畴。例如,广义应力可以是裂纹尺寸的分布或应力强度因子,对应的广义强度为临界裂纹尺寸分布或断裂韧性。

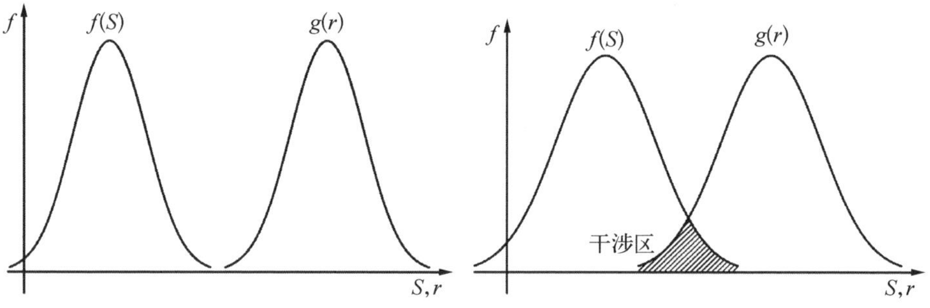

图6.26 应力强度干涉图

对于失效而言,应力强度干涉模型是指广义应力幅值大于广义强度幅值的概率,可用定义的三种等价条件之一表示:

$$p(t) = P(S > r)$$
$$p(t) = P(S - r > 0)$$
$$p(t) = P\left(\frac{r}{S} < 1\right) \tag{6.56}$$

其中，t 表示工作时间；r、S 分别表示强度和应力分布。如图 6.26 中阴影区域所示，若已知广义应力幅值 S 与广义强度幅值 r 的概率密度函数分别为 $f(S)$ 和 $g(r)$，则对于任一应力幅值 S，r 小于 S 的概率为

$$F(S) = P(r < S) = \int_{-\infty}^{S} g(r)\,\mathrm{d}r \tag{6.57}$$

由于广义强度一般情况下不会出现负值，因此积分下限也可以取为 0。由统计理论可知，$F(S)$ 是 S 的单调函数，也是一个随机变量，其发生概率为 $f(S)\,\mathrm{d}S$。因此，失效风险的微分可表示为

$$\mathrm{d}p = F(S)f(S)\,\mathrm{d}S \tag{6.58}$$

可得失效风险为

$$p = \int_{-\infty}^{S_{\max}} \left[\int_{-\infty}^{S} g(r)\,\mathrm{d}r\right] f(S)\,\mathrm{d}S \tag{6.59}$$

同样，积分下限在具体分析中也可取为 0。

由于区域 i 包含随机缺陷分布的失效概率 $p_{i|d}$ 分析的对象是含裂纹体，因此，针对失效风险分析的极限状态函数是以线弹性断裂力学为基础，取应力强度因子(stress intensity factor, SIF)为广义应力，断裂韧性为广义强度构造的，下面对数学模型中相关断裂力学的基本概念进行讨论。

按裂纹面开裂形式的不同，线弹性断裂力学中裂纹问题可分为三种类型，分别为Ⅰ型、Ⅱ型和Ⅲ型[19]，其中Ⅰ型裂纹在工程中最为常见。航空发动机轮盘承受的主应力是周向正应力，主要引起Ⅰ型裂纹开裂行为，因此本文的研究仅考虑Ⅰ型裂纹的影响。

3. 分区失效风险计算方法

1）蒙特卡罗方法

一般而言，对于分区失效概率分析问题，由于影响失效风险的因素较多，往往无法获得包含完整信息的概率密度函数解析表达，而且极限状态函数的形式也十分复杂，这使得直接数值积分获得失效概率难以实现。为此，一些数值方法得到了发展与应用，包括近似计算、数值模拟等，其中蒙特卡罗(Monte Carlo, MC)数值模拟方法应用最为广泛。

MC 方法亦称随机模拟方法、随机抽样方法，可用来解决随机性工程问题。其

基本思想是,为待求解问题建立一个概率或随机过程模型,使模型参数等于待求解参数;通过对模型的随机抽样试验计算待求参数的统计特征,给出待求解的近似值,解的精确度则可用估计值的标准差来表示。与其他数值方法相比,MC 方法有以下优点:思想清晰,易于通过程序实现;通用性好,对求解问题的适应性强;求解误差具有概率特征,只与标准差和样本容量有关;求解收敛与问题维数无关,适用于多维问题。

以 MC 方法解决概率问题的一般原理如下:

(1) 对待求解问题进行建模,将待求解参数定义为一个随机事件 A 的发生概率 p;

(2) 考虑随机变量 ξ,若在一次抽样试验中事件 A 出现,则 ξ 取值为 1,反之 ξ 取值为 0;

(3) 随机变量 ξ 的数学期望 $E(\xi)$ 即为一次抽样试验中事件 A 出现的概率,由此获得待求参数的估计值。

以 MC 方法分析分区失效概率的一般步骤如下:

(1) 按照随机变量的分布,产生各随机变量的一个随机数,以此形成计算样本空间的一个样本;

(2) 对样本进行疲劳裂纹扩展分析,获得极限状态函数并进行失效判断,若 $g \leqslant 0$,则失效频数加一;

(3) 根据计算精度要求,确定抽样次数,重复步骤(1)和步骤(2)的分析计算;

(4) 统计失效频数,将其发生频率作为失效概率的近似值。

其中,步骤(2)的分析过程基于 3.3 节的理论模型展开,而步骤(1)的随机变量抽样介绍如下。

a. 随机变量抽样

由于实际随机变量的分布不尽相同,甚至较为复杂,MC 方法需要各种特定分布形式的随机数。其中,(0, 1) 均匀分布随机数是基础,通过对其进行适当的数学变换,可产生符合任意分布规律的随机数。

令 r 为(0, 1) 之间的均匀分布随机序列,考虑具有连续型分布函数的随机变量 x,建立如下等式:

$$\int_{-\infty}^{x} f(\xi)\,\mathrm{d}\xi = F(x) = r \tag{6.60}$$

其中,$F(x)$为 x 的累积分布函数,求解上式可得到随机变量 x 的样本,从而完成以 $F(x)$为累积分布函数的随机变量的抽样过程。即对于具有连续型分布函数的随机变量,通过生成随机序列,计算累积分布函数的反函数完成抽样:

$$x = F^{-1}(r) \tag{6.61}$$

基于这一原理,一些常用的随机变量及产生方式汇总如表 6.6 所示。

表 6.6　常用随机数及产生方法

类　型	产 生 方 法
均匀分布(0, 1)	线性同余法
均匀分布(a, b)	设x为(0, 1) 区间均匀分布随机数,则 $u = a + (b - a) \cdot x$
标准正态分布$N(0, 1)$	Box - Müller 方法[21]
正态分布$N(\mu, \sigma)$	设x为符合标准正态分布的随机数,则 $y = \mu + \sigma \cdot x$
对数正态分布$LN(\mu, \sigma)$	设x为符合标准正态分布的随机数,则 $y = \exp(\mu + \sigma \cdot x)$
其他分布	拟合数据的累积分布函数,或将其表示为分段线性函数F, 对其逆函数F^{-1}进行抽样。

如前所述,生成均匀分布随机数是随机变量抽样的关键。一般可通过物理方法或数学方法产生[20],前者利用物理现象产生随机数,具有完全随机性,但由于其过程一般不能复现,且费用非常昂贵,并不适用于需要极大样本空间的随机变量抽样方法;后者通过迭代过程产生一系列随机数,即每一个随机数均由它先前的数所决定,这些数字并不是真实随机的,但是如果方法得当,所产生的数字序列能通过局部随机性检验,如均匀性检验,独立性检验等,也可作为随机数使用,这种随机数通常也被称作伪随机数。数学方法产生伪随机数具有如下优点:数学迭代形式易于通过计算机实现,速度快,费用低,并且可重复产生。常用方法包括平方取中法、移位指令加法、线性同余法等[21],其中,线性同余法迭代格式简单,统计性质较好。因此,本节采用线性同余法产生伪随机数。

b. 计算流程

图 6.27 为采用 MC 方法计算某型轮盘在不同循环数的失效风险的分析流程示例。其中涉及三个维度的离散:

(1) 时间维度。令轮盘预定寿命(循环数)为N。分析的最终目标是得到轮盘不同寿命循环下的失效概率,即$p_f = F(k)$,其中k为循环数,$k = 1, 2, \cdots, N$。需计算一系列离散点下的失效概率。

(2) 空间维度。基于分区失效风险分析模型,将轮盘划分为n个分区,每个分区都要计算失效风险p_{fi}, $i = 1, 2, \cdots, n$。

(3) 样本维度。每个分区、每个循环数下的失效风险计算需要m个样本。

基于以上离散,失效概率的计算转化为样本的疲劳裂纹扩展分析与极限状态函数的计算和判断。

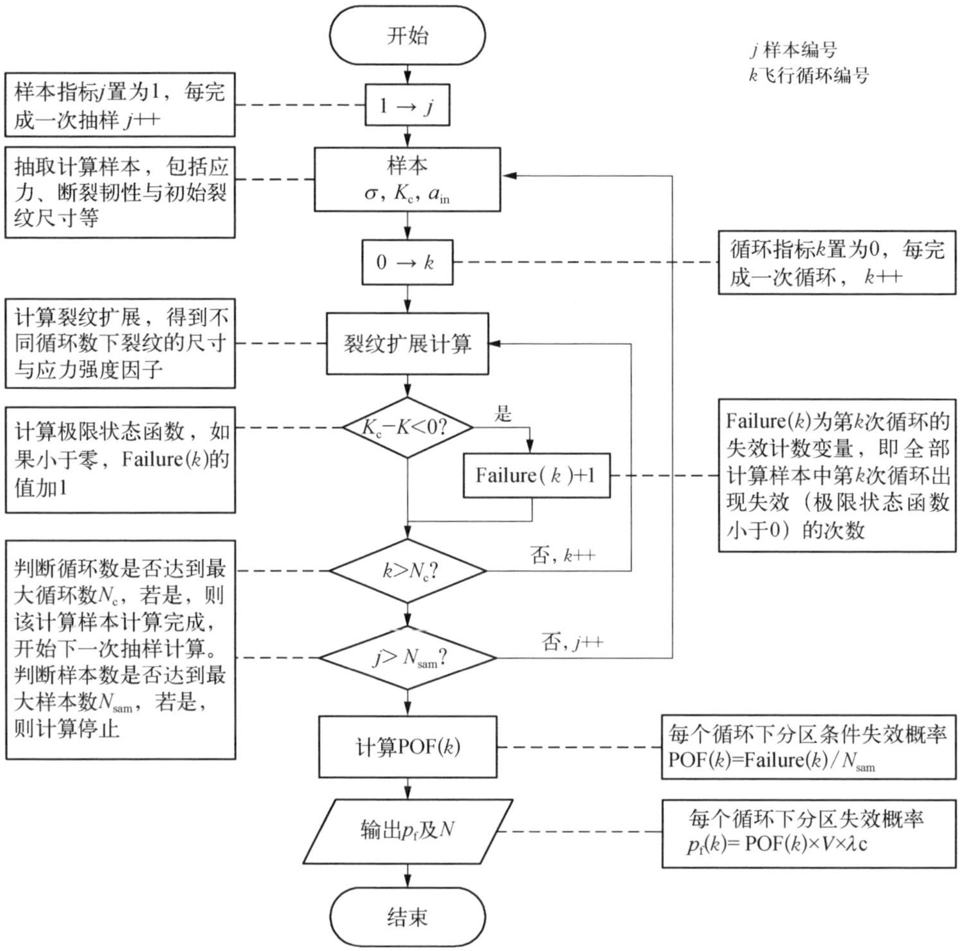

图 6.27 分区失效概率分析 MC 方法流程图

计算样本的分布如表6.7所示。其中 g_{ij}^k 为第 k 次循环，分区 i 的第 j 个样本的极限状态函数值。定义函数：

$$v = \begin{cases} 1, & g \leqslant 0 \\ 0, & g > 0 \end{cases} \tag{6.62}$$

则第 k 次循环，分区 i 的条件失效概率为

$$p_{fi}^k = \frac{\sum_{j=1}^{m} v_{ij}^k}{m} \tag{6.63}$$

分区 i 的失效风险为

$$p_i^k = \lambda_i p_{fi}^k = \frac{\lambda_c V_i \sum_{j=1}^{m} v_{ij}^k}{m} \tag{6.64}$$

第 k 次循环限寿件的失效概率为

$$p^k = \sum_{i=1}^{n} p_i^k = \sum_{i=1}^{n} \lambda_i p_{fi}^k = \frac{\lambda_c}{m} \sum_{i=1}^{n} \left(V_i \sum_{j=1}^{m} v_{ij}^k \right) \tag{6.65}$$

计算的核心问题是极限状态函数，即

$$g_{ij}^k = K_{cij} - K_{ij}^k \tag{6.66}$$

其中，K_c 为温度的函数，也作为随机变量处理。不同区域、不同样本的断裂韧性值是不同的，但对于一个确定区域的一个计算样本，断裂韧性的值不随循环过程发生变化，因此上式中 K_c 不含代表循环数的上标 k。

表 6.7　分区失效概率计算 MC 样本列表示例

分　区	样本 1	样本 2	样本 j	样本 m
分区 1	g_{11}^k	g_{12}^k	g_{1j}^k	g_{1m}^k
分区 2	g_{21}^k	g_{22}^k	g_{2j}^k	g_{2m}^k
分区 i	g_{i1}^k	g_{i2}^k	g_{ij}^k	g_{im}^k
分区 n	g_{n1}^k	g_{n2}^k	g_{nj}^k	g_{nm}^k

2）数值积分方法

MC 方法对于分区条件失效概率分析而言具有鲁棒性好、易于实现等优点，但一般需要大量计算样本才能获得比较可靠的结果，而采用 MC 方法计算分区失效概率，其本质是多次执行分区内裂纹扩展分析，因此通常非常耗时。显然，为了获得满足精度需求的解，需要的大量计算样本，极有可能导致计算时长超出可承受范围，即精度需求与计算成本存在矛盾。为解决这一矛盾，除了升级计算硬件资源、采用改进的 MC 算法外，还可以针对某些特定条件下的失效概率分析问题，开发全新的高效数值计算方法。本节介绍一种高效失效概率分析方法，可实现分区条件失效概率准确而快速的求解。

首先需要说明的是，概率失效风险评估中考虑多随机变量对部件失效风险的影响，包括缺陷、检查、载荷及材料固有分散性等，其中首要关键影响因素是缺陷分布。本文的研究目标是提出一种考虑过渡过程的概率失效风险评估模型,并分析过渡过程效应对部件失效风险的影响。为了简化分析流程,在不影响分析目标的前提下,本节仅考虑缺陷分布随机变量,而暂时忽略其他随机变量。在这一前提下,提出本节的高效数值方法。该方法的核心思想是,通过一次确定性的裂纹扩展分析计算,将分区在某一循环数下的失效概率与初始条件下的缺陷分布建立起联系,从而直接由缺陷尺寸分布概率曲线获得分区失效概率,如图 6.28 所示。

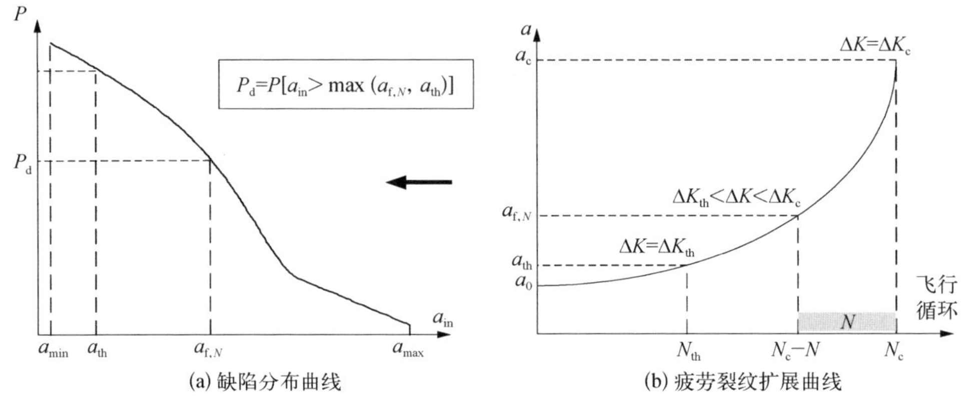

图 6.28　分区失效概率分析高效数值方法示意图

$P(a)-a$ 表示缺陷分布;a_{min} 表示最小缺陷尺寸;a_{max} 表示最大缺陷尺寸;a_c 表示分区临界裂纹尺寸;ΔK_{th} 表示分区疲劳裂纹扩展应力强度因子门槛值;a_{th} 表示分区疲劳裂纹扩展裂纹尺寸子门槛值;$a_{f,N}$ 表示某一循环 N 下发生失效对应的缺陷尺寸;N_c 表示分区断裂寿命

计算流程可归纳为"计算参数的获取→疲劳裂纹扩展分析→分区条件失效概率分析",介绍如下。

a. 计算参数的获取

由轮盘缺陷分布及分区结果,获得分区失效概率分析所需要的计算参数,包括:

(1) 轮盘中可能存在的最小缺陷尺寸 a_{min} 及最大缺陷尺寸 a_{max};

(2) 分区几何位置及分区体积 V;

(3) 分区 i 的应力 σ、温度 T;

(4) 由分区温度获得分区材料属性,密度 ρ、裂纹扩展参数 C, n、断裂韧性 K_c 及裂纹扩展应力强度因子门槛值 ΔK_{th}。

b. 疲劳裂纹扩展分析

以最小缺陷尺寸 a_{min} 为初始裂纹尺寸 a_0,进行疲劳裂纹扩展计算,得到裂纹尺寸随循环的变化规律,即分区疲劳裂纹扩展曲线,如图 6.29(b)所示。

(1) 确定临界裂纹尺寸 a_c,即 $\Delta K(a)=\Delta K_c$ 时的裂纹尺寸。当裂纹尺寸达到

a_c 时判定分区发生失效，裂纹扩展分析终止。此时循环数为分区断裂寿命 N_c。

（2）确定裂纹尺寸门槛值 a_{th}，即初始裂纹在循环载荷作用下发生扩展的最小尺寸。当初始裂纹尺寸小于 a_{th} 时分区内裂纹不会扩展。考虑以下两种情况：

① 若 $\Delta K(a_{min}) \geqslant \Delta K_{th}$，即缺陷分布统计数据中最小缺陷尺寸对应的应力强度因子变程超过疲劳裂纹扩展门槛值，此时轮盘中若存在缺陷，在循环载荷作用下一定会发生扩展，为便于后续失效概率分析，令 $a_{th} = a_{min}$；

② 若 $\Delta K(a_{min}) < \Delta K_{th}$，即缺陷分布统计数据中最小缺陷尺寸对应的应力强度因子变程小于疲劳裂纹扩展门槛值，此时轮盘中若存在缺陷，在循环载荷作用下不一定会发生扩展，当初始裂纹尺寸小于门槛值时，分区裂纹不会扩展。因此，需通过计算获得裂纹尺寸门槛值 a_{th}，即 $\Delta K(a) = \Delta K_{th}$ 时的裂纹尺寸。

c. 分区条件失效概率分析

基于计算获得的疲劳裂纹扩展数据，在任一循环数 N 下，分区条件失效概率 $p_d(N)$ 可与缺陷尺寸 a_{in} 分布建立直接关联，如图 6.29 所示。

（1）若 $N_c - N \leqslant 0$，则 $p_d(N) = P(a_{in} \geqslant a_{th})$；

（2）若 $N_c - N > 0$，则由分区裂纹扩展曲线查得循环数为 $(N_c - N)$ 时的裂纹尺寸 $a_{f,N}$。考虑裂纹尺寸门槛值的影响，可能出现以下两种情况：

① 若 $a_{f,N} \geqslant a_{th}$，如图 6.29(a) 所示，则 $p_d(N) = P(a_{in} \geqslant a_{f,N})$；

② 若 $a_{f,N} < a_{th}$，如图 6.29(b) 所示，则 $p_d(N) = P(a_{in} \geqslant a_{th})$。

以上两种情况的分区条件失效概率可表达为 $p_d(N) = P(a_{in} \geqslant \max(a_{f,N}, a_{th}))$。

综上，分区条件失效概率计算公式为

$$p_d(N) = \begin{cases} P(a_{in} \geqslant a_{th}), & N > N_{Ic} \\ P(a_{in} \geqslant \max(a_{f,N}, a_{th})), & N \leqslant N_{Ic} \end{cases} \tag{6.67}$$

由条件失效概率，可进一步计算获得轮盘概率失效风险。

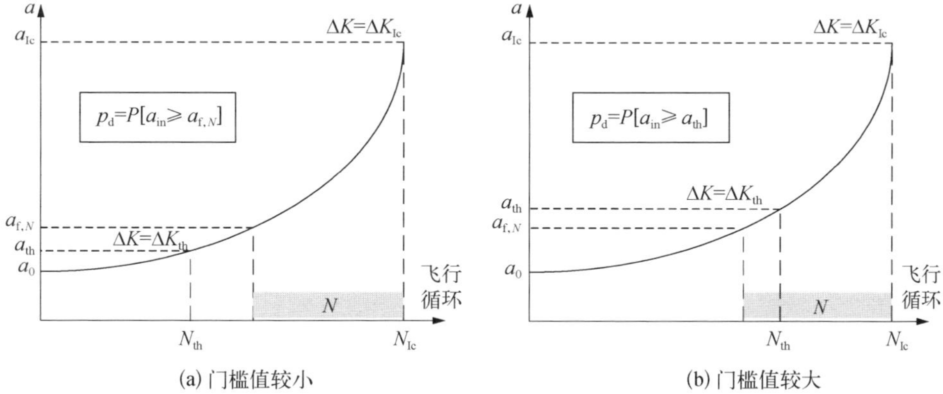

图 6.29　疲劳裂纹扩展门槛值对概率失效风险的影响

针对图 6. 30 所示的某型涡轴航空发动机压气机轮盘，考虑过渡过程的影响，分析轮盘在预期飞行寿命期内失效风险随飞行循环的变化规律。预期飞行寿命一般由安全寿命方法分析确定，本节的研究工作不涉及该项内容，因此，依照一般航空发动机的运行情况，选取预期飞行寿命 $N_p = 20\,000$ 循环。

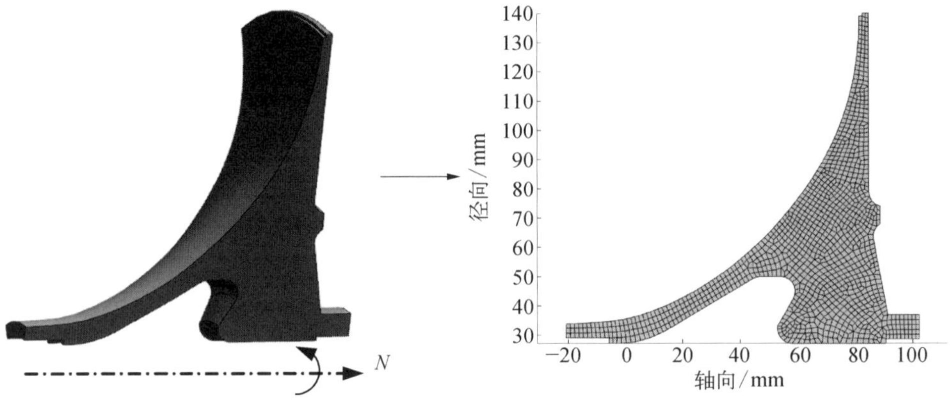

(a) 1/10压气机盘　　(b) 压气机盘子午截面

图 6. 30　某型压气机盘简化模型图

4. 轮盘分区模型

轮盘分区时概率失效风险评估的重要环节，基于获得的轮盘飞行循环中应力历程，按照考虑过渡过程的轮盘分区模型，对轮盘进行分区。首先选定飞行循环内某一时刻的应力分布，以此对轮盘进行稳态应力分区，获得轮盘预分区；然后在预分区的基础上，考虑过渡过程应力，对分区进行细化，获得最终分区形式，下面将依序展开介绍。

1) 预分区

本节选取 24 s(最大转速状态)时的应力分布进行预分区，分区过程如图 6. 31 所示。首先根据分区判据(1)“应力相似”，基于图 6. 31(a)所示的轮盘应力分布，将轮盘划分为若干个应力相似的区域，或称“应力带”，如图 6. 31(b)所示。应力相似的判定阈值，即分区应力梯度 $\Delta\sigma$ 是一个关键参数，同一分区内各有限元节点的应力数值相差不能超过 $\Delta\sigma$。显然，$\Delta\sigma$ 取值过大，会导致分区数量过小，当 $\Delta\sigma$ 取值足够大时，整个轮盘将划分为一个分区。前文已提及，概率失效风险评估中选取分区内最大应力开展计算。若轮盘整体作为一个分区，则将选择轮盘内最大应力计算轮盘失效风险，由此评估的失效概率将极度偏高，因为轮盘中除最大应力点附近区域外的绝大部分区域，其应力值均低于最大应力值，其失效风险远低于以最大应力计算预测的数值。因此，以整盘作为一个分区是一种非常保守和安全的概率失效风险评估策略，由于其与真实情况相去甚远，不具有实用价值。考虑另外一种极限情况,当 $\Delta\sigma$ 取值足够小时,轮盘中的每一个单元均作为一个独立分区,据此开展概率失效风险评估将获得最接近真实情况的结果。然而,由于有限元结果包含单元数量较多,以每一个单元作为一个分区,必然造成计算量的大幅提升,不利于基础研究阶段反复执行失效风险评估的需求。综上,$\Delta\sigma$ 的取值是分区的关键,本节选取 $\Delta\sigma$ = 32.5 MPa,即保证同一分区内任意两个节点之间的应力差值不超过 32.5 MPa。该应力梯度数值经验证合理[4],可满足轮盘概率失效风险评估的一般需求。

在图 6.31(b)所示的"应力带"的基础上,考虑轮盘中由内部缺陷可能引起的不同裂纹(内部裂纹、表面裂纹和角裂纹),需按照判据(2)划分近表面分区。首先将有限元单元划分为对应的类型,如图 6.31(c)所示,其中灰色单元用于划分内部裂纹对应分区,绿色单元用于划分表面裂纹对应分区,红色单元用于划分角裂纹对应分区。由此获得的分区形式如图 6.31(d)所示,相较于图 6.31(b)所示的应力带,该分区形式中包含了表面分区和角分区,用于考虑表面裂纹和角裂纹的影响。

然而,图 6.31(d)所示分区存在几何不连续的情况,即同一分区实际包含两个或两个以上在几何上分离的子区。之所以出现这种漏洞,是因为判据(1)按照应力相似将单元分组,而实际轮盘中应力场并不均匀,几何上远离的两点可能具有足够相似的应力值,判据(1)错误得将几何上分离的两点划入了同一分区。这不符合概率失效风险评估的要求。因此,引入判据(3)"几何连续",对上述漏洞进行修复。按照图 6.27 所示的分析流程,迭代处理,将同一分区内几何上分离的子区真正分离出来,划分为独立的分区,得到最终分区形式如图 6.31(e)所示。该分区即预分区,下一节将在此预分区的基础上进一步划分获得最终分区。

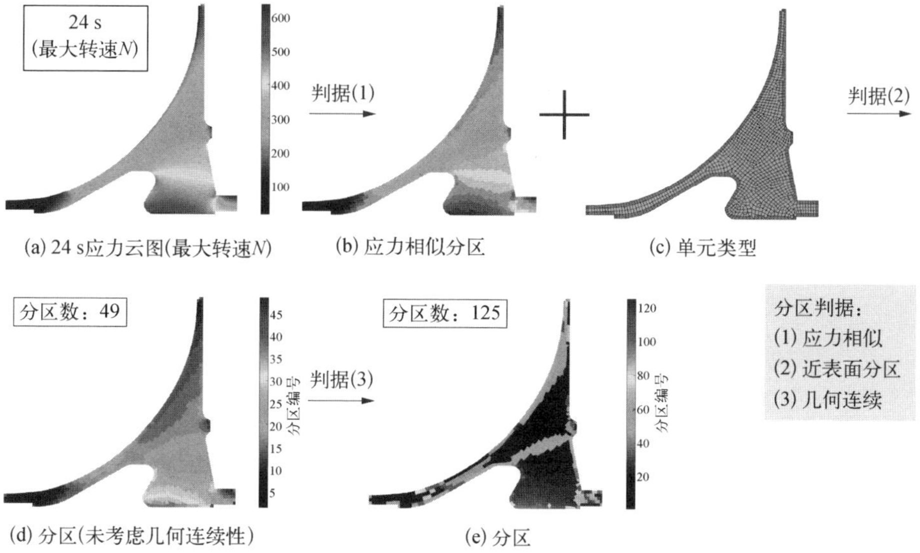

图 6.31　基于最大转速应力的轮盘分区(预分区)

2）基于过渡过程应力的细化分区

基于 24 s 时的应力分布，按照“应力相似”“近表面分区”及“几何连续”的分区判据，已获得轮盘预分区。然而，从考虑过渡过程的角度来看，该分区还存在一个问题，不能在完整飞行循环内始终满足“应力相似”判据。分析表明，预分区中存在若干个分区，在飞行循环的某些阶段，分区内任意两个有限元节点之间的应力差值的最大值超出应力梯度，基于特定时刻应力分布获得的分区的“应力相似”在过渡过程中无法保持，这不符合考虑过渡过程的概率失效风险评估的要求。因此，需要对图 6.32(a)所示预分区中各个分区，分析其在整个飞行循环中分区内节点间应力差值的最大值，由此识别出不满足“应力相似”判据的分区；将这些分区进一步划分为两个区域甚至更多个，以保证同一分区内各节点的应力相似。如此反复执行分区识别与分区细化，直至所有分区均能满足在整个飞行训循环内符合“应力相似”，分区形式如图 6.32(b)所示。

在分区细分的过程中，“几何连续”无法自动满足。因此，对图 6.32(b)所示的分区，需识别几何不连续的分区，并对其再次细分，直至每一个分区“几何连续”，获得最终轮盘分区如图 6.32(c)所示。可以看到，经过两次细化，最终分区形式包含分区的数量远超预分区，而正是由于这种“细化”，保证了最终分区可以比预分区更严格地满足分区判据的要求，从而为后续考虑过渡过程的概率失效风险评估奠定基础。

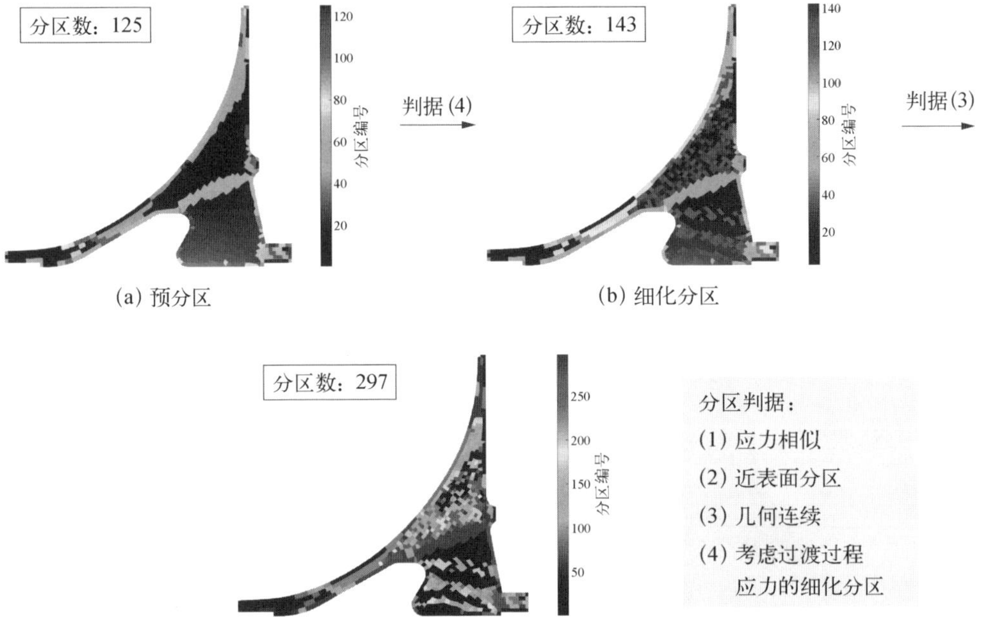

图 6.32　基于过渡过程应力的细化分区

综上,通过基于某稳态应力的预分区和基于过渡过程应力的细化分区,获得了在整个飞行循环内满足分区判据的分区形式。以上分区流程全部通过程序自动执行,与传统基于人工手动分区(人眼识别应力相似区域、鼠标框选单元等人与界面互动过程)方式相比,这种方法存在一些优势:一方面,自动分区避免了人为干预可能带来的偶然性,例如不同研究者对同一应力分布可能划分出相差较大的分区,导致风险评估结果可能"因人而异",甚至同一位研究者多次分区都可能产生多种结果,自动分区方法可以规避类似问题,并且具有很好的可重复性;另一方面,自动分区使得分区更为高效,省去了人工操作的麻烦。而其劣势在于,由于完全基于程序自动实现,操作灵活性降低,可视化也不够完善。因此,分区方法未来应向自动分区与手动分区相结合的方向发展。本节开发的自动分区方法虽然尚不完善,但已满足本书考虑过渡过程的轮盘概率失效风险评估需求。

5. 轮盘失效风险计算

基于获得的分区数据,开展轮盘概率失效风险评估,获得轮盘概率失效风险随飞行循环的变化规律。需要注意的是,概率失效风险评估所涉及的疲劳裂纹扩展分析需要将飞行循环内应力历程转化为一个等效载荷对,对于图6.25应力历程,其等效载荷对应力幅即为飞行循环中的应力峰值。以此开展分区疲劳裂纹扩展分析和失效概率计算,最终获得轮盘失效风险。

1）轮盘失效风险

预期飞行寿命期内轮盘失效风险 P_f 随循环数的变化如图6.33所示。结果表明,在整个预期飞行寿命期内,轮盘 P_f 随 N 逐渐增大。当飞行循环达到预期寿命,即 $N = N_p$ 时,轮盘的失效概率为 $P_f = 2.94 \times 10^{-11}$。适航条款对包括压气机轮盘

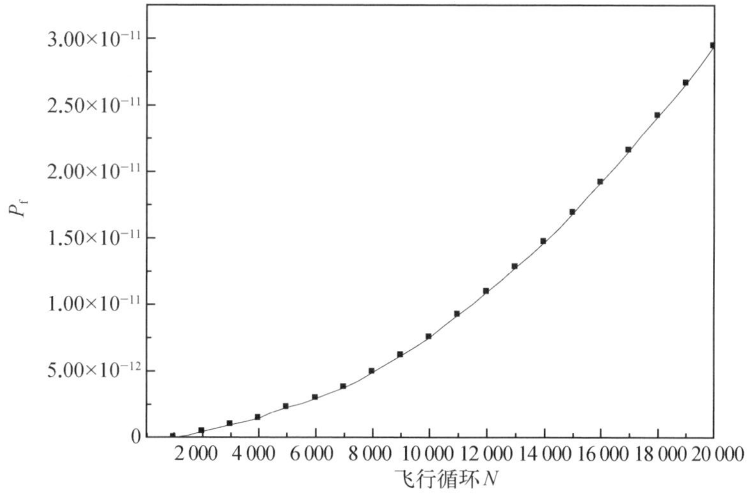

图6.33　轮盘失效风险随循环数的变化(考虑过渡过程)

在内的限寿件规定了设计目标风险(design target risk, DTR),其数值为1×10^{-9}。显然,在本节边界载荷作用下,轮盘在整个飞行寿命期内的失效风险均满足适航条款的要求。然而,6.4.1小节计算轮盘应力历程时已经提及,本节所采用的边界条件是由空气系统分析方法模拟获取,各边界条件互相匹配,并且其随时间变化的趋势能反映真实边界的演化规律,但其绝对数值与真实边界存在偏差,导致基于此边界条件获得的应力历程也不能代表真实情况。因此,本节计算的轮盘失效风险并不具备绝对数值的参考价值,而是出于机理探索与研究目标而作出的简化处理。

由轮盘失效风险的变化趋势还可看出,在飞行循环的早期,存在一个阶段,轮盘在该阶段内失效概率为零,随着飞行循环增大,出现非零失效概率。可以推测,如图6.34所示,存在某一特定循环数N_s,使得$N < N_s$时,$P_f = 0$。在本算例中N_s约为1 500,这意味着,轮盘在开始投入运行的前1 500次飞行循环中的失效概率为零,在理论上处于绝对安全期,但1 500次飞行循环以后,轮盘就有可能出现失效。相对于20 000次飞行循环的预期寿命,1 500次循环是很短的使用时间。航空发动机轮盘经过如此短暂的使用时间就有发生失效的可能,甚至造成灾难性的飞行事故。这显然不符合传统安全寿命管理方法的认知,印证了轮盘中可能存在的初始缺陷对轮盘安全性造成的影响。当然,在飞行循环早期,失效概率的量级是非常微小的。然而,失效风险针对的不仅仅是某一台发动机,而是采用相同设计与制造方法的一类发动机。对于获得大量应用的同型号民用航空发动机来讲,基数的增大意味着危害性发动机影响发生的概率的增加,因此必须在航空发动机轮盘的设计与使用中加以考虑。

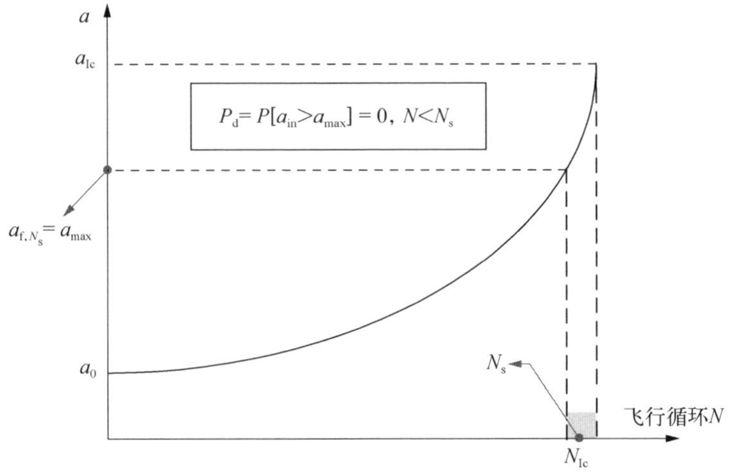

图6.34　零失效风险对应最大循环数示意图率对比

2）轮盘分区失效风险

轮盘的失效风险是各个分区失效风险按体积加权求和。为了定量评估不同分区的危险程度，识别关键分区，需量化各个分区对整盘失效风险的贡献。因此，定义分区失效风险贡献度参数如下：

$$y_{f,i} = \frac{P_{f,i}}{P_f} \tag{6.68}$$

其中，$y_{f,i}$ 表示某一循环数下分区 i 对整盘的失效风险贡献度；$P_{f,i}$ 与 P_f 分别是某一循环数下分区 i 与整盘的失效概率。

以预期飞行寿命时的失效风险为例，分析轮盘分区失效风险贡献度的分布规律。图 6.35(a)所示为分区失效风险贡献度云图。由此可直观发现，失效风险贡献度的分布形式与轮盘应力分布类似，盘心区域失效风险贡献明显高于其他区域，这表明应力水平可能是影响失效概率的关键因素。图 6.35(b)给出了分区失效风险贡献度的分布饼图，其中明示了贡献度最高的六个分区（分区 38、33、29、36、35、34），该六个分区图形如图 6.36 所示。包括此六个分区在内的失效风险贡献较高的分区数据参见表 6.8。结果表明，盘心区域的分区对轮盘失效风险有决定性作用。以分区 38 为例，如图 6.36(a)所示，其体积仅占轮盘总体积的 0.34%，但却贡献了 27.24%的失效风险，即每 1%体积的失效风险贡献度约合 79.39%。由图 6.36 可以看出，此六个分区均位于盘心区域，若以其求和代表盘心，则其占据轮盘总体积的 3.79%，但却贡献了 66.54%的失效风险，每 1%体积的失效风险贡献度约合 17.56%，而这个数字对于六大分区以外的其他所有分区（对应盘心以外的区域）仅为 0.35%。这些数据表明，盘心区域为高失效风险区域，对整盘失效风险有重大影响，是轮盘的关键区域。

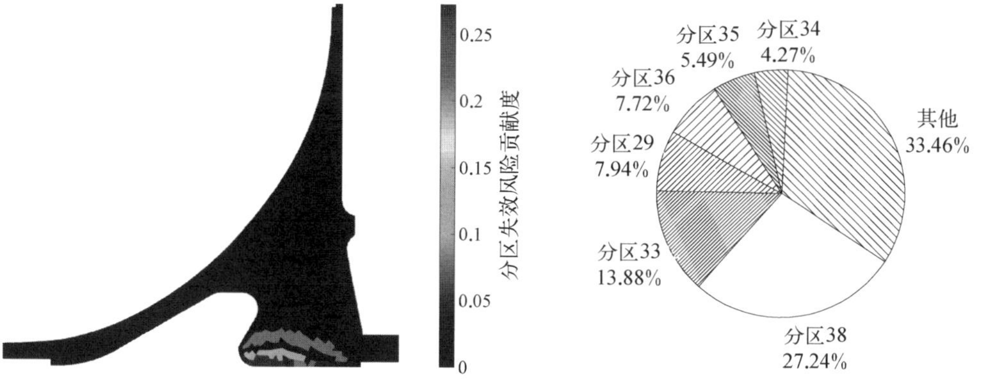

(a) 云图

(b) 饼图

图 6.35 轮盘分区失效风险贡献度（考虑过渡过程）

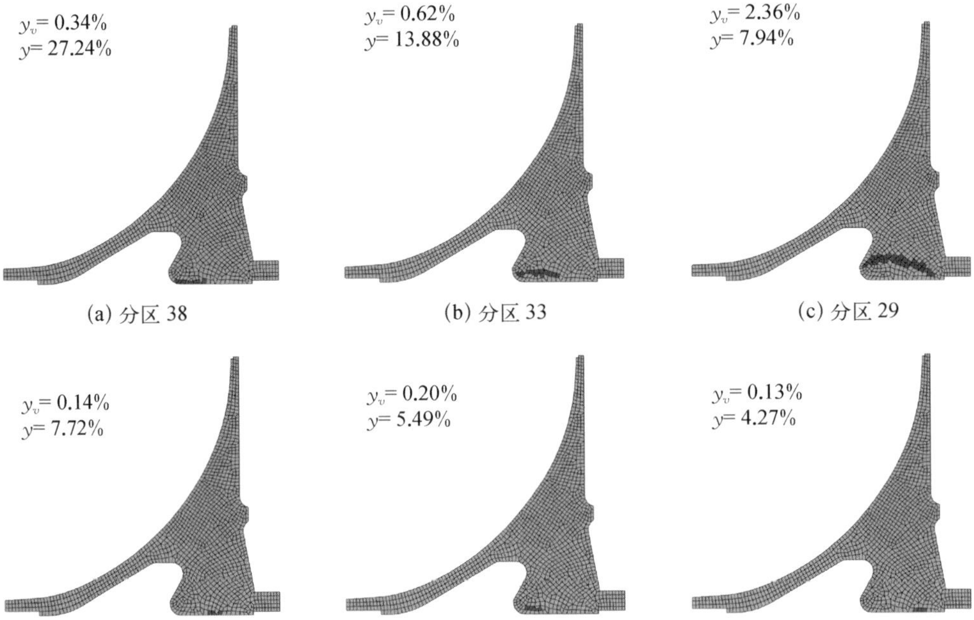

(a) 分区 38　(b) 分区 33　(c) 分区 29

(d) 分区 36　(e) 分区 35　(f) 分区 34

图 6.36　失效风险贡献度最高的六个分区示意图(考虑过渡过程)

表 6.8　分区失效风险贡献度(考虑过渡过程)明细(部分)

编　号	平均 x /mm	平均 y /mm	y_v	类　型	σ /MPa	y_f
38	62.4	27.9	0.34%	sc	639.1	27.24%
33	63.4	30.6	0.62%	ec	583.9	13.88%
29	70	34.5	2.36%	ec	519.4	7.94%
36	73.3	28	0.14%	sc	613.2	7.72%
35	61.9	29.3	0.20%	ec	593.1	5.49%
34	79.6	27.9	0.13%	sc	581.9	4.27%
37	67.6	29	0.06%	ec	625.3	2.96%
130	74.7	31.5	0.37%	ec	541.8	2.74%
25	75.8	43.3	3.59%	ec	453.8	2.52%
79	55.1	29.1	0.04%	sc	609.5	2.26%

续　表

编　号	平均 x /mm	平均 y /mm	y_v	类　型	σ /MPa	y_f
21	75.7	55.4	6.69%	ec	389	2.07%
78	74.2	28.8	0.06%	ec	601.2	1.82%
30	59.4	43.9	0.26%	sc	512.3	1.38%
77	54.2	30.1	0.04%	sc	577.8	1.13%
32	90.1	38.1	0.12%	sc	525.4	1.05%
23	77.3	48.5	2.10%	ec	421.9	1.01%
134	75.7	30.1	0.10%	ec	548.2	0.94%
148	65.8	34	0.15%	ec	532.9	0.84%
177	61.3	33.3	0.13%	ec	534.9	0.76%
214	84.2	36.3	0.70%	ec	482.6	0.67%
153	62.4	41.3	0.67%	ec	481.2	0.63%
42	89.8	27.9	0.04%	cc	498.2	0.57%
98	54.1	33.7	0.10%	sc	511.5	0.53%
154	55.7	31.9	0.07%	ec	541.1	0.53%
158	58.3	32	0.05%	ec	550.7	0.48%
181	68.1	33.2	0.08%	ec	532.8	0.46%
175	64.6	49.5	0.90%	ec	421.8	0.43%
171	78.1	29.7	0.05%	ec	546.1	0.43%
28	56.9	38.1	0.25%	sc	481.1	0.39%
99	53.8	31.4	0.03%	sc	541.1	0.39%

为了分析影响轮盘失效风险的关键因素，排除体积因素，计算各个分区每1%体积对应的失效风险贡献，以表征分区的危险程度，列举部分结果如表6.9所示。分区29和分区33均为内部分区，应力前者低于后者，每1%体积对应的失效风险前者低于后者；分区36和分区38均为表面分区，应力前者低于后者，每1%体积对应的失效风险前者低于后者；分区33和分区34应力水平相似，前者为内部分区，

后者为表面分区,每1%体积对应的失效风险前者低于后者。以上结果表明,应力水平及分区在轮盘的位置(内部或表面)是影响失效概率的关键因素,一般而言,相同类型分区的危险程度随应力增大而升高;相同应力水平的分区,表面分区比内部分区更危险。其原因在于,分区疲劳裂纹扩展速率是影响失效概率的直接因素。由分区条件失效概率的数值分析方法可以推断,同等条件下,分区疲劳裂纹扩展速率越高,到达目标飞行循环数时裂纹尺寸越大;考虑初始裂纹尺寸为随机变量,则分区疲劳裂纹扩展速率越高,到达目标飞行循环数时裂纹尺寸达到临界裂纹尺寸而发生断裂的可能性也越高,即分区失效概率越大。分区应力水平和裂纹类型是影响裂纹扩展速率的关键因素:同等条件下,表面裂纹扩展速率快于内部裂纹;对于相同类型的裂纹,裂纹扩展速率则随应力水平的升高而增大。

表6.9　六大分区每1%体积对应的失效风险贡献度(考虑过渡过程)明细

编　号	类　型	σ/MPa	每1%体积对应的γ_f
38	sc	639.1	79.39%
33	ec	583.9	22.56%
29	ec	519.4	3.37%
36	sc	613.2	55.98%
35	ec	593.1	27.00%
34	sc	581.9	33.81%

6. 考虑过渡过程与基于稳态设计点的失效风险对比分析

本节基于稳态设计点工况,开展压气机轮盘概率失效风险评估,其中等效载荷对应力幅即为飞行循环中的稳态(τ=40 s)应力,以此开展分区疲劳裂纹扩展分析和失效概率计算,最终获得基于稳态设计点的轮盘失效风险。同时,将考虑过渡过程与本节基于稳态设计点两种情况下的轮盘失效风险进行对比,分析过渡过程对轮盘失效风险的影响。

1) 基于稳态分析的轮盘失效风险分析

按照概率失效风险评估的一般流程,首先基于轮盘稳态应力分布对轮盘进行分区,然后计算各分区的失效概率,进而获得轮盘失效风险随飞行循环的变化。基于稳态设计点(τ=40 s)应力的轮盘分区过程如图6.37所示。分区具体流程与预分区一致。最终获得基于稳态设计点的轮盘分区形式如图 6. 37(e)所示,轮盘共划分为 110 个分区,基于分区数据开展概率失效风险评估,结果如下。

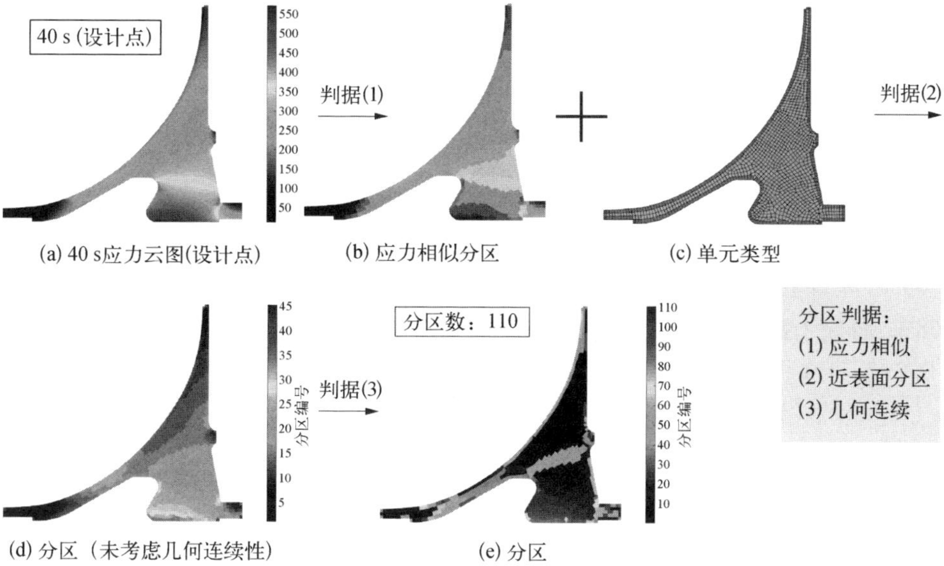

图 6. 37　基于稳态设计点稳态应力的轮盘分区

预期飞行寿命期内轮盘失效风险 P_f 随循环数的变化如图 6. 38 所示。结果表明,在整个预期飞行寿命期内,轮盘 P_f 随 N 逐渐增大。当飞行循环达到预期寿命,即 $N = N_p$ 时,轮盘的失效概率为 $P_f = 7.90 \times 10^{-12}$。因此,轮盘在整个飞行寿命期内的失效风险均满足适航条款的 DTR 要求。

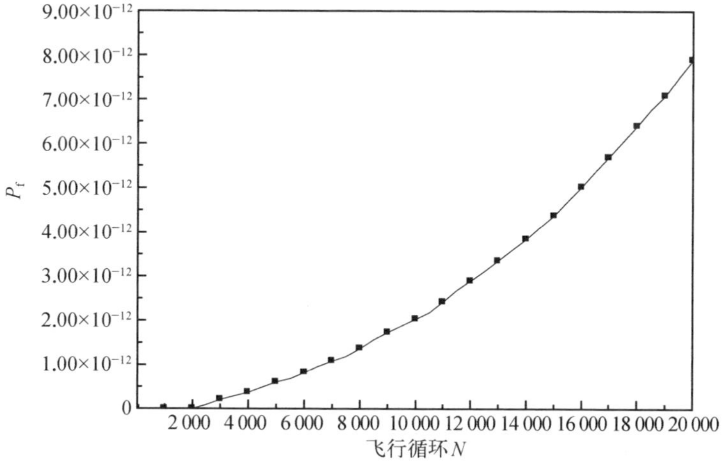

图 6. 38　轮盘失效风险随循环数的变化(基于稳态设计点)

由轮盘失效风险的变化趋势还可看出，存在某一特定循环数 N_s，使得 $N < N_s$ 时，$P_f = 0$。稳态分析中 $N_s = 2\,500$，即轮盘在开始投入运行的前 2 500 次飞行循环中的失效概率为零，在理论上处于绝对安全期，但经历 2 500 次飞行循环以后，轮盘就有可能发生失效。

预期飞行寿命时轮盘分区失效风险贡献度的分布如图 6.39 所示。由图 6.39(a)可知，失效风险贡献度的分布形式与轮盘应力分布类似，盘心区域失效风险贡献明显高于其他区域。由图 6.39(b)可知，失效风险贡献度最高的六个分区为 34、25、23、32、29、27(图 6.40)，部分分区的失效风险贡献较高数据参见表 6.10。结果表明，盘心区域的分区对轮盘失效风险有决定性作用。盘心六个分区占据轮盘总体积的 11.09%，但却贡献了 74.06% 的失效风险，每 1% 体积的失效风险贡献度约合 6.68%，而这个数字对于六大分区以外的其他所有分区(对应盘心以外的区域)仅为 0.29%。这些数据表明，盘心区域为高失效风险区域，对整盘失效风险有重大影响，是轮盘的关键区域。

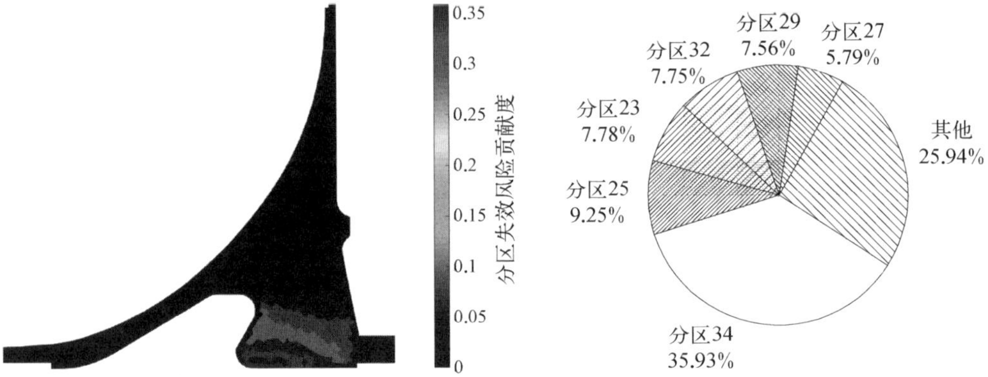

(a) 云图 (b) 饼图

图 6.39 轮盘分区失效风险贡献度(基于稳态设计点)

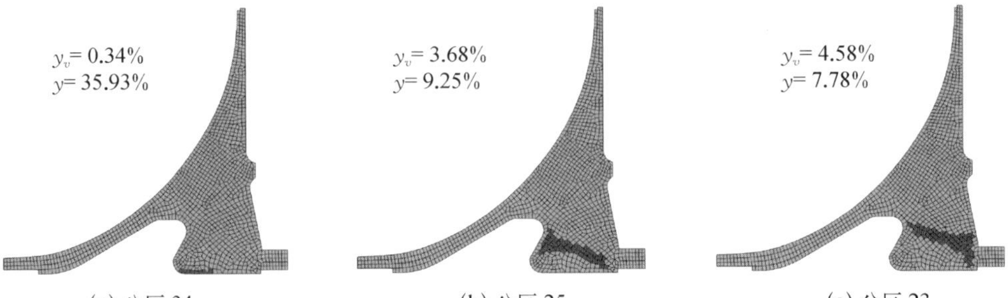

(a) 分区 34 (b) 分区 25 (c) 分区 23

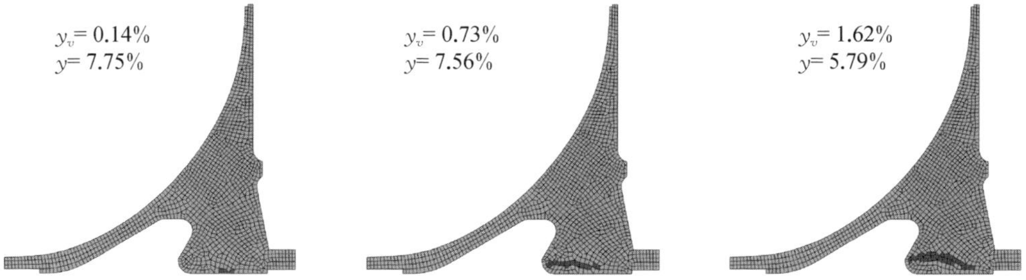

(d) 分区 32　　(e) 分区 29　　(f) 分区 27

图 6.40　失效风险贡献度最高的六个分区示意图(基于稳态设计点)

表 6.10　分区失效风险贡献度(基于稳态设计点)明细(部分)

编　号	平均 x /mm	平均 y /mm	y_v	类　型	σ /MPa	y_f
34	62.4	27.9	0.34%	sc	572.2	35.93%
25	70.4	36.9	3.68%	ec	449.3	9.25%
23	78.3	39.6	4.58%	ec	417.9	7.78%
32	73.3	28	0.14%	sc	544.6	7.75%
29	64.4	30.8	0.72%	ec	515	7.56%
27	66.5	33	1.62%	ec	482	5.79%
31	61.8	29.5	0.29%	ec	529.5	5.18%
70	54.6	29.6	0.08%	sc	546.7	4.65%
21	75.6	46.8	4.42%	ec	385.1	4.54%
30	79.6	27.9	0.13%	sc	513.8	2.70%
33	67.6	29	0.06%	ec	556.2	2.66%
26	56.4	37.5	0.40%	sc	447.1	1.17%
69	74.2	28.8	0.06%	ec	532.1	1.15%
28	59.6	44.7	0.20%	sc	455.3	0.63%
67	90.1	38.1	0.12%	sc	467.4	0.47%
66	89.6	36.1	0.13%	ec	454.6	0.34%
63	88.9	44.5	0.20%	sc	385.1	0.28%

续 表

编 号	平均 x /mm	平均 y /mm	y_v	类 型	σ /MPa	y_f
100	59.2	48	0.10%	sc	427.9	0.25%
22	85.5	63.4	0.25%	sc	369.1	0.25%
68	53.8	31.4	0.03%	sc	485.9	0.20%
86	89.5	40.1	0.09%	sc	421	0.19%
62	90	31.5	0.23%	ec	379.6	0.19%
65	86.3	27.7	0.06%	sc	447.8	0.19%
38	89.8	27.9	0.04%	cc	434.2	0.18%
87	60.3	43.9	0.06%	ec	454.8	0.17%
85	58.2	49.2	0.10%	sc	381.2	0.13%
88	83.6	27.8	0.03%	sc	466.6	0.12%
24	91.8	36.1	0.04%	sc	417.6	0.09%
61	87.1	54.2	0.60%	sc	347.9	0.08%
64	88.3	28.3	0.03%	ec	434.2	0.07%

为了分析影响轮盘失效风险的关键因素，计算各个分区每1%体积对应的失效风险贡献。分区23和分区29均为内部分区，应力前者低于后者，每1%体积对应的失效风险前者低于后者；分区29和分区30应力水平相似，前者为内部分区，后者为表面分区，每1%体积对应的失效风险前者低于后者。以上结果表明，应力水平及分区在轮盘的位置(内部或表面)是影响失效概率的关键因素，一般而言，相同类型分区的危险程度随应力增大而升高；相同应力水平的分区，表面分区比内部分区更危险。

由以上结果可归纳以下几点规律：① 预期飞行寿命期内轮盘的失效风险 P_f 随循环数 N 逐渐增大；② 存在一临界飞行循环数 N_s，当飞行循环 N 小于 N_s，轮盘失效概率为零；③ 盘心区域为高失效风险区域，对整盘失效风险有重大影响，是轮盘的关键区域；④ 应力水平及分区在轮盘的位置(内部或表面)是影响失效概率的关键因素，一般而言，相同类型分区的危险程度随应力增大而升高，而相同应力水平条件下，表面分区比内部分区更危险。这些失效风险规律与考虑过渡过程的概率失效风险评估获得的规律基本一致。然而，两者亦存在显著差异，将在下一段中介绍。

2）考虑过渡过程与基于稳态的失效风险对比

对比考虑过渡过程与基于稳态设计点两种情况下的轮盘失效概率，分析过渡过程对轮盘失效风险的影响。为了便于直观对比，将两种评估方法获取的预期飞行寿命期内轮盘失效风险 P_f 绘制在同一坐标系中，如图 6.41 所示。可知，在整个预期飞行寿命期内，两种评估方法下轮盘 P_f 均随飞行循环 N 逐渐增大。但考虑过渡过程的失效风险总是高于基于稳态设计点的失效风险。当飞行循环达到预期寿命，即 $N = N_p$ 时，考虑过渡过程的轮盘的失效概率为 $P_f = 2.94 \times 10^{-11}$，而基于稳态设计点的轮盘失效概率为 $P_f = 7.90 \times 10^{-12}$，考虑过渡过程失效风险是基于稳态设计点失效风险的 3.72 倍。这表明，由于考虑过渡过程的影响，轮盘失效概率的评估值提高。另一方面，两种评估方法中轮盘开始出现非零失效概率的临界循环数 N_s 也不相同。对于考虑过渡过程的失效风险，N_s 约为 1 500；而对于基于稳态设计点的失效风险，N_s 约为 2 500。这表明，相比于基于稳态设计点的失效风险，考虑过渡过程的评估结果中轮盘更早得出现了发生失效的可能，或者说，理论上轮盘绝对安全期缩短。

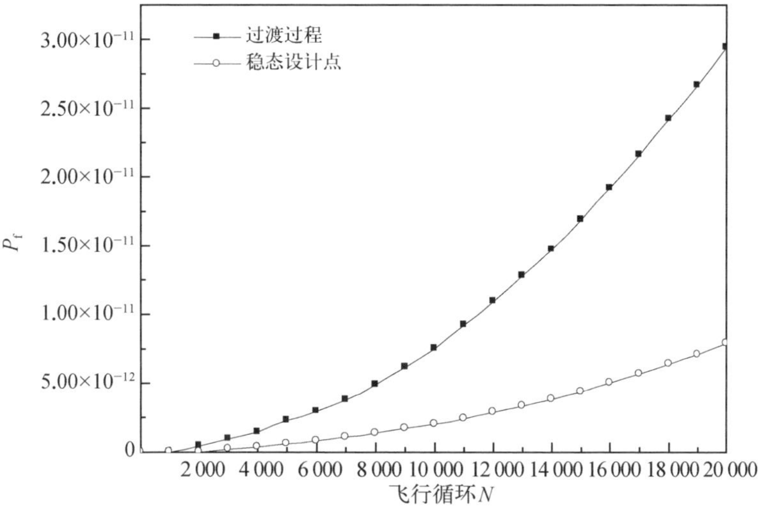

图 6.41　考虑过渡过程与基于稳态设计点的轮盘失效风险对比

为了分析出现以上区别的原因，从两种方法所对应的分区中各选取一个盘心区域的分区，即考虑过渡过程的分区 38[图 6.36(a)]与基于稳态设计点的分区 34[图 6.40(a)]。由分区图可知，尽管考虑过渡过程的轮盘分区形式与基于稳态设计点的分区形式不同，但这两个分区却代表轮盘的同一个区域，并且是各自失效风险贡献度最高的分区，对轮盘失效风险起决定性作用。因此，以这两个分区所代表

的轮盘区域为对象,分析该区域在考虑过渡过程和基于稳态设计点两种概率失效风险评估方法下的失效风险的区别。图 6.42 所示为两种评估方法下该区域条件失效概率 $p_{i|d}$ 随飞行循环的变化。可以看出,在 20 000 飞行循环时,考虑过渡过程的失效风险评估预测 $p_{i|d}=0.41$,而基于稳态设计点的失效风险评估结果则为 $p_{i|d}=0.14$,前者是后者的 2.9 倍。对于相同的区域,两种评估方法预测失效概率的差异可能源自两者等效应力的差异:考虑过渡过程的失效风险评估中,分区等效应力为飞行循环中的峰值应力 $\sigma_{TR}=639.1$ MPa;而基于稳态设计点中的失效风险评估中,等效应力为稳定飞行阶段的稳态设计点应力 $\sigma_{DP}=572.2$ MPa。峰值应力比稳态应力超出 11.7%,导致条件失效概率增大了 1.9 倍,由此可见,失效概率对应力水平较为敏感。

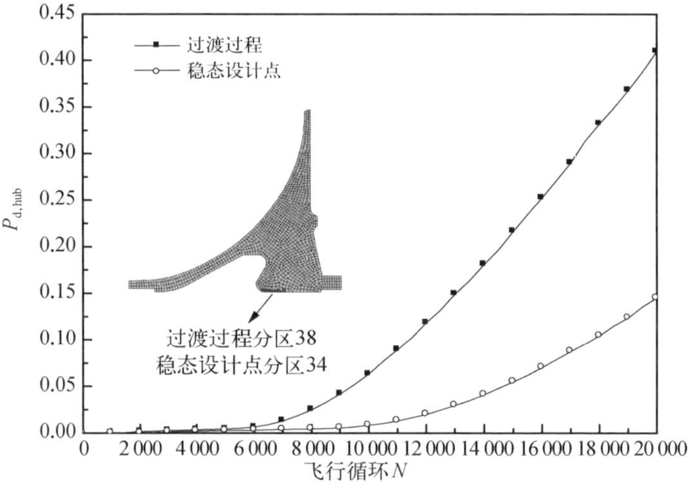

图 6.42 考虑过渡过程与基于稳态设计点的盘心区域条件失效概率对比

应力差值导致失效概率变化的原因可根据分区条件失效概率的数值计算方法定性分析如下。对于区域中相同的初始裂纹 a_0,两种应力作用下的疲劳裂纹扩展曲线如图 6.43 所示,由于峰值应力 σ_{TR} 大于稳态应力 σ_{DP},峰值应力作用下裂纹扩展速率更快,可推知相同飞行循环 N 对应的初始缺陷尺寸 $a_{f,TR}>a_{f,DP}$。由初始缺陷尺寸分布可知,峰值应力作用下的失效概率 P_{TR} 大于稳态应力作用下的失效概率 P_{DP},即考虑过渡过程的失效风险评估预测的失效风险高于基于稳态设计点的失效风险评估的预测结果。

综合以上分析,考虑过渡过程的概率失效风险评估方法预测的轮盘失效风险大于基于稳态设计点的概率失效风险评估方法。其原因在于,考虑过渡过程的概率失效风险评估中考虑了过渡过程中峰值应力的影响,基于稳态设计点的概率失

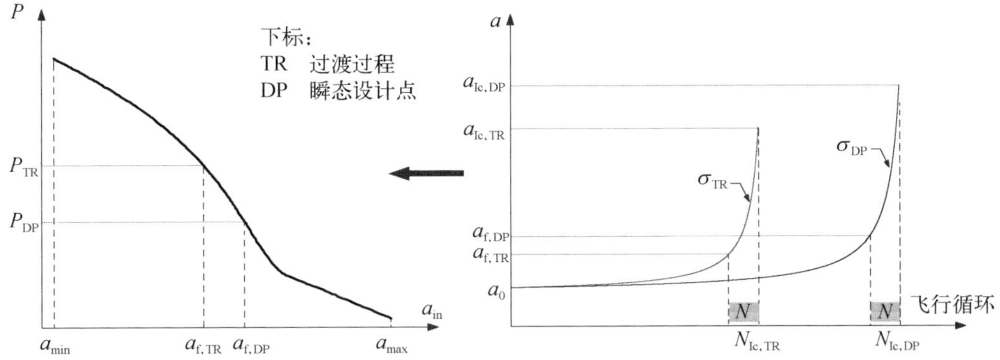

图 6.43　考虑过渡过程与基于稳态设计点的分区失效概率分析

效风险评估则是基于稳态设计点应力，峰值应力超出稳态应力，导致轮盘失效概率升高。由于轮盘失效概率 P_f 表征采用相同设计与制造方法的一类发动机的失效风险，尽管其量级十分微小，但仍反应大量同型号航空发动机的安全性水平，因此必须在航空发动机轮盘的设计与使用中加以考虑，以指导安全性相关策略的制定与实现。而 P_f 数值的差别可能导致相去甚远的安全性维护策略。由于考虑过渡过程的影响所获得的轮盘 P_f 预测值比基于稳态设计点大幅减小，以此作为安全性设计依据，与基于稳态设计点相比，是一种偏于保守和安全的设计策略。

6.5　限寿件安全性设计判定准则

判定准则是限寿件的安全性指标。该安全性指标应该是整机系统安全性分解的指标。适航规章的安全性指标为最低安全性要求，即限寿件的失效风险是否低于 DTR，对于含有钛合金硬 α 缺陷的限寿件而言，适航规章要求的寿命期 DTR 为 10^{-9} 次/发动机飞行小时；对于限寿件孔特征而言，适航规章要求的寿命期 DTR 为 2×10^{-5} 次。本章以适航规章的限寿件安全性指标为例，说明如何对限寿件完成安全性设计。

6.6　限寿件安全性设计输出

输出为限寿件失效概率分析结果，即上述工程计划的计算结果。另外还需输出保证限寿件安全性的详细制造计划及使用管理计划。

此外，还需输出表明限寿件设计方案满足安全要求的全套分析材料和支撑材料，同时输出基于安全性指标提出的设计方案的建议。可接受的输出形式包括安全性分析报告、试验结果报告、类似零件或组件的比较、其他定性/定量资料。

由分析的风险计算结果可归纳以下几点规律：① 预期飞行寿命期内轮盘的失效风险 P_f 随循环数 N 逐渐增大；② 存在一临界飞行循环数 N_s，当飞行循环 N 小于 N_s，轮盘失效概率为零；③ 盘心区域为高失效风险区域，对整盘失效风险有重大影响，是轮盘的关键区域；④ 应力水平及分区在轮盘的位置（内部或表面）是影响失效概率的关键因素，一般而言，相同类型分区的危险程度随应力增大而升高，而相同应力水平条件下，表面分区比内部分区更危险。这些失效风险规律与 6.4 节考虑过渡过程的概率失效风险评估获得的规律基本一致。

6.7 限寿件安全性设计软件工具

分析过程涉及的软件工具见第 2 章。

与传统性能程序、有限元分析工具关注航空发动机性能、效率及可加工性不同，轮盘概率失效风险评估工具旨在计算其运行寿命期内的失效风险值，在设计阶段定量评估加工引入的意外缺陷对安全性的潜在威胁，从而在设计阶段分析加工引入随机缺陷在相应的工作应力设计、无损检测计划、冷加工工艺参数区间下是否达到相应的安全性水平。

因此，概率失效风险评估工具的开发，为设计者设计过程提供了新的“安全边界”，通过加工工艺、无损检测计划以及工作应力设计迭代，在设计过程将潜在危险控制在相对安全水平。

轮盘表面特征概率失效风险评估软件架构如图 6.44 所示。用户通过界面与软件核心程序进行交互，其界面如图 6.45 所示。树状菜单主要包括：① 评估流程；② 缺陷分布、无损检测、材料属性、寿命模型、强度因子数据库、应力数据，这些模块主要用于导入风险计算需要材料数据、特殊材料数据（缺陷分布和无损检测），以及计算裂纹扩展的寿命模型、强度因子数据库和应力数据，其中应力数据部分还包括了表面区域应力梯度提取功能；③ 失效风险计算和结果分析，该部分是本软件的核心计算模块，通过输入的参数，以线弹性断裂力学为基础，基于广义应力-强度干涉理论，采用蒙特卡罗方法计算不同缺陷下的失效概率，同时输出计算结果。

具体功能内容包括：① 特殊材料数据库的输入：包括缺陷分布和无损检测检出概率数据，同时包括传统的材料数据库的输入、寿命模型输入、应力文件及结构参数输入；② 特征部位基于权函数数据库的线弹性断裂力学计算模块；③ 表面特征在寿命期内的失效风险计算；④ 表面特征在不同无损检测计划下寿命期内失效风险计算。与国外对标软件 DARWIN 相比，增加冷加工引入残余应力数据库，从而建立表面特征失效风险与冷加工工艺的定量关联模型。

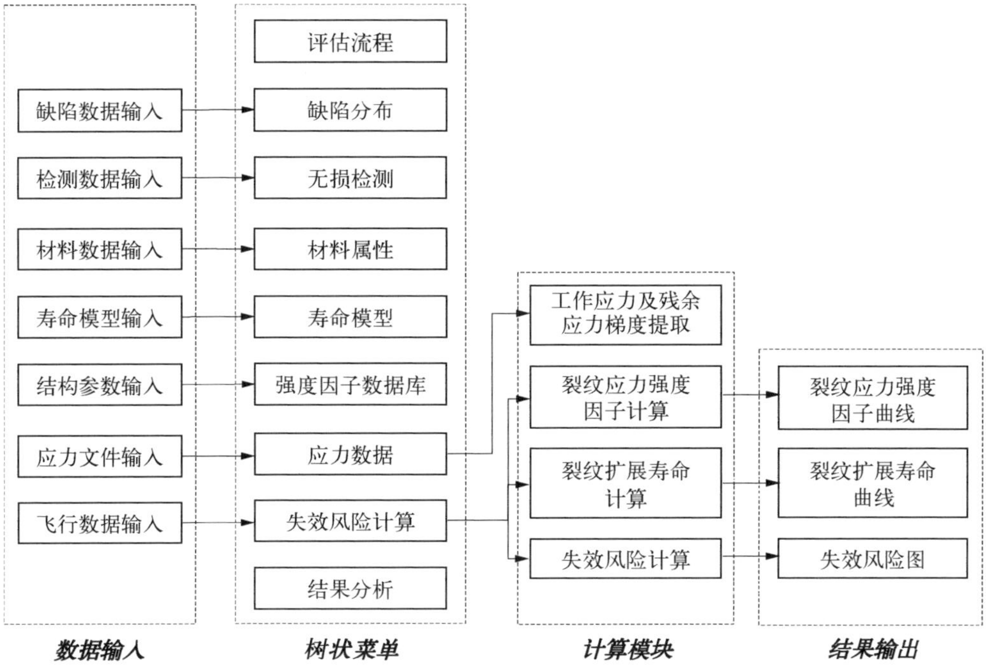

图 6.44　表面特征概率失效风险评估软件整体框架

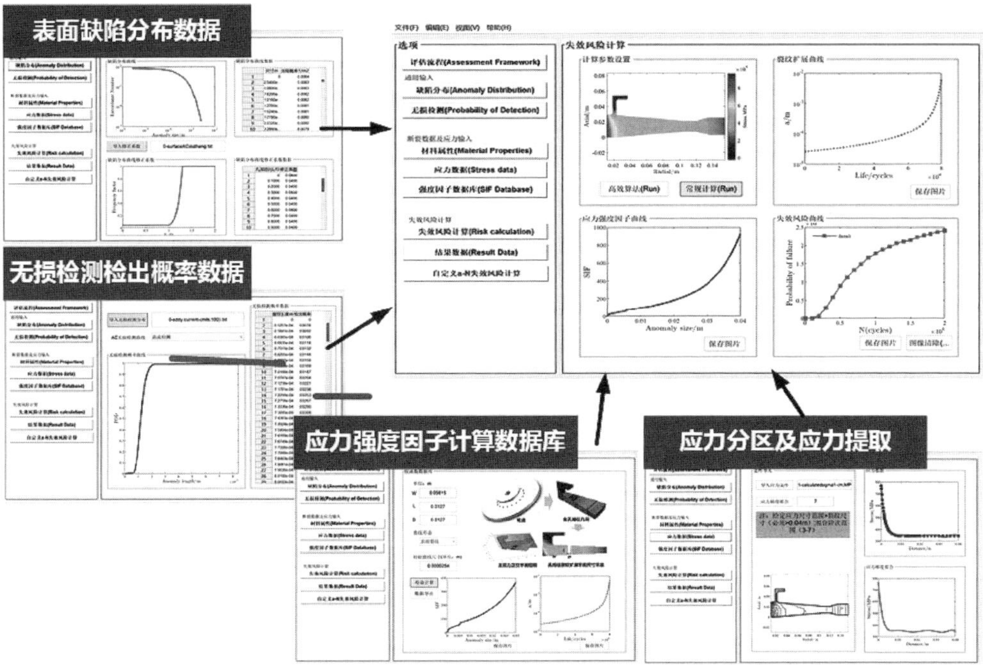

图 6.45　表面特征概率失效风险评估软件界面图

参考文献

[1] 《航空发动机设计手册》总编委会. 航空发动机设计手册：第10册 涡轮[M]. 北京：航空工业出版社,2001.

[2] FAA. The United States Code of Federal Regulations, Title 14, Aeronautics and Space, Part 33, Airworthiness standards: Aircraft engines [S]. Washington: Federal Aviation Administration, 2009.

[3] Aerospace Industries Association Rotor Integrity Sub-Committee. The development of anomaly distributions for aircraft engine titanium disk alloys[C]. Kissimmee: Proceedings of 38th AIAA/ASME/ASCE/AHS/ASC Structures, Structural Dynamics, and Materials Conference. 1997: 2543-2553.

[4] FAA. Advisory circular 33. 14-1: Damage tolerance for high energy turbine engine rotors [R]. Washington: Federal Aviation Administration, 2001.

[5] 丁水汀,潘博超,李果,等. 寿命限制件概率失效风险评估材料缺陷数据模型[J]. 航空动力学报,2018,33(5): 1270-1280.

[6] Gigliotti M. General electric corporate research and development[R]. Internal Report, 1991.

[7] Ding S T, Zhou H M, Pan B C, et al. An experimental method to obtain the hard alpha anomaly distribution for titanium alloy aeroengine disks[J]. Chinese Journal of Aeronautics, 2021, 34(4): 67-82.

[8] Paris P C, Gomez M P, Anderson W E. A rational analytic theory of fatigue[J]. The Trend in Engineering, 1961, 13(1): 9-14.

[9] Kokoska S, Zwillinger D. Standard probability and statistics tables and formulae[M]. Boca Raton: Champman & Hall/CRC, 2000.

[10] Weisberg S. Applied linear regression[M]. 3rd Edition. New York: John Wiley & Sons, Inc., 2005: 19-46.

[11] Graybill F A, Iyer H K. Regression analysis: Concepts and applications[M]. Belmont: Duxbury Press, 1962: 109-118.

[12] Corran R, Gorelik M, Lehmann D, et al. The development of anomaly distributions for machined holes in aircraft engine rotors[C]. Barcelona: ASME Turbo Expo 2006: Power for Land, Sea, and Air, 2008: 941-950.

[13] Corran R S J. The importance of batch effects when considering damaged holes in manufacture [C]. Barcelona: ASME Turbo Expo 2006: Power for Land, Sea, and Air, 2008: 833-839.

[14] Owen J M, Powell J. Buoyancy-induced flow in a heated rotating cavity[J]. Journal of Engineering for Gas Turbines and Power, 2006, 128(1): 128-134.

[15] Bohn D, Deuker E, Emunds R, et al. Experimental and theoretical investigations of heat transfer in closed gas-filled rotating annuli[J]. Journal of Turbomachinery, 1995, 117(1): 175-183.

[16] Bohn D, Emunds R, Gorzelitz V, et al. Experimental and theoretical investigations of heat transfer in closed gas-filled rotating annuli II[J]. Journal of Turbomachinery, 1996, 118(1): 11-19.

[17] Bohn D, Gier J. The effect of turbulence on the heat transfer in closed gas-filled rotating annuli [J]. Journal of Turbomachinery, 1998, 120(4): 824-830.

[18] Enright M P, Huyse L. Methodology for probabilistic life prediction of multiple-anomaly materials[J]. AIAA Journal, 2006, 44(4): 787－793.
[19] Newman J C, Raju I S. Stress-intensity factor equations for cracks in three-dimensional finite bodies[J]. Fracture Mechanics, 1983, 1: 238－269.
[20] 徐钟济. 蒙特卡罗方法丛书[M]. 上海：上海科学技术出版社,1985.
[21] Department of Defense. Military handbook: Metallic materials and elements for aerospace vehicle structures[Z]. Department of Defense, USA, 1998.
[22] 张弓. 航空发动机涡轮盘腔多场耦合危险机理研究[D]. 北京：北京航空航天大学,2013.

第 7 章

限寿件制造实现与维护保持的案例及方法

限寿件安全性与适航的设计赋予最终要靠制造来实现,并且靠维护来保持。制造实现本质上为探索一种工艺、材料可实现的结构和功能的过程,也就是将限寿件的图纸要求变成实现预期功能的实物过程。限寿件与其他零部件组装成整机,经过各种检测,最后成为实现设计赋予其预定功能的限寿件。维护保持是航空发动机在全寿命周期内实现安全目标的关键。“设计赋予”是五大问题的核心,在“设计赋予”阶段限寿件安全性设计部门确定限寿件的三大计划,包括工程计划、制造计划及使用管理计划。“设计赋予”阶段确定的制造计划及使用管理计划中关注的是影响限寿件安全性的关键制造工艺、关键检测手段及周期,而“制造实现”及“维护保持”阶段制造部门及维修部门确定的工艺规程及维修大纲是在满足制造计划及使用管理计划要求的基础上,真正落实制造实现及维护保持的文件。

第 2 章提及了限寿件制造实现、维护保持与安全性设计的迭代流程。制造实现以设计赋予阶段确定的工程计划、制造计划为输入,以制造实现后测量的限寿件参数统计值为输出,以工程计划及制造计划为判据,从而保证制造加工的限寿件满足设计要求。与此类似,维护保持以设计赋予阶段确定的工程计划、使用管理计划为输入,以维修后测量的限寿件参数统计值为输出,以工程计划及使用管理计划为判据,从而保证维护过程中限寿件满足设计要求,即限寿件满足寿命期内失效概率低于设计目标风险值的要求。

本章重点介绍制造实现及维护保持阶段,制造部门及维修部门输出测量限寿件参数统计值并反馈给限寿件安全性设计部门,限寿件安全性设计部门基于更新的输入数据,判定限寿件是否满足安全要求;并实现限寿件安全性设计方案中工程计划、制造计划、使用管理计划的迭代。具体而言,本章以钛合金为例,分析钛合金压气机轮盘类限寿件热加工、冷加工全流程制造工艺,获得制造加工后限寿件的参数统计值,并反馈限寿件安全性设计部门计算限寿件的失效概率,从而判定限寿件是否满足安全要求;并在此基础上,对制造计划、使用管理计划中的关键工艺进行判定,支撑制造计划、使用管理计划的制定。

7.1　限寿件制造实现及维护保持概述

“制造实现”是制造部门需基于“设计赋予”阶段限寿件设计部门输出的限寿件设计方案、三大计划，以及制造部门获得的材料入库检测单等材料，基于当前的制造能力，完成工艺规程制定、工艺稳定性控制，并且将限寿件图纸要求变成实现预期功能的实物。其输出为依照制造计划确定具体详细工艺规程，并加工出限寿件后测量的所有表征限寿件最终状态的参数统计值，同时还包括制造实现形成的过程文件，其中工艺规程是保证制造可重复性的重要文件。制造实现的核心的判定准则是工程计划及制造计划要求。限寿件一旦满足工程计划和制造计划要求，就自动满足寿命期内失效概率低于设计目标风险值的安全性指标。

在实际设计过程中，限寿件制造部门输出的表征限寿件最终状态的参数统计值需反馈限寿件设计部门，再次进行安全性指标即失效概率的计算，并判定失效概率是否低于目标风险值，一方面保证设计过程所有关于制造加工的假设均成立，另一方面确保制造后的限寿件安全性指标满足要求。在此过程中，当制造或设计无法满足安全性指标要求时，可以更改限寿件设计；如果部件级仍然无法通过设计更改达到安全性指标，则限寿件设计部门反馈总体设计部门，从而从总体角度对设计方案进行更改，如图 7.1 所示。

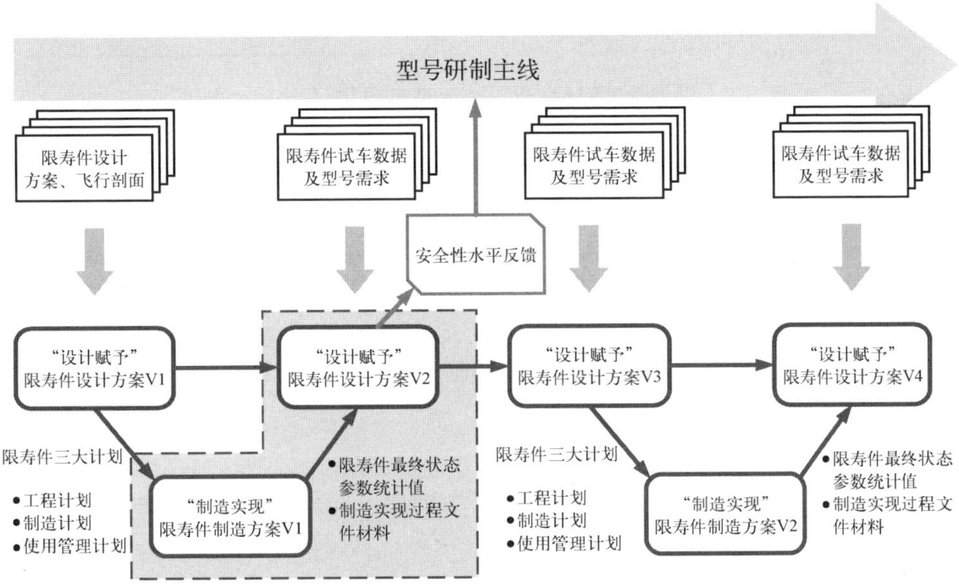

图 7.1　限寿件“设计赋予”与“制造实现”迭代小“V”流程

本章主要介绍限寿件设计部门计算限寿件失效概率，即在制造部门将限寿件制造后，基于制造实现输出的限寿件最终状态参数统计值，再次定量评估限寿件的安全性指标过程。确定制造工艺规程及完成制造稳定性控制是产品研制成功的重要基础性工作，本章不进行论述。限寿件安全性设计五大问题中“设计赋予”和“制造实现”之间的交互关系和协同界面，是产品安全性实现的核心关键，更是当前我国航空发动机产业必须理清的系统性技术问题。本章采用的方法在“设计赋予”阶段确定制造计划也需使用。值得一提的是，设计赋予阶段确定的制造计划中关注的是影响限寿件安全性的关键制造工艺，而工艺规程是在满足制造计划要求的基础上，真正落实制造实现的文件。

基于“安全性六要素”分解反馈制造数据后的设计赋予流程，如图 7.2 所示。

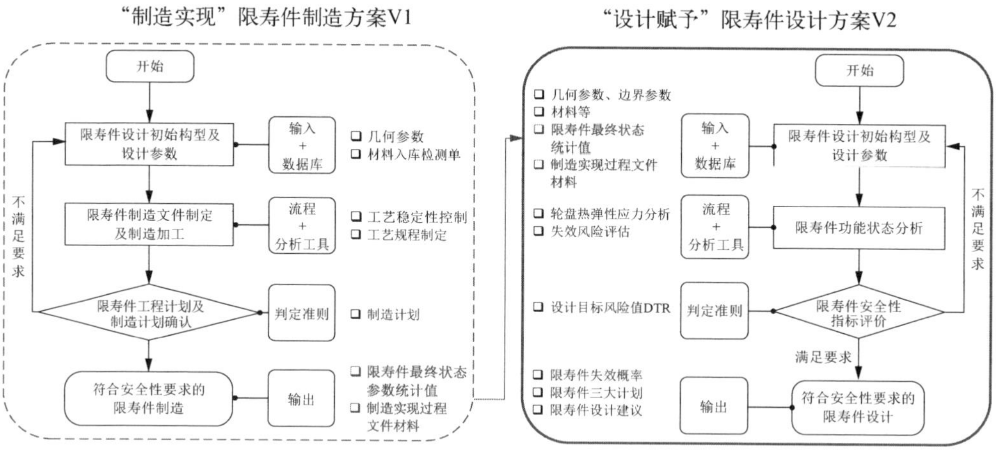

图 7.2　限寿件“设计赋予”与“制造实现”交互协同六要素

维护保持是航空发动机在全寿命周期内实现安全目标的关键。限寿件维护保持的输入为限寿件的设计方案、工程计划及使用管理计划。其输出为根据使用管理计划确定的维修过程所有技术资料（包括维修大纲文件等）、限寿件运营检测的参数统计值（缺陷出现水平、几何尺寸、表明完整性、材料理化性能等）、累积的飞行数据（监测飞行剖面等）。值得一提的是，设计赋予阶段确定的使用管理计划中关注的是维护和大修限制、修理工艺的限制等，而维修大纲是在满足使用管理计划要求的基础上，真正落实维护过程的文件。维护保持的核心判定准则是工程计划及使用管理计划要求。

维护过程与设计过程的迭代与制造实现类似。同样，限寿件安全性设计五大问题中“设计赋予”和“维护保持”之间的交互关系和协同界面，是产品安全性实现的关键，其交互协同模式与制造实现相似。基于“安全性六要素”分解反馈维修数据后的设计赋予流程，如图 7.3 所示。

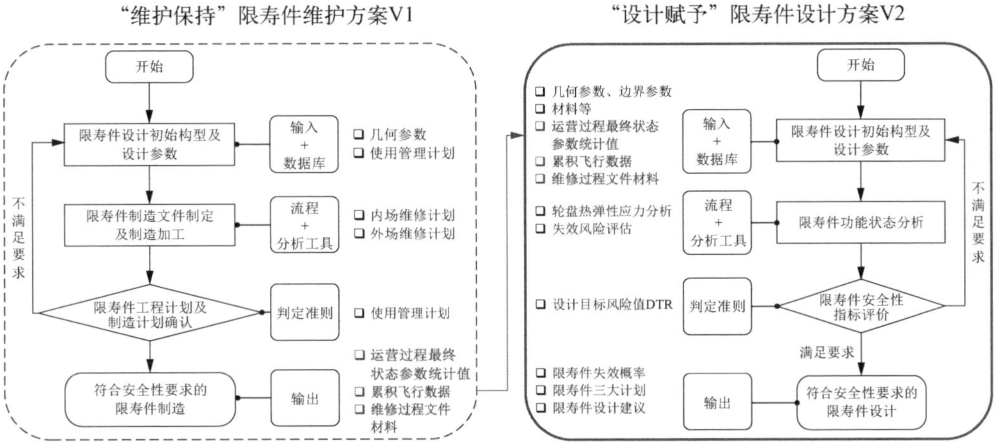

图 7.3　限寿件“设计赋予”与“维护保持”交互协同六要素

7.2　限寿件“设计赋予”与“制造实现”交互协同输入

几何参数及边界参数与设计赋予阶段相同，详见 6.2 节。

7.3　限寿件“设计赋予”与“制造实现”交互协同数据库

除设计赋予提及的基础材料数据库及特殊材料数据库之外，制造实现后测量的所有参数统计值均归类为新的数据库，并反馈给设计方。

7.3.1　热加工工艺影响下的材料特性及残余应力

1. 材料特性

钛合金转子部件的制造涉及各个阶段的材料加工，从海绵钛制造和熔融、坯料转换、结构件锻造和成品的无损检测，根据钛金材料-组织-性能的关系可知，锻造和热处理工艺是影响部件材料裂纹扩展性能的关键工艺。

1）加工测试试验方案

为能够得到能够反映工程实际的热加工工艺对材料裂纹扩展特性的影响规律，首先，本章根据实际加工工艺，选取的热加工工艺包括锻造温度、锻造变形量、锻造方式和淬火温度。进而在实际加工参数的基础上，上下偏离一定范围，确定不同的热加工工艺参数对材料裂纹扩展特性的影响规律。其次，根据转子盘风险计算需求,选择部件材料裂纹扩展特性测试目标量包括裂纹扩展速率数据和材料断裂韧性数据。测试试验的关键问题包括取样方案、测试方案和数据处理方案,具体方案将在下文详细说明。

最后,由于本章热加工试验选择的试验参数的复杂性,分两个阶段开展热加工试验和材料特性测试试验(图 7.4),两阶段热加工试验过程总结如下,材料特性测试试验盘件工艺方案如表 7.1 所示。

第一阶段盘件　　　第二阶段盘件

图 7.4　两阶段热加工试验盘件实物照片

表 7.1　材料特性测试试验盘件工艺方案

轮盘编号	锻造温度/℃	变形量	成型方式	淬火温度/℃	盘件数量
1	910	20%	自由锻	970	1
2	910	40%	自由锻	970	1
3	910	60%	自由锻	970	1
4	910	80%	自由锻	970	1
5	930	20%	自由锻	970	1
6	930	40%	自由锻	970	1

续　表

轮盘编号	锻造温度/℃	变形量	成型方式	淬火温度/℃	盘件数量
7	930	60%	自由锻	970	1
8	930	80%	自由锻	970	1
9	950	20%	自由锻	970	1
10	950	40%	自由锻	970	1
11	950	60%	自由锻	970	1
12	950	80%	自由锻	970	1
13	970	20%	自由锻	970	1
14	970	40%	自由锻	970	1
15	970	60%	自由锻	970	1
16	970	80%	自由锻	970	1
MD - 1	930	40%	模锻	950	1
MD - 2	930	40%	模锻	960	1
MD - 3	930	40%	模锻	970	1
MD - 4	930	40%	模锻	980	1
RD - 1	930	40%	热模锻	950	1
RD - 2	930	40%	热模锻	960	1
RD - 3	930	40%	热模锻	970	1
RD - 4	930	40%	热模锻	980	1
DD - 1	930	40%	等温锻	950	1
DD - 2	930	40%	等温锻	960	1
DD - 3	930	40%	等温锻	970	1
DD - 4	930	40%	等温锻	980	1

(1) 第 1 阶段，开展 4 种锻造温度和 4 种变形量下的正交试验。具体的，针对 4 种锻造温度和 4 种变形量热加工工艺下制造出的 16 个毛坯盘，分别开展常温下的裂纹扩展试验、断裂韧性试验，通过材料特性测试结果，确定最佳锻造温度和最

佳锻造变形量。

(2) 第2阶段,开展3种成型工艺和4种热处理温度下的正交试验。具体是针对3种成型工艺和4种热处理温度下制造出的12个离心压气机转子毛坯盘,进行常温下的裂纹扩展试验、断裂韧性试验,通过材料特性测试结果,确定最佳成型方式和淬火温度。

如表7.1所示,第一阶段热加工工艺参数为4种锻造温度(910℃、930℃、950℃、970℃),4种锻造变形量(20%、40%、60%、80%)。其中锻造温度为钢锭加热温度,热透后由液压机完成锻压,锻压一次成形,液压机模具温度为300℃,下压速度统一为10 mm/s。第二阶段热加工工艺参数为3种锻造方式(模锻、热模锻、等温锻),4种淬火温度(950℃、960℃、970℃、980℃)。其中模锻由模锻锤分次捶打坯料完成,模锻锤加热温度300℃,热模锻和等温锻都由液压机一次压力成形,热模锻模具加热温度为700℃,等温锻模具加热温度和坯料温度一致。热模锻和等温锻的模具下压速率均为0.5~5 mm/s。淬火为水冷淬透。为和实际盘件加工保持一致,正式锻造前钢锭会由统一的改锻工艺破坏粗大的熔炼组织,淬火后经历700℃、保温2小时、空冷的退火工艺。

2) 测试取样方案

材料疲劳裂纹扩展数据是轮盘概率失效风险评估的重要输入参数,为了获得可靠的失效风险评估结果并体现适航设计的要求,必须保证该输入数据的有效性和准确性。如何获取符合适航要求的疲劳裂纹扩展数据获取方法是本节的重点。需要说明的是,由于钛合金转子盘的服役许用温度一般不超过400℃,远远小于相变温度,并不会发生相组织的转变。部件材料性能取决于其成分、加工过程及微结构组织,因此常温下试验能够说明热加工对失效风险的影响规律。

材料裂纹扩展数据的获取主要通过试验件疲劳裂纹扩展试验,试验方案中核心问题包括试验标准的选取、试验件形状、试验环境(工况)等。材料特性测试包含裂纹扩展和断裂韧性两种试样,考虑到盘心和盘缘处的温度和应力历程差别最大的,理论上能够代表整盘上最大的材料特性分散性,因此,取样原则包括:

(1) 取样时应至少保证盘心和盘缘处均有试样;

(2) 取样时,应对每个试样进行编号,能根据编号追溯到试样在盘件上的对应位置;

(3) 取样时应充分利用毛坯材料,在保证已规划试样数目的基础上,尽可能留出多的余料,以便后期进一步开展试验研究;

(4) 试样加工时,应注意保证同轴度,避免试验段截面偏心;

(5) 试样加工时,需要控制进刀速度和进刀量,防止温度过高导致材料性能变化,最后切削深度应不大于0.02 mm,以减少残余应力,采用统一的试样加工标准,避免对最终结论产生影响;

（6）抛光应逐步完成，最初用较粗糙的砂纸打磨到设计尺寸，最后用牛毛毡抛光，消除由机械加工遗留的圆周方向的划痕；

（7）试样加工过程中，应在确保试样表面无明显缺陷的基础上，保证加工进度；

（8）零件表面抹润滑油防锈，搬运过程中需包装良好。

尺寸设计见图 7.5，取样后剩余盘件见图 7.6。包括裂纹扩展速率试样和断裂韧性试样。

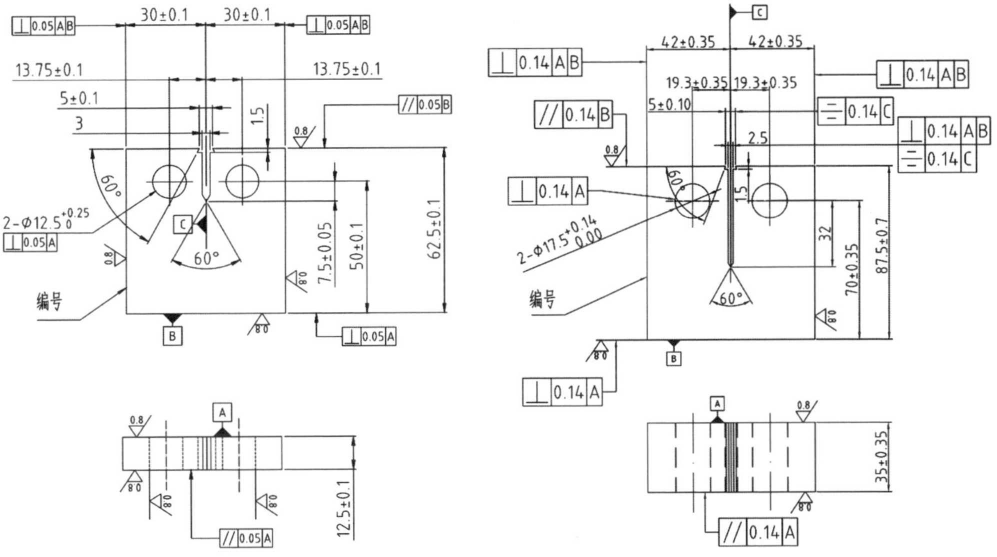

(a) 裂纹扩展试样设计图　　(b) 断裂韧性试样设计图

图 7.5　试样尺寸设计图(长度单位：mm)

第一阶段测试取样后剩余盘件　　第二阶段测试取样后剩余盘件

图 7.6　试验测试取样后剩余盘件

3）测试标准与试验设备

裂纹扩展特性测试试验与断裂韧性测试试验均在 MTS 试验机上进行，试验现场见图7.7所示，包括试验件、载荷框架和位移传感器。开展裂纹扩展特性与断裂韧性测试时，试验标准与注意事项如下：

（1）试验前，应记录本次试验试样的试样编号及工作尺寸，如拉伸试样和疲劳试样的标距长度及工作段横截面积，裂纹扩展试样和断裂韧性试样的初始裂纹长度（以加载孔中心线为基准面进行测量）、加载孔间距以及试样厚度等；

（2）试验前，应严格检查校准试验机及试验夹具的同轴度情况；

（3）同类型试验试验时，应保证具有相同的试验环境，试验控制方式以及试验加载速率；

（4）裂纹扩展试验的进行及报告提供内容参照《金属材料 疲劳试验 疲劳裂纹扩展方法》（GB/T 6398－2017）；

断裂韧性试验的进行及报告提供内容参照《金属材料 准静态断裂韧度的统一试验方法》（GB/T 21143－2014）。

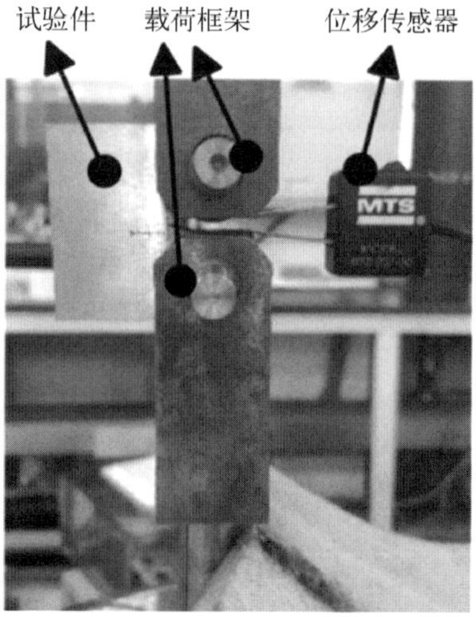

试验设备

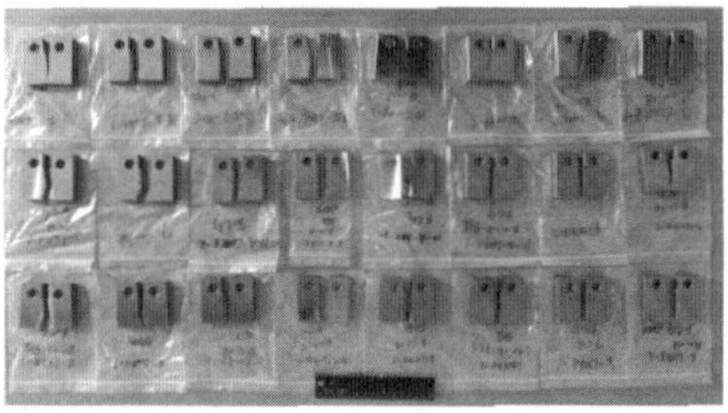
裂纹扩展测试试样

断裂韧性测试试样

图7.7 裂纹扩展试验设备及试样照片

4）热加工下断裂韧性数据

断裂韧性反映了材料对裂纹失稳扩展的抵抗能力。本节开展不同热工艺参数下材料的常温断裂韧性测试。根据上述试验方案，断裂韧性测试结果如表7.2和表7.3所示。该TC4特级（TC4特）材料在不同热加工工艺下，也就是锻造温度910~970℃，变形率20%~80%，盘心的断裂韧性为62.3~82.3 MPa·$\sqrt{m}$，盘缘屈服强度为65.0~77.6 MPa·$\sqrt{m}$，盘心断裂韧性较盘缘稍好。

表 7.2　第一阶段试验常温断裂韧性结果总结　（单位：$MPa\cdot\sqrt{m}$）

第一阶段锻造正交参数		锻造温度			
		910℃	930℃	950℃	970℃
锻造变形量	20%	76.5	76.45	68.4	71.3
	40%	76.8	73.35	66.45	73.65
	60%	68.5	66.85	72.7	71.9
	80%	68.55	67.25	70.1	65.9

表 7.3　第二阶段试验常温断裂韧性结果总结　（单位：$MPa\cdot\sqrt{m}$）

第二阶段锻造正交参数		淬火温度			
		950℃	960℃	970℃	980℃
锻造方式	模锻	89	93.35	92	95.1
	热模锻	86.65	86.6	91.2	89.8
	等温锻	96.35	88.75	94.9	91.65

将测试结果绘制云图来反映整体规律，即断裂韧性分布图如图 7.8 和图 7.9 所示，断裂韧性有随锻造温度升高而降低的趋势，小变形量下存在较优的锻造工艺。最优的断裂韧性工艺为 910℃+20%变形量。

热模锻的断裂韧性最差，等温锻的断裂韧性性能最好。淬火温度越高，材料断裂韧性呈升高的趋势。最优的断裂韧性工艺为等温锻+970℃淬火。

因此，整体看，910℃锻造温度和 20%变形量下，存在较高的断裂韧性，970℃锻造温度的断裂韧性均不高。热模锻盘的断裂韧性均较低。

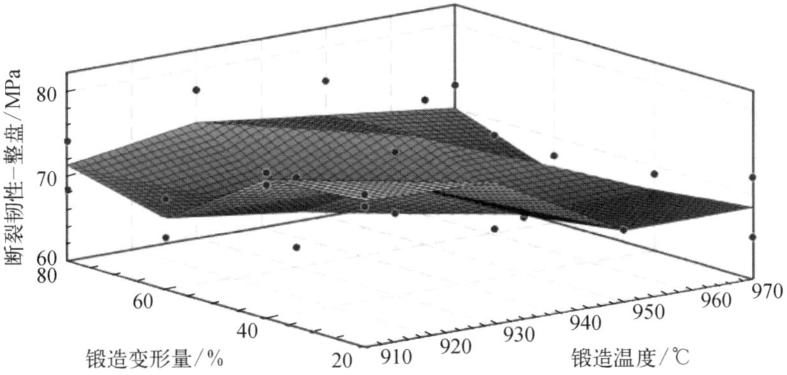

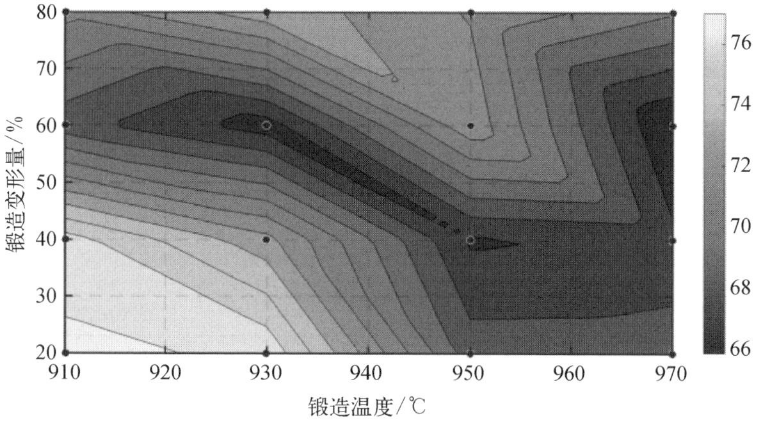

图 7.8　锻造温度和变形量对断裂韧性影响规律

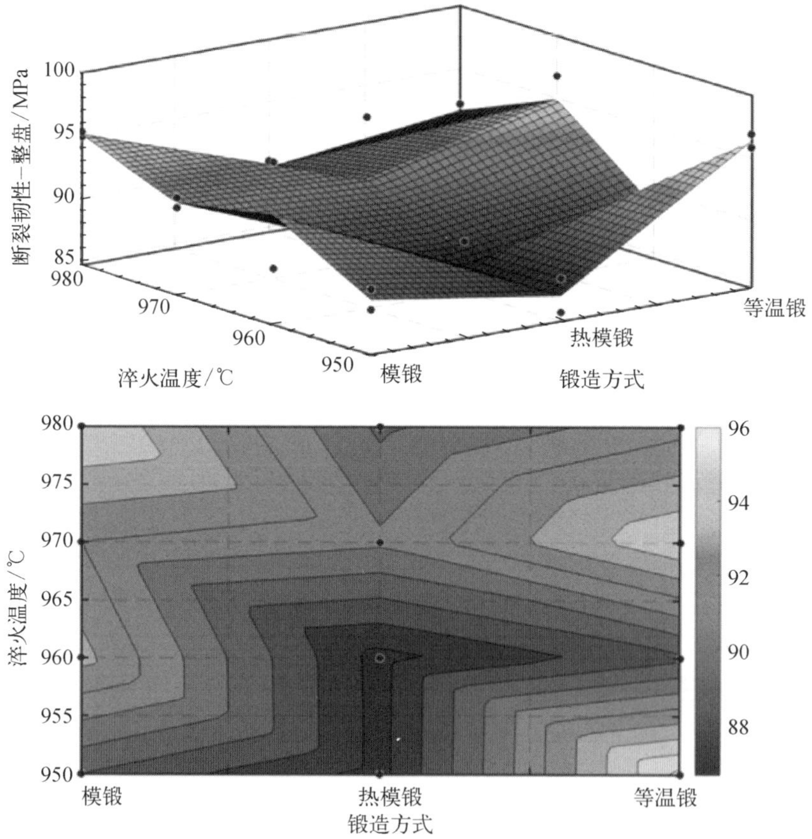

图 7.9　锻造方式和淬火温度对断裂韧性影响规律

5）热加工下裂纹扩展速率数据

不同热加工影响的裂纹扩展速率试验数据如图7.10～图7.16所示包括4种锻造温度、4种锻造变形量、3种锻造方式、4种淬火温度影响的裂纹扩展速率试验测试结果，共28件。不同工艺影响下的Paris拟合参数如表7.4和表7.5所示。

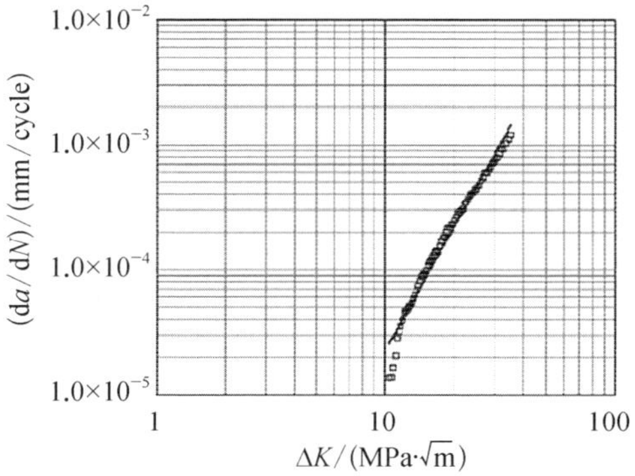

(a) 锻造温度910℃，变形量20%

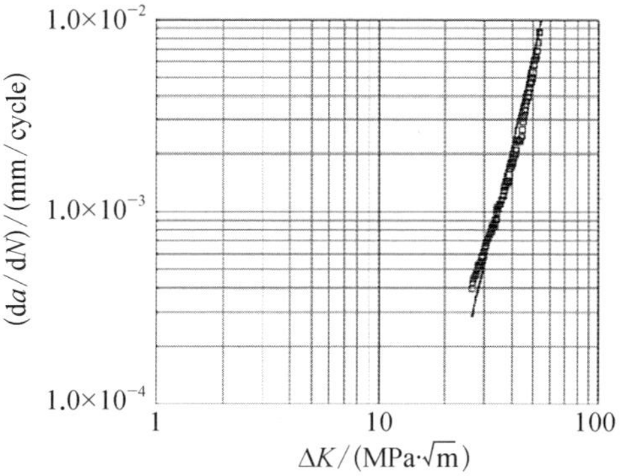

(b) 锻造温度910℃，变形量40%

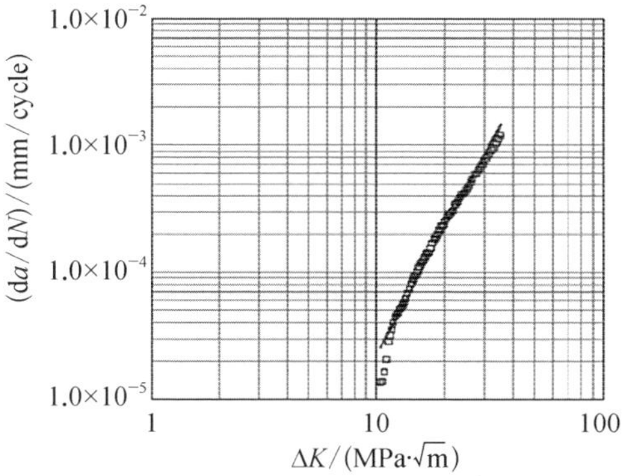

(c) 锻造温度910℃，变形量60%

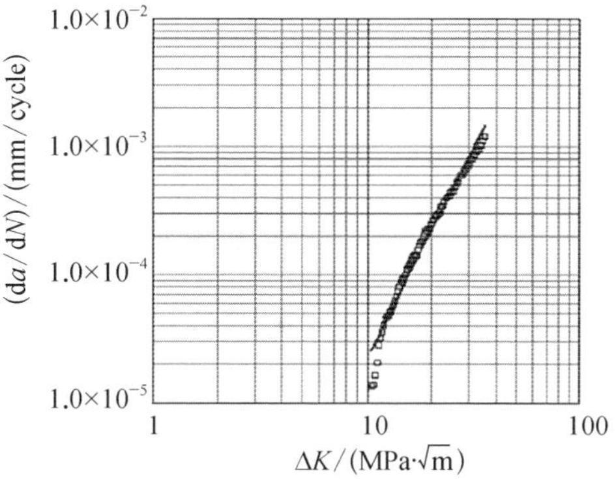

(d) 锻造温度910℃，变形量80%

图7.10　锻造温度910℃及不同锻造变形量的裂纹扩展速率

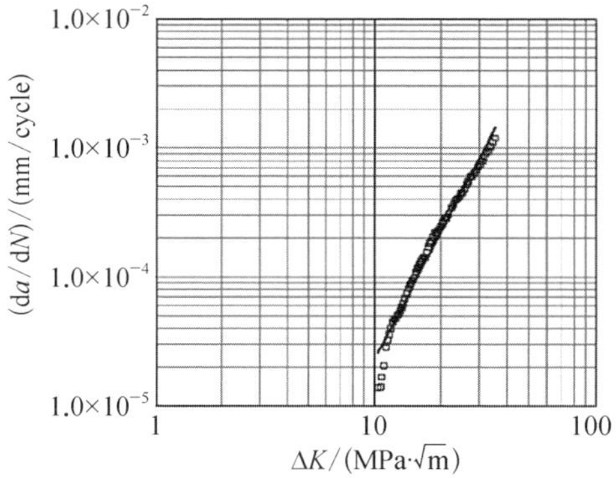

(a) 锻造温度930℃，变形量20%

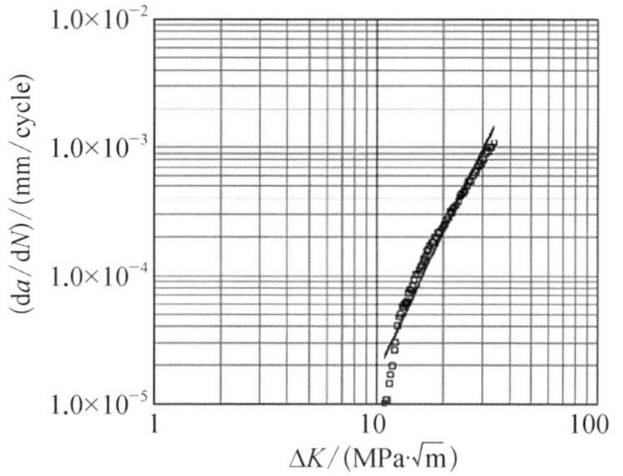

(b) 锻造温度930℃，变形量40%

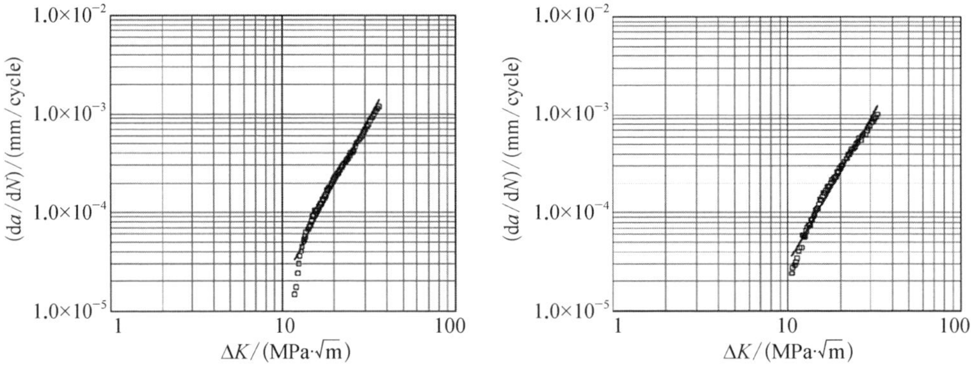

(c) 锻造温度930℃，变形量60%

(d) 锻造温度930℃，变形量80%

图 7.11　锻造温度 930℃及不同锻造变形量的裂纹扩展速率

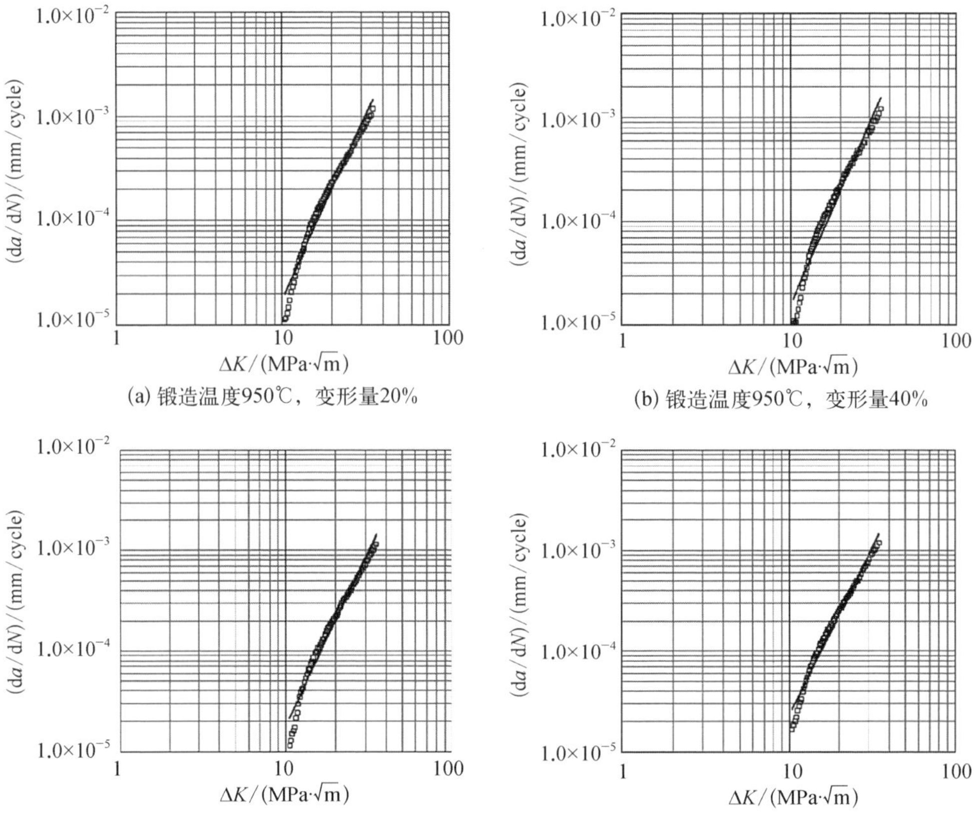

(a) 锻造温度950℃，变形量20%

(b) 锻造温度950℃，变形量40%

(c) 锻造温度950℃，变形量60%

(d) 锻造温度950℃，变形量80%

图 7.12　锻造温度 950℃及不同锻造变形量的裂纹扩展速率

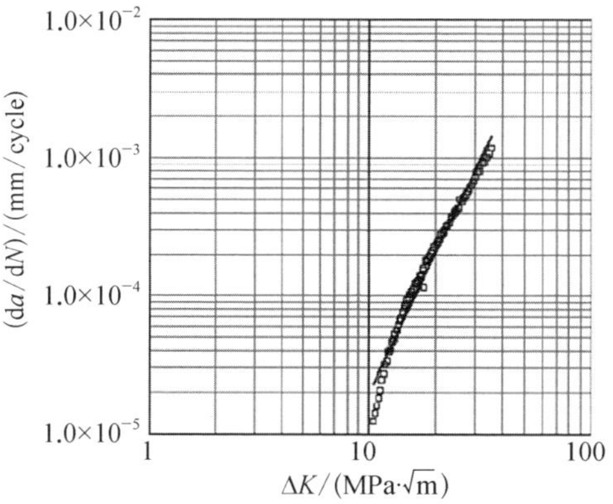

(a) 锻造温度970℃，变形量20%

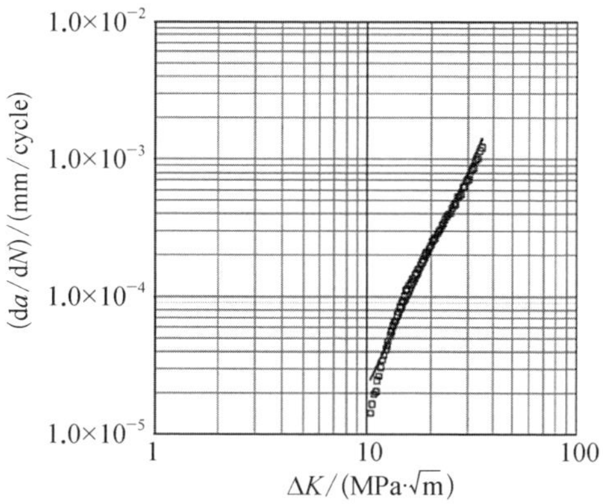

(b) 锻造温度970℃，变形量40%

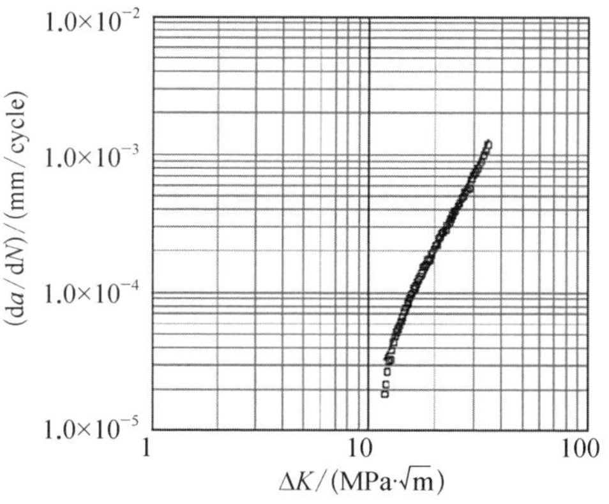

(c) 锻造温度970℃，变形量60%

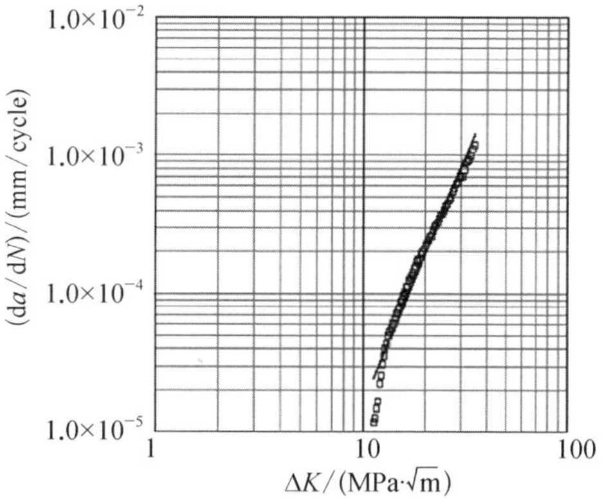

(d) 锻造温度970℃，变形量80%

图 7.13　锻造温度 970℃及不同锻造变形量的裂纹扩展速率

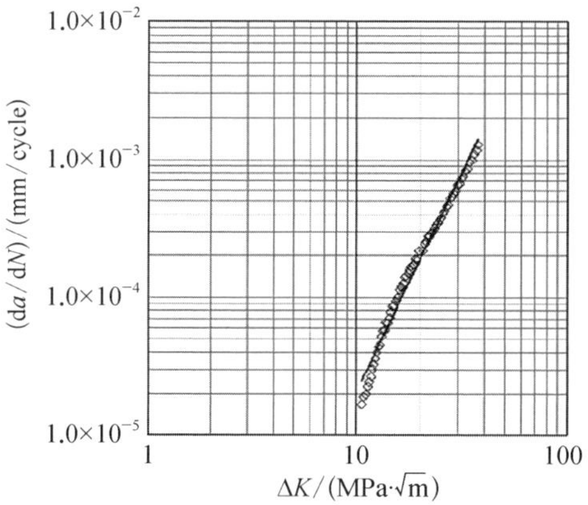

(a) 模锻，淬火温度950℃

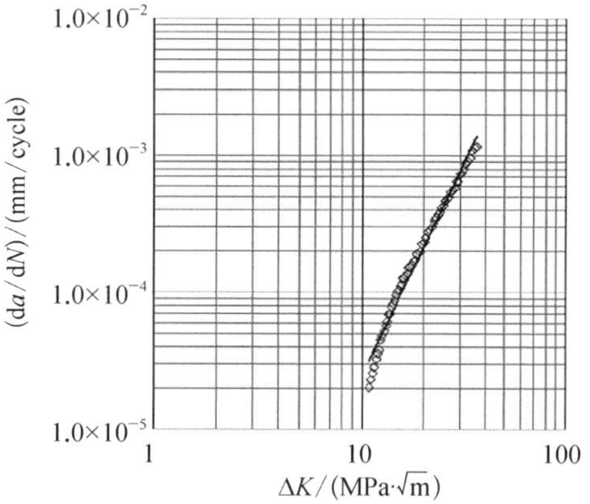

(b) 模锻，淬火温度960℃

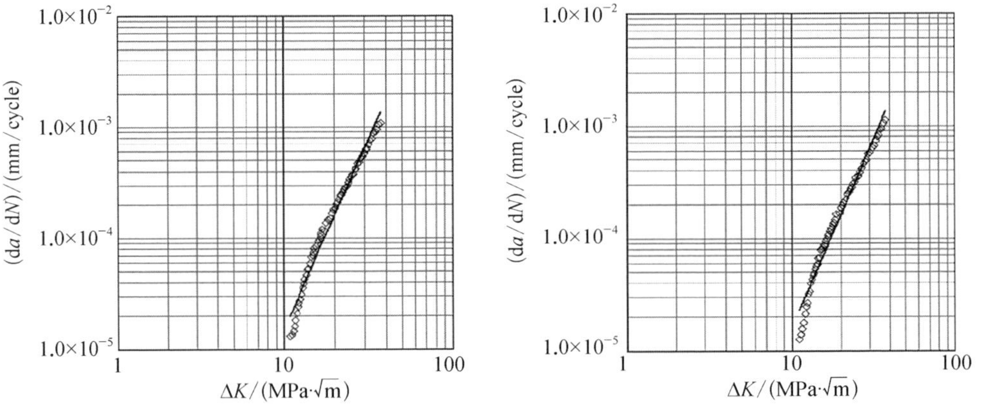

(c) 模锻，淬火温度970℃　　(d) 模锻，淬火温度980℃

图 7.14　模锻及不同淬火温度的裂纹扩展速率

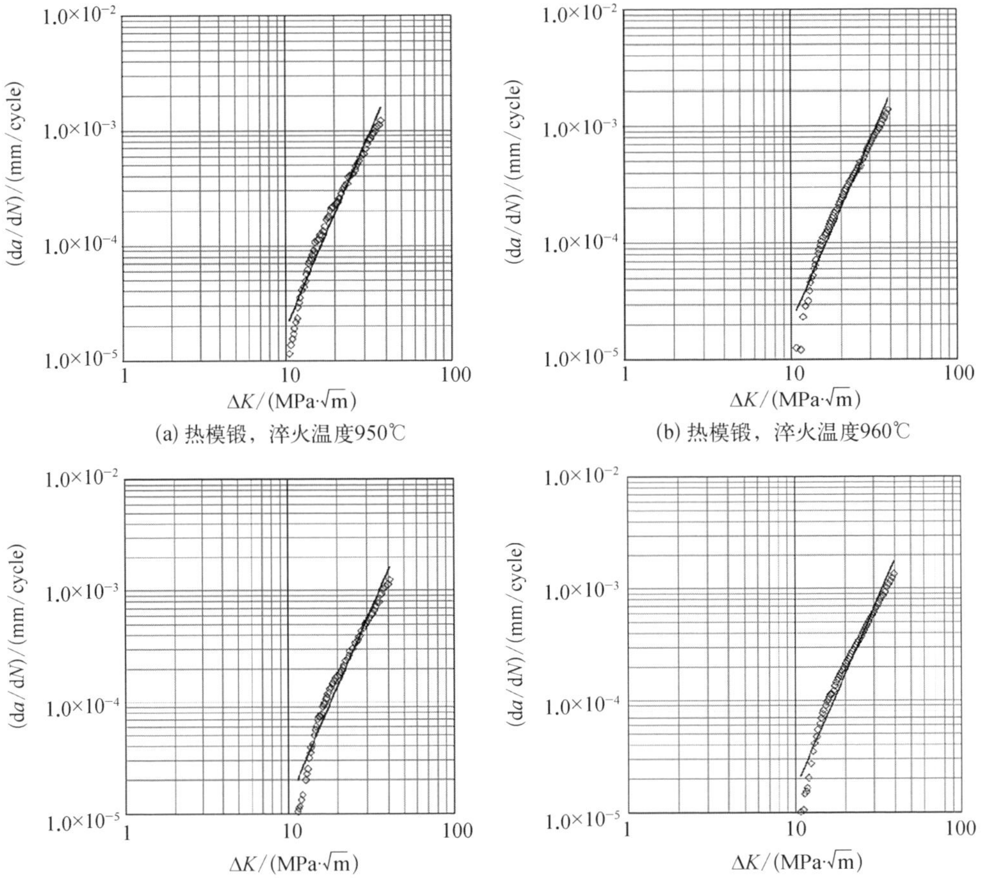

(a) 热模锻，淬火温度950℃　　(b) 热模锻，淬火温度960℃

(c) 热模锻，淬火温度970℃　　(d) 热模锻，淬火温度980℃

图 7.15　热模锻及不同淬火温度的裂纹扩展速率

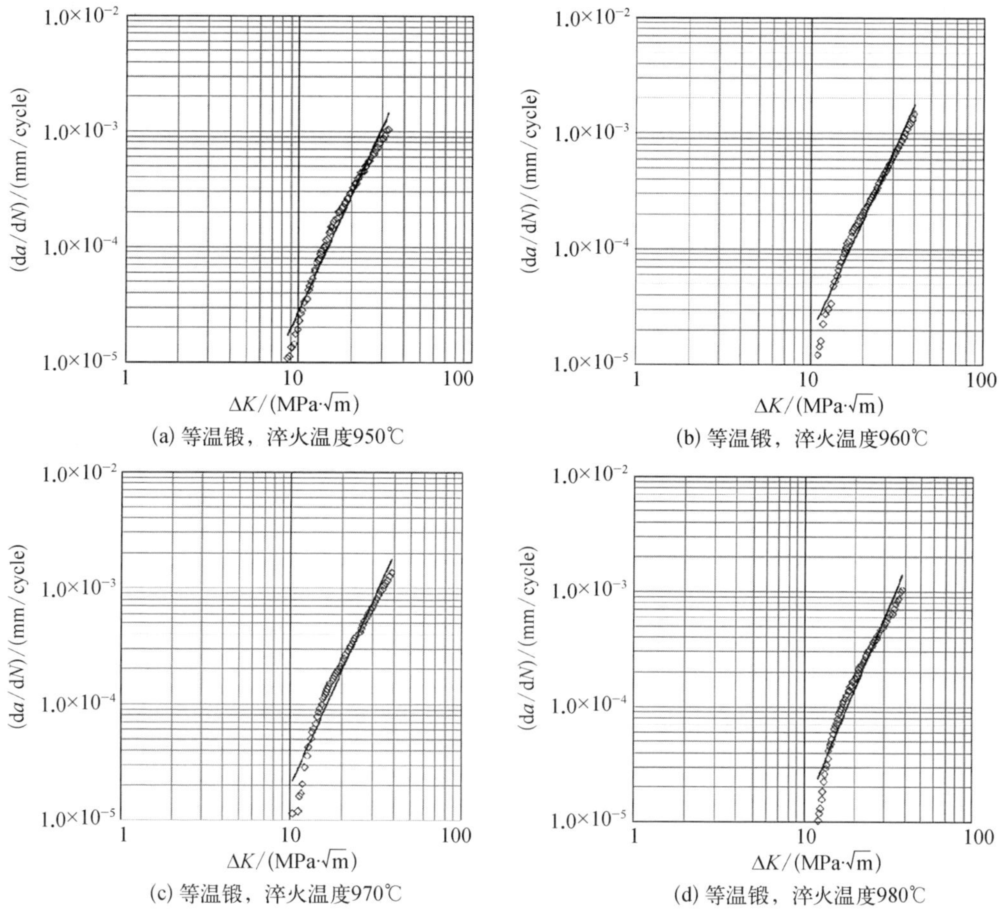

(a) 等温锻，淬火温度950℃

(b) 等温锻，淬火温度960℃

(c) 等温锻，淬火温度970℃

(d) 等温锻，淬火温度980℃

图 7.16　等温锻及不同淬火温度的裂纹扩展速率

表 7.4　考虑锻造温度和变形量的裂纹扩展模型拟合汇总

Paris 裂纹扩展模型参数 C					
整　盘		锻造温度			
		910℃	930℃	950℃	970℃
变形量	20%	8.63×10^{-9}	2.05×10^{-11}	1.38×10^{-8}	2.47×10^{-8}
	40%	1.11×10^{-8}	3.46×10^{-9}	8.89×10^{-9}	2.50×10^{-8}
	60%	5.07×10^{-9}	3.34×10^{-9}	5.23×10^{-9}	1.24×10^{-8}
	80%	8.05×10^{-9}	1.12×10^{-8}	8.11×10^{-9}	3.82×10^{-9}

续 表

Paris 裂纹扩展模型参数 n					
整 盘		锻造温度			
		910℃	930℃	950℃	970℃
变形量	20%	3.356	5.012	3.216	3.038
	40%	3.301	3.685	3.336	3.086
	60%	3.538	3.667	3.528	3.289
	80%	3.390	3.290	3.368	3.614

表 7.5 考虑锻造方式和淬火温度的裂纹扩展模型拟合汇总

Paris 裂纹扩展模型参数 C					
整 盘		淬火温度			
		950℃	960℃	970℃	980℃
锻造方式	模锻	1.29×10^{-8}	1.15×10^{-8}	5.67×10^{-9}	7.14×10^{-9}
	热模锻	8.75×10^{-9}	1.18×10^{-8}	4.61×10^{-9}	7.02×10^{-9}
	等温锻	1.61×10^{-8}	8.71×10^{-9}	9.18×10^{-9}	3.93×10^{-9}
Paris 裂纹扩展模型参数 n					
整 盘		淬火温度			
		950℃	960℃	970℃	980℃
锻造方式	模锻	3.203	3.273	3.42	3.338
	热模锻	3.336	3.254	3.444	3.38
	等温锻	3.245	3.308	3.327	3.5

由于裂纹扩展模型有 2 个拟合参数,无法通过比较参数数值的大小获得热加工的影响规律,因此,通过计算裂纹扩展寿命来初步获得热加工对裂纹扩展寿命的影响规律。假设初始缺陷尺寸为 0.2 mm,施加横幅载荷谱 600 MPa,来评估不同热加工工艺下的裂纹扩展速率对应的寿命。三维图通过取结果点的平均值拟合,精度大于 80%。由图 7.17 和图 7.18 可以看出,随锻造温度升高,裂纹扩展寿命呈降低趋势,40%变形量有较优的裂纹扩展特性。因此,以裂纹扩展寿命评价热加工工艺,锻造温度应在 910~930℃,变形量应在 20%~40%。

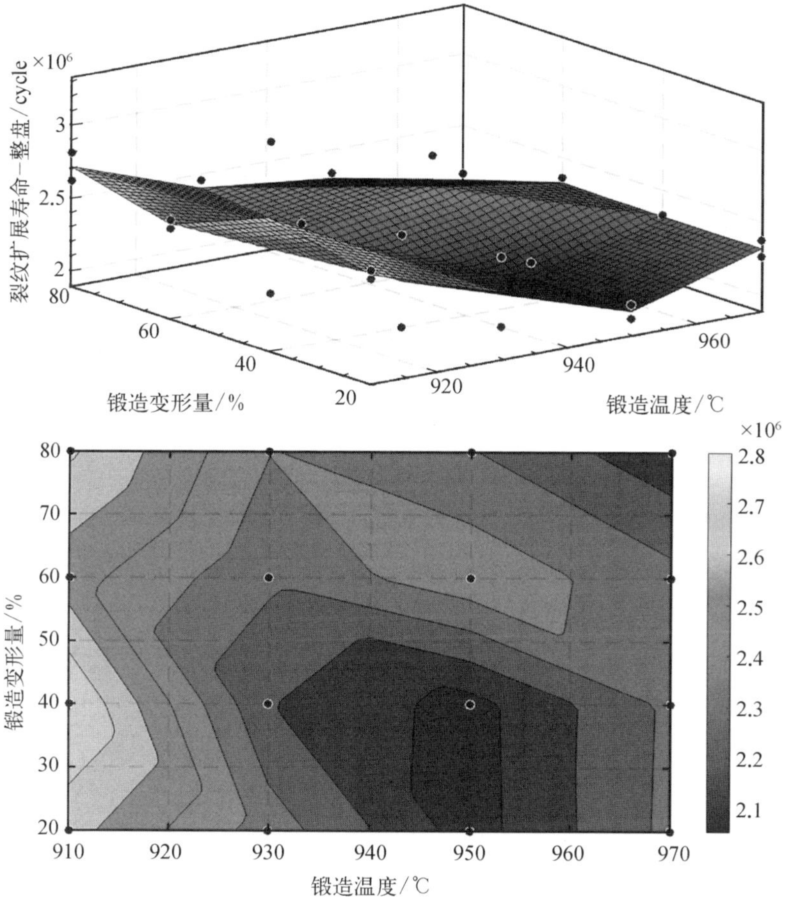

图 7.17 锻造温度和变形量对裂纹扩展寿命影响规律

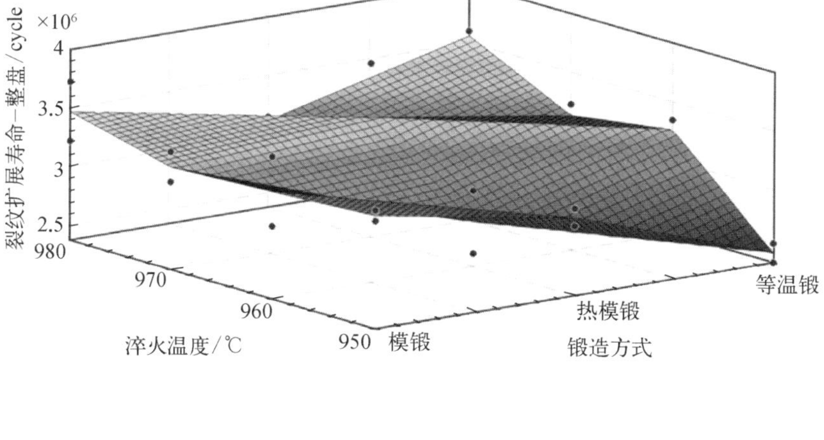

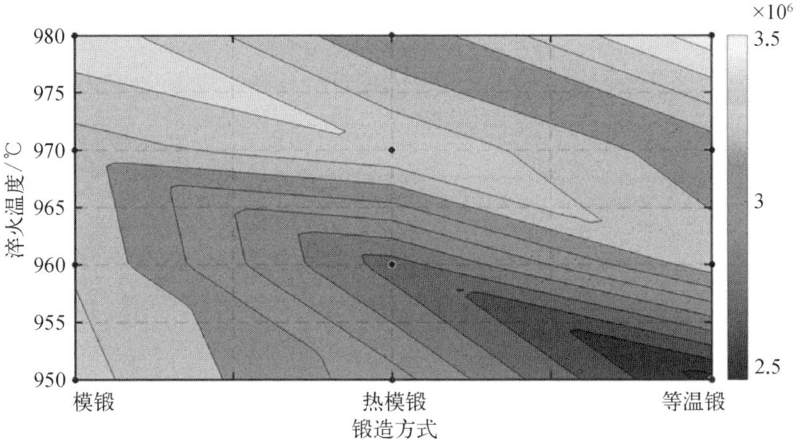

图 7.18　锻造方式和淬火温度对裂纹扩展寿命影响规律

2. 残余应力

1）加工测试试验方案

热加工过程中，部件材料内部温度、应力和组织的不断变化及不均匀性是导致部件材料存在内部残余应力的主要原因。因此，本节的研究重点在于探究热加工工艺中的锻造方式和淬火温度对残余应力的影响规律。其难点在于如何开展不同锻造方式和淬火温度对残余应力的影响试验，并获得失效风险评估所需的准确的残余应力输入。试验盘件照片如图 7.19 所示，毛坯件及加工工艺参数选取如表 7.6 所示。

图 7.19　试验盘件照片

表 7.6　残余应力测试盘件工艺方案

编　　号	锻造温度/℃	变形量/%	成型方式	淬火温度/℃
MD－5、MD－9	930	40	模锻	950
MD－6、MD－10	930	40	模锻	960
MD－7、MD－11	930	40	模锻	970
MD－8、MD－12	930	40	模锻	980
RD－5、RD－9	930	40	热模锻	950
RD－6、RD－10	930	40	热模锻	960
RD－7、RD－11	930	40	热模锻	970
RD－8、RD－12	930	40	热模锻	980
DD－5、DD－9	930	40	等温锻	950
DD－6、DD－10	930	40	等温锻	960
DD－7、DD－11	930	40	等温锻	970
DD－8、DD－12	930	40	等温锻	980

2）测试取样方案

概率失效风险分析的研究对象是整盘，因此若需要将残余应力作为风险分析的输入，则需要获得整盘的残余应力分布。轮廓法是近几年发展起来的一种通过破坏来测量残余应力的方法。轮廓法测量残余应力的基本原理是利用了应力释放与变形的关系，并将有限元法和释放技术结合，计算得出某一截面上的内部应力分布。将构件沿着需要评估应力的平面完整切开成为两半，应力释放将引起切割面变形。假设切割面的变形轮廓是由残余应力弹性释放造成的并且切割过程不会产生额外的附加应力，如果施加外力将变形后的切割面恢复到切割前的平面状态，那么所得到的应力状态就等效于切割前该平面上的原始残余应力。

因此，由于轮廓法能够获得整个盘面上的残余应力分布，作为后续风险分析的输入数据，因此本节采用轮廓法开展残余应力测试。

a. 试件的切割

首先使用电火花线切割机切割锻件。沿着直径纵向将盘切割成两半，测定周向残余应力在纵截面的分布特征。切割后对其表面进行一定程度的清洗，确保表面没有残留的油污、线毛等影响后续测量表面的相关因素。其中，在清洗过程中应注意尽量保证切割表面的完整性。如图 7.20 所示，沿着研究和评估应力的平面将构件完整切开成两半，线切割的表面质量是影响轮廓法测试结果最大的因素。

实验使用慢走丝线切割机切割，切割丝使用 0.2 mm 的铜丝，走丝速度为 1 mm/min。实验中在切割面两边对称夹紧，以保证平面切割假设条件成立，并且

图 7.20 盘件切割过程图

避免引入装夹残余应。将盘沿径向切成 2 块(1#、2#),开展周向残余应力测试,沿着直径纵向将盘切割成两半,测定周向残余应力在纵截面的分布特征。固定和约束的位置紧贴切割面两侧,由于试样是线切割工艺,不可避免会在一定程度引入误差。但由于本节聚焦不同工艺对失效风险的影响规律,因此采用统一的试样加工标准,并不会对最终结论产生影响。

b. 表面轮廓测量

分别使用非接触式和接触式两种方式进行表面轮廓测量。非接触式使用 EDGE 9 英寸 7 轴法关节式测量臂系统,测试时将试件放置于测试平台上,切割面上测点间距在 1 mm×1 mm 以内,测量误差为 0.04 mm。该方法使用激光位移传感器,能够测量到平面的边缘,且其效率较高,但测量的精度较低。为了弥补非接触测量误差较大、切割面变形较小的不足,进一步使用海克斯康超高精度测量 Micro Plus 接触式三坐标测量仪(型号: 10.12.08)测量表面轮廓,该设备的测量误差在 1.1 μm 以内。切割面上测点间距为 3 mm×0.03 mm(水平×轴向)。考虑到由线切割造成的起伏较大,使用直径是 5 mm 的测针。

c. 轮廓回归

在保持表面轮廓完整的同时,剔除因加工表面粗糙、表面的尘埃、测量边界的伪影和测量误差产生的轮廓异常值。将各个锻件两侧扫描轮廓的坐标系对齐后,对于两侧扫描轮廓匹配点的数据进行平均,得到平均扫描轮廓数据。利用 MATLAB 软件,将平均后的扫描轮廓进行平滑拟合,以进一步降低数据的波动和粗糙度,拟合结果如表 7.7 所示。

表 7.7　拟合轮廓信息表

零　件　号	和方差 SSE	拟合优度 R^2
MJ－MD－05	5.989	0.866 5
MJ－MD－06	4.989	0.869 4
MJ－MD－07	5.54	0.814 6
MJ－MD－08	5.384	0.891 9
MJ－MD－09	5.345	0.900 4
MJ－MD－10	7.301	0.828 7
MJ－MD－11	8.048	0.758 4
MJ－MD－12	6.967	0.769 4
MJ－RD－05	6.483	0.876 5
MJ－RD－06	4.881	0.879 4
MJ－RD－07	6.534	0.794 6
MJ－RD－08	4.982	0.791 3
MJ－RD－09	5.945	0.890 4
MJ－RD－10	6.649	0.908 7
MJ－RD－11	6.418	0.668 4
MJ－RD－12	7.061	0.804 1
MJ－DD－05	6.006	0.917 7
MJ－DD－06	4.484	0.891 6
MJ－DD－07	6.691	0.828 6
MJ－DD－08	7.147	0.874 7
MJ－DD－09	12.42	0.919 9
MJ－DD－10	6.295	0.815 3
MJ－DD－11	11.71	0.980 2
MJ－DD－12	6.468	0.879 5

d. 残余应力的重构计算

试件的变形轮廓测试完成后，对轮廓数据进行处理，获得轮廓面的拟合公式。使用有限元软件，建立无初始应力的模型，进而将拟合后切割面的变形轮廓数据作为初始边界条件，对有限元模型进行反向加载，即可得到的切割面正应力即所测截面正应力。

e. 盘件有限元模型构建

采用 ABAQUS 软件对材料进行有限元模型的构建，选择二阶约化积分六面体单元（C3D8R）进行网格的划分。以三维几何模型的端面作为初始轮廓，然后将反向的拟合轮廓作为位移边界条件设置到初始轮廓，然后在三维几何模型的端面与外壁面的两个交点上约束 x 和 y 方向的位移，并对整个模型 z 方向的转动自由度进行约束，以抑制三维几何模型的刚体运动，各个锻件施加的边界位移保持一致，施加的边界位移条件如图 7.21 所示。对施加位移边界条件后的有限元模型进行结构静力学分析，得到锻件切面由平面变化为 F 方程描述的拟合轮廓需要的应力分布，该应力分布即为锻件被切开前垂直于切面方向的周向残余应力面分布。模型的材料参数按 TC4 特级材料特性输入，材料参数包括弹性模量 128G，泊松比 0.34。

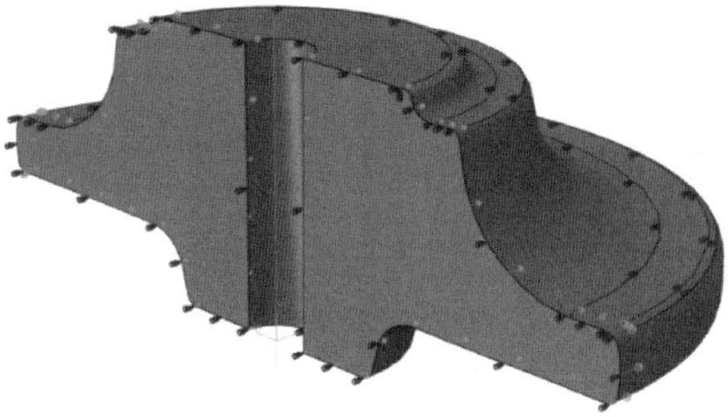

图 7.21 锻件残余应力重构边界位移条件

f. 应力重构

采用 ABAQUS 软件对材料进行有限元模型的构建，赋值材料的弹性模量和泊松比，进行网格的划分，以三维几何模型的端面作为初始轮廓，然后将反向的拟合轮廓作为位移边界条件设置到初始轮廓。其次，在三维几何模型的端面与外壁面的两个交点上约束 x 和 y 方向的位移，并对整个模型 z 方向的转动自由度进行约束，以抑制三维几何模型的刚体运动。对施加位移边界条件后的有限元模型进行结构静力学分析，得到锻件切面由平面变化为方程描述的拟合轮廓需要的应力分布，该应力分布即为锻件被切开前垂直于切面方向的周向残余应力分布。

3）轮廓法残余应力测试结果

根据上述轮廓法测试过程，获得各锻件内部周向残余应力测试结果如图 7.22~图 7.24 所示。统计最大拉伸残余应力和最大压缩残余应力如表 7.8~表 7.10 所示。

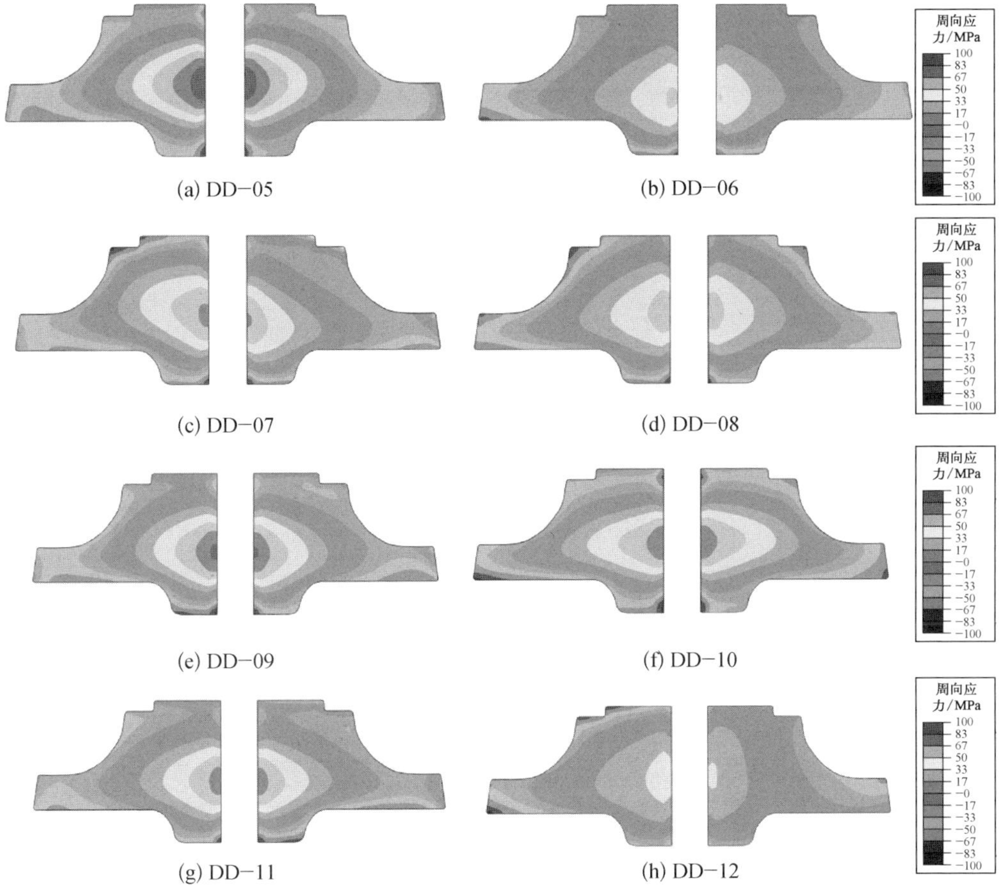

图 7.22　等温锻内部周向残余应力轮廓法测试结果

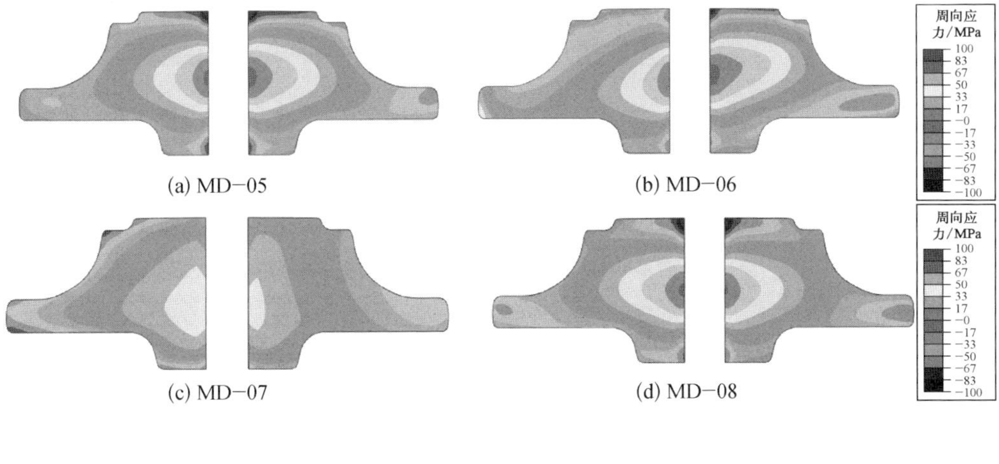

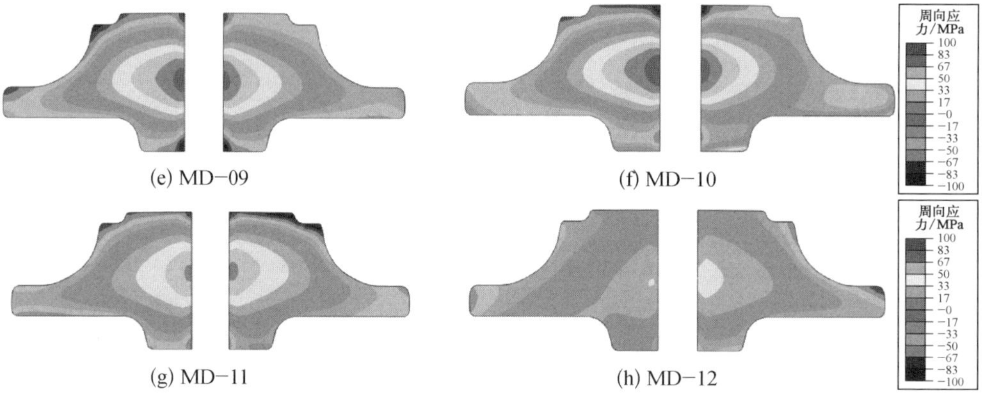

(e) MD−09 (f) MD−10

(g) MD−11 (h) MD−12

图 7.23 模锻内部周向残余应力轮廓法测试结果

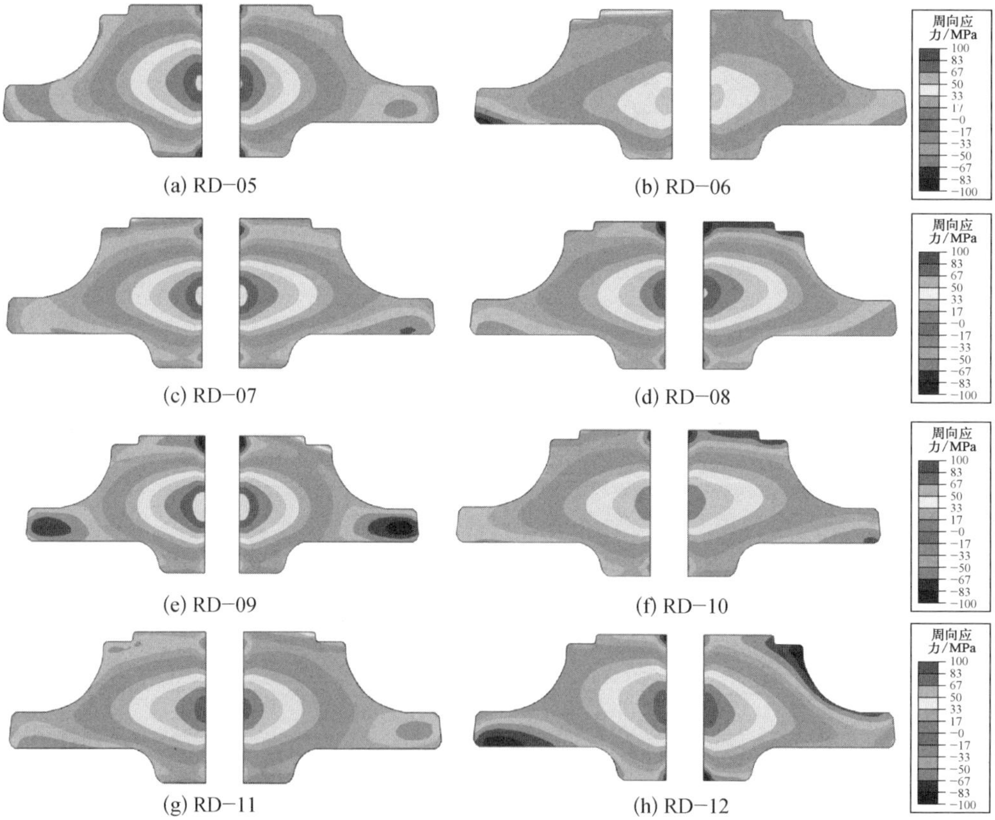

(a) RD−05 (b) RD−06

(c) RD−07 (d) RD−08

(e) RD−09 (f) RD−10

(g) RD−11 (h) RD−12

图 7.24 热模锻内部周向残余应力轮廓法测试结果

表 7.8　等温锻残余应力统计信息表

零 件 号	最大残余拉应力/MPa	最大残余压应力/MPa
DD - 05	99	83
DD - 06	52	78
DD - 07	71	90
DD - 08	60	85
DD - 09	87	93
DD - 10	83	89
DD - 11	76	87
DD - 12	40	89

表 7.9　模锻残余应力统计信息表

零 件 号	最大残余拉应力/MPa	最大残余压应力/MPa
MD - 05	89	125
MD - 06	89	104
MD - 07	45	78
MD - 08	87	121
MD - 09	92	108
MD - 10	99	117
MD - 11	70	117
MD - 12	40	86

表 7.10　热模锻残余应力统计信息表

零 件 号	最大残余拉应力/MPa	最大残余压应力/MPa
RD - 05	104	92
RD - 06	72	98

续　表

零　件　号	最大残余拉应力/MPa	最大残余压应力/MPa
RD－07	109	79
RD－08	102	121
RD－09	116	113
RD－10	84	90
RD－11	94	66
RD－12	98	115

7.3.2　冷加工工艺影响下的残余应力

TC4 钛合金轮盘冷加工过程的典型工艺包括车削、镗孔、铣削、磨削和喷丸[1]。对于车削、镗孔和铣削而言，其本质为切削，即借助刀具切除工件上多余材料，形成切屑，并形成具有一定形状和表面质量的工件。切削加工涉及的关键工艺参数为速度、进给、切深及刀具特征，其中速度与主轴转速之间可以相互转换[2-4]。磨削过程本质上也是切削过程，通过磨具表面大量排列参差不齐、分布不规则的形状各异的磨粒共同完成切削，其关键工艺参数包括磨削速度、深度及磨料。喷丸[5]是表面强化工艺，喷丸过程中大量球状粒子(0.1~0.5 mm)以较高速度(20~150 m/s)撞击到金属结构件表面，引起工件表面发生剧烈塑性应变，在表面和次表面形成残余压应力层，提高金属结构件的性能。本节选用的典型工艺如图 7.25 所示，其对应工艺参数区间来源于真实加工流程。

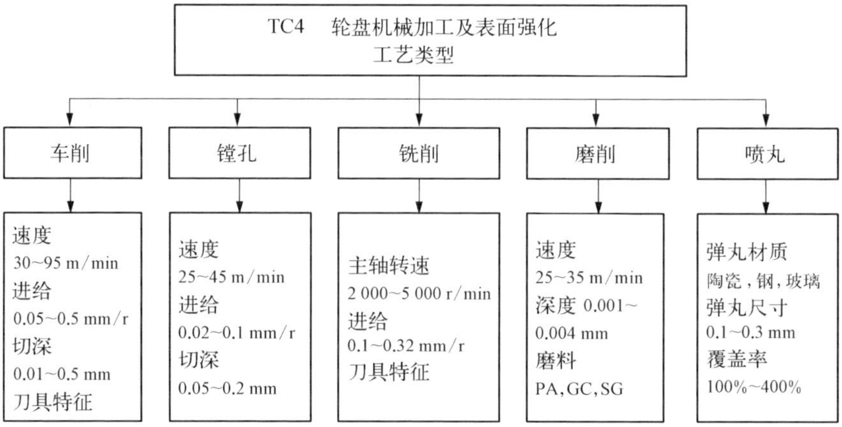

图 7.25　TC4 钛合金轮盘机械加工及表面强化工艺类型及工艺参数

为获取不同加工工艺参数下的表面残余应力,设计三种类型盘件,包括 7 件模拟盘 1#,2 件模拟盘 2#,4 件模拟盘 3#。模拟盘 1#、2#及 3#的图纸及涉及的加工面如图 7.26 所示,对应的加工面个数汇总见表 7.11。

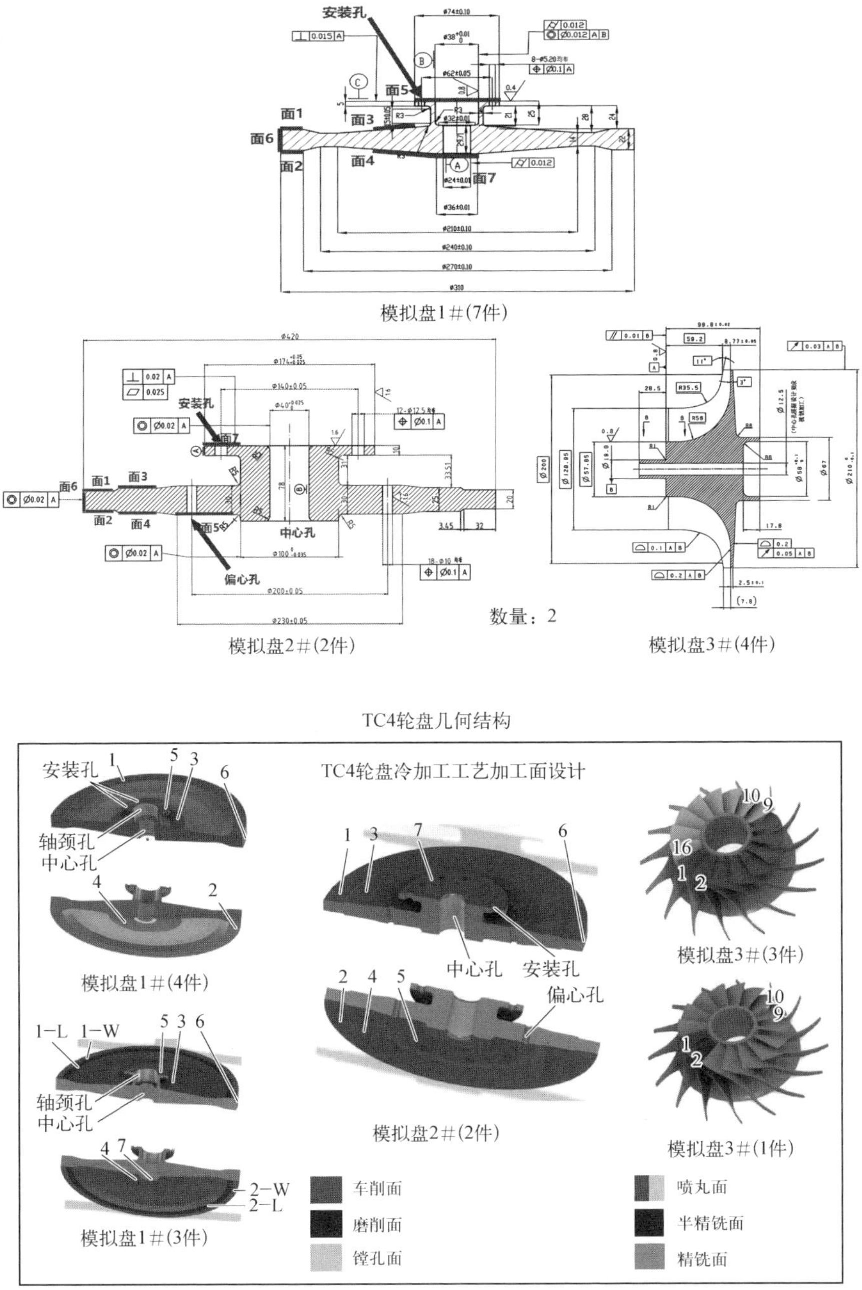

图 7.26　TC4 钛合金轮盘几何结构及冷加工工艺加工面设计(长度单位：mm)

表 7.11 TC4 钛合金轮盘加工面编号

模拟盘编号	车削面	镗孔面	喷丸面	磨削面
1－1#～1－4#	6(1,2,3,4,5,6)	2(轴颈孔，安装孔)	—	—
1－5#～1－7#	5(3,4,5,6,7)	2(轴颈孔，安装孔)	—	4(1－L,1－W,2－L,2－W)
2－1#～2－2#	6(1,2,3,4,5,6)	1(中心孔)	18(1－18 偏心孔) 12(1－12 安装孔)	—
模拟盘编号	半精铣面	精铣面	喷丸面	—
3－1#～3－3#	2(叶片 1,2)	14(叶片 3～16)	16(叶片 1～16)	—
3－4#	14(叶片 1～14)	14(叶片 1～14)	—	—

其中模拟盘 1#的 1－1#～1－4#每个轮盘各包括 6 个车削面和 2 个镗孔面；模拟盘 1#的 1－5#～1－7#每个轮盘各包括 5 个车削面、2 个镗孔面和 4 个磨削面；模拟盘 2#每个轮盘各包括 6 个车削面、1 个镗孔面及 30 个喷丸小孔；模拟盘 3#的 3－1#～3－3#每个轮盘各包括 16 片喷丸叶片，3－4#盘包括 14 片精铣叶片及 2 片粗铣叶片。13 件模拟盘的加工过程及加工成品盘如图 7.27(e)～(g)所示。

模拟盘 1#及模拟盘 2#车削及镗孔采用 LGMazak NEXUS 250－II 数控车床进行加工。加工流程包括：① 模拟盘安装在机床三爪卡盘；② 刀具装夹；③ 数控机床设置切削参数；④ 对刀；⑤ 冷却液设置；⑥ 盘面车削、外圆车削、盘心镗孔。车削过程的工艺参数主要包括速度 v（即主轴转速），切削进给 f，切削深度 a_p，如图 7.27(a)所示。切削过程冷却液压力设置 0.6 MPa。切削速度 v 是切削刃上选定点相对于工件回转运动的相对速度，进给 f 是切削刃上选定点相对于工件进给运动的相对速度，切削深度 a_p 是垂直于进给速度方向切削层的最大尺寸。

模拟盘 3#为离心叶轮，其加工主要采用铣削，并在科德数控生产的 KMC600SU 五轴立式加工中心进行。离心叶轮的加工是一个多工步铣削过程，包括粗铣、半精铣和精铣。首先将毛坯盘用 5 齿整体硬质合金侧铣刀粗铣出流道，然后用锥形球头铣刀粗铣出叶形，再对流道和叶片进行半精加工和精加工。铣削过程冷却液压力设置 0.6 MPa。试验半精铣和精铣采取的刀具为仿形切削球头立铣刀，如图 7.27(b)所示。

模拟盘 1#的 1－5#～1－7#盘涉及磨削工艺。磨削加工在 Dawn machinery 立式圆筒磨床上开展，工件转速为 60 r/min，横移速度 100 mm/min，无火花磨削 3 次，逆磨。磨削过程冷却液 0.6 MPa。磨削磨料主要用 PA（Al_2O_3）、GC（SiC）和 SG（Al_2O_3），如图 7.27(c)所示。

模拟盘 2#的偏心孔、安装孔，模拟盘 3#的叶片通常在生产过程会增加喷丸工序。喷丸采用设备为上海开信机械公司 KXS－3000P 六轴数控喷丸机，能够对具有复杂曲面结构的工件进行喷丸强化处理。针对小孔采用铸钢弹丸（ASH70、

(a) 1＃盘、2＃盘车削及中心孔镗孔加工过程
(b) 3＃盘铣削加工过程
(c) 1＃盘磨削加工过程
(d) 2＃盘、3＃盘喷丸加工过程
(e) 盘1＃(1−1＃～1−7＃)
(f) 盘2＃(2−1＃～2−2＃)
(g) 盘3＃(3−1＃～3−4＃)

图 7.27 TC4 钛合金轮盘加工过程及加工成品盘

ASH110)；针对叶片，由于叶片为薄壁件，采用玻璃丸和陶瓷丸进行喷丸强化处理，所用弹丸牌号分别为 AGB9 和 AZB150，如图 7.27(d)所示。最终，经过上述的车削、镗孔、铣削、磨削及喷丸工艺获得成品盘。

对不同加工车削、镗孔、铣削、磨削以及喷丸工艺不同工艺参数组合下的表面沿着深度方向残余应力、表面形貌、表面沿着加工深度层显微组织进行测量及分析。其中，沿着深度方向的表面残余应力为计算轮盘低循环寿命的主要应力输入，因此关注的为轮盘上的周向残余应力。表面形貌信息主要是观测不同冷加工工艺下的表面形貌特征，主要量化参数为表面粗糙度。表面沿着加工深度层显微组织反映冷加工过程表面组织变化的机理。

影响车削过程表面完整性的工艺参数主要为速度 v(30~95 m/min)、进给 f(0.05~0.5 mm/r)及切削深度 a_p(0.01~0.5 mm)，设计的试验为单因素试验，因此涉及的工艺参数组合如图 7.28 所示。

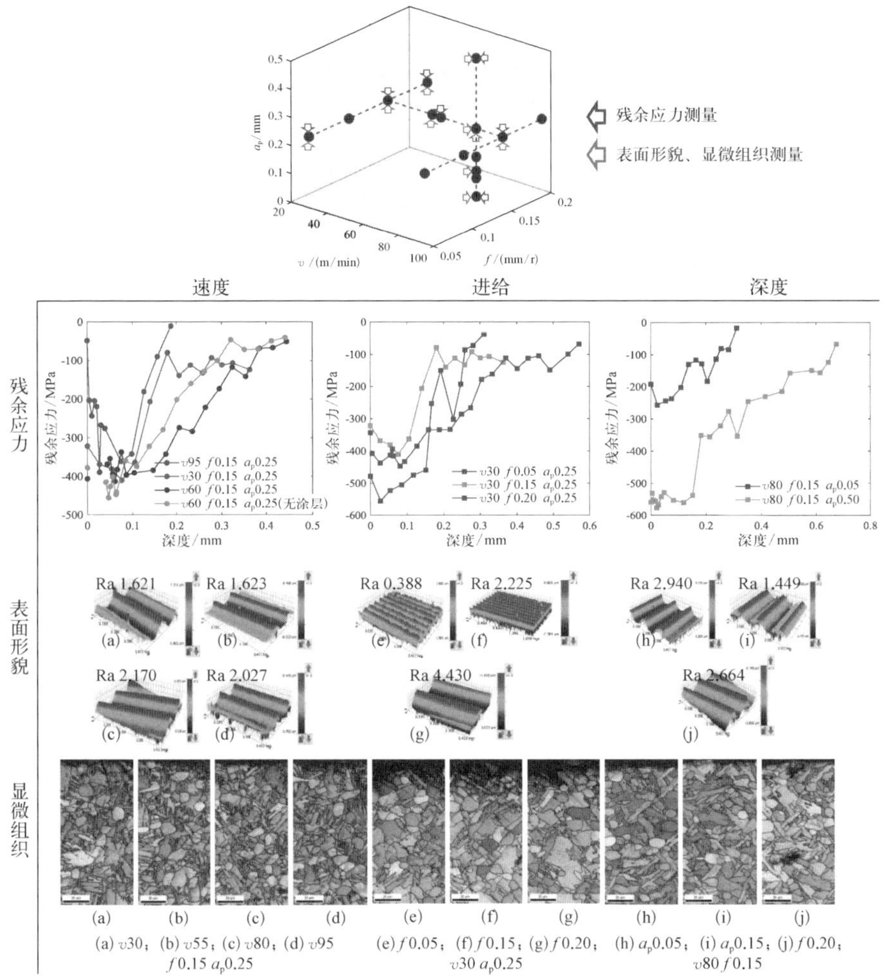

图 7.28 TC4 钛合金轮盘车削残余应力、表面形貌及显微组织测量结果*

车削过程引入的表面周向残余应力主要为压应力，距离表面 0~50 μm 区域的

* 图中 v 单位为 m/min，f 单位为 mm/r，a_p 单位为 mm，本章后续图中同样省略这三个物理量单位。

表面残余压应力为最大值，为−600～−400 MPa。残余压应力的影响深度层为 200～600 μm，随着深度增大，表面残余压应力逐渐降低，最后趋于归零。车削过程的表面形貌呈现规律性刀痕，表面粗糙度 Ra 在 0.4～4.4。车削过程表面层在与刀具接触过程发生塑性变形，并且温度升高，表层晶格破碎、变形。

轮盘镗孔的工艺参数组合如图 7.29 所示。镗孔的本质与车削相同，均为切削过程。镗孔过程产生的周向应力主要为残余压应力。镗孔过程由于切削速度 v(25～45 m/min)、切削进给 f(0.02～0.1 mm/r)、切削深度 a_p(0.05～0.2 mm)相比于车削过程均偏小，因此镗孔产生的残余压应力为−600～−200 MPa，影响深度层相

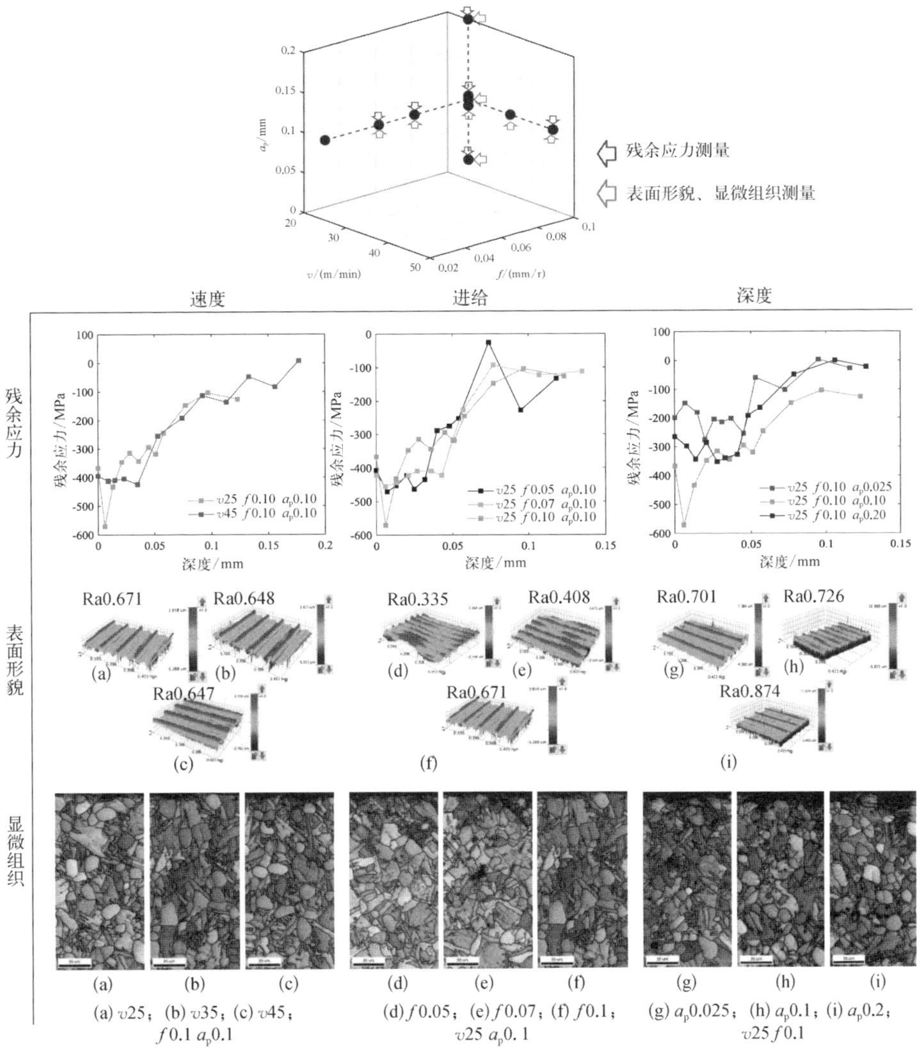

图 7.29　TC4 钛合金轮盘镗孔残余应力、表面形貌及显微组织测量结果

比车削工艺明显降低，为 100~200 μm。镗孔工艺下表面粗糙度 Ra 范围为 0.3~0.8。车削过程表面层在与刀具接触过程发生塑性变形，并且温度升高，表层晶格破碎、变形。

叶片铣削过程的工艺参数组合如图 7.30 所示。铣削过程刀具转动，其本质也是材料切削，铣削过程的核心工艺参数为主轴转速、进给以及刀具信息。铣削过程的周向残余应力主要为压应力。铣削过程进给量 f 范围大多在 0.1~0.12 mm/r。由于铣削过程去除金属材料更少，其产生的残余应力层相比车削及镗孔更低，其表面层残余压应力为-250~-150 MPa，表面层残余压应力深度范围为 60~80 μm。铣削过程的表面粗糙度 Ra 为 0.3~0.4。铣削过程由于材料去除较慢，表层晶粒的变形量较低。

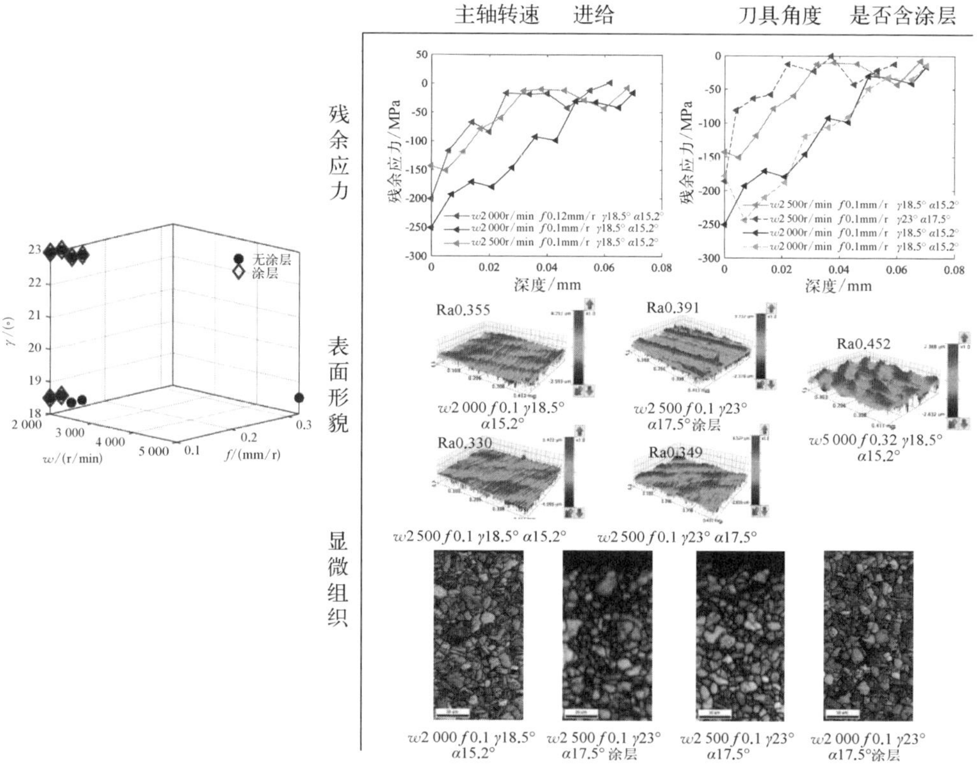

图 7.30 TC4 钛合金轮盘铣削残余应力、表面形貌及显微组织测量结果

钛合金 TC4 材料磨削过程的工艺参数如图 7.31 所示，磨削过程的核心工艺参数为磨削速度 v、深度 a_p 及磨料。磨削过程与车削、铣削、镗孔不同，是通过磨粒在加工表面完成切削过程。其表面周向残余应力大部分为拉应力，量级甚至可以达到 500 MPa。当磨削深度高(>0.002 mm)、速度高(>25 m/min)时磨削过程会由于产生高温形成钛火，这一方面在加工表面引入温度主导的残余拉应力；另一方面还会引入表面烧蚀缺陷，因此钛合金的磨削工艺相对应用较少。磨削结果可以发现，当控制低速度、低进给时，能获取较低的残余应力。但总体而言，相比车削、镗孔、铣削过程的残余压应力，磨削过程对寿命的影响具有降低作用。磨削过程的表面粗糙度 Ra 在 0. 28 ~ 0. 5 量级。磨削表层显微组织变形相比车削较小。

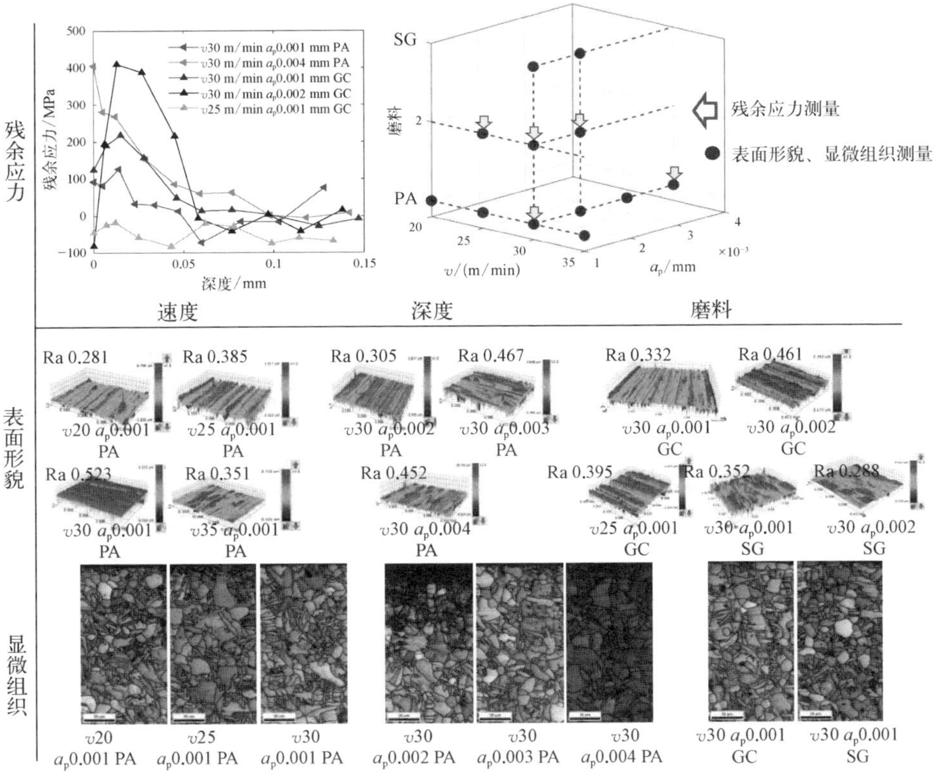

图 7. 31　TC4 钛合金轮盘磨削残余应力、表面形貌及显微组织测量结果

钛合金 TC4 材料喷丸过程的工艺参数如图 7. 32 所示。喷丸过程主要通过弹丸冲击加工表面，使得表面材料产生塑性变形，并且在表面引入残余压应力。喷丸过程产生的表面残余压应力相比于机械加工过程的残余压应力更大。其表面点的残余压应力达到−1 000 ~ −800 MPa，残余压应力的影响深度层与不同的弹丸材质相关，对于铸钢丸而言，表面残余压应力深度达到 600 ~ 800 μm，对于玻璃丸而言，表面残余压应力影响层为 200 ~ 400 μm。喷丸过程在表层引入弹坑，一定程度上增大表面粗糙度，其表面粗糙度 Ra 量级为 0. 4 ~ 0. 8。喷丸在近表面层的组织中引入大量的塑性变形，因此其近表面层显微组织产生破碎、变形。

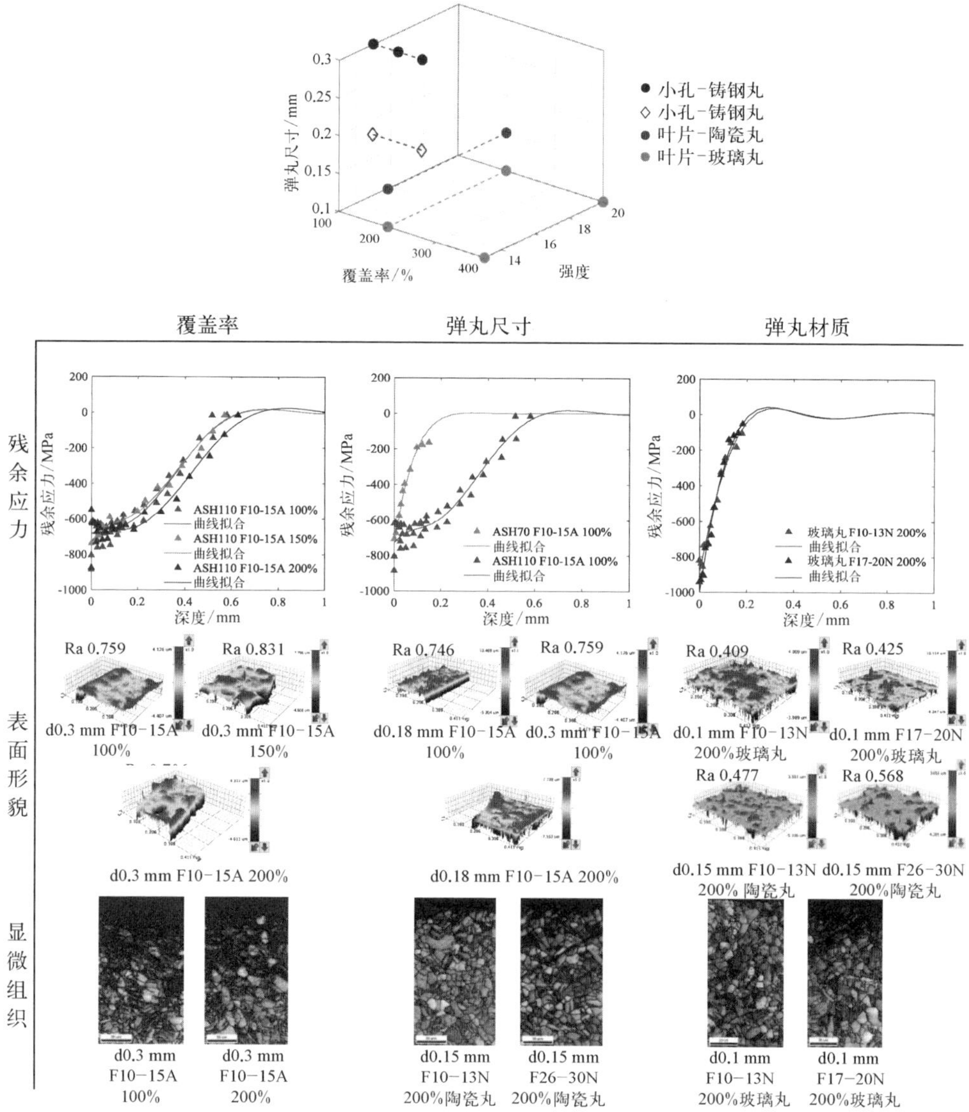

图 7.32　TC4 钛合金轮盘喷丸残余应力、表面形貌及显微组织测量结果

对上述车削、镗孔、铣削、磨削以及喷丸工艺下的残余应力及粗糙度进行汇总，如图 7.33 所示。车削过程引入的表面残余压应力较高，为-600～-400 MPa，表面粗糙度 Ra 为 0.4～4.4，其表面粗糙度的分散性相对较大。镗孔加工本质与车削相同，由于孔内粗糙度精度要求高，其工艺参数取值较低，因此镗孔残余压应力相对较低，为-600～-200 MPa，其表面粗糙度 Ra 为 0.3～0.8。铣削过程由于切削深度低、进给量低，因此其残余压应力为-250～-150 MPa，表面粗糙度 Ra 为 0.3～0.4。磨削过程残余应力以拉应力为主，残余应力为-50～500 MPa，表面粗糙度 Ra 为

0.28~0.5。喷丸过程产生的残余压应力最高，量级在−1 000~−800 MPa，表面粗糙度略微增大，为 0.4~0.8。上述工艺参数区间均是参考常用工艺参数，并在此基础上偏移 2~4 倍取值。

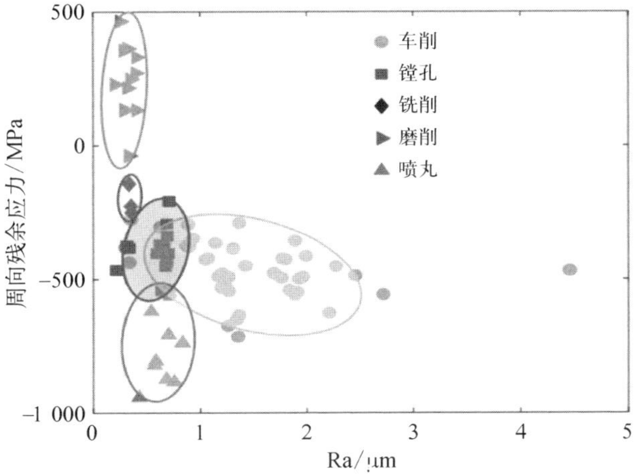

图 7.33　TC4 钛合金轮盘车削、镗孔、铣削、磨削、喷丸工艺下表面残余应力及粗糙度

可见五种工艺类型下车削喷丸带来的残余压应力最高，其次是车削、镗孔、铣削。磨削过程对于钛合金材料而言容易引入残余拉应力。对于粗糙度而言，车削过程的粗糙度最高，并且其分散性最高，其次是喷丸、镗孔、铣削及磨削。

7.4　限寿件“设计赋予”与“制造实现”交互协同流程

7.4.1　考虑制造参数失效风险分析

1. 制造与失效风险的定量关联模型

本章建立残余应力分散性下失效风险评估模型。

残余应力沿着深度方向的分布可以采用多项式描述：

$$\sigma_{\mathrm{RS}-0}(x) = \sum_{i=0}^{m} p_i x^i \tag{7.1}$$

值得一提的是，多项式公式并不具有收敛性，因此当残余应力降低至原来的10%范围时，需要采用分段函数将残余应力归 0。为描述残余应力分散性，引入分散系数 $V(x,\ t)$，具有分散性的残余应力[6-9]可以表示为

$$\sigma_{\mathrm{RS}}(x) = V(x,\ t)\sigma_{\mathrm{RS}-0}(x) \tag{7.2}$$

分散系数 $V(x, t)$ 由深度决定，因为残余应力与深度相关，并且分散系数可以采用正态分布描述，即

$$V(x, t) \sim N(\mu_{st}, \sigma_{st}^2) \tag{7.3}$$

分散系数的均值为 1，因此，

$$\mu_{st} = 1 \tag{7.4}$$

概率失效风险评估流程的核心输入是初始缺陷分布，初始缺陷即为轮盘中存在的初始裂纹尺寸。本节主要分析材料为 TC4，重点关注其裂纹扩展过程，假设缺陷一旦存在，忽略其萌生寿命，缺陷直接等效为 I 型半圆形片状表面裂纹，上述方法获得保守的寿命。部件的裂纹扩展计算基于线弹性断裂力学理论。

应力强度因子是表征裂纹尖端应力奇异性场的强度的参量，是断裂力学中的核心参量。由于本章需要计算失效风险，涉及的样本量为百万量级，即有百万个裂纹需要进行裂纹扩展计算，因此计算裂纹尖端应力强度因子时，需要采用高效的方法。常用的为 Raju－Newman 方程，然而其应力状态为远场均布应力，不适用于裂纹尖端工作应力集中以及复杂残余应力的状态。因此结合权函数法获得任意应力梯度下的裂纹尖端应力强度因子[10, 11]：

$$K = \int_0^a \sigma(x) m(x, L) \mathrm{d}x \tag{7.5}$$

其中，$\sigma(x)$ 为裂纹面上不含裂纹时的应力分布；x 是到裂纹表面的距离；$m(x, L)$ 是带有裂纹的几何形状的格林函数；L 代表含有裂纹几何体的尺寸；a 为裂纹的半径。

裂纹扩展计算公式如 5.2 节。裂纹尖端的应力强度因子随着飞行循环数不断增加，基于广义应力强度干涉理论可得极限状态函数：

$$g = K_T - K_{crit} \tag{7.6}$$

这表明当应力强度因子大于断裂韧性时，就会发生失效，即 $g \geqslant 0$ 时，部件裂纹失稳扩展，最终发生断裂。因此可计算失效概率：

$$p = P(g \geqslant 0) = \int_{-\infty}^{K_{max}} \left[\int_{-\infty}^{K} h_1(K_{crit}) \mathrm{d}K_{crit} \right] h_2(K) \mathrm{d}K \tag{7.7}$$

其中，h_1 和 h_2 分别为断裂韧性和应力强度因子概率密度分布函数。公式(7.7)难以用数值计算的方法获得其结果，因此，实际计算过程采用蒙特卡罗抽样的方法计算最终的失效概率：

$$p = \frac{s}{S} \tag{7.8}$$

其中，S 是样本总量，例如存在 S 个初始裂纹，在给定循环数下断裂的个数为 s，因此可以通过失效的个数除以总样本数获得失效概率。

具体而言，残余应力与失效风险耦合计算流程如图 7.34 所示，初始裂纹按照给定的缺陷分布曲线进行抽样，因此存在 S 个初始裂纹，尺寸为 $a_{\text{in},\,i}(i=1,\ 2,\ 3,\ \cdots,\ S)$。对于每个裂纹由于其表面的残余应力具有一定分散性，因此每个裂纹表面的残余应力为

$$\boldsymbol{\sigma}_{\text{RS},\,i}(x)=V_i(x,\ t)\boldsymbol{\sigma}_{\text{RS-0}}(x)\quad(i=1,\ 2,\ 3,\ \cdots,\ S)\tag{7.9}$$

裂纹的扩展方程可以描述为[12]

$$a_i=f(N_i,\ \boldsymbol{\sigma}_{\text{w}}(x),\ \boldsymbol{\sigma}_{\text{RS},\,i}(x))\quad(i=1,\ 2,\ 3,\ \cdots,\ S)\tag{7.10}$$

其中，i 是蒙特卡罗样本的序号；a_i 是在 N_i 个飞行循环后的裂纹尺寸。对于每个初始裂纹样本都需要计算其在一定应力下的裂纹扩展。由于蒙特卡罗的精度需要样本量的增高而提升，当失效概率为 10^{-7} 量级时，需要百万样本量，因此需要计算百万个裂纹扩展计算过程。

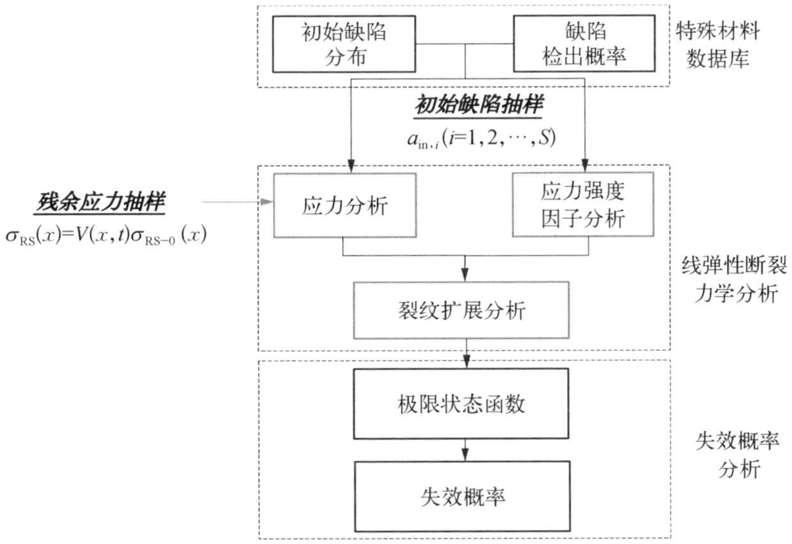

图 7.34　随机残余应力下失效风险评估流程

为了提升计算效率，首先建立在不同残余应力作用下的裂纹与寿命的曲线数据库。当判断裂纹是否在给定循环数下失效时，可以根据裂纹尺寸与寿命数据进行插值来代替裂纹扩展计算过程。具体而言，将残余应力分散系数 $V(x,\ t)$ 划分为 M 个区间：

$$\boldsymbol{\sigma}_{\text{RS},\,j}(x)=B_j(x,\ t)\boldsymbol{\sigma}_{\text{RS-0}}(x)\quad(j=1,\ 2,\ \cdots,\ M)\tag{7.11}$$

不同残余应力下的裂纹尺寸与寿命数据库可表示为

$$a_j = f(N_j,\ \sigma_{\mathrm{w}}(x),\ \sigma_{\mathrm{RS},\ j}(x)) \quad (j = 1,\ 2,\ \cdots,\ M) \tag{7.12}$$

其中,j 为残余应力划分区间的序号。

相对蒙特卡罗对裂纹扩展进行 1 000 000 次积分,上述建立的裂纹扩展过程数据库只需要计算 M 次裂纹扩展过程。研究表明当应力分散系数 $V(x,\ t)$ 的步长为 0.05[13]时,通过蒙特卡罗方法计算的失效概率结果趋于收敛。本节研究假设的应力分散系数取值在 0~2,因此当步长为 0.05 时,M 为 40,即需要计算 40 个残余应力曲线下的裂纹扩展。因此通过数据库插值计算裂纹扩展的方法,可以将时间成本降低 1 000 倍以上。

2. 检测与失效风险的定量关联模型

1)概率密度演化理论与积分转换

概率守恒原理是概率密度演化理论的基础,指出了保守随机动力系统中的概率守恒关系[14–16]。保守型随机动力系统是指在系统演化过程中没有随机变量消失或出现。概率守恒表示随机事件的发生在不同时刻的变量概率空间上存在映射子集,这些映射子集代表的事件发生概率是相同的。

裂纹扩展动力系统是典型的保守随机系统。图 7.35 展示了裂纹扩展动力系统及其演化过程。五个不确定因素包括初始缺陷分布、应力分散性、寿命分散性、检测时间和无损检测概率。其中直方图表示概率密度分布。由于裂纹扩展和运行检测的存在,该动力系统的失效域和检测域是时变的。因此,求解时变积分区域对数值积分方法来说是一个挑战。理论上,这些时变失效域在初始变量空间中具有基于概率守恒原理的映射集。因此,数值积分方法的关键在于构造 N 周期与初始时间($N=0$)变量空间的映射关系。

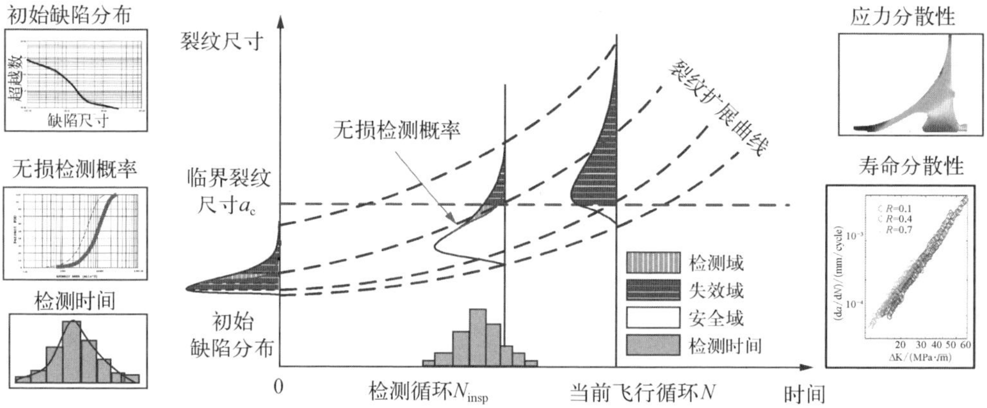

图 7.35　失效风险的概率密度演化示意图

对于发动机转子盘的概率失效风险分析，材料意外缺陷(即硬 α 夹杂物)是导致转子盘断裂的主要原因。构件初始缺陷在循环载荷作用下由 a_0 向 a_c 扩展。基于广义应力-强度干涉模型，在裂纹尺寸分布中将小于临界裂纹尺寸的部分定义为失效域。因此，定义为失效域用极限状态函数 g 表示，其表达式为

$$\Omega(N)_{\mathrm{f,\ noinsp}} = \{a(N) \mid g = a_c - a(N) < 0\} \tag{7.13}$$

其中，a_c 为基于材料断裂韧性 K_c 的裂纹临界尺寸。a_c 的值可以直接从应力强度因子 K 中推导出来，例如 Newman 形状因子法或权函数法。

对转子盘进行运行无损检查并不能提高其物理安全性，但对发现裂纹后的转子盘进行更换，能够降低寿命期失效概率。因此，如果在飞行周期内包含运行无损检查，则当前飞行周期的失效域由下式给出：

$$\Omega(N)_{\mathrm{f}} = \Omega(N)_{\mathrm{f,\ noinsp}} - \Omega(N)_{\mathrm{d}} \tag{7.14}$$

运行无损检查过程中，通过具有相应无损检测方法，如涡流、渗透或超声波检测方法来检测裂纹。当发现裂纹时，转子盘将被更换。因此，检出裂纹意味着失效概率的降低，也代表着积分失效域的减小。值得注意的是，在检查之前的失效风险不受检查影响。因此，失效概率由积分失效域和检出域的面积共同决定。

由于裂纹扩展随机动力系统是一个保守单调的随机动力系统，其概率守恒关系为

$$\Pr[\Omega(N)_{\mathrm{f,\ noinsp}}] = \Pr[\Omega(N = 0)_{\mathrm{f,\ noinsp}}] \tag{7.15}$$

式中，$\Pr[\cdot]$为随机事件发生的概率。

根据定义的失效域，并且假设裂纹扩展过程是单调的，即裂纹尺寸的扩展是持续增大的。那么不考虑无损检测的积分失效域如下所示：

$$\begin{aligned}\Pr[\Omega(N = 0)_{\mathrm{f,\ noinsp}}] &= \{a(N) \mid g = a_c - a(N) < 0\} \\ &= \{a_0 \mid g = a_{0,\ c}(N) - a_0 < 0\}\end{aligned} \tag{7.16}$$

同时，由于没有变量出现或消失，检出域也存在概率守恒关系为

$$\Pr[\Omega(N)_{\mathrm{d}}] = \Pr[\Omega(N = N_{\mathrm{insp}})_{\mathrm{d}}] = \Pr[\Omega(N = 0)_{\mathrm{d}}] \tag{7.17}$$

式中，N_{insp} 为运行无损检测的检查时间。根据方程所示的概率守恒原理，变换过程可表示为

$$\Pr[\Omega(N)_{\mathrm{f}}] = \Pr[\Omega(N)_{\mathrm{f,\ noinsp}} - \Omega(N)_{\mathrm{d}}] = \Pr[\Omega(N = 0)_{\mathrm{f,\ noinsp}} - \Omega(N = 0)_{\mathrm{d}}] \tag{7.18}$$

对于数值积分算法，将圆盘在 N 次飞行循环后的失效概率定义为 POF(N)，表示为

$$\mathrm{POF}(N)=\int_{\Omega(N)_{\mathrm{f}}} f_{a(N)}\,\mathrm{d}a(N)\ \ \mathrm{Pr}[\Omega(N=0)_{\mathrm{f,\ noinsp}}-\Omega(N=0)_{\mathrm{d}}] \tag{7.19}$$

2）基于数值积分的失效风险快速算法

数值积分的失效风险快速算法的优势在于对不同演化过程中随机变量进行为概率空间变换，在初始变量空间定义积分失效域，从而大大减少了不必要的计算。该方法采用解析方法求解断裂力学方程组。这一性质简化了概率密度演化方程的求解，使其不需要解析方法求解。图 7.36 为数值积分的失效风险快速算法与蒙特卡罗方法的等效关系。

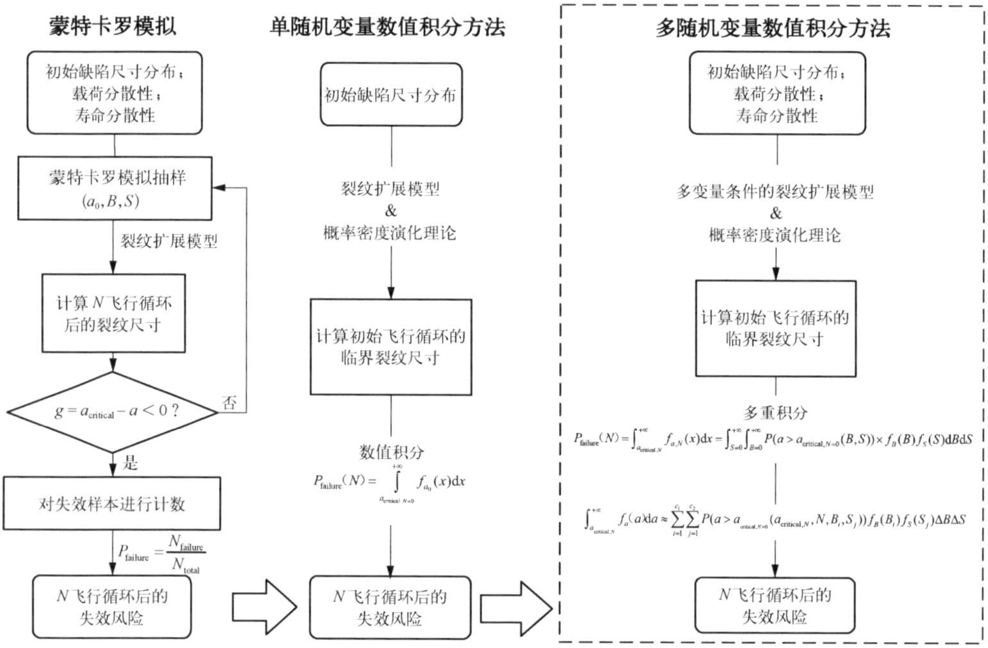

图 7.36　快速算法与蒙特卡罗方法的等效关系

所谓的积分法，即通过对随机变量概率密度函数进行积分，从而得到该变量的累积分布概率。在本节，涡轮盘最终失效判定准则为裂纹尖端的应力强度因子 K 是否大于材料的断裂韧性 K_{c}，因此，涡轮盘的失效概率在某种意义上可以表示为 a 大于 a_{c} 的概率：

$$P_{\mathrm{f}}(N)=P(a>a_{\mathrm{critical},\ N})=\int_{a_{\mathrm{criitical},\ N}}^{+\infty} f_{a,\ N}(a)\,\mathrm{d}a \tag{7.20}$$

式中，$a_{\mathrm{critical},\ N}$ 为导致圆盘断裂的临界裂纹尺寸。在大多数情况下，经过 N 次循环后的裂纹尺寸概率密度不易求得，因此引入概率密度演化理论。当随机系统在演化过程中保持概率守恒且整个过程满足单调性条件时,可将积分失效域转化为初始概率分布空间的积分。因此,若初始变量相互独立,则积分计算如下:

$$\int_{a_{c,\,N}}^{+\infty} f_{a,\,N}(a)\,\mathrm{d}a = \iiint_{\Omega_{\mathrm{f},\,N=0}} f(a_0,\ B,\ S)\,\mathrm{d}s\mathrm{d}B\mathrm{d}a_0 = \iiint_{\Omega_{\mathrm{f},\,N=0}} f_{a_0} f_B f_S \mathrm{d}a_0 \mathrm{d}B\mathrm{d}S \tag{7.21}$$

其中,$a_{\text{critical},\,N=0}$ 是与条件变量相关联的初始临界裂纹尺寸,由 N 个循环后的临界裂纹尺寸反求解裂纹扩展确定。

$$\int_{a_{\text{critical},\,N}}^{+\infty} f_{a,\,N}(a)\,\mathrm{d}a = \sum_{i=1}^{c_1}\sum_{j=1}^{c_2} P(a > a_{\text{critical},\,N=0}(B_i,\ S_j))f_B(B_i)f_S(S_j)\Delta B\Delta S \tag{7.22}$$

应用梯形正交公式[17]求解多重积分。梯形法是进行定积分计算的标准方法,如果随机变量个数较大或步长较小,则此积分过程耗时较长。此外,数值积分方法的精度和效率也受到步长的影响。例如,如果积分步长较大,则精度会降低。然而,较小的积分步长导致计算成本相应增加。因此,对于数值积分方法的效率分析,第一步是找到一个导致收敛的步长,类似在有限元中寻找与网格无关的解。

根据 Paris 扩展模型及随机变量分析,可以得到临界裂纹尺寸和初始裂纹尺寸之间的关系。对于初始裂纹尺寸 a_0,N 次飞行循环后的裂纹尺寸 $a(N)$ 为

$$a(N) = G_N(a_0,\ N,\ B,\ S) \tag{7.23}$$

求其反函数,初始临界裂纹尺寸为

$$a_{\text{critical},\,N=0} = G_N^{-1}(a_{\text{cirtical},\,N},\ N,\ B,\ S) \tag{7.24}$$

若将 Paris 裂纹扩展微分方程中的形状因子 Q 近似为常数,则式(7.24)有解析解,如式(7.25)所示。此外,利用 NASGRO 模型、Forman 模型或实验数据,函数 G_N 的一般形式为裂纹扩展曲线,可以通过插值得到初始临界裂纹尺寸。

$$a_{\text{critical},\,N=0} = \left[(a_{\text{critical},\,N})^{1-\frac{n}{2}} - S\cdot C\left(1-\frac{n}{2}\right)(Q\cdot B\cdot\sigma\sqrt{\pi})^n\cdot N\right]^{\frac{2}{2-n}} \tag{7.25}$$

一般来说,找到函数 G_N 的解析表达式是困难的。然而,该函数的特征是裂纹扩展的物理规律。因此,通过实验方法或有限元建模获得的离散裂纹扩展数据可以反映出与 G_N 的对应关系。

根据材料断裂韧性 K_c,求得临界裂纹尺寸如下:

$$a_{\text{critical},\ N} = \frac{K_c^2}{\pi(Q \cdot B \cdot \sigma)^2} \tag{7.26}$$

式中,B 为应力分散因子,表示转子承受载荷的随机性。

在进行概率积分计算之前,应先对其物理意义进行分析。根据概率密度演化理论,式(7.22)描述了随机变量在不同演化阶段的空间变换关系。实际上,这要求裂纹扩展过程是单调的,意味着如果参数 B、S 和 N 相同,初始尺寸的大小关系在 N 次飞行循环后是不变的。

因为材料的初始缺陷分布是已知的,则初始缺陷尺寸超过临界裂纹尺寸 $a_{\text{critical},\ N=0}$ 的概率为

$$P(a_0 > a_{\text{critical},\ N=0}) = 1 - CDF(a_{\text{critical},\ N=0}) \tag{7.27}$$

式中,$CDF(a_{\text{critical},\ N=0})$ 为初始裂纹尺寸的累积分布函数,该函数可根据第 4 章中建立的缺陷分布曲线计算得到。

在理论分析的基础上,通过双重数值积分计算得到了该区域的失效概率。这个过程的主要步骤如下:首先根据材料断裂韧性 K_c、应力 σ 和应力散射系数 B 确定转子轮盘断裂时的临界裂纹长度,然后由裂纹扩展方程得到相应的初始临界裂纹长度,再基于概率守恒,定义初始概率空间的积分失效域,最后通过积分获得分区条件失效概率。因此,一旦建立当前概率空间与初始概率空间的映射关系,就可以在初始概率空间中计算出任意时刻的轮盘失效概率。

图 7.37 描述了失效域的概率守恒和空间变换,并给出了考虑多个随机变量时失效域在初始变量空间的映射关系。建立该映射关系时的初始临界裂纹尺寸由式(7.26)求得。

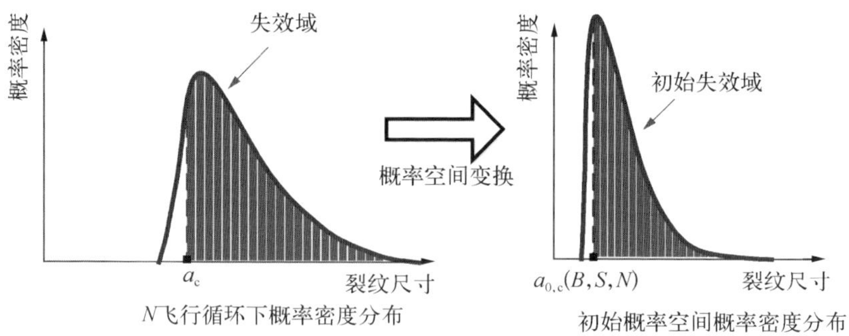

图 7.37　积分失效域示意图

对于考虑无损检测的失效风险计算,首先应对检出概率曲线进行描述。检出概率曲线包含检出特定尺寸裂纹可能性大小的信息。因此,用参数 $p_d(a)$ 来描述检出概率曲线,表示如下:

$$p_d(a)=\begin{cases}0, & a \leqslant a_{\min,\ \mathrm{POD}} \\ \mathrm{POD}, & a_{\min,\ \mathrm{POD}} < a < a_{\max,\ \mathrm{POD}} \\ 1, & a_{\max,\ \mathrm{POD}} \leqslant a\end{cases} \tag{7.28}$$

式中，$a_{\min,\ \mathrm{POD}}$ 为最小可检测裂纹尺寸，为检出概率曲线最左边点的横坐标值。最大检测裂纹尺寸用 $a_{\max,\ \mathrm{POD}}$ 表示。大于 $a_{\max,\ \mathrm{POD}}$ 的裂纹认为一定可以检出，检出概率为 1。

因此，可以认为检出概率曲线是按一定比例减少失效域的面积，从而降低失效风险。根据概率密度演化理论，如图 7.38 和图 7.39 所示，将失效域积分变换到初始（$N=0$）概率空间时，根据检出概率曲线反映的检测能力，将失效域划分为两部分。细线区域表示为检出域，粗线是失效域。最终条件失效概率为失效域的积分。

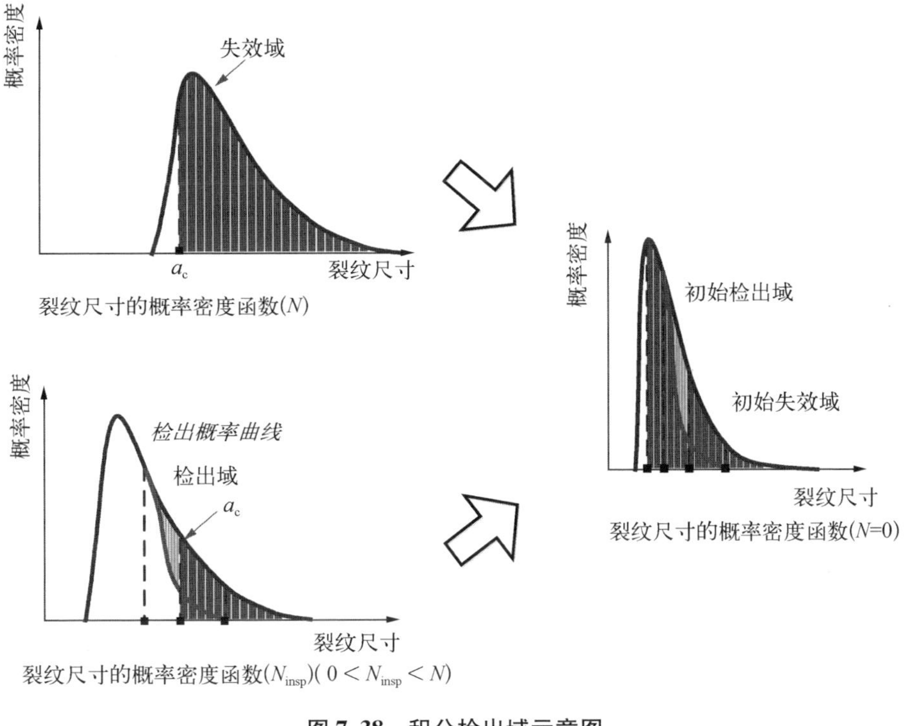

图 7.38　积分检出域示意图

进行概率空间转换的原因在于，裂纹尺寸 $a(N)$ 的联合概率密度难以明确求得。而基于概率守恒原理，检出域和失效域在初始变量空间中均具有映射子集。因此，根据概率密度演化理论，可以将积分转化为初始概率空间。值得注意的是，变换过程同样依赖于反向求解裂纹扩展函数，得到最小可检出裂纹尺寸 $a_{\min,\ \mathrm{POD}}$ 所对应的初始裂纹尺寸，记为 $a_{0,\ \min,\ \mathrm{POD}}$：

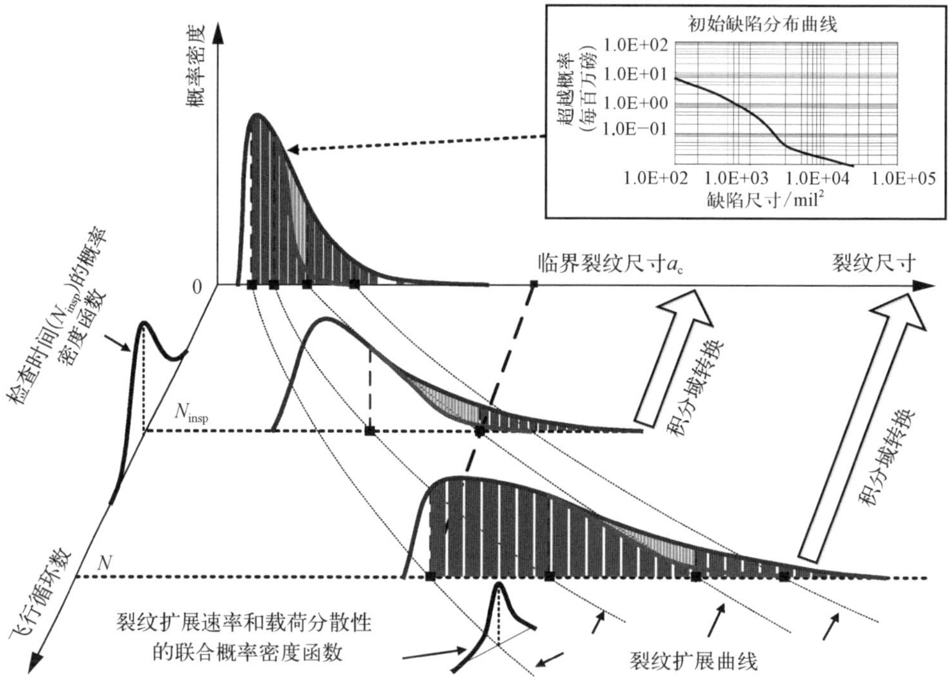

图 7.39　失效风险概率密度演化示意图

$$a_{0,\,\min,\,\mathrm{POD}}(B,\ S,\ N_{\mathrm{insp}}) = CGF^{-1}(a_{\min,\,\mathrm{POD}},\ B,\ S,\ N_{\mathrm{insp}}) \tag{7.29}$$

其中，N_{insp} 是执行运行检测时的飞行循环次数。同样，最大检测裂纹尺寸 $a_{\max,\,\mathrm{POD}}$ 对应的初始裂纹尺寸为

$$a_{0,\,\max,\,\mathrm{POD}}(B,\ S,\ N_{\mathrm{insp}}) = CGF^{-1}(a_{\max,\,\mathrm{POD}},\ B,\ S,\ N_{\mathrm{insp}}) \tag{7.30}$$

此外，在 N_{insp} 时执行检查，并不会影响 N_{insp} 前的失效概率，即运行过程的检查不会影响已发生的失效的概率。$a_{0,\,c}(B,\ S,\ N_{\mathrm{insp}})$ 的初始裂纹尺寸推导如下：

$$a_{0,\,c}(B,\ S,\ N_{\mathrm{insp}}) = CGF^{-1}(a_c,\ B,\ S,\ N_{\mathrm{insp}}) \tag{7.31}$$

其中，a_c 为临界裂纹尺寸。因此，将检出概率曲线转换到为初始时刻，表示为

$$p_{\mathrm{d},\,N=0}(a_0) = \begin{cases} 0, & a_0 \leqslant a_{0,\,\min,\,\mathrm{POD}} \\ \mathrm{POD}, & \text{其他} \\ 1, & \min[a_{0,\,c}(B,\ S,\ N_{\mathrm{insp}}),\ a_{0,\,\max,\,\mathrm{POD}}] \leqslant a_0 \end{cases} \tag{7.32}$$

随机变量 N_{insp} 是一个具有分散性的设计参数，表征了无损检测计划的不确定性。通过合理设计检查时间 N_{insp}，设计人员可以令发动机转子盘的失效风险达到设计目标风险所允许的相对失效概率水平。一般假设 N_{insp} 的概率密度为正态分

布，其概率密度函数定义如下：

$$f(N_{\text{insp}}) = \frac{1}{\sqrt{2\pi}\sigma_{N_{\text{insp}}}}\exp\left(-\frac{(N_{\text{insp}} - \mu_{N_{\text{insp}}})^2}{2\sigma_{N_{\text{insp}}^2}}\right) \tag{7.33}$$

因此，检测域表示为

$$\begin{aligned}&\Pr[\Omega(N=0)_{\mathrm{d}}]\\&=\begin{cases}\int f(N_{\text{insp}})\left[\iint(\Pr(a_{0,\,\min,\,\text{POD}}(B,\,S,\,N_{\text{insp}}) < a_0 \\ \quad < a_{0,\,\mathrm{c}}(B,\,S,\,N_{\text{insp}})))f_B f_S \mathrm{d}B\mathrm{d}S\right]\mathrm{d}N_{\text{insp}}, & a_{\mathrm{c}} < a_{\max,\,\text{POD}}\\ \int f(N_{\text{insp}})\left[\iint(\Pr(a_{0,\,\min,\,\text{POD}}(B,\,S,\,N_{\text{insp}}) < a_0 \\ \quad < a_{0,\,\max,\,\text{POD}}(B,\,S,\,N_{\text{insp}})))f_B f_S \mathrm{d}B\mathrm{d}S\right]\mathrm{d}N_{\text{insp}}, & a_{\mathrm{c}} \geqslant a_{\max,\,\text{POD}}\end{cases}\end{aligned} \tag{7.34}$$

对初始缺陷尺寸的积分可以直接从超越分布曲线中读取，进一步提高了数值积分方法的计算效率。最终，轮盘失效概率积分推导如下：

$$\text{POF}(N) = \iint \Pr(a_0 > a_{0,\,\mathrm{c}}(B,\,S,\,N))f_B f_S \mathrm{d}B\mathrm{d}S - \Pr[\Omega(N=0)_{\mathrm{d}}] \tag{7.35}$$

图 7.39 总结了失效概率的整个演化过程。考虑运行检查的数值积分算法的主要步骤如下：首先确定断裂时的临界裂纹尺寸；其次由裂纹扩展方程得到相应的初始临界裂纹尺寸；然后，基于概率密度演化理论，反向求解裂纹扩展，将检出概率曲线同样转换到初始变量空间；最后，对初始变量空间中的失效域积分，获得转子盘失效风险。

7.4.2　关键热加工工艺参数判定

以实际发动机转子盘毛坯盘模型为研究对象（图 7.40），以热加工影响的部件

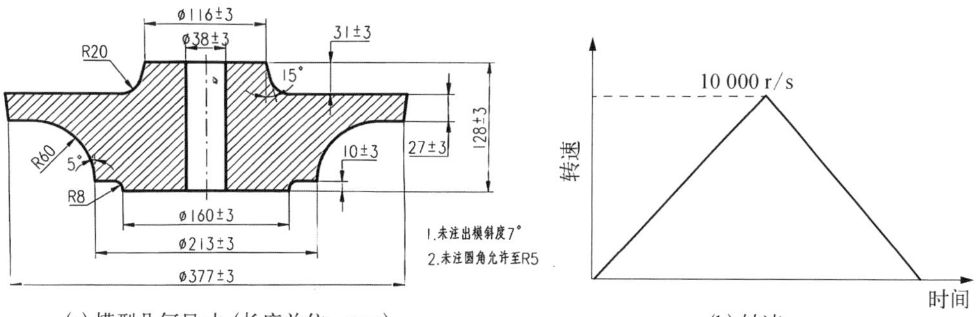

(a) 模型几何尺寸（长度单位：mm）　　(b) 转速

图 7.40　轮盘模型尺寸与假设转速

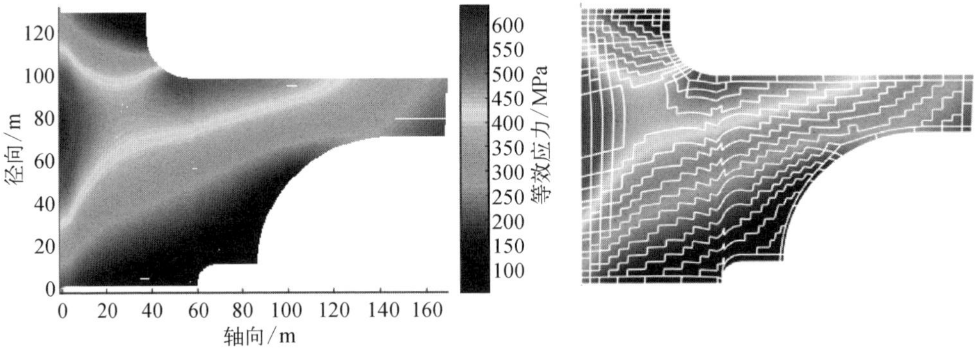

图 7.41　转子盘应力分布有限元计算结果云图与分区

材料裂纹扩展特性、残余应力和缺陷分布曲线为主要变量，计算转子盘寿命期失效风险，应力云图与分区如图 7.41 所示。

本小节以发动机转子毛坯盘模型为计算对象，以不同热工艺下的获得的材料裂纹扩展性能为输入，计算实际压气机钛合金轮盘寿命期失效风险。其余风险评估内外因输入均与 6.2 节保持一致。

由于热加工锻造温度、锻造变形量、锻造方式和淬火温度 4 种热加工工艺均影响材料裂纹扩展特性，因此，本小节影响规律分析同样分两阶段开展。首先分析锻造温度和锻造变形量对失效风险的影响，其次分析锻造方式和淬火温度对失效风险的影响。热加工影响的裂纹扩展特性包括部件材料裂纹扩展速率和断裂韧性 K_c 和裂纹扩展速率。

目前存在多种表征裂纹扩展速率的理论模型，其中由于 Paris 公式由于简单、高效，使用最为广泛。本文采用 Paris 公式表征疲劳裂纹扩展速率，模型参数包括 C 和 n，由本章的转子轮盘热加工试验后材料疲劳裂纹扩展试验数据拟合得到。Paris 裂纹扩展模型公式为：

$$\frac{da}{dN} = C(\Delta K)^n \tag{7.36}$$

其中，C 与 n 分别为疲劳裂纹扩展常数与疲劳裂纹扩展指数。因此，本小节分析热加工工艺对失效风险影响规律的计算步骤如下：

（1）计算转子盘工作应力；

（2）对工作应力分布进行应力分区；

（3）将热加工测试获得的盘件材料特性分布带入风险分析模型；

（4）计算分区失效风险及整盘失效风险。

1. 热加工影响材料特性对失效风险影响规律

1）锻造温度与锻造变形量对材料特性影响的风险曲线

图 7.42 为考虑锻造温度和锻造变形量的轮盘失效风险随循环数变化曲线，图

7.43 为 20 000 循环下失效风险的云图。可以看出，在较低变形量下，锻造温度越高，失效风险呈升高的趋势。总体上，910℃锻造温度失效风险最低。锻造温度大于 930℃后风险变化不大。失效风险随锻造变形量增加，呈增长趋势，因此，较小的锻造变形量对于转子盘安全性来说是较优工艺。

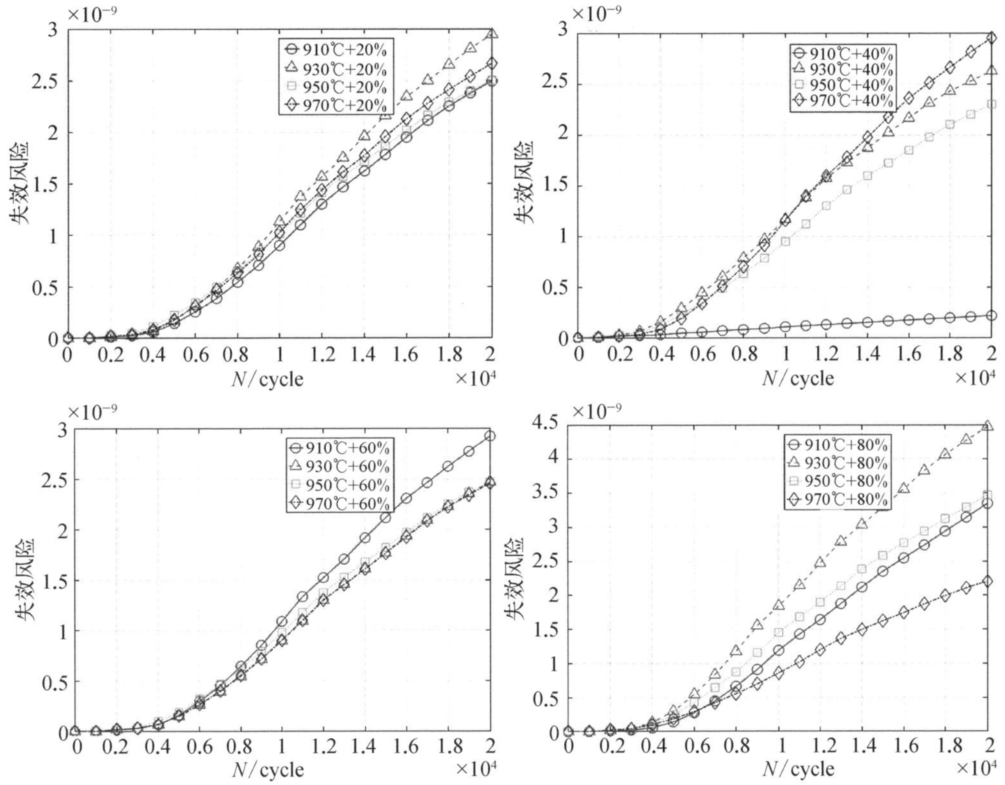

图 7.42　轮盘失效风险随循环数的变化(考虑锻造温度、变形量对材料特性影响)

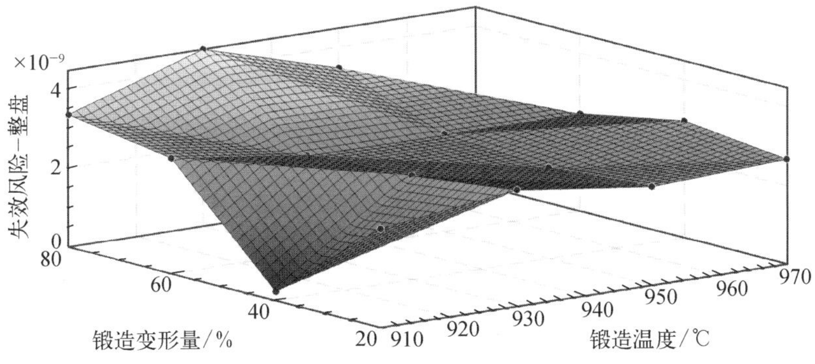

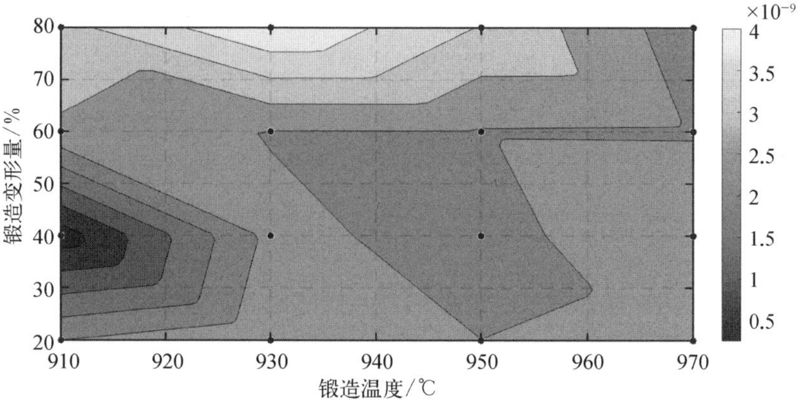

图 7.43　20 000 飞行循环下失效风险(考虑锻造温度、变形量对材料特性影响)

2）锻造方式与淬火温度对材料特性影响的风险曲线

图 7.44 为考虑锻造方式和淬火温度的轮盘失效风险随循环数变化曲线,图 7.45 为热工艺影响的 20 000 飞行循环下的失效风险云图。可以看出,淬火温度越

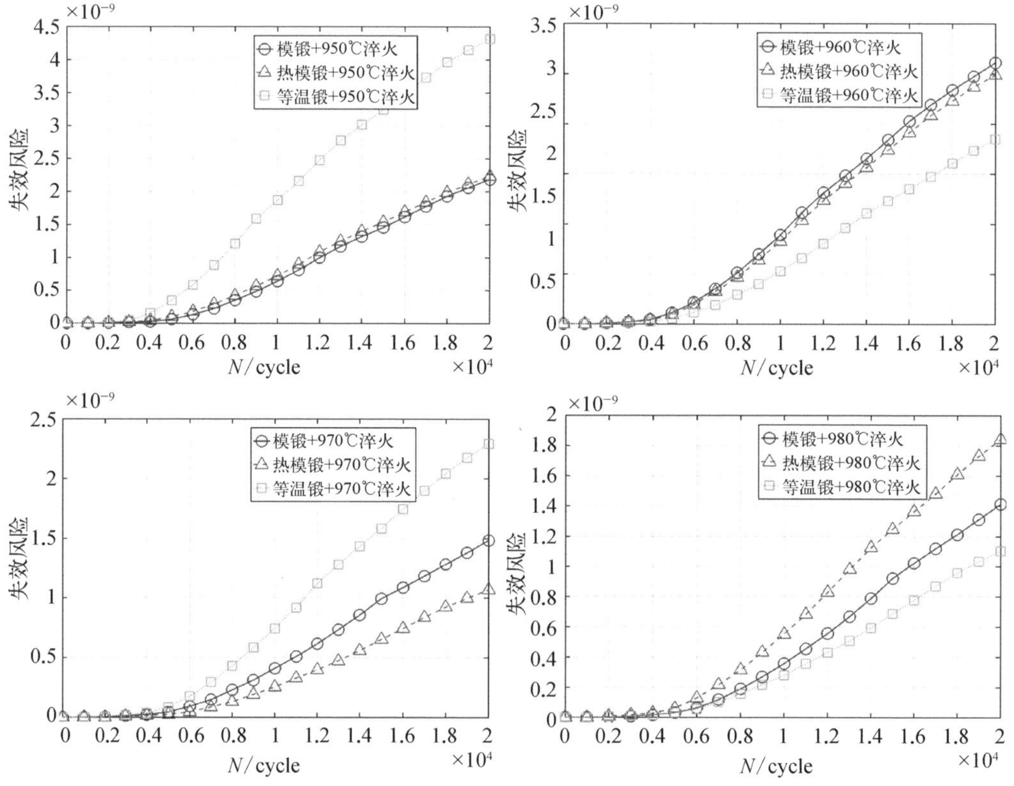

图 7.44　轮盘失效风险随循环数的变化(考虑锻造方式、淬火温度对材料特性影响)

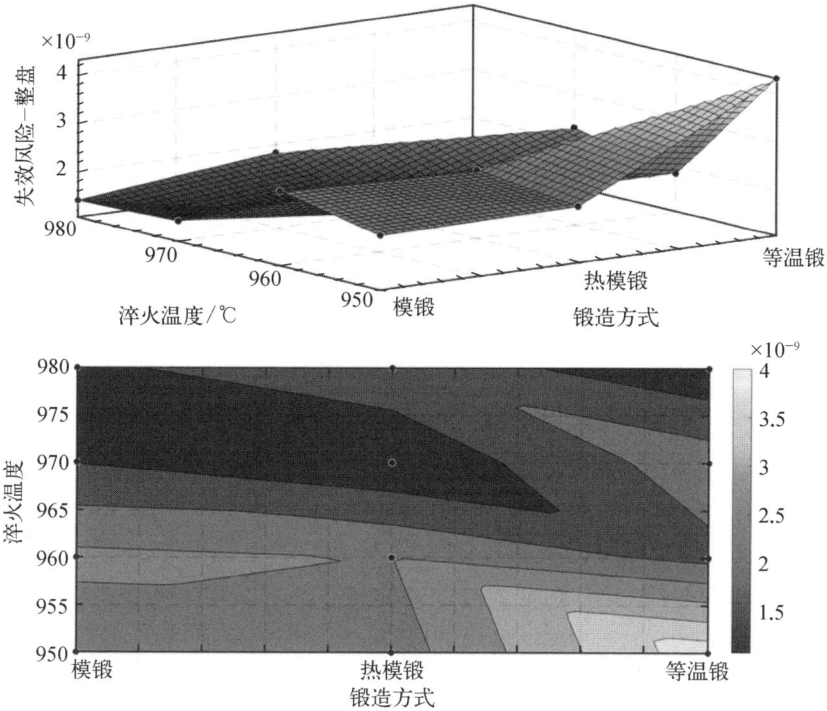

图 7.45　20 000 飞行循环下失效风险(考虑锻造方式、淬火温度对材料特性影响)

高,转子盘失效风险呈下降趋势,适当提高淬火温度有助于降低转子盘的失效风险。对于 3 种锻造方式来说,整体上,模锻和热模锻盘坯的失效风险较低。

综上所述,从热加工工艺影响转子盘部件裂纹扩展特性进而影响失效风险的层面分析,对转子盘安全性有利的热加工工艺为:较低的锻造温度,较小的锻造变形量,模锻或热模锻和较高的淬火温度。

2. 热加工内部残余应力变化对失效风险影响规律

以不同热工艺下的获得的内部残余应力为输入,计算轮盘寿命期失效风险。残余应力通过影响夹杂处萌生裂纹的扩展速率来影响分区的失效风险,基于线弹性断裂力学的应力强度因子叠加方法是最常用的用来评估已知残余应力场对裂纹扩展速率影响的方法。该方法的原理是:在线弹性断裂力学范畴内,位移、应变、应力分量均是可以相加的,裂纹尖端的应力可以表示为

$$\frac{\sigma_{i,j}\sqrt{\pi a}}{\sqrt{2\pi r}}f_{i,j}(\theta)=\frac{\sigma_{i,j}\big|_1\sqrt{\pi a}}{\sqrt{2\pi r}}f_{i,j}(\theta)+\frac{\sigma_{i,j}\big|_2\sqrt{\pi a}}{\sqrt{2\pi r}}f_{i,j}(\theta) \tag{7.37}$$

$$\frac{K}{\sqrt{2\pi r}}f_{i,j}(\theta)=\frac{K_1}{\sqrt{2\pi r}}f_{i,j}(\theta)+\frac{K_2}{\sqrt{2\pi r}}f_{i,j}(\theta) \tag{7.38}$$

针对同一裂纹,决定裂纹尖端应力分布形态的函数 $f_{i,j}(\theta)$ 相同。因此,在线弹性范围内,物体在多个载荷的作用下,裂纹尖端的应力强度因子等于各个载荷分别作用下的应力强度因子代数和,从而根据 Newman 形状因子模型,假设裂纹扩展模型不考虑应力比的影响,应力强度因子的叠加与应力直接叠加是等效的。裂纹尖端的应力强度因子等于各个载荷分别作用下的应力强度因子代数和,即总的应力强度因子 K_T 等于由工作应力计算的应力强度因子 K_L 与由残余应力场计算的应力强度因子 K_R 之和。

$$K_T = K_L + K_R \tag{7.39}$$

根据上述输入,开展考虑热加工残余应力的失效风险计算。本节考虑热加工影响的失效风险计算分为以下步骤:

(1) 计算转子盘工作应力;

(2) 残余应力与工作应力直接叠加,获得转子盘失效风险计算的外因载荷输入;

(3) 基于叠加后的应力分布进行应力分区;

(4) 计算分区失效风险及整盘失效风险;

(5) 分析各分区的失效风险贡献度。

残余应力与工作应力叠加后,主要影响裂纹尖端应力强度因子大小,应力强度因子反映了裂纹尖端应力场的强度,表征了裂纹扩展的驱动力的大小。另外由于工作应力卸载后的最小应力由零变为残余应力值,因此残余应力与工作应力叠加也会影响裂纹扩展的应力比大小。计算过程及结果如下。

图 7.46~图 7.48 为不同锻造方式和淬火温度残余应力与工作应力叠加后的分区图。图 7.49 为考虑锻造方式和淬火温度的轮盘失效风险随循环数变化曲线。图 7.50 为考虑锻造方式、淬火温度对残余应力影响的 20 000 飞行循环下失效风险云图。图 7.51~图 7.53 为热工艺残余应力对分区及分区贡献度的影响。

可以得出以下规律,残余应力叠加工作应力后,改变了转子盘的应力分布,因此,首先分区结果收到残余应力场的影响,不同锻造方式和淬火温度下,分区数量和分区大小均发生变化,且由于拉伸残余应力和压缩残余应力的作用,轮盘最危险区域发生一定程度偏移,对最危险区域的定位检测有一定指导作用。

其次,从失效风险数值上分析,热模锻失效风险明显比模锻和等温锻造的失效风险高,同时,淬火温度越高,失效风险越低。

最后,本节还分析了由于残余应力的影响,分区改变后,各分区失效风险贡献度的改变,并且以失效风险贡献度柱状图的形式表现。目前认为,各分区失效风险贡献度较为平均的工艺是较优工艺。从经济和安全的角度考虑,应避免存在某个分区的失效风险过高的情况出现。

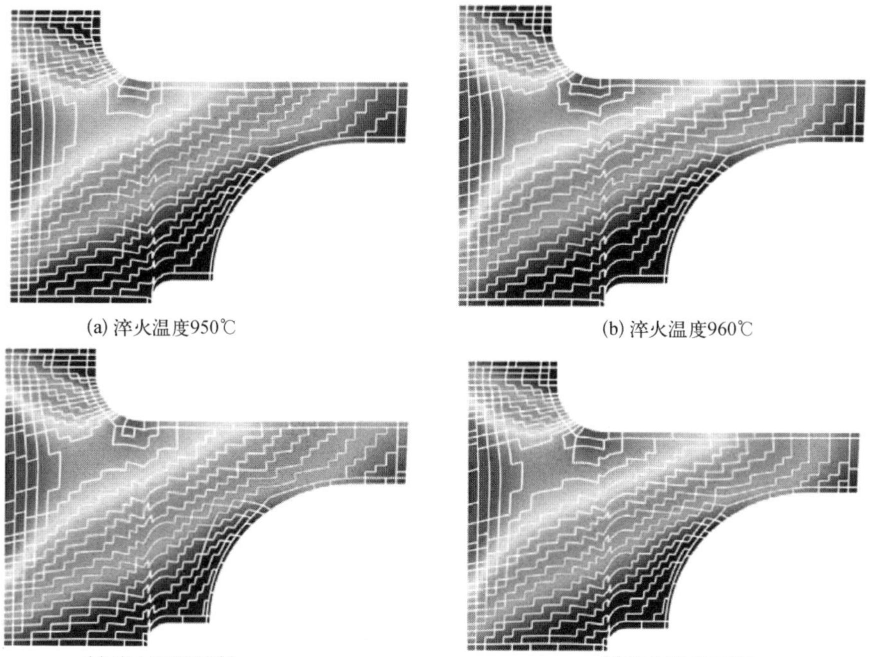

(a) 淬火温度950℃　(b) 淬火温度960℃

(c) 淬火温度970℃　(d) 淬火温度980℃

图 7.46　等温锻残余应力与工作应力叠加分区图

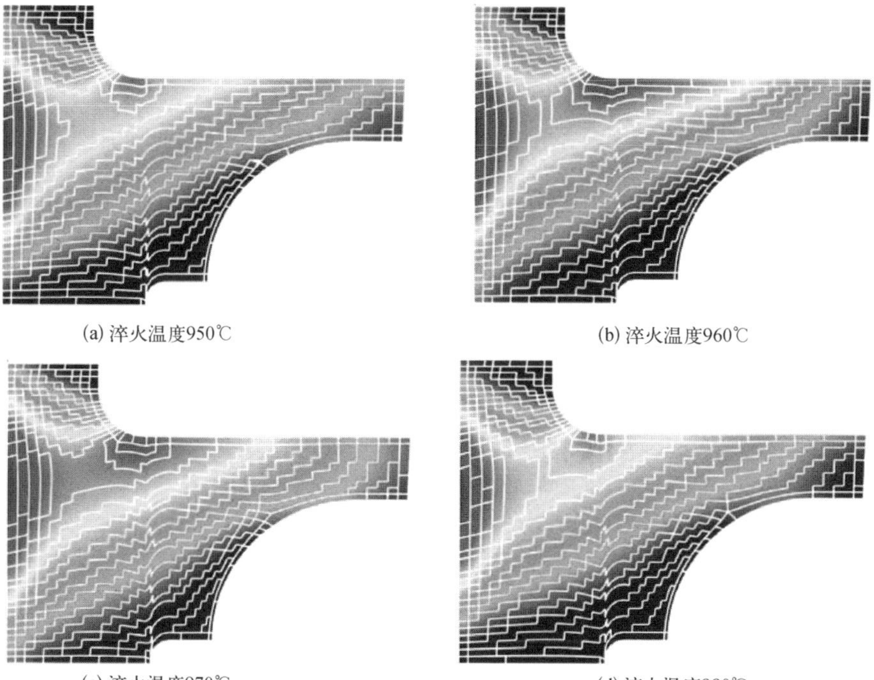

(a) 淬火温度950℃　(b) 淬火温度960℃

(c) 淬火温度970℃　(d) 淬火温度980℃

图 7.47　模锻残余应力与工作应力叠加分区图

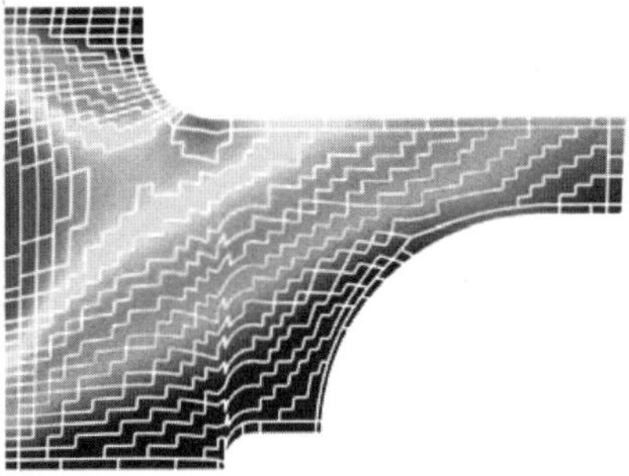

(a) 淬火温度950℃

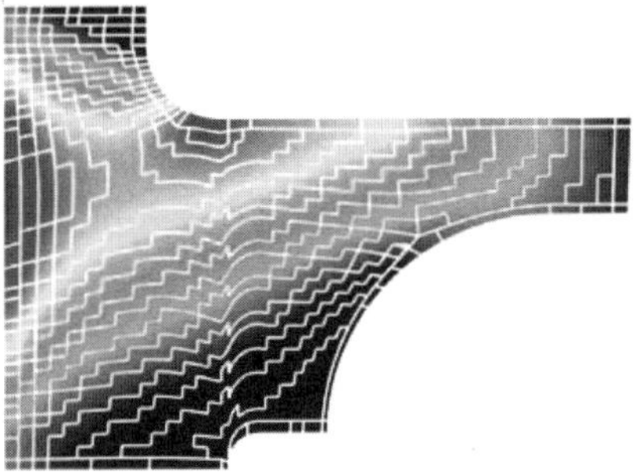

(b) 淬火温度960℃

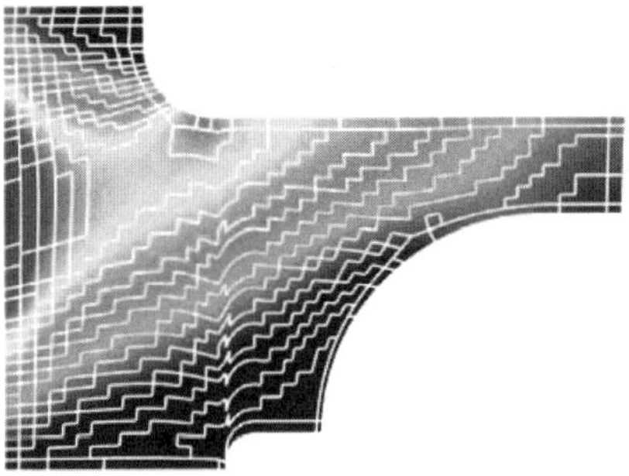

(c) 淬火温度970℃

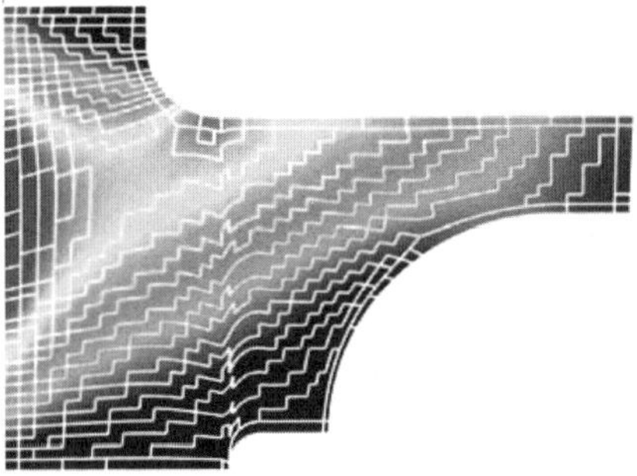

(d) 淬火温度980℃

图 7.48　热模锻残余应力与工作应力叠加分区图

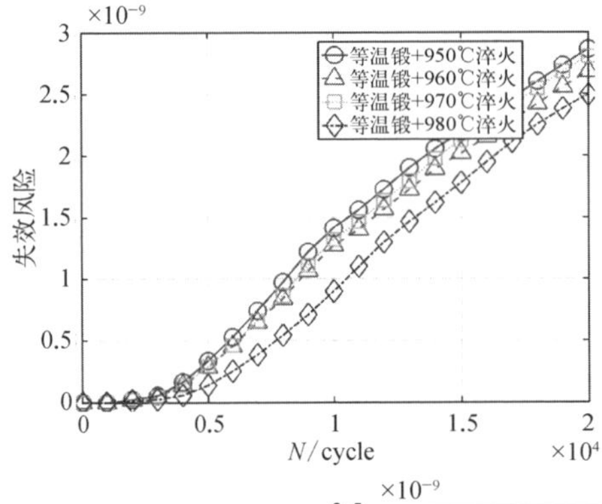

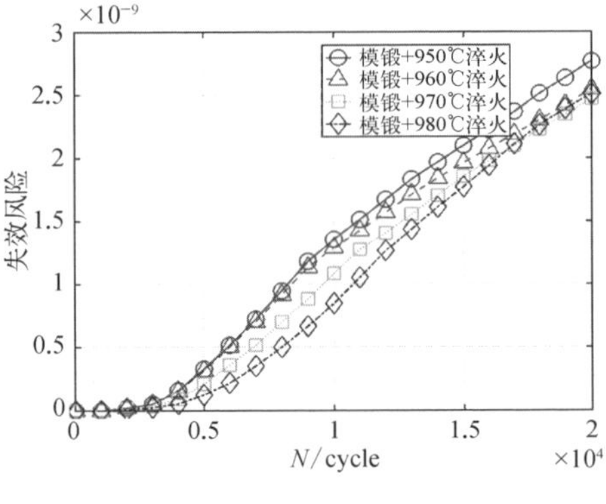

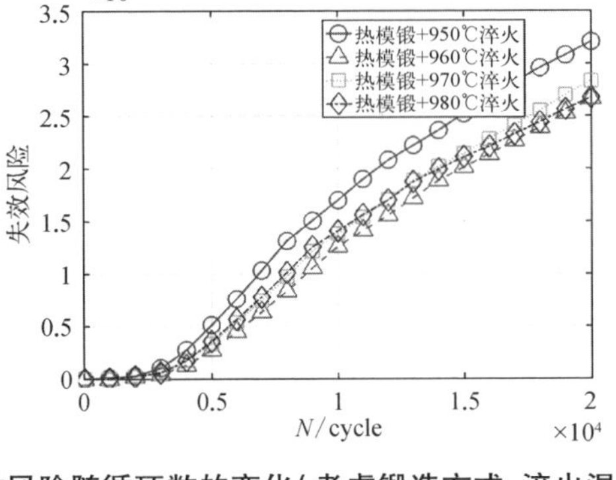

图 7.49　轮盘失效风险随循环数的变化(考虑锻造方式、淬火温度对残余应力影响)

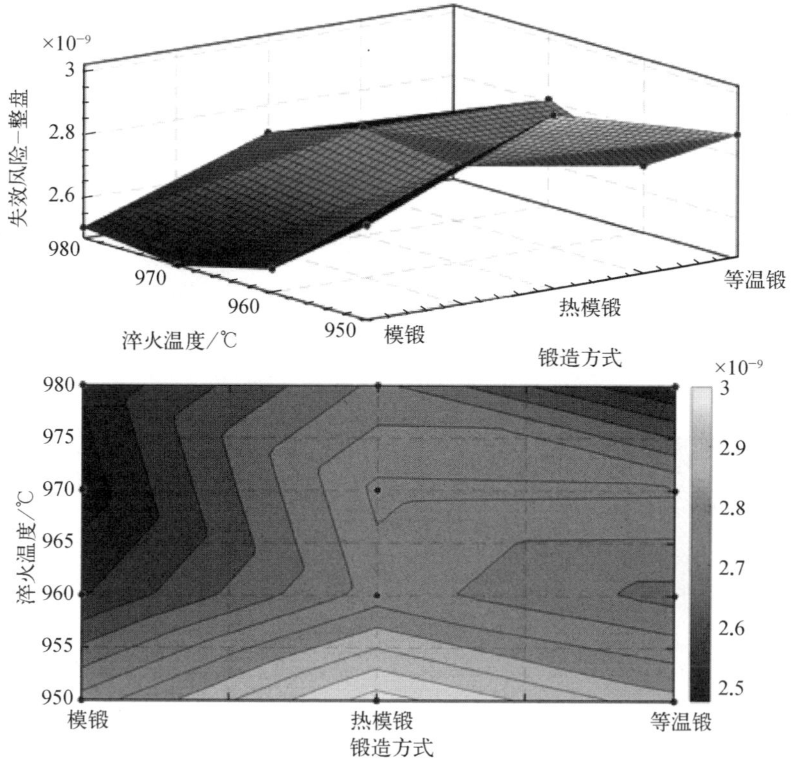

图 7.50　20 000 飞行循环下失效风险(考虑锻造方式、淬火温度对残余应力影响)

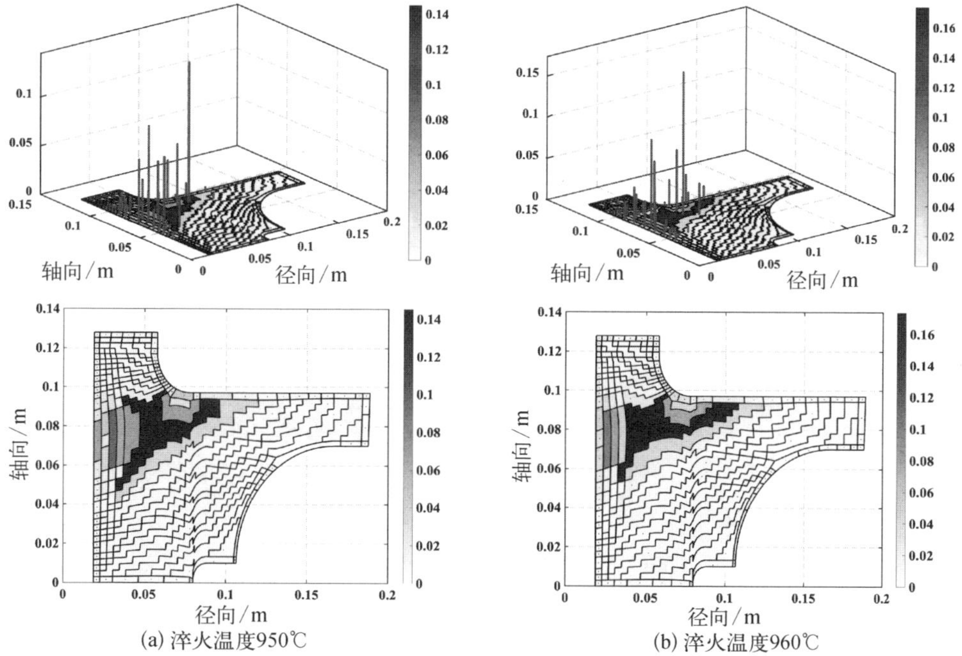

(a) 淬火温度950℃　　(b) 淬火温度960℃

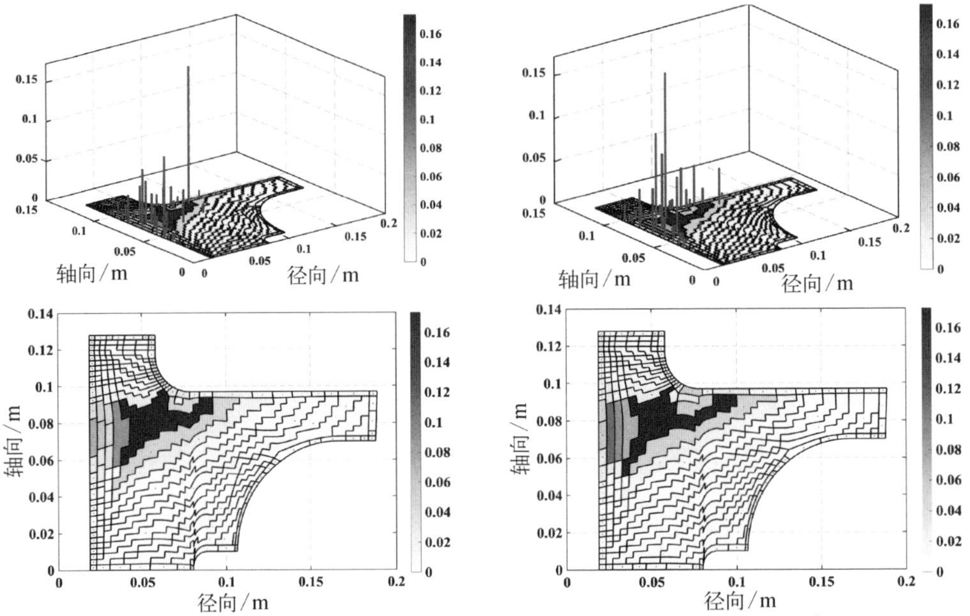

(c) 淬火温度970℃　　(d) 淬火温度980℃

图 7.51　等温锻残余应力影响的失效风险分区贡献度

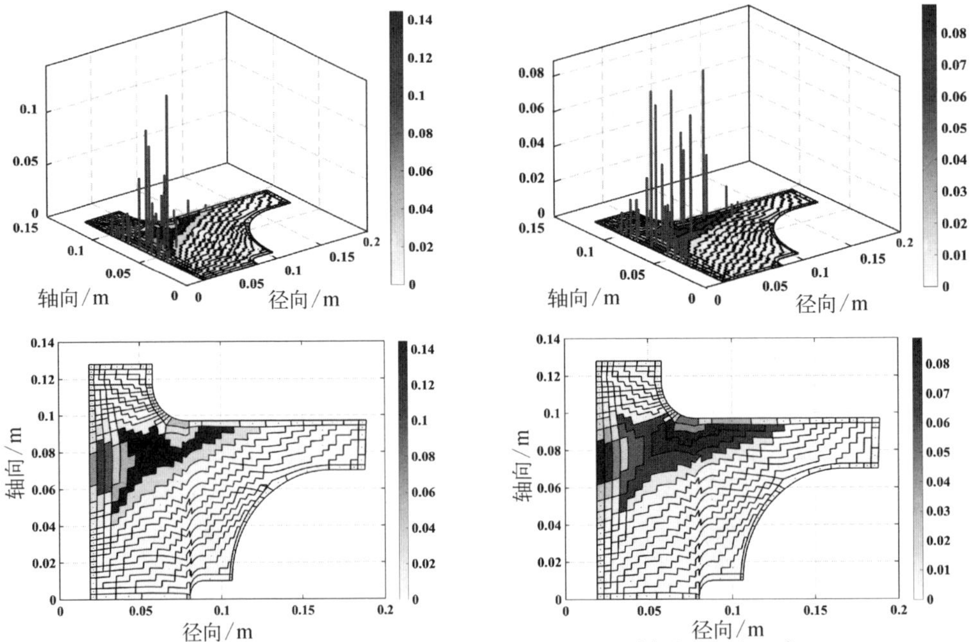

(a) 淬火温度950℃　　(b) 淬火温度960℃

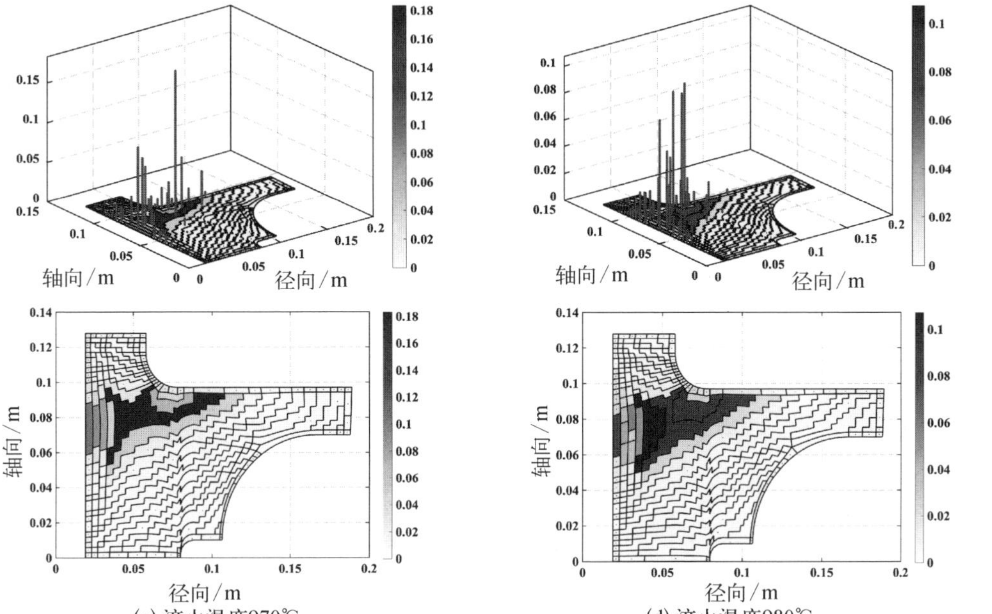

(c) 淬火温度970℃　　(d) 淬火温度980℃

图 7.52 模锻残余应力影响的失效风险分区贡献度

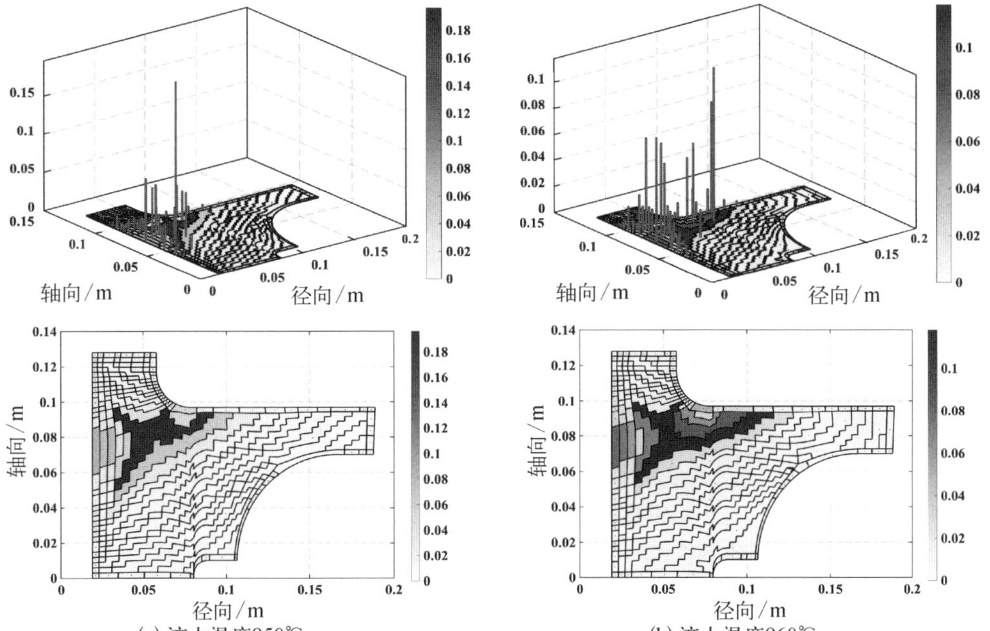

(a) 淬火温度950℃　　(b) 淬火温度960℃

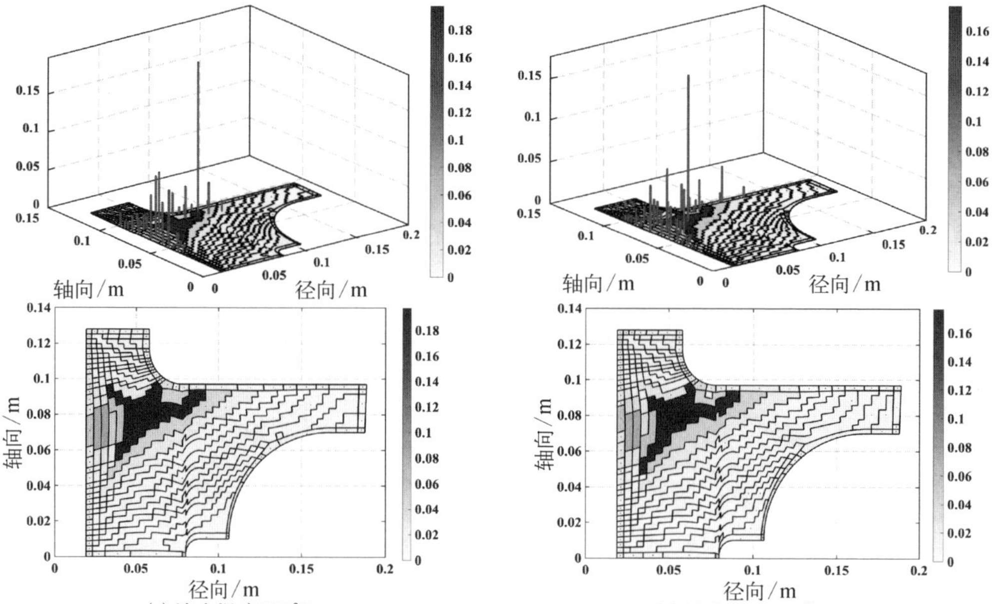

(c) 淬火温度970℃　　(d) 淬火温度980℃

图 7.53　热模锻残余应力影响的失效风险分区贡献度

7.4.3　关键冷加工工艺参数判定

冷加工过程主要包括机械加工及表面强化。本节根据实际钛合金轮盘加工流程,选择典型的冷加工工艺,包括车削、镗孔、铣削、磨削以及喷丸;设计轮盘构型并选定冷加工工艺参数;进一步,借助腐蚀剥层及 X 射线衍射试验测量不同冷加工类型以及冷加工工艺参数下加工表面的残余应力。同时,本章借助白光衍射测量仪、电子背散射衍射探测器获取冷加工不同工艺参数下的表面形貌以及金表面层显微组织,揭示冷加工过程引入的表面形貌及显微组织的变化规律。

不同车削速度、进给及深度下沿着加工深度方向的表面残余应力如图 7.54(a)、(d)及(g)所示。计算考虑车削残余应力下的寿命,如图 7.54(b)、(e)及(h)所示,可见随着残余压应力的增大,寿命不断增大。计算对应的条件失效概率如图 7.54 (c)、(f)及(i)所示。

不同镗孔深度下的表面残余应力如图 7.55(a)所示,当切削深度低时,其表面残余压应力最小;当切削深度高时,其表面残余压应力先增大后降低,最终可得在对应镗孔残余应力下的寿命及条件失效概率,如图 7.55(b)和(c)所示。

不同铣削主轴转速、进给及刀具角度下对应的表面残余应力如图 7.56(a)和(d)所示。在铣削工艺引入残余应力下的裂纹扩展曲线如图 7.56(b)和(e)所示,对应的失效概率如图 7.56(c)和(f)所示,可见铣削过程由于引入的残余压应力较低,因此其寿命增长不明显,对应的失效概率变化也不明显。

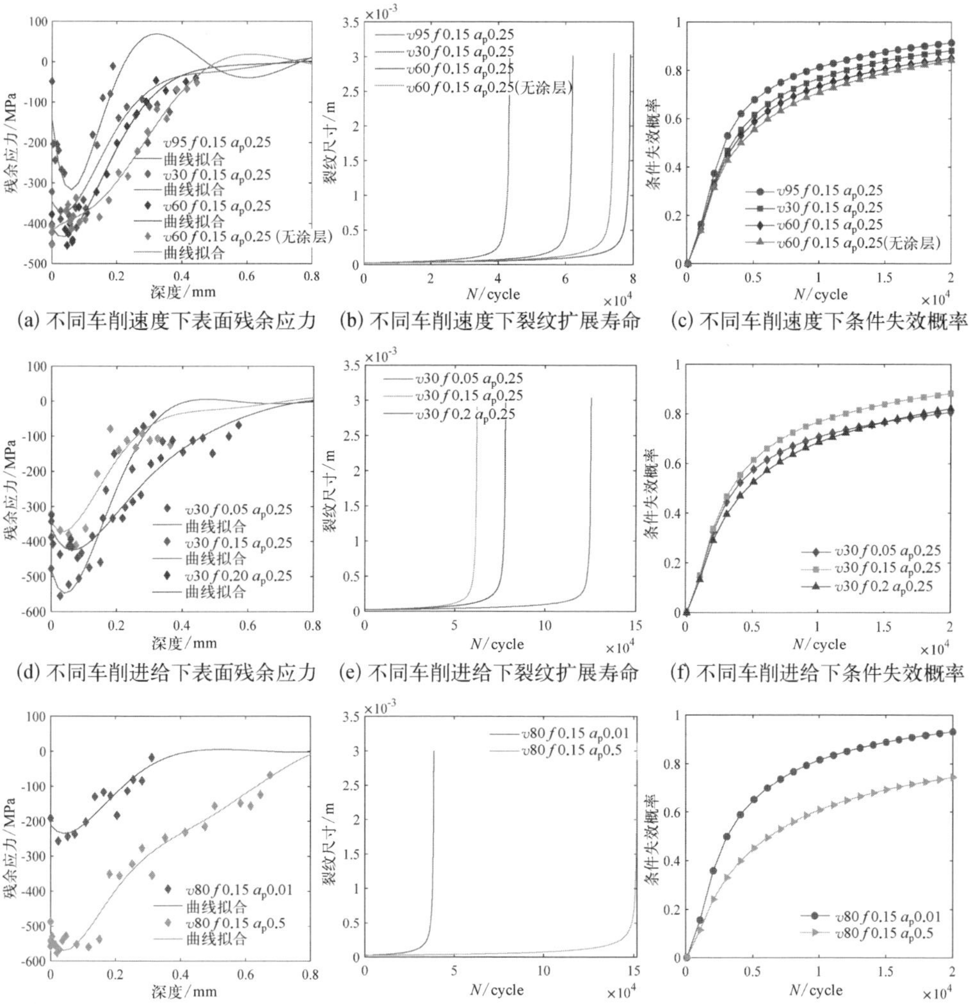

(a) 不同车削速度下表面残余应力　(b) 不同车削速度下裂纹扩展寿命　(c) 不同车削速度下条件失效概率

(d) 不同车削进给下表面残余应力　(e) 不同车削进给下裂纹扩展寿命　(f) 不同车削进给下条件失效概率

(g) 不同车削深度下表面残余应力　(h) 不同车削深度下裂纹扩展寿命　(i) 不同车削深度下条件失效概率

图 7.54　不同车削速度、进给及深度下表面残余应力、裂纹扩展寿命及失效概率

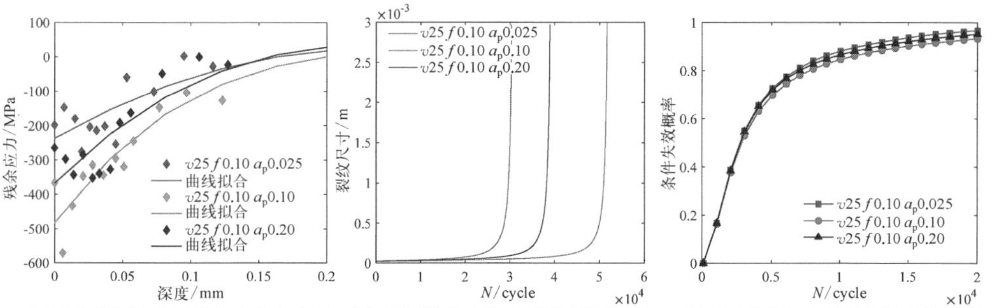

(a) 不同镗孔深度下表面残余应力　(b) 不同镗孔深度下裂纹扩展寿命　(c) 不同镗孔深度下条件失效概率

图 7.55　不同镗孔深度下表面残余应力、裂纹扩展寿命及失效概率

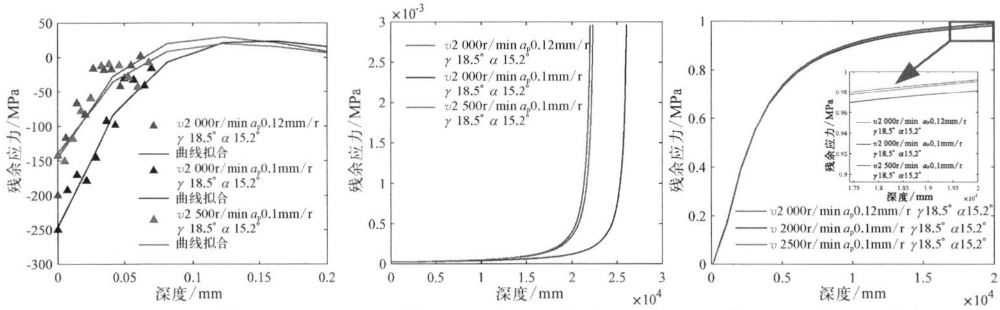

(a) 不同铣削主轴转速及进给下表面残余应力　(b) 不同铣削主轴转速及进给下裂纹扩展寿命　(c) 不同铣削主轴转速及进给下条件失效概率

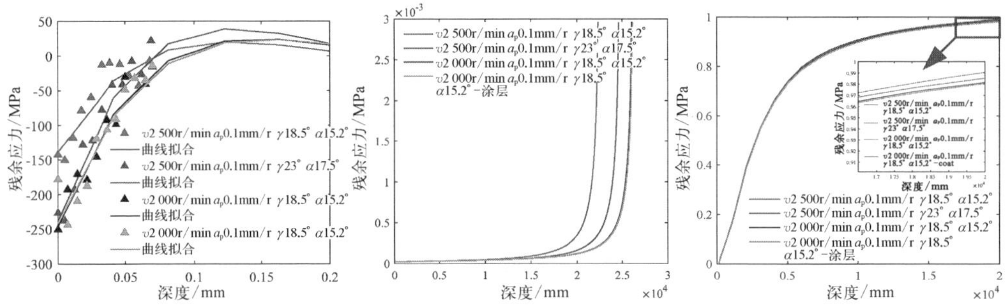

(d) 不同铣削刀具特征下表面残余应力　(e) 不同铣削刀具特征下裂纹扩展寿命　(f) 不同铣削刀具特征下条件失效概率

图 7.56　不同铣削主轴转速、进给及刀具特征下表面残余应力、裂纹扩展寿命及失效概率

上述车削、镗孔及铣削均为刀具引入的表面切削过程,其引入的表面残余应力以压应力为主,因此对寿命有一定的延长作用,其对应的条件失效概率也呈降低趋势。

不同磨削速度、深度及磨粒对应的磨削表面残余应力如图 7.57(a)所示,可见磨削过程引入的残余应力主要为拉应力。因此磨削过程对寿命的影响也呈现降低趋势,如图 7.57(b)所示,进而会使得条件失效概率上升。

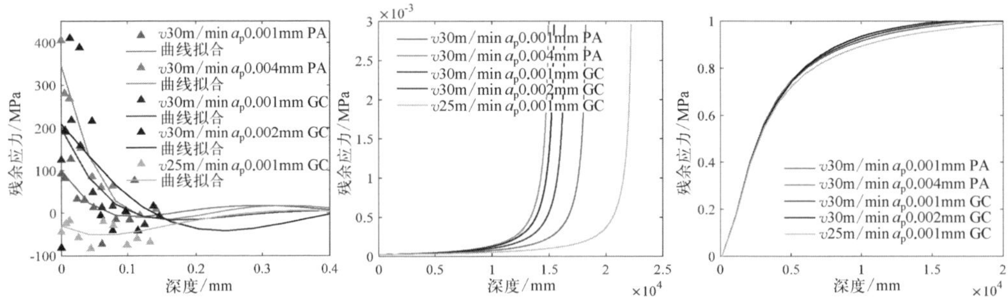

(a) 不同磨削速度、深度、磨粒下表面残余应力　(b) 不同磨削速度、深度、磨粒下裂纹扩展寿命　(c) 不同磨削速度、深度、磨粒下条件失效概率

图 7.57　不同磨削速度、深度、磨粒下表面残余应力、裂纹扩展寿命及失效概率

不同喷丸覆盖率及弹丸尺寸下表面残余应力如图 7.58(a)和(d)所示，可见喷丸过程主要引入压应力，随着覆盖率增大，其引入的压应力深度逐渐增大，因此对应的寿命增大，条件失效概率降低，如图 7.58(b)和(c)所示。当弹丸尺寸变小时，喷丸残余应力表面点的压应力变化不大，但是喷丸残余压应力的影响深度明显降低。因此当喷丸弹丸尺寸大时，其寿命更高，条件失效概率降低明显，如图 7.58(e)和(f)所示。

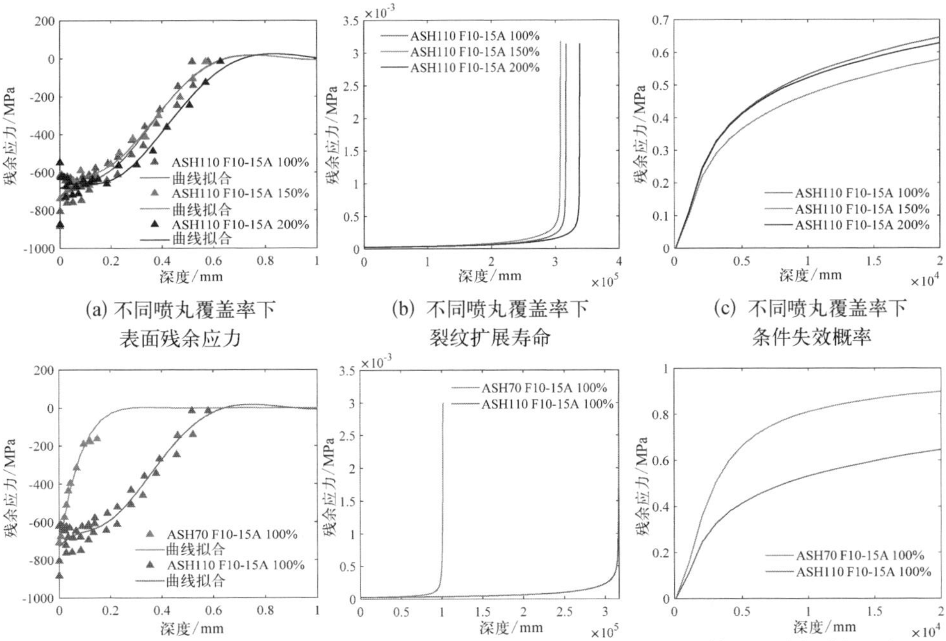

(a) 不同喷丸覆盖率下表面残余应力　(b) 不同喷丸覆盖率下裂纹扩展寿命　(c) 不同喷丸覆盖率下条件失效概率

(d) 不同喷丸弹丸尺寸下表面残余应力　(e) 不同喷丸弹丸尺寸下裂纹扩展寿命　(f) 不同喷丸弹丸尺寸下条件失效概率

图 7.58　不同喷丸覆盖率及弹丸尺寸下表面残余应力、裂纹扩展寿命及失效概率

基于对冷加工工艺下的失效风险分析，以 20 000 循环下失效风险最低为目标，可确定加工工艺参数区间内的"概率失效风险安全性"视角下的最优工艺参数，如表 7.12 所示。值得注意的是，表 7.12 中的最优工艺参数均是在单变量状态下分析所得，并非最优工艺组合，而是在其余工艺参数均采用常用工艺参数并且控制不变情况下判定的最优工艺参数。

表 7.12　"概率失效风险安全性"视角下的最优工艺参数

工艺类型	工艺参数	工艺参数范围(最优参数加粗)	控制变量
车削	速度 v/(m/min) 进给 f/(mm/r) 深度 a_p/mm	30　60　90 0.05　0.15　0.20 0.01　0.05	f0.15, a_p0.25 v30, a_p0.25 v80, f0.15

续 表

工艺类型	工艺参数	工艺参数范围(最优参数加粗)	控制变量
镗孔	深度 a_p/mm	0.025 0.10 0.20	v25, f0.10
铣削	主轴转速 w/(r/min) 进给 f/(mm/r) 刀具前角 γ/(°)	2 000 2 500 0.10 0.12 18.5 23	f0.10, γ18.5 w2 000, γ18.5 w2 500, f0.10
磨削	速度 v/(m/min) 深度 a_p/mm 磨料	25 30 0.001 0.002 GC PA	a_p0.001, GC v30, GC v30, a_p0.001
喷丸	覆盖率 弹丸尺寸 D/(mm)	100% 150% 200% 0.18 0.3	D0.3, 强度 F10－15A 覆盖率 100%,强度 F10－15A

此外,对冷加工工艺关键工艺类型进行辨识。对冷加工车削、镗孔、铣削、磨削、喷丸5种工艺参数对失效风险的影响量级进行分析。其中主要分析考虑残余应力后的寿命与不考虑残余应力的寿命比值,记为

$$R_{Nk} = \left(\sum_{i}^{m_k} \frac{N_{ki} - N_0}{N_0} \right) / m_k \tag{7.40}$$

其中,下标 k 表示加工的工艺类型,分别为车削、镗孔、铣削、磨削、喷丸5种工艺。m_k 表示每种工艺类型下本节所涉及的工艺参数组合个数,车削共有8组,镗孔共有3组,铣削为5组,磨削为5组,喷丸为4组。N_{ki} 为不同工艺类型第 i 组工艺参数组合引入残余应力后初始裂纹给定25.4 μm时计算的寿命,N_0 为不考虑残余应力时初始裂纹给定25.4 μm时计算的寿命。R_{Nk} 为每种工艺类型的考虑残余应力与不考虑残余应力偏差的均值,表明每种工艺类型对寿命的影响效果,结果如图7.59所示。

与此类似,计算考虑残余应力后的条件失效概率与不考虑残余应力的条件失效概率的比值,记为

$$R_p = \left(\sum_{i}^{m_k} \frac{p_{ki|d} - p_{0|d}}{p_{0|d}} \right) / m_k \tag{7.41}$$

其中,$p_{ki|d}$ 为不同工艺类型第 i 组工艺参数组合引入残余应力后计算的条件失效概率;R_p 为每种工艺类型的考虑残余应力与不考虑残余应力条件失效概率的偏差,表明每种工艺类型对失效概率的影响效果。

对冷加工工艺关键工艺参数进行辨识。上述分析主要分析了工艺对失效概率绝对值的影响,然而关键工艺还需辨别工艺参数的敏感性,即工艺参数偏离,其引

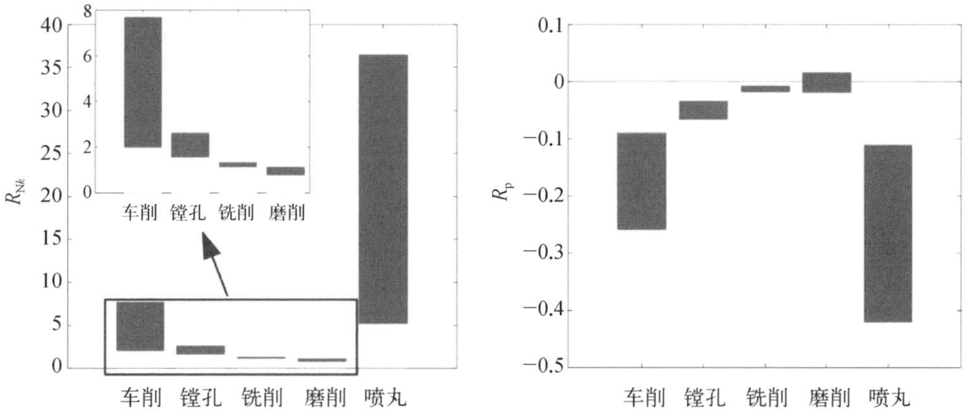

(a) 不同工艺类型下寿命与不考虑残余应力寿命比值(初始裂纹尺寸25.4 μm)

(b) 不同工艺类型下条件失效概率与不考虑残余应力失效风险的相对偏差

图 7.59　不同工艺类型下寿命及失效概率与不考虑残余应力下的偏差

入残余应力是否稳定。本节引入评估工艺参数相对敏感性变量:

$$Se(F_a) = \frac{F_a(x + \Delta lx) - F_a(x)}{F_a(x)} \times \frac{1}{\Delta l} = \frac{F_a(x + \Delta lx) - F_a(x)}{F_a(x)\Delta l} \tag{7.42}$$

其中,F_a 为关注参量;Se 为敏感性参量,其含义是在自变量 x 增大原来的 Δl 倍,因变量 F_a 的变化百分比与自变量变化百分比的比值。在本节中,自变量 x 为工艺参数,如车削速度、进给、深度等。F_a 为每种工艺参数下的表面层残余应力 σ_r,残余应力影响深度层 d_r,考虑残余应力的寿命 N_f,考虑残余应力后的条件失效概率 p_d。相对敏感性表明,当工艺参数偏移一定百分比时,其对应的寿命、失效风险偏移的百分比与工艺参数偏移百分比的比值,也反映了工艺参数对寿命及条件失效概率的敏感性高低。最终所得残余应力的敏感性、寿命及条件失效概率的敏感性如图 7.60 所示。

由图 7.59 可知,对于车削、镗孔、铣削、磨削、喷丸这五项工艺类型而言,在本节根据实际工艺选择的加工工艺参数下,其对条件失效概率的影响最大的为喷丸工艺,可见喷丸工艺由于其表面层的残余压应力较大,能够有效延迟表面裂纹的扩展,喷丸工艺能将失效风险降低 10%~40%量级。其次是车削工艺,同样是因为车削过程产生的残余压应力较高,影响层较厚,因此车削过程对失效风险的影响为降低 10%~25%。再者是镗孔工艺,其残余应力及影响层厚度略微降低,失效风险降低 4%~6%量级。再者是磨削工艺,值得注意的是,磨削工艺由于引入的主要为残余拉应力,因此尽管对失效风险的影响较小,但是存在将失效风险增高的风险,其对失效风险的影响为−2%~2%。对失效风险影响最小的是铣削工艺,失效风险变化降低 2%以内。

由图 7.60 可知，不同的工艺参数对失效风险影响的敏感性排序为：磨削速度>铣削进给>铣削角度>铣削转速>喷丸弹丸尺寸>磨削深度>喷丸覆盖率>车削进给>车削速度>镗孔深度>车削深度。这表明在进行工艺参数控制时，对敏感性较高的工艺参数需要更为关注其加工过程工艺的稳定性。

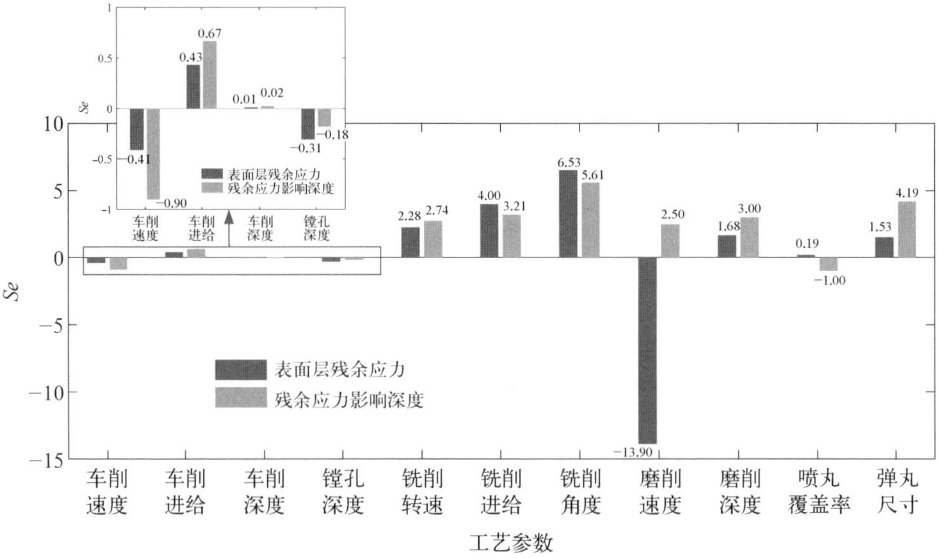

(a) 不同工艺参数对表面点残余应力及残余应力影响深度相对敏感性条形图

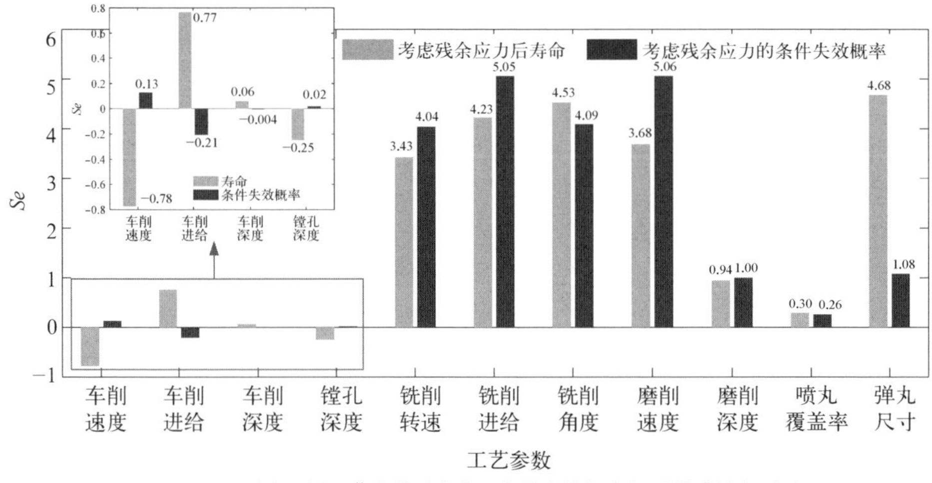

(b) 不同工艺参数对寿命及条件失效概率相对敏感性条形图

图 7.60　不同工艺参数的相对敏感性条形图

7.5 限寿件“设计赋予”与“制造实现”交互协同判定准则

判定准则是限寿件的安全性指标，与6.5节相同。该安全性指标应该是整机系统安全性分解的指标。适航规章的安全性指标为最低安全性要求，即限寿件的失效风险是否低于DTR。当考虑制造工艺引入的材料特性、残余应力等参数时，需判定不同工艺参数对安全性指标的影响规律，如果在规定的工艺下无法完成限寿件的安全性指标，则需要迭代修改设计方案及制造计划。

另一方面，以规定飞行循环下失效风险最低为目标，可确定加工工艺参数区间内的“概率失效风险安全性”视角下的最优工艺参数，这也是制造计划确定与迭代的判定依据。

7.6 限寿件“设计赋予”与“制造实现”交互协同输出

输出为限寿件失效概率分析结果，即基于实际制造统计值计算的失效风险分析结果。另外还需输出原定的制造计划及使用维护计划的判定结果。

此外，还需输出基于实际制造统计值分析的限寿件满足安全要求的全套分析材料和支撑材料，同时输出基于安全性指标提出的设计方案的建议。可接受的输出形式包括安全性分析报告、试验结果报告、类似零件或组件的比较、其他定性/定量资料。

7.7 限寿件“设计赋予”与“制造实现”交互协同软件工具

分析过程涉及的软件工具见第2章。

参考文献

[1] 《航空制造工程手册》总编委会. 航空制造工程手册[M]. 航空工业出版社, 2015: 802-873.

[2] Özel T, Sima M, Srivastava A K, et al. Investigations on the effects of multi-layered coated inserts in machining Ti-6Al-4V alloy with experiments and finite element simulations[J]. CIRP Annals — Manufacturing Technology, 2010, 59(1): 77-82.

[3] Merchant M E. Mechanics of the metal cutting process. I. orthogonal cutting and a type 2 chip[J]. Journal of Applied Physics, 1945, 16(5): 267-275.

[4] 小野浩二,河村末久,北野昌则,等. 理论切削学[M]. 高希正,刘德忠,译. 北京: 国防工业出版社,1985.

[5] Tufft M K. Modeling of fatigue behavior due to shot peening conditions[R]. Cincinnati: GE Aircraft Engines, 2003.

[6] Ball D L, Watton. Fatigue life variability in large aluminum forgings with residual stress[C]. Denver: 52nd AIAA/ASME/ASCE/AHS/ASC Structures, Structural Dynamics and Materials Conference, 2011.

[7] Shankar R, Wu W T, Yang J, et al. Residual stress modeling and uncertainty quantification [C]. Kissimmee: 56th AIAA/ASCE/AHS/ASC Structures, Structural Dynamics, and Materials Conference, 2015.

[8] Millwater H, John R, Larsen J, et al. Probabilistic modeling of residual stress data in IN100 [C]. Schaumburg: 16th AIAA/ASME/AHS Adaptive Structures Conference, 2008.

[9] Enright M P, Chan K S, Moody J P, et al. Influence of random residual stress on fretting fatigue[J]. AIAA Journal, 2011, 49(5): 881-889.

[10] Kiciak A, Glinka G, Eman M, et al. Weight functions and stress intensity factors for corner quarter-elliptical crack in finite thickness plate subjected to in-plane loading[J]. Engineering Fracture Mechanics, 1998,60(2): 221-238.

[11] Lee Y D, McClung R C, Chell G G. An efficient stress intensity factor solution scheme for corner cracks at holes under bivariant stressing[J]. Fatigue & Fracture of Engineering Materials & Structures, 2008, 31(11): 1004-1016.

[12] Sobczyk K, Trebicki J. Fatigue crack growth in random residual stresses[J]. International Journal of Fatigue, 2004, 26(11): 1179-1187.

[13] Liu J B, Ding S T, Guo L. Influence of random variable dimension on the fast numerical integration method of aero engine rotor disk failure risk analysis[C]. Proceedings of ASME 2020 International Mechanical Engineering Congress and Exposition, 2021.

[14] Kozin F. On the Probability Densities of the output of some random systems[J]. Journal of Applied Mechanics, 1961, 28(2): 161-164.

[15] Li J, Chen J B. Advances in the research on probability density evolution equations of stochastic dynamical systems[J]. Advances in Mechanics, 2010, 40(2): 170-188.

[16] Li J, Chen J B. The principle of preservation of probability and the generalized density evolution equation[J]. Structural Safety, 2008, 30(1): 65-77.

[17] Neumaier A, Introduction to numerical analysis[M]. Cambridge: Cambridge University Press. 2001.

第 8 章 限寿件验证表明与审定接受案例

航空发动机安全性与适航的验证表明与审定接受是一个事物的两个方面，对工业方来说，重点是如何验证表明；对局方来说，重点是如何审定接受。限寿件验证表明由工业方主导，并且需要经过工业方与局方的长期磨合。验证并非通过大量的试验去重复设计和制造过程，而是更为强调“理论分析+有限的实验”相结合的安全性与适航验证技术方法，保证验证表明的目标尽可能少地导致设计迭代。

对于限寿件而言，一方面，验证表明本质上是验证限寿件的安全性指标是否满足安全性要求，即经过安全性分析分解的限寿件寿命期失效概率是否低于设计目标风险值；另一方面，还需验证计算安全性指标的准确性，即验证输出的准确性。需要指出，限寿件的失效概率安全性指标为概率要求，高层级的安全性要求往往难以直接验证，因此采用分层级的方式验证失效概率，即验证失效概率计算流程中涉及各个环节，包括影响失效概率这一输出值的流程/工具合理性、判定准则准确性、输入/数据库数据准确性，验证方式包括分析、试验。

审定是由局方作为第三方，对由工业方表明的发动机安全性水平进行确认的活动。审定的内容和对象囊括了产品研制的全过程，即可以追溯到设计、制造及验证的任一环节。尽管审定过程有权利设计产品研制的各个方面，但在实际审查活动中，由于人力、成本等因素的限制，如何在不过多依赖设计细节，并在有限的验证活动下判定产品安全性水平和适航要求的满足，如何判定关键审定要素确实是关键，也是审定技术的本质。

本章对限寿件的安全性指标即失效概率进行多层次验证的介绍，具体包括流程准确性验证、判定准则准确性验证及数据库准确性验证。另一方面，本章以 WZ16 限寿件为例，介绍局方的审定接受过程。

8.1 限寿件验证表明概述

在验证表明阶段，要设置输入评价、工具评价、数据库评价、准则评价、输出评价、闭环评价等若干控制点，表明过程的可控性、可追溯性和置信空间。

1. 以适航规章 FAR－33.70/CCAR－33.70 对应咨询通告为例验证分解的安全性指标

限寿件安全性指标即寿命期内失效概率，可采用概率失效风险评估方法计算。其中计算程序涉及的流程都需要作为控制点，保证其合理性。验证表明流程主要通过分层的流程控制（表 8.1），验证最终的失效概率指标计算准确性。

表 8.1　转子件寿命评估中的流程控制

核心活动	分析对象	备注
飞行剖面的选取	转换流程	转换过程需合理的被流程化，经过以往型号认证及台架试验校准
性能分析	性能程序流程	计算需合理的被流程化，经过以往型号认证及台架试验校准
空气系统分析	空气系统程序流程	
热分析	热分析计算流程	
应力、振动分析	应力、振动分析计算流程	
寿命预测	寿命预测计算流程	计算需合理的被流程化，试验校准
失效概率计算	概率失效风险评估	计算需合理的被流程化，分层级验证

（1）飞行剖面。确定飞行剖面的基本流程是首先准确确定营运人的预期用途；然后确定航空器申请时对每一个飞行阶段的功率需求；最后将飞行剖面转化为航空器随时间变化的功率需求。验证过程中，依据整机试验累积运营数据，其中包括但不限于启动、慢车、滑行、起飞、爬升、巡航、进场、着陆、反推、停车等飞行阶段的发动机运营数据。飞行剖面需要经过以往型号认证及台架试验校准。

（2）性能分析。首先，必须确认性能分析所需的输入数据来源的准确性；其次必须通过专门的性能试验确定性能程序的准确性。由于制造容差、控制容差、装配尺寸容差，以及发动机性能衰变均会劣化发动机限寿件的工作边界条件，必须基于所有制造加工后表征限寿件最终状态的参数统计值，所有表征限寿件外场试验后的运行检测参数统计值的输入进行分析。性能分析需要经过以往型号认证及台架试验校准。

（3）空气系统分析。首先，必须确认空气系统分析所需的数据输入的准确性（所有制造加工后表征限寿件最终状态的参数统计值，所有表征限寿件外场试验后的运行检测参数统计值）；其次，必须通过专门的瞬态空气系统试验校验空气系统程序的准确性。

(4) 传热分析。制定每一个限寿件热分析计算流程(稳态、过渡态),严格按流程进行热部件温度计算,需要经过以往型号认证及台架试验校准。

(5) 应力分析。制定每一个限寿件应力分析计算流程,确定限寿件的应力集中区域及危险区域。以机械、气动载荷、温度梯度、材料模型和数据为边界条件,采用有限元模型进行应力分析计算,获得瞬态应力-应变历程和偏差。需要经过以往型号认证及台架试验校准。

(6) 寿命预测。针对限寿件的危险区域,进行疲劳计算,通过疲劳破坏准则给出预测寿命。计算过程需给定限寿件的实际飞行载荷谱,依据性能分析、热分析、应力和振动分析得到的应力场、温度场的分布。计算模型需要经过寿命试验校准,表明在声明的寿命期内不发生破坏。在试验过程中要考虑以下因素: 试验温度的等效修正、试验件安装与发动机实际安装方式下应力水平相当、试验转速循环与目标转速循环等效等。

(7) 失效概率计算。基于应力-强度干涉理论,计算寿命期内失效概率。由于失效概率难以直接验证,因此采用分层级的方式验证失效概率,即验证失效概率计算流程中涉及环节(1)~(6),验证方式包括分析、试验,并且对(7)失效概率计算模型进行验证。

2. 验证表明内容

对于具体的各项活动,判定准则的要求和内涵可概括如下。

(1) 飞行剖面。必须以保守预期作为确定飞行剖面的依据,也就是说,所确定飞行剖面的严酷程度必须大于实际飞行剖面。

(2) 性能分析。发动机制造容差、控制容差、装配容差,以及发动机性能衰变对限寿件的工作边界会产生组合影响。发动机性能参数的调整需考虑以上各种影响因素的最劣化组合。

(3) 空气系统分析。空气系统分析程序也必须通过发动机台架试验来校准,从而保证二次空气系统软件的精确性。

(4) 传热分析。提供计算中不同限寿件的边界条件所需的准则关系式数据库(和二次空气系统之间存在相互耦合)。

(5) 应力分析。应力分析计算是否包括台架试验中最恶劣的情况。

(6) 寿命预测。计算过程是否给定限寿件的实际飞行载荷谱,依据性能分析、热分析、应力和振动分析得到的应力场、温度场的分布。计算模型计算的寿命是否通过寿命试验校准。

按照限寿件寿命评估流程中所述的设计和验证活动,在 5.3 节已提及航空发动机的 10 种符合性验证方法。一般而言,FAR－33.70 限寿件条款工程计划的符合性方法可以概括为 8 种,如表 8.2 所示。

表 8.2 航空发动机限寿件寿命评估流程

主　题	适用		方　法	简　述
	是	否		
工程计划	√		D	提交关于完整工程计划的报告
限寿件的确定	√		A, M, D	提交关于发动机型号设计限寿件的分析报告
部件寿命的确定	√		I, ST, RT, CT, ET, A, M	对所有由 ECLP2011 确定的限寿件进行分析并确定其寿命
批准寿命的认证	√		D	提交 ECLP2022 的认证报告
批准寿命的维持	√		I, D	定期提交关于确定批准寿命的运行条件持续适用性的报告

A：analysis，分析；D：documents，文档；M：model，模型；ST：sample test，抽样试验；RT：rig test，台架试验；CT：crack tension，裂纹拉伸试验；ET：engine test，整机试验；I：inspection，检查

8.2 限寿件安全性设计失效概率计算流程验证

根据适航规章咨询通告 AC33.70－2[1]失效风险算例，验证孔特征失效风险评估方法。

1. 加载条件及材料数据

图 8.1 是算例的几何模型，转子盘均布 40 个直径为 0.012 7 m 的孔。在发动机设计寿命 20 000 飞行循环内，可视为受到 20 000 个 $0-\sigma_{max}-0$ 等幅载荷对。载荷分为两部分，首先是由转子盘旋转产生的离心应力，最大转速为 5 700 r/min；其次是外围叶片离心力，大小为 33 MPa，方向沿转子盘径向朝外。该算例采用的转子盘结构为钛合金材料，主要材料参数见表 8.3。

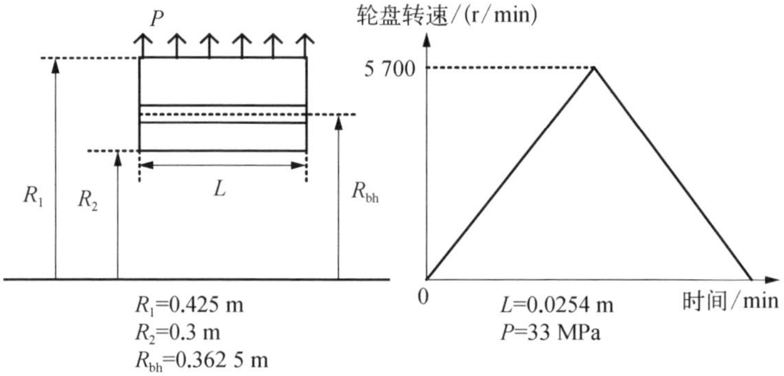

图 8.1 AC33.70－2 轮盘几何结构及边界条件[1]

表 8.3 AC33.70-2 算例钛合金轮盘材料属性参数[1]

弹性模量 E/GPa	泊松比 μ	密度 ρ/(kg/m^3)	断裂韧性 K_{crit}/(MPa·$\sqrt{m}$)	裂纹扩展方程 (应力比=0)
120	0.361	4 450	64.5	$da/dN = 9.25\times10^{-13}\Delta K^{3.87}$

2. 特殊材料数据库

表面特征初始缺陷分布是加工过程中引入缺陷的尺寸与相应尺寸出现概率的统计规律,反映了不同生产商的加工水平。初始缺陷分布通常以超越数的形式描述,即自变量是缺陷深度,因变量是缺陷在一定面积上出现的超越数。

目前已公开的表面缺陷数据是美国航空工业界统计分析 1970 年以来美国工业方累积的钛、钢、镍(合金)或者粉末镍(合金)圆孔特征加工诱发的缺陷数据,如图 8.2 所示。统计表明,圆孔特征的初始缺陷分布不仅与孔特征面积相关,还与孔深及孔径相关。孔越深,检测难度越高,从而存在缺陷的可能性越高。因而引入频率因子(frequency factor),根据圆孔的形态特征修正初始缺陷分布,如图 8.3 所示。

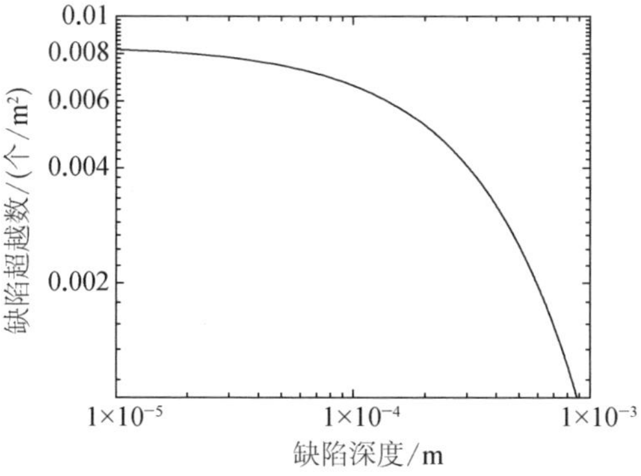

图 8.2 累积至 2004 年圆孔特征加工缺陷分布图[1]

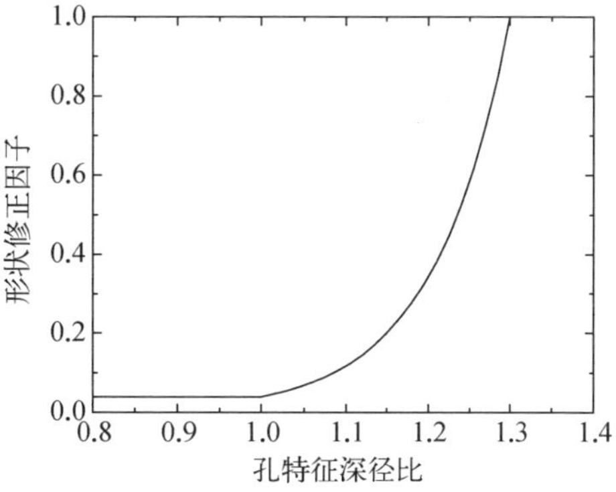

图 8.3 表面缺陷孔特征频率因子与深径比关系[1]

另一特殊材料数据是缺陷检出概率,即对成型的加工表面进行无损检测,不同尺寸缺陷对应不同的检出概率。图 8.4 是对机械加工表面开展无损检测情况下的缺陷检出概率。其中荧光检测标准为:干粉发生器下 MIL-I-25135 四级渗透标准,置信度为 50%;涡流检测标准为:2~6 MHz 检查频率,0.030 in×0.015 in 凹口校准,等于或大于校准等级阈值相应 1/2,置信度 50%。缺陷检出概率曲线的通用使用条件为:检测流程依据可接受的工序来控制和执行,并且检测技术与行业同类标准一致。

上述特殊材料数据由美国航空航天工业协会和转子完整性小组委员会对历史数据进行统计分析获得，反映了美国21世纪初业内的加工和检测水平，并不能反映我国的加工和检测水平。第6.3节开展表面缺陷数据和检测数据的累积工作，满足国内航空发动机的孔特征概率失效风险评估的数据库要求。

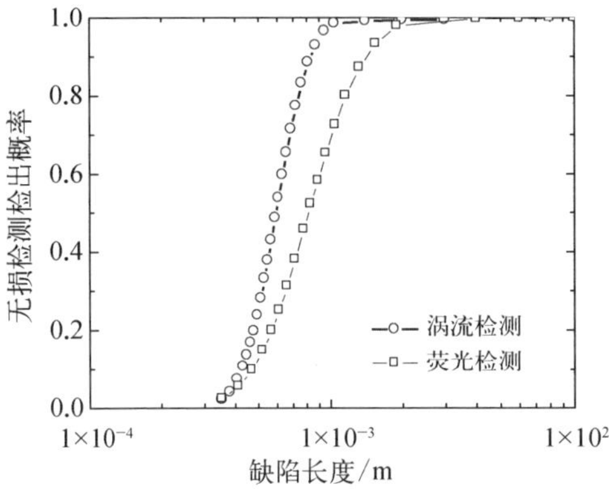

图 8.4 加工成型表面无损检测检出概率图[1]

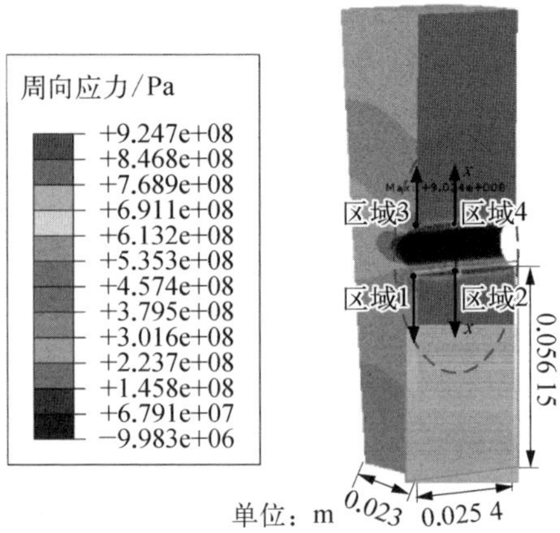

图 8.5 校准算例周向应力分布

3. 线弹性断裂力学方法验证

采用ABAQUS有限元软件，根据热弹性耦合理论获取1/40轮盘周向应力（图8.5）。孔特征处有应力集中，且沿厚度方向应力基本一致。

结合上述应力分布与结构特征，计算裂纹尖端应力强度因子，获取裂纹扩展过程数据。通常选用最具有代表性的裂纹最深点和裂纹表面点的计算数值代表整个裂纹周围的应力强度因子，即图8.6中A点（最深点）和B点（表面点）。

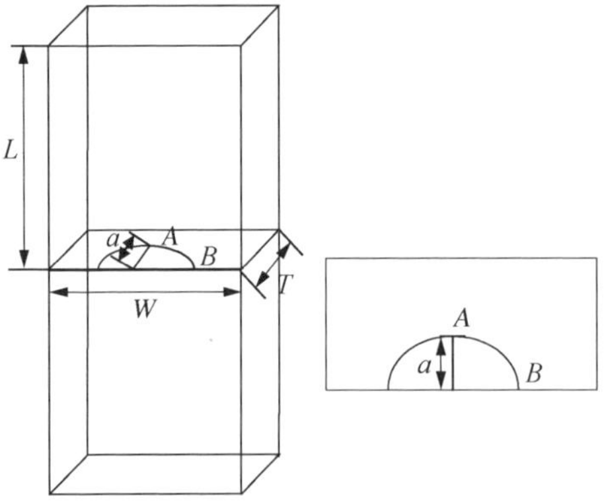

图 8.6 表面裂纹示意图
（最深点+表面点）

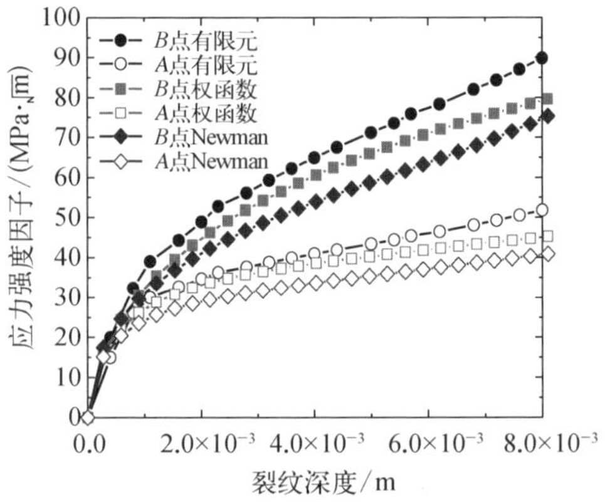

图 8.7 表面裂纹最深点及表面点应力强度因子对比

对应力强度因子计算的准确性进行校核。标准解采用 ABAQUS 中 J 积分计算结果。假设裂纹出现在图 8.5 中孔应力最大点 2 处,初始裂纹深度为 4.4 mm(此时应力强度因子接近断裂韧性阈值,误差最大),计算半圆形表面裂纹的最深点 A 和表面点 B 的应力强度因子,并以有限元结果为标准值,对 Raju - Newman 方程、权函数法的计算精度进行对比,见图 8.7,具体数值见表 8.4。

表 8.4 表面裂纹应力强度因子几种计算方法的误差对比

计算方法	A 点 SIF/(MPa · $\sqrt{m}$)	误 差	B 点 SIF/(MPa · $\sqrt{m}$)	误 差
有限元	41.9	—	67	—
权函数	39.15	6.5%	62.96	6.1%
Raju - Newman	34.33	18.0%	55.85	16.6%

权函数法解与有限元解误差较小(6%);Raju - Newman 公式估算结果误差较大。Raju - Newman 公式通过给定远场应力计算应力强度因子,不能较为准确地反应结构体受力情况,因而存在较大误差。相反,权函数法可充分反映结构体受力情况,计算结果较为准确。通过权函数法建立应力强度因子数据库,可提升断裂力学分析效率。

4. 孔特征失效风险计算

孔特征表面概率损伤容限评估以孔边最危险点的失效概率作为评估结果,从而获得保守的失效风险。选取区域 1、2、3、4 进行裂纹扩展分析。图 8.8 和图 8.9 分别是提取的最大应力梯度和相应的应力强度因子曲线。图 8.10 是初始缺陷半径为 3×10^{-5} m 的情况下的裂纹扩展曲线,当裂纹尺寸达到断裂韧性时,即认为部件发生失效。可见,区域 2 处出现的表面裂纹扩展最快,最先发生失效。据此假设缺陷出现于区域 2。

对相关随机变量进行蒙特卡罗抽样来模拟缺陷数据、无损检测的随机性,计算所得孔特征表面特征失效概率如图 8.11 所示。使用寿命期 20 000 循环内的失效概率见表 8.5。结果表明,钛合金轮盘寿命期内的失效概率为 2.677×10^{-4};无损检测(4 000 和 8 000 循环对相互独立的 90%轮盘进行荧光检测)失效概率为 1.514×10^{-4}。计算数值在算例验证范围内,这表明该评估方法在接受范围内。

该算例的单孔条件失效概率为 0.786(表 8.6),即在出现缺陷的情况下,该缺陷导致单孔在使用寿命内失效的概率为 0.786。

通过上述分析可知,表面特征概率损伤容限评估结果的影响因素是缺陷分布[2]、无损检测检出概率等随机变量。此外,应力大小与材料参数如 Paris 裂纹扩展参数 C 和 n 等决定了裂纹到达断裂韧性 K_{crit} 的速度,也会影响部件的失效概率。

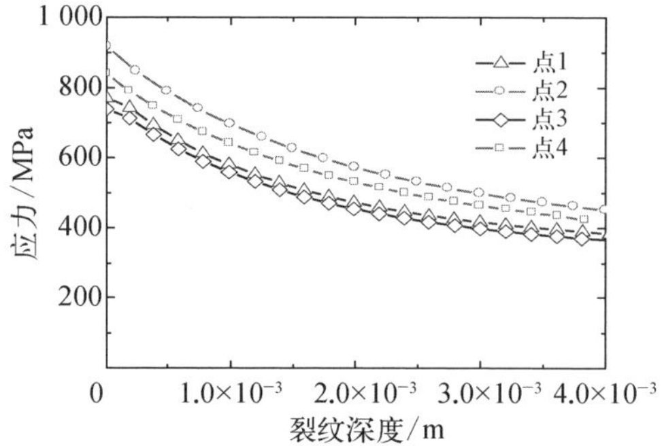

图 8.8 孔特征应力梯度图

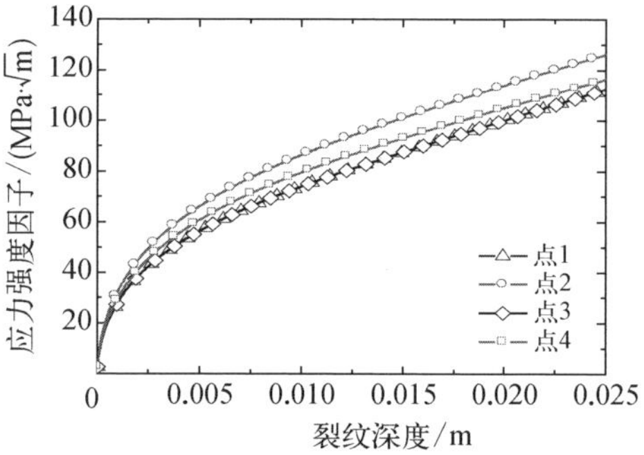

图 8.9 裂纹尺寸与应力强度因子 $a-K$ 曲线图

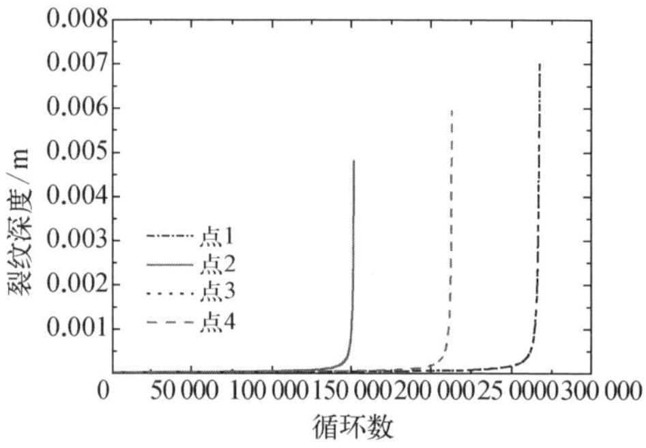

图 8.10 裂纹扩展 $N-a$ 曲线图

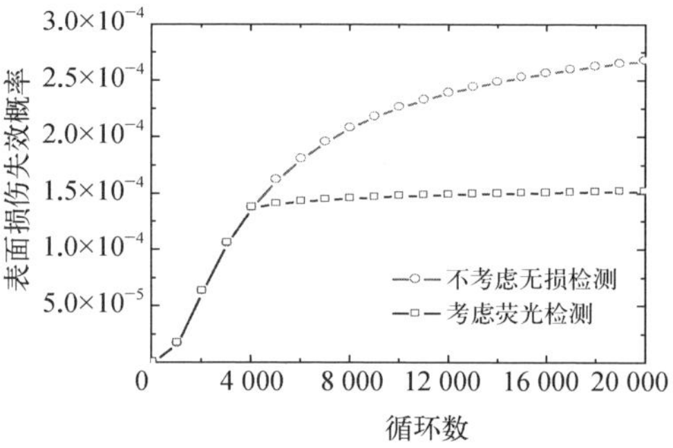

图 8.11 失效概率随飞行循环数变化图

表 8.5 AC33.70-2 失效概率计算数值与给定校核数值

检 查 条 件	孔特征失效概率	AC 校核范围
无检测	2.677×10^{-4}	2.88×10^{-4}(2.58×10^{-4} ~ 3.22×10^{-4})
两次无损检测	1.514×10^{-4}	1.28×10^{-4}(7.29×10^{-5} ~ 2.25×10^{-4})

表 8.6 算例条件失效概率与失效概率

检 查 条 件	单孔条件失效概率	单孔失效概率	孔特征失效概率
无检测	0.786	6.69×10^{-6}	2.677×10^{-4}
两次无损检测	0.445	3.78×10^{-6}	1.514×10^{-4}

8.3　限寿件安全性设计数据库验证

限寿件安全性设计的支持数据库为支撑限寿件安全性设计可调动的公用数据库,不依赖于特定的型号设计输入数据。限寿件设计迭代过程不断完善的特定型号设计方案数据是限寿件安全性设计的重要输入,不归类为数据库。

具体而言,一方面,限寿件设计的数据资料包括历史事故原因分析与控制举措、历史型号安全性分析的经验数据、材料数据库(包含针对限寿件出现的缺陷的特殊材料数据库,即缺陷分布数据与缺陷无损检测概率数据),主要用于支撑限寿件系统安全性分析工作并开展限寿件失效风险评估;另一方面,数据库包含历史型号制造及维护的经验累积数据,例如制造工艺手册、维修手册等,用于指导限寿件制造计划及使用管理计划的制定。值得一提的是,材料数据库、制造及维护数据在设计过程中也随着试验的开展不断丰富。

限寿件的缺陷分布数据是安全性指标分析的核心数据,因此对其准确性需进行验证表明。

钛合金内含硬 α 缺陷分布是限寿件概率失效风险评估的关键输入,其分布规律与工业水平相关,反映了工业方在一定的生产控制标准下,生产钛合金材料出现意外缺陷的概率。因此,缺陷分布数据的验证需结合工业方的累积缺陷。另一方面,缺陷分布规律受热加工过程的显著影响,缺陷变形模型也是验证的重点。

本节以硬 α 缺陷分布变形模型为例,阐述硬 α 缺陷分布曲线变形模型的验证流程。具体而言,包括制备硬 α 缺陷并开展热压缩试验,获取缺陷热变形特性,建立缺陷本构方程;进而,以热变形本构方程作为输入,建立宏观锻造与微观缺陷变形模型;再者,开展含缺陷的棒料锻造试验,验证缺陷变形模型。

8.3.1　氮化钛缺陷材料热变形特性试验

硬质 α 夹杂是钛合金中的一种常见低密度夹杂(low density inclusion, LDI),主要是由于海绵钛、添加的残料和中间合金配料等过程中以及不良的熔炼操作造成的间隙元素 N、O、C 污染,在显微组织中经常表现为类似稳定的 α 相组织。硬 α 夹杂具有两方面的特性:一是低密度,硬 α 夹杂的密度略高于钛基体,但是与高密度夹杂相比,其密度要低得多,因此在熔炼过程中难以通过夹杂物上浮或下沉将其去除;二是硬 α 夹杂具有很高的硬度和脆性,其硬度远高于钛合金基体,普通钛合金的硬度一般在 HV350 左右,而硬 α 夹杂的硬度在 HV600 以上,而且具有很大的脆性,在热加工过程中极易碎裂从而形成裂纹缺陷。在构成硬 α 夹杂的众多化合物中,TiN 的危害性最大,这是因为 TiN 的熔点为 2 950℃ 远高于 TiO_2(熔点

1 870℃)等其他硬 α 夹杂,其脆性也明显的高于其他夹杂,而且在历史上 TiN 也曾导致了严重的空难——1989 年美国苏城空难。热加工工艺过程的锻造、热处理等工艺会直接引起存在的 TiN 夹杂缺陷形态的变化,进而影响作为概率失效风险评估重要输入的 TiN 夹杂缺陷分布规律。本节制备 TiN 硬 α 缺陷材料并开展 TiN 材料热变形特性、人工植入和锻造等试验研究,获得 TiN 材料的热变形特性数据及其断裂机理。

1. 人工氮化钛缺陷的制备

TiN 是一种新型多功能材料,它具有高强度、高硬度、耐高温、耐酸碱腐蚀和耐磨损等一系列优点,广泛用于制备金属陶瓷、切削工具、模具,以及熔炼金属用坩埚和涂层材料。近年来,TiN 的超细复合粉末作为复合材料的增强相而使其应用规模达到前所未有的水平,并展现出了巨大的发展前景。因此,国内外对 TiN 粉末的工业化制备开展了大量的研究工作。根据相关研究报道可知,TiN 材料的工业化制备方法主要有三大类:直接氮化法、热还原氮化法和 CVD 法。直接氮化法通常是利用 Ti 粉或 TiH_2 粉末与氮气或氨发生反应生成 TiN 粉末。热还原氮化法主要以钛的氧化物在高温氮气气氛中被金属还原剂、氢或碳还原合成 TiN 粉末。CVD 法本质上也属于热还原氮化法,只是两者使用的原料不同,CVD 法使用 $TiCl_4$ 作为主要原料,通过钠、锂、氢等为还原剂进行还原,在氮气或氨气气氛中反应合成 TiN 粉末。虽然工业化制备 TiN 材料技术已经相对成熟,但是工业化生产的 TiN 材料无法满足研究的需求。这是因为,工业化制备 TiN 材料由于是在高温、高压的反应釜中进行反应,因而其制备的 TiN 材料中氮元素含量较高,均超过 20%的氮含量,而现阶段氮含量低于 20%的 TiN 材料工业化制备技术尚未取得突破。本文所需的 TiN 材料中氮元素含量最高仅为 12%,因此采用工业化制备路线无法满足技术要求。

对此,采用将海绵钛与 TiN 粉末混合后热等静压的方法制备人工氮化钛缺陷,从而控制氮含量。想要制备出内部成分均匀的 TiN 材料,钛元素所用原料的粒度应与 TiN 粉末粒度相接近,才能够保证后续 TiN 材料成分的均匀。

1) 粉末混合

为了使粉末混合均匀,使用两种粉末粒度相当的纯钛粉末和 TiN 粉末进行粉末混合,两种粉末形貌如图 8.12 所示。纯钛粉末的球形度明显优于 TiN 粉末。从图中可以看出纯钛粉具有近球形形貌,粉末表面光滑。氮含量为 20%TiN 粉末颗粒具有不规则形状,且表面粗糙、疏松多孔。对氮含量 20%的 TiN 材料进行 EBSD 物相分析发现,其组织是由 δ(TiN)相(黄色)组成(图 8.13),这一分析结果与 TiN 相图相吻合。随后将两种粉末按比例放入真空混料机中进行充分混合,两种粉末成分配比如表 8.7 所示。在确定粉末比例后,针对粉末混合工艺参数进行了详细研究。

(a) 纯钛粉

(b) 氮含量20%氮化钛粉末

图 8.12　TiN 粉末与纯钛粉末显微形貌

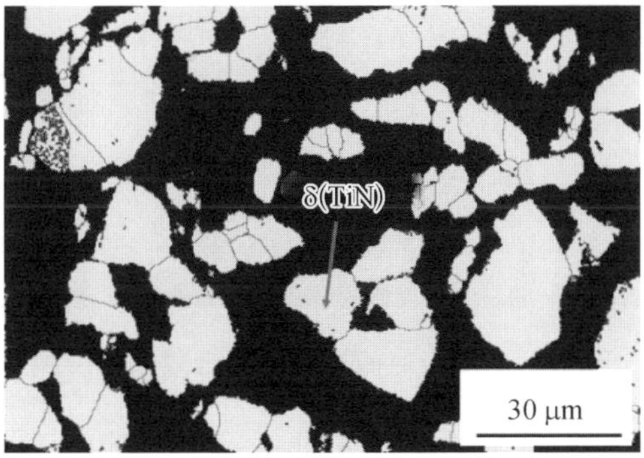

图 8.13　氮含量 20%的 TiN 粉末 EBSD 分析结果

表 8.7　TiN 粉末与纯钛粉末的混合比例

序　号	TiN 粉末/g	纯 Ti 粉末/g	目标氮含量/%
1	50	450	2
2	100	400	4
3	150	350	6
4	200	300	8
5	250	250	10
6	300	200	12

在粉末混合过程中，影响粉末混合均匀程度因素主要有混合时间、填料方式和搅

拌速率。首先开展了粉末混合时间对混合均匀程度的影响规律研究。图 8.14 为不同混合时间下粉末的形貌。从图中可以看出,当混合时间低于 1.5 h 时,由于混合时间不足,纯钛粉末之间由于存在着静电效应,因此混合粉末中纯钛粉末明显多于 TiN 粉末;当混合时间达到 2 h 后,两种粉末比例趋于均匀;随着混合时间进一步增加,混合粉末中 TiN 粉末略有增加。因此,两种粉末混合的最佳时间为 2 h。

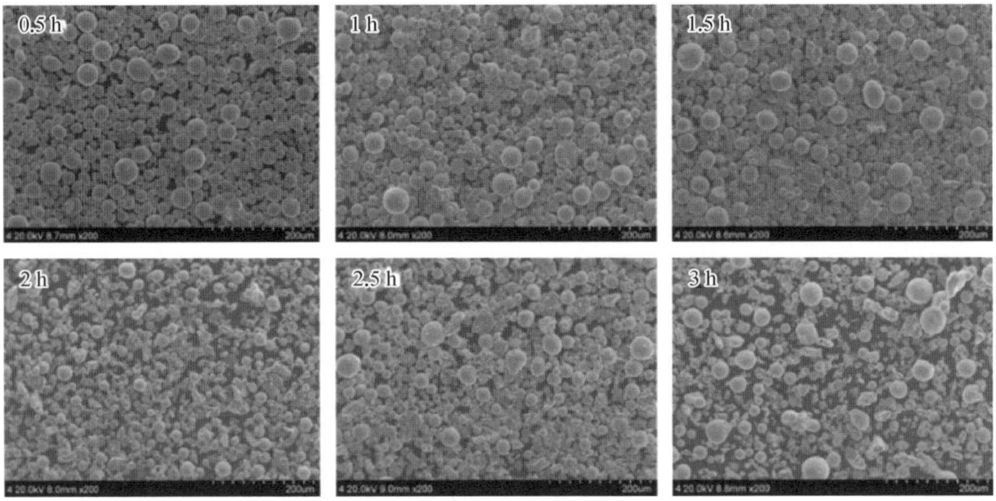

图 8.14　混合时间对粉末混合效果的影响

图 8.15 为不同填料方式影响下粉末的形貌,从图中可以看出,在填料时无论采用同时放入还是先放入纯钛粉末都会造成混合粉末中纯钛粉末含量较高,因此最佳的填料方式纯钛粉末和 TiN 粉末分批次交替放入。图 8.16 为不同搅拌速率下粉末的形貌,从图中可以看出,当转速较低时混合粉末中纯钛粉末存在聚集的现象;当转速高于 100 r/min 时,两种粉末混合均匀。由于长时间较快的速度混合容易造成粉末着火而发生安全事故,因此粉末的混合转速应以 100 r/min 为宜。图 8.17 为采用最佳粉末混合工艺参数下为两种粉末混合后的显微形貌,从图中可以看出与传统配料方法相比[图 8.17(b)],采用的方法实现了两种粉末的均匀混合[图 8.17(a)]。

2）热等静压

为了保证制备的 TiN 材料成分均匀,对热等静压工艺开展了研究。影响热等静压过程的因素有三个：热压温度、热压压力和热压时间。图 8.18 为热压温度对 TiN 材料成分均匀性的影响,从图中可以看出随着热压温度的升高,目标氮含量为 10%TiN 材料成分逐渐均匀,由低温热压时的 11.1%氮含量降低到高温时的 10%。随着热压时间的延长,TiN(8%氮含量)材料中氮元素含量也呈现出逐渐降低的变

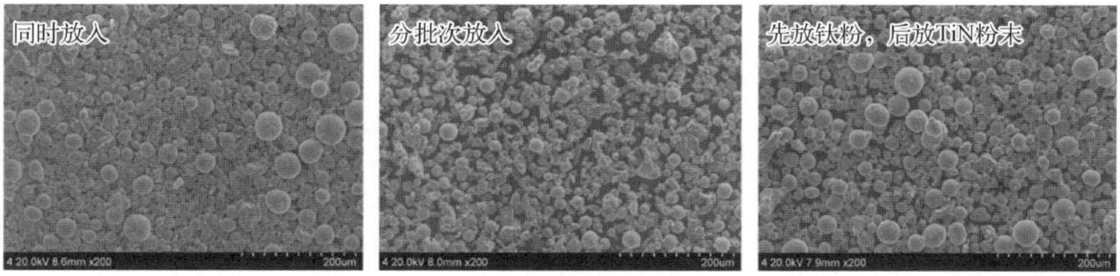

图 8.15　填料方式对粉末混合效果的影响

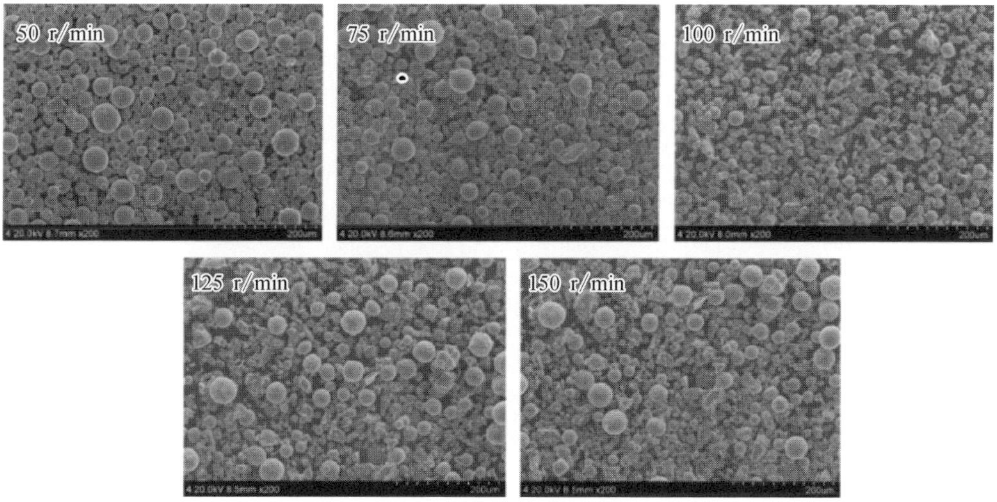

图 8.16　搅拌速率对粉末混合效果的影响

图 8.17　不同混料方式下原料混合后的形貌

化趋势。当保温时间为 4 h 时，制备的 TiN 材料满足研究要求。可以看出不同压力对 TiN 材料成分均匀性的影响规律，从结果中可以看出，相对于热压温度和热压时间而言，热压压力对 TiN 材料成分均匀性的影响很小。通过研究发现，热等静压温度和热等静压时间对 TiN 材料成分均匀性有着显著的影响，而热等静压压力对成分无明显的影响，最佳的热等静压工艺为：热压温度 1 200℃，保温时间 4 h，热压压力 170 MPa。

最终，通过海绵钛与 TiN 粉末混合后热等静压方法制备了氮含量 1.8%～12.3%的 TiN 缺陷。材料成分分析结果见表 8.8，制备的 TiN 材料如图 8.19 所示。

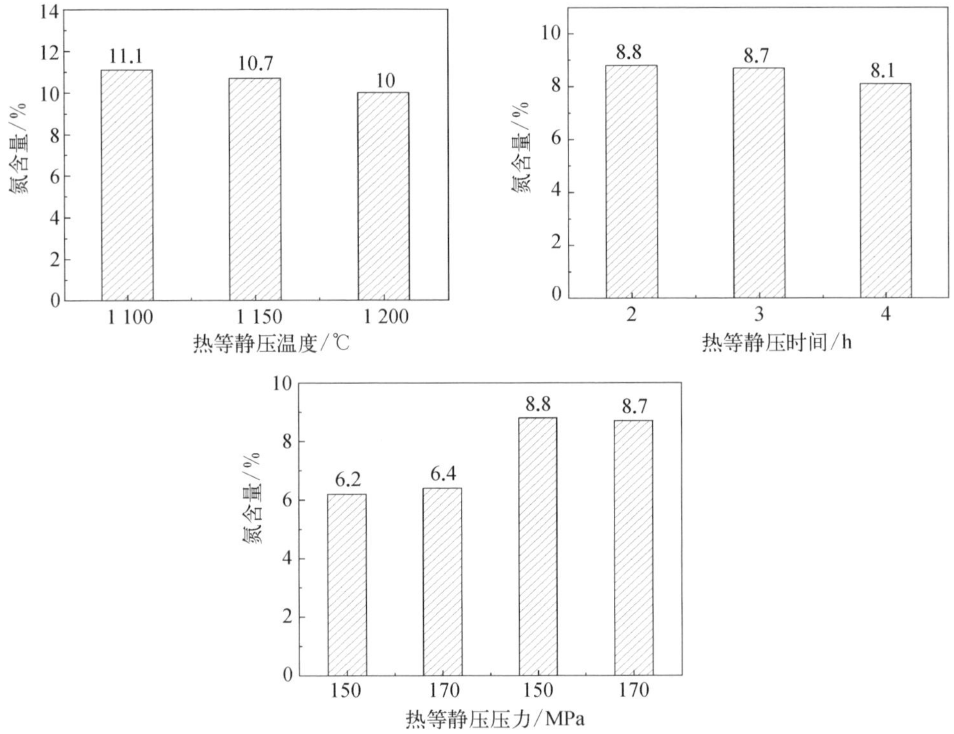

图 8.18 热等静压工艺参数对 TiN(10%氮含量)材料成分的影响规律

表 8.8 实际制备的不同氮含量 TiN 材料成分分析结果

序 号	Ti 质量分数/%	N 质量分数/%	目标氮含量，质量分数/%
1	余量	1.8	2
2	余量	4.3	4
3	余量	6.2	6

续　表

序　号	Ti 质量分数/%	N 质量分数/%	目标氮含量,质量分数/%
4	余量	8.1	8
5	余量	10.0	10
6	余量	12.3	12

图 8.19　热等静压技术实际制备的 TiN 块体材料

3）不同氮含量人工缺陷微观组织

对于所有的合金材料而言,其相组成直接决定了合金的组织特征,组织又直接影响着合金最终的力学性能。因此,人工缺陷和天然缺陷差异可以通过分析组织成分和微观结构进行评估。因而,开展 TiN 材料的显微组织研究对分析不同氮含量的 TiN 材料热变形特性的变化规律有着重要的指导意义。

在热等静压的过程中,在高温高压作用下纯 Ti 粉末与氮含量 20%TiN 粉末逐渐致密化,粉末间会发生合金元素的扩散,其中氮元素和钛元素在 α－Ti 相和 δ(TiN)相之间进行扩散。在相界处的 α－Ti 相和 δ(TiN)相由于元素的解离作用,晶体结构发生改变,在晶体结构缺陷周围形成过饱和固溶体(图 8.20),即在相界面处形成不同于母材粉末的新相 ε(Ti_2N)相,并且在热等静压的高温和高压作用下使 ε(Ti_2N)相晶核沿界面横向生长，长大的 ε(Ti_2N)相连成整体(图 8.20)。同时,由于在相界面处形成了 ε(Ti_2N)相,从而阻碍了氮元素和钛元素的进一步扩散,最终形成了逐层包裹的显微组织结构,如图 8.20(d)、(e)所示。

随着氮含量的逐渐升高,TiN 材料中的相组成及含量也随之发生了显著的变化。从图 8.20 和图 8.21 的 EBSD 及 XRD 分析结果中可以看出,TiN 材料相组成随着氮含量的增加由单一的 α－Ti 相(氮含量为 2%)逐渐转变为 α－Ti 相、ε(Ti_2N)相和 δ(TiN)相三相共存(氮含量>6%)。而且,随着氮含量的逐渐升高,

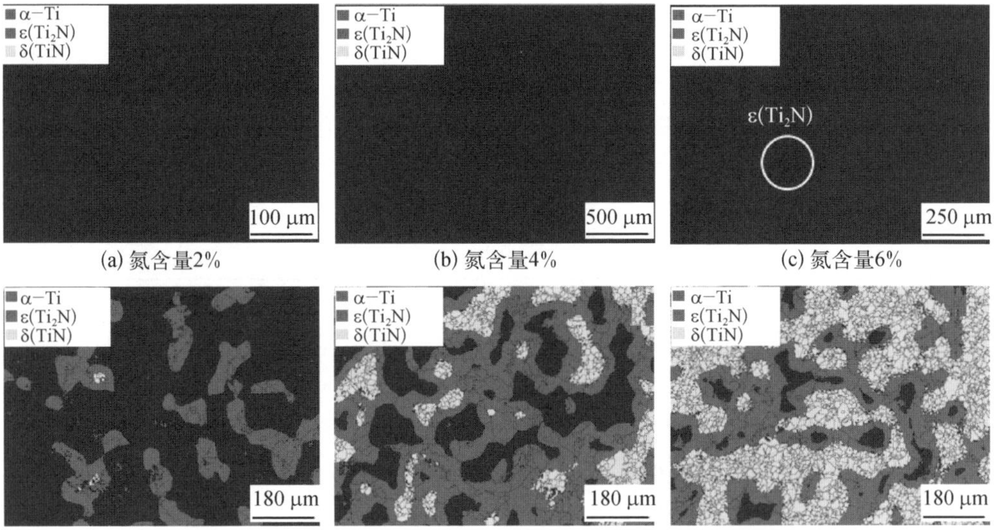

(a) 氮含量2%　(b) 氮含量4%　(c) 氮含量6%

(d) 氮含量8%　(e) 氮含量10%　(f) 氮含量12%

图 8.20　不同氮含量的 TiN 材料 EBSD 相图

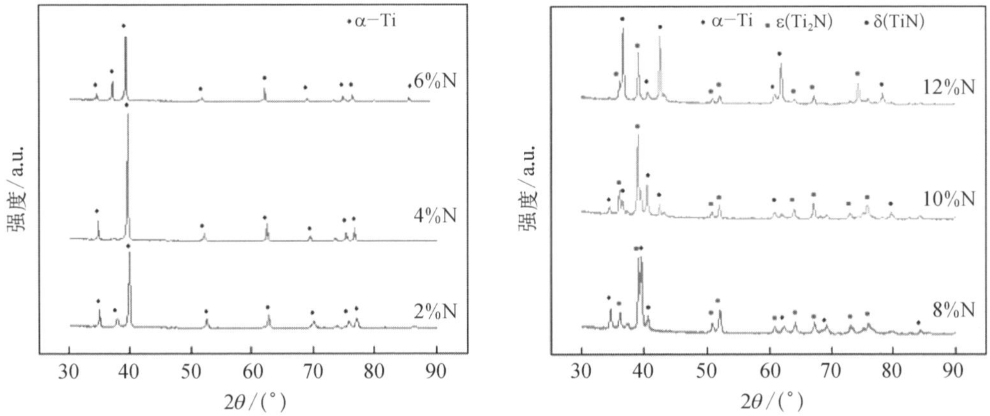

图 8.21　不同氮含量 TiN 材料的 XRD 分析结果

组织中 α－Ti 相含量逐渐降低，δ(TiN)相含量逐渐升高，而 ε(Ti_2N)相含量则呈现出先增高后降低的变化趋势。当氮含量≤6%时，钛和氮的固溶体逐渐形成，由于 TiN 粉末含量少，在热等静压过程中 TiN 粉末中的 δ(TiN)相由于氮元素的减少而转变形成 α－Ti 相。所以当氮含量≤6%时，显微组织整体表现为 α－Ti 相，并且由于局部氮元素扩散不充分会产生少量的 ε(Ti_2N)相，其所占比例随着氮含量的增加而增加。当氮含量为 8%～10%时，随着氮含量的增加，氮与钛形成金属间化合物 Ti_2N 相。此时 TiN 材料由 α－Ti 相、ε(Ti_2N)相和 δ(TiN)相三相共同组成，并且随氮含量的增加，α－Ti 相和 ε(Ti_2N)相呈现出此消彼长的变化趋势。当氮含量为

12%时，随着氮元素的持续增加，α－Ti 相、ε(Ti_2N)相含量逐渐降低，δ(TiN)相成为主要的组成相。

通过对不同氮含量 TiN 材料的 EBSD 分析过程中还发现，随着氮含量的逐渐升高，一方面相邻晶粒的取向差变大；另一方面，组织中各相的尺寸显著降低(图 8.22)。导致这一现象的原因在于氮元素促使组织中再结晶过程的发生(图 8.23，其中蓝色区域为再结晶过程中形成的晶粒，其晶体取向小于 2°；红色区域为再结晶

图 8.22　不同氮含量 **TiN** 材料晶粒尺寸变化

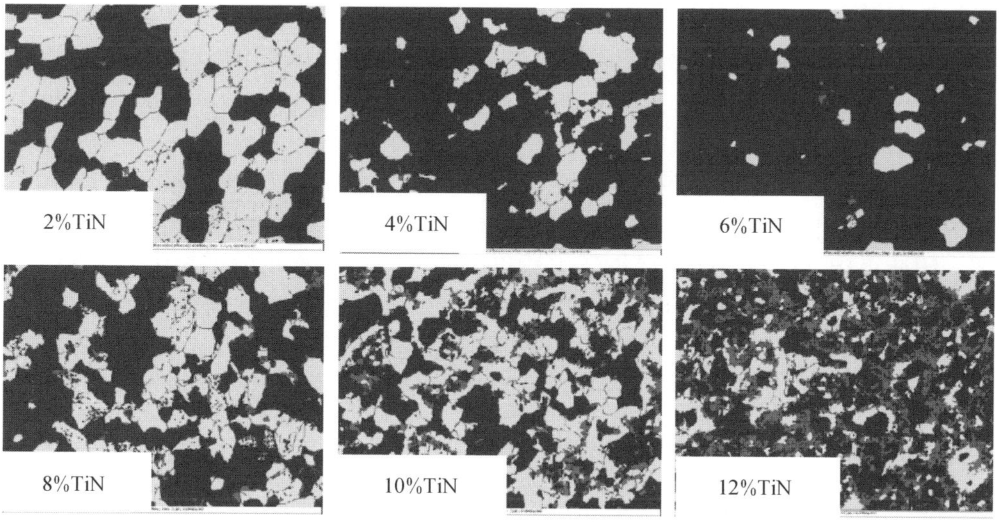

图 8.23　不同氮含量 **TiN** 材料再结晶过程变化

过程中形成的变形晶粒,其晶体取向为2°~7.5°;黄色区域为再结晶过程中形成的亚结构,其晶体取向为7.5°~15°)。以上两方面现象也证明了在热等静压过程中组织中ε(Ti_2N)相的形成机理是元素的扩散过程。

2. 氮化钛材料热变形特性

对氮含量为2%、4%、6%、8%、10%和12%的TiN材料开展热变形特性试验。然而,由于TiN夹杂材料是一种既非金属又非陶瓷的物质,同时其还具有高硬度、高脆性的特点,且随着氮含量的升高,材料的脆性显著提高,这就使得热变形特性试样的制备加工难度显著提高。造成这一问题的原因有两个方面,一是由于TiN材料脆性高,在试样切取过程中TiN材料会发生碎裂;另一方面由于TiN材料硬度高,使得样品表面加工过程难以进行,甚至当氮含量超过6%时,常用的加工刀具均无法对TiN材料进行加工。因此,传统的试样加工方法无法适用于TiN材料。而且,目前国内也尚无相应的制备标准可供参考,因此采用化学腐蚀的方法可以实现不同氮含量TiN材料试样的制备,具体的制备方法如下:

(1) 采用热等静压技术制备不同氮含量TiN夹杂块体材料;

(2) 采用线切割的方式切取相应的热变形特性试样(沿轴向切取),试样加工余量为0.5 mm;

(3) 采用带磨头的低速打磨机对热变形特性试样表面进行粗磨,以去除氧化层,随后采用氢氟酸、硝酸和水体积比为0.5~1.5∶3~7∶10的溶液进行腐蚀处理;

(4) 采用2000#水砂纸进行精磨处理,并采用真空热处理炉对处理后的试样进行450℃±20℃保温1~2 h的脱氢热处理,从而制备出不同氮含量TiN材料的热变形特性试样。

通过开展上述研究,确定了TiN材料热变形特性试样的最佳尺寸为直径4 mm、高度6 mm,采用该尺寸试样进行试验可以最大限度地降低试验误差,保证测试结果的准确性和一致性。

金属材料的热变形特性试验通常在Gleeble试验机进行,但是,由于TiN材料导电性差,采用传统的Gleeble试验机无法对高温下TiN材料的热变形特性进行检测。因此采用高温热压缩试验方法来获得TiN材料的热变形特征数据,如图8.24所示。通过研究变形温度、应变速率、变形量三个变量来获得不同氮含量TiN材料的热变形特性数据(如应力-应变曲线、流变应力等),并分析特征数据的变化规律,积累TiN材料的热变形特性数据;并对变形后TiN组织形貌进行分析,揭示不同氮含量TiN在热变形过程的断裂机理。

将TiN材料样品在配有高温加热炉的电子万能试验机上进行高温热压缩试验,样品尺寸为ϕ4 mm×6 mm的圆柱,TiN材料氮含量为2%~12%(6种),热压缩的温度为910~970℃(4种)、应变速率为0.01~1 s^{-1}(4种)、变形量为20%~

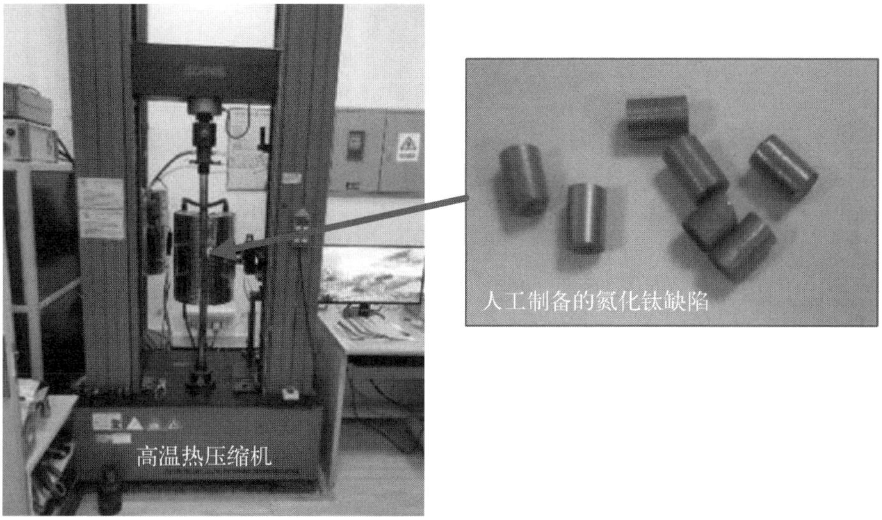

图 8.24　高温压缩机及氮化钛热压缩试样

80%（4 种），具体实验参数如表 8.9 所示，共计获得 384 组 TiN 材料热变形特性数据。测试过程中升温速率为 15℃/min，到温后保温 30 min，以保证测试样品受热均匀。

表 8.9　氮化钛材料热变形试验参数

试 验 参 数	试 验 参 数
变形温度	910℃、930℃、950℃、970℃
应变速率	0.01 s^{-1}、0.1 s^{-1}、0.5 s^{-1}、1 s^{-1}
变形量	20%、40%、60%、80%

图 8.25 为氮含量为 2%、4%和 6%的 TiN 材料在不同变形条件下（应变速率为 0.01 s^{-1}、0.1 s^{-1} 和 1 s^{-1}）的屈服强度值。从图中可以看出 TiN 材料的屈服强度均随变形温度的升高而降低，随应变速率的提高而增大。同时，对比图 8.25（a）~（c）还可以看出，随着氮含量的增加，TiN 材料的屈服强度也随之增加。

由于氮含量小于 6%的 TiN 材料的显微组织具有上述特点，因此当氮含量≤6%时，TiN 材料在高温热压缩过程中屈服强度随应变温度的升高而降低，随应变速率的提高而增大，表现出明显的动态软化特征。这是因为此时 TiN 材料主要由 α－Ti 相组成，α－Ti 相对其力学性能的影响起主导作用，α－Ti 相的屈服强度具有正应变速率敏感性和负温度敏感性。而随着氮含量的增加，屈服强度也随之提高，这

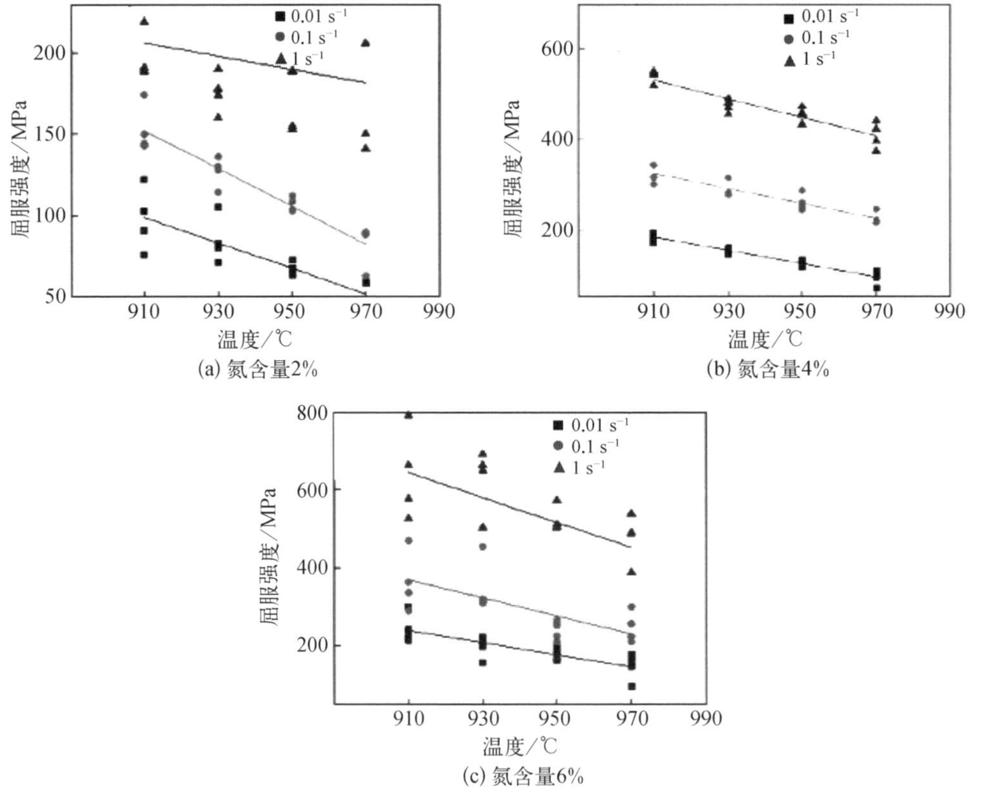

图 8.25　不同氮含量 TiN 材料不同变形条件的屈服强度

是由 N 原子引起的固溶强化增强导致。当氮含量≤6%时，在热压缩变形过程中，随着应变量的增加，流变应力变化趋势大致分为 2 个阶段：① 当塑性变形较小时，随着变形量的增加，流变应力增加，直至达到屈服应力。在此阶段，位错密度会随变形量的增加而增大，导致位错间交互作用增强，致使位错运动受阻，表现为加工硬化；② 当应变达到一定程度后，即流变应力达到屈服值后，金属内部畸变能不断升高，发生动态软化。在应变速率不变的情况下，流变应力整体上随温度的升高而降低。这是因为随着变形温度的升高，材料的热激活能作用增强，原子平均动能增大，抵消了塑性变形造成的加工硬化，从而促使流变应力减小。在相同温度下，流变应力随应变速率的增大而增大。

氮含量为 2%的 TiN 材料加工硬化起主导作用，随着应变速率的增加加工硬化的主导作用逐渐增强，这是由于应变速率越大位错增殖越快，而动态软化的速度越慢。氮含量为 4%的合金动态软化起主导作用，所以流变应力开始下降直到与加工硬化相平衡。与氮含量为 2%的 TiN 材料相比，氮含量为 4%的 TiN 材料晶粒细小，晶粒越小组织内部变形的协调能力越强，所以氮含量为 2%和 4%的合金应变达到一定程度后,流变应力的变化具有明显的差异性。氮含量为 6%的部分 TiN 材料在塑性变形中发生破裂,且随着应变速率的增加,塑性变形能力降低,这是因为含有的少量的 $\varepsilon(Ti_2N)$相增加了合金脆性。当氮含量大于 6%时,随着变形量的增加,流变应力增加,直至达到断裂应力。

图 8.26 为氮含量为 8%、10%和 12%的 TiN 材料在不同变形条件下(应变速率为 $0.01\ s^{-1}$、$0.1\ s^{-1}$ 和 $1\ s^{-1}$)的屈服强度值。从图中可以看出 TiN 材料的屈服强度具有明显的分散性。从图中也可以清楚地看出,氮含量为 8%、10%和 12%的 TiN 材料的热变形特性数据随变形温度、变形速率和变形量的变化并未呈现出明显的规律性。与氮含量为 2%~6%热压后的形貌不同,氮含量 8%~12%TiN 材料在高温热压过程中发生完全的碎裂,且碎裂的程度各不相同,从而也间接证明了热变形特性数据具有分散性。而造成这一现象的本质原因在于 TiN 材料内部 $\varepsilon(Ti_2N)$相的变化。随着氮含量的逐渐升高,TiN 材料中的相组成及含量也随之发生了显著的变化。从 EBSD 及 XRD 分析结果中可以看出,TiN 材料相组成随着氮含量的增加由单一的 $\alpha-Ti$ 相(氮含量为 2%)逐渐转变为 $\alpha-Ti$ 相、$\varepsilon(Ti_2N)$相和 $\delta(TiN)$相

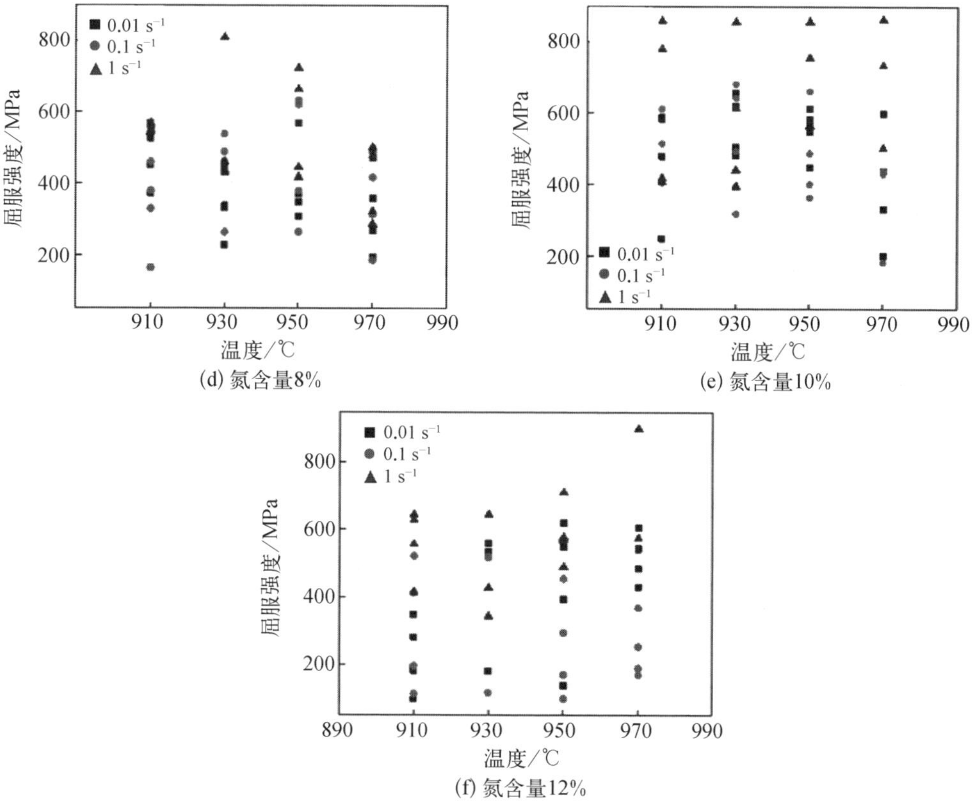

图 8.26　不同氮含量 TiN 材料不同变形条件屈服强度

三相共存(氮含量>6%)。在热等静压的过程中,在高温高压作用下纯 Ti 粉末与 TiN 粉末间会发生合金元素的扩散。正如上文所述,通过元素间的相互扩散过程,会在相界面处形成不同于母材粉末的新相 ε(Ti_2N)相,并且随着热等静压过程的进行,ε(Ti_2N)相晶核逐渐长大。同时,随着氮元素含量的升高,在相界面处形成了大量的 ε(Ti_2N)相,而这些 ε(Ti_2N)相反过来又阻碍了氮元素和钛元素的进一步扩散,最终形成了逐层包裹的显微组织结构。

对于含氮量为 8%~12%的 TiN 材料而言,随着氮含量的逐渐升高,组织中 α-Ti 相含量逐渐降低,δ(TiN)相含量逐渐升高,而 ε(Ti_2N)相含量则呈现出先增高后降低的变化趋势。当氮含量为 8%~10%时,随着氮含量的增加,氮与钛形成金属间化合物 Ti_2N 相。此时 TiN 材料由 α-Ti 相、ε(Ti_2N)相和 δ(TiN)相三相共同组成,并且随氮含量的增加,α-Ti 相和 ε(Ti_2N)相呈现出此消彼长的变化趋势。当氮含量为 12%时,随着氮元素的持续增加,α-Ti 相、ε(Ti_2N)相含量逐渐降低,δ(TiN)相成为主要的组成相。

图 8.27 为热等静压后氮含量 8%~12%TiN 材料的显微组织形貌,从图中可以看出,对于氮含量为 8%和 12%的 TiN 材料而言,其显微组织中缺陷类型主要为裂纹。缺陷类型及数量的变化主要是由于在热等静压过程中形成了 ε(Ti_2N)相的缘

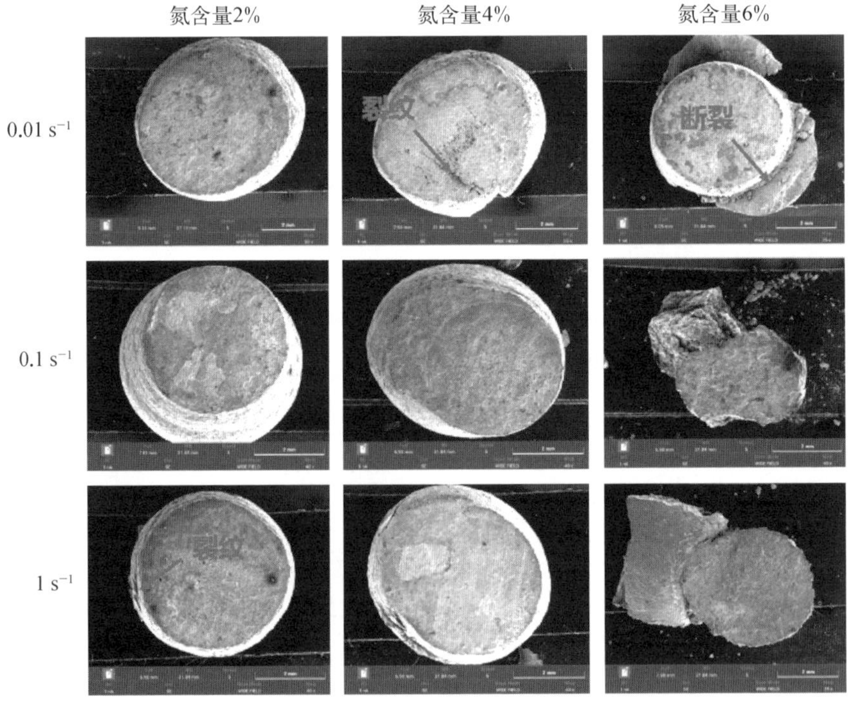

图 8.27 氮含量为 2%~6%样品高温热压后的微观形貌

故。一方面，$\varepsilon(Ti_2N)$相自身硬度高、脆性大，在热等静压过程中容易产生脆性断裂；另一方面，在冷却过程中由于$\varepsilon(Ti_2N)$相和$\alpha-Ti$相及$\delta(TiN)$相的收缩速率不同，$\varepsilon(Ti_2N)$相受到各向异性的收缩力的作用导致裂纹产生，所以氮含量8%和10%的TiN材料显微组织缺陷多为裂纹缺陷。

当氮含量达到12%时，TiN材料[图8.28(c)]组织中的缺陷类型又转变为孔洞缺陷，这是因为氮含量为12%的TiN材料内部$\varepsilon(Ti_2N)$相含量降低，从而使得由$\varepsilon(Ti_2N)$相导致的内部裂纹也随之减少。同时，由于热等静压的工艺条件对$\delta(TiN)$相的影响程度较小，不足以使$\delta(TiN)$相中的孔洞闭合，所以氮含量为12%的TiN材料的显微组织缺陷主要为孔洞。

通过上述分析可以看出，相较于氮含量为2%~6%的TiN材料而言，氮含量8%~12%的TiN材料内部$\varepsilon(Ti_2N)$相的含量和分布发生了明显的变化，由于$\varepsilon(Ti_2N)$相自身脆性大且会导致TiN材料内部形成大量孔洞和裂纹缺陷，从而最终导致氮含量8%~12%的TiN材料热变形特性数据具有明显的分散性。

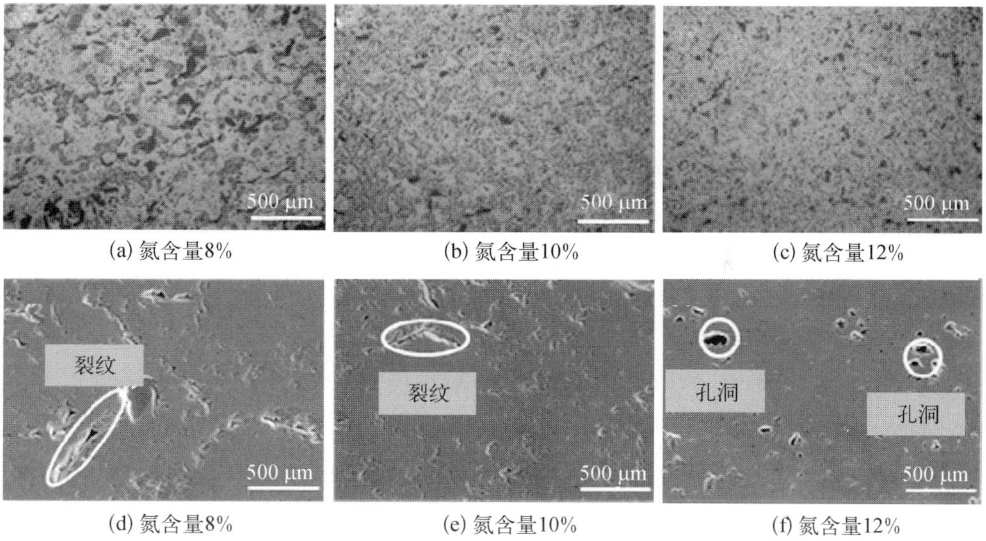

图 8.28 不同氮含量的 TiN 材料的显微组织

3. 氮化钛材料热变形本构方程

在建立材料的力学本构方程之前需要明确两个关键的要素：一是本构关系数据；二是本构方程模型。本构关系广义上是指自然界一作用与由该作用产生的效应两者之间的关系，例如电学中的电压与电流的关系、热学中温差与热流之间的关系和水力学中水力梯度与渗流之间的关系。对于本研究而言则是变形温度、变形速率和氮元素含量间的关系。力学本构关系的本质利用数学表达式描述应力-应变-强度之间的关系。

通过开展上文的研究工作,已经获得了不同氮含量 TiN 材料在不同变形条件下的热变形特征数据,即本构关系数据。那么要建立不同氮含量 TiN 材料的本构方程就需要确定所使用的本构方程模型。目前建立的工程材料本构模型大体上可以分为以下几种类型: 弹性模型、弹塑性模型、黏弹塑性模型和内蕴时间塑性模型等,其中应用最广泛的是阿伦尼乌斯(Arrhenius)方程,它有三种表达形式。

在低应力水平时:

$$\dot{\varepsilon} = A_1\sigma^{n_1}\exp\left(-\frac{Q}{RT}\right) \tag{8.1}$$

在高应力水平时:

$$\dot{\varepsilon} = A_2\exp(n_2\sigma)\exp\left(-\frac{Q}{RT}\right) \tag{8.2}$$

适应于所有应力水平:

$$\dot{\varepsilon} = A[\sinh(\alpha\sigma)^n]\exp\left(-\frac{Q}{RT}\right) \tag{8.3}$$

其中,$\dot{\varepsilon}$ 为应变速率(s^{-1});σ 为峰值应力或稳态流变应力,又或是某一应变量时对应的流变应力(MPa);Q 为变形激活能(J/mol);T 为绝对温度(K);气体常数 $R=8.314\ 5$ J/(mol · K);n、n_1、n_2 为应力指数;A_1、A_2、A、α 为与材料有关的常数,$\alpha = n_2/n_1$。方程中的各个待定参数通过对热变形实验所得数据进行回归处理来确定。

从图 8.29 中可知,变形温度和应变速率均会对 TiN 材料的屈服强度产生影响。TiN 材料的热压缩变形本质是一个热激活的过程,可以利用变形激活能 Q 和变形温度 T 之间的函数关系及 Zener - Hollomon 参数方程,并通过 TiN 材料屈服强度随温度和应变速率的变化规律来构建氮含量 2%~6%的 TiN 材料的屈服强度的本构关系模型。

材料发生高温塑性变形时,流变应力、应变速率和变形温度之间满足双曲正弦函数关系,所以,采用 Zener - Hollomon 参数法来求解合金在高温塑性变形的变形激活能等材料常数。

$$Z = \dot{\varepsilon}\exp\left(\frac{Q}{RT}\right) \tag{8.4}$$

其中,Z 是 Zener - Hollomon 参数,其物理意义是温度补偿的变形速率因子;Q 为变形激活能,它反映材料热变形的难易程度,也是材料在热变形过程中重要的力学性

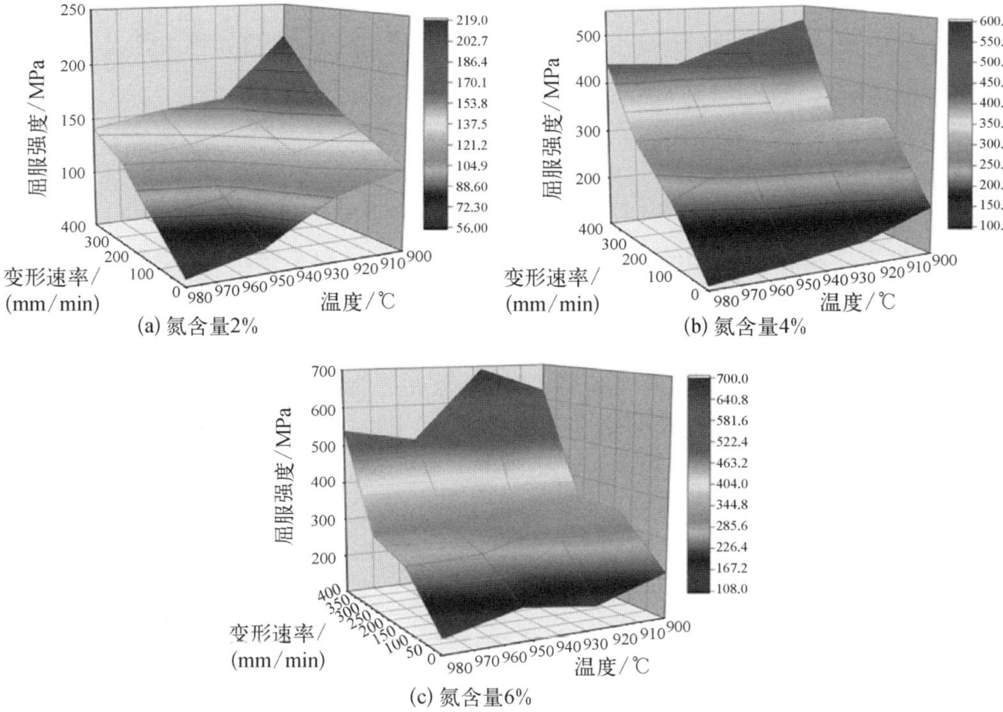

图 8.29　氮化钛合金屈服应力随温度和应变速率的变化规律

能参数,Z 与 σ 之间服从以下关系式:

$$Z = A[\sinh(\alpha\sigma)]^n \tag{8.5}$$

因此,可以得到

$$\ln[\sinh(\alpha\sigma)] = C + K\left(\frac{1\,000}{T}\right) \tag{8.6}$$

对式(8.3)双曲正弦函数两边分别取自然对数,并假设热变形激活能与温度无关,可以得

$$Q = R\frac{\partial \ln[\sinh(\alpha\sigma)]}{\partial\left(\frac{1\,000}{T}\right)}\frac{\partial Ln\dot{\varepsilon}}{\partial \ln[\sinh(\alpha\sigma)]} \tag{8.7}$$

将 R 值和 $\ln[\sinh(\alpha\sigma)] - 1\,000/T$ 的函数关系代入式(8.7)可求出 Q 值。将 Q 值代入式(8.4),然后两边取对数得

$$\ln Z = \ln A + n\ln[\sinh(\alpha\sigma)] \tag{8.8}$$

最后由 $\ln Z$、σ 之间的函数关系求出各参数,通过比较它们的相关性及各参数的误差值来确定本构方程。

当含氮量 2%时,通过拟合式(8.1)~式(8.3),获得 α 的平均值为 0.008 5,拟合式(8.6)获得 $\ln[\sinh(\alpha\sigma)]$ 和 $1\,000/T$ 的函数关系的斜率为 18.318。因此,可根据式(8.7)求出激活能 Q 为 771.5.89 kJ/mol;将上述 Q 值代入式(8.4)计算得到 Z 值及 $\ln Z$ 值,绘制出 $\ln Z - \ln[\sinh(\alpha\sigma)]$ 间的函数关系图,如图 8.30 所示。从图中可以发现,在应变速率为 0.01~1 s^{-1} 和实验变形温度 910℃、930℃、950℃、970℃范围内符合线性关系,说明结果是成功的。4% 氮含量和 6% 氮含量的求解过程如上所述, $\ln Z - \ln[\sinh(\alpha\sigma)]$ 间的函数关系图如图 8.30 所示。得到精确的应力指数 n 值及相关参数(表 8.10)。

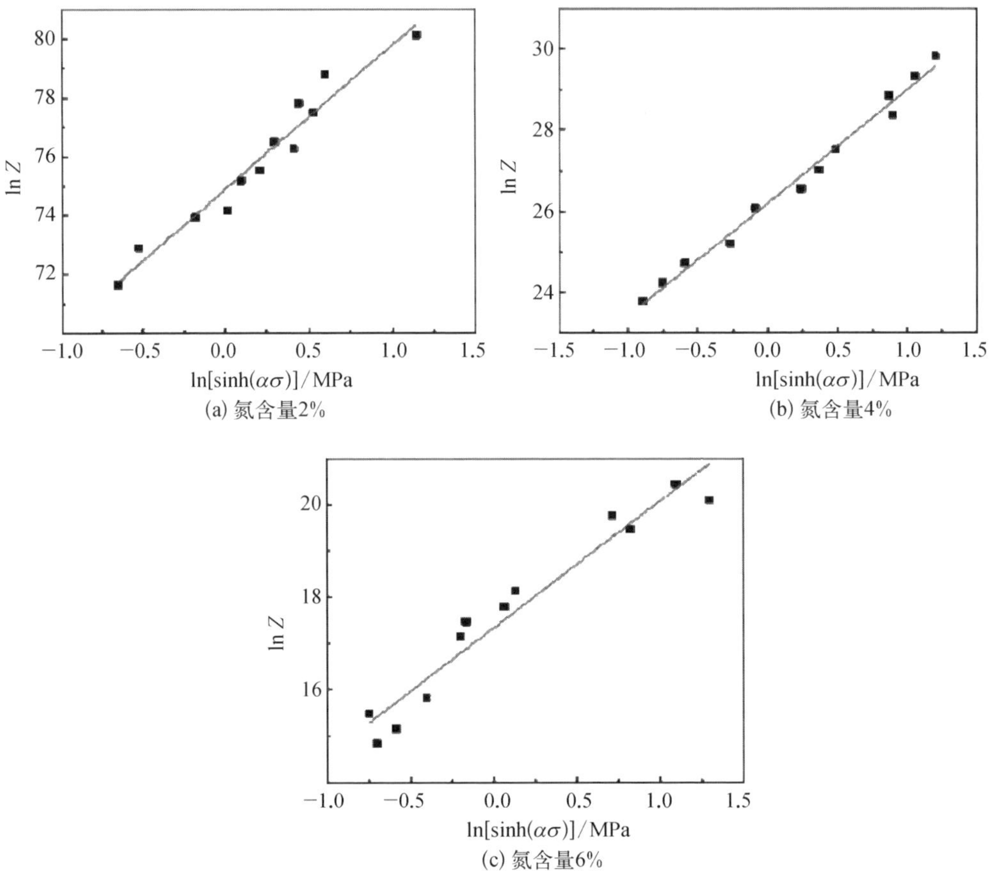

图 8.30 ln Z 与 ln[sinh(ασ)]的关系

表 8.10　应力指数 n 值及相关参数

氮元素含量质量分数/%	n	Q/(kJ/mol)	$\ln A$	线性相关系数
2	5.990 5	965.543	94.17	0.958 9
4	2.724 7	232.612	20.82	0.927 9
6	2.728 1	213.311	18.76	0.871 8

表 8.10 给出了线性相关系数均大于 0.87,说明线性回归结果可信。将求得的 Q、n 和 A 等材料参数值代入式(8.3),得到含氮量为 2%、4%、6%的氮化钛的本构方程:

$$\text{氮含量 }2\%:\ \dot{\varepsilon}=\mathrm{e}^{94.17}\sinh(0.008\,7\sigma)^{5.990\,5}\exp\left(-\frac{965\,543}{RT}\right) \tag{8.9}$$

$$\text{氮含量 }4\%:\ \dot{\varepsilon}=\mathrm{e}^{20.82}\sinh(0.003\,9\sigma)^{2.724\,7}\exp\left(-\frac{232\,612}{RT}\right) \tag{8.10}$$

$$\text{氮含量 }6\%:\ \dot{\varepsilon}=\mathrm{e}^{18.76}\sinh(0.003\,1\sigma)^{2.728\,1}\exp\left(-\frac{213\,311}{RT}\right) \tag{8.11}$$

当氮含量大于 6%时,TiN 材料的热变形特性数据随变形温度、变形速率和变形量的变化并未呈现出明显的规律性。与氮含量为 2%~6% 热压后的形貌不同,氮含量 8%~12%TiN 材料在高温热压过程中发生完全的碎裂,且碎裂的程度各不相同,从而也间接证明了热变形特性数据具有分散性。其根本原因在于 TiN 材料内部存在大量随机形成的孔洞和裂纹缺陷。

TiN 材料显微组织中存在裂纹的本质原因是在高氮含量(氮含量>6%)时,在热等静压过程中形成了 $\varepsilon(Ti_2N)$ 相。随着氮含量增高,TiN 材料相组成随着氮含量的增加由单一的 α－Ti 相(氮含量为 2%)逐渐转变为 α－Ti 相、$\varepsilon(Ti_2N)$ 相和 δ(TiN)相三相共存(氮含量>6%)。在热等静压的过程中,在高温高压作用下纯 Ti 粉末与 TiN 粉末间会发生合金元素的扩散。正如上文所述,通过元素间的相互扩散过程,会在相界面处形成不同于母材粉末的新相 $\varepsilon(Ti_2N)$ 相,并且随着热等静压过程的进行,$\varepsilon(Ti_2N)$ 相晶核逐渐长大。

一方面,$\varepsilon(Ti_2N)$ 相自身硬度高、脆性大,在热等静压过程中容易产生脆性断裂;另一方面在冷却过程中由于 $\varepsilon(Ti_2N)$ 相和 α－Ti 相及 δ(TiN)相的收缩速率不同,$\varepsilon(Ti_2N)$ 相受到各向异性的收缩力的作用导致裂纹产生,所以氮含量 8% 和 10%的 TiN 材料显微组织缺陷多为裂纹缺陷。

所以采用上述双曲正弦方程模型无法建立氮含量为 8%~12%TiN 材料的本构方程。因此,采用损伤模型来建立氮含量为 8%~12%TiN 材料的本构方程。受损材料的本构关系可以从无损材料的本构关系推导得到,在单轴压缩情况下,材料损伤后的本构关系可表示为

$$\sigma = E\varepsilon(1 - D) \tag{8.12}$$

其中,σ 为应力;ε 为应变;E 为弹性模量;D 为损伤变量。因此,要建立氮含量为 8%~12%TiN 材料本构方程,就需要得到相应成分 TiN 材料的弹性模量 E。采用国标《金属材料 弹性模量和泊松比试验方法》(GB/T 22315－2008)来检测 TiN 材料的弹性模量,试验结果如表 8.11 所示。

表 8.11 氮含量为 8%、10%和 12%TiN 材料的弹性模量测试结果

氮 含 量	弹性模量 E/GPa	平均值/GPa
8%	206.98 207.00 207.00	207
10%	236.32 236.32 236.33	236
12%	238.32 238.37 238.38	238

在此基础上,对上述式函数关系进行拟合,最终得到氮含量为 8%、10%、12%的 TiN 材料的本构方程:

$$\text{含氮量 8\%: } D = 0.971\,4 - 78.844/[1 + (\varepsilon/7.531\,3 \times 10^{-7})0.902\,4] \tag{8.13}$$

$$\text{含氮量 10\%: } D = 0.970\,97 - 70.674\,02/[1 + (\varepsilon/4.922\,7 \times 10^{-4})1.514\,07] \tag{8.14}$$

$$\text{含氮量 12\%: } D = 0.990\,8 + 1.740\,9 \times 10^{-7}/[1 + (\varepsilon/1.053\,6 \times 10^{-4})1.225\,39] \tag{8.15}$$

8.3.2 宏观-微观缺陷锻造仿真方法及试验验证

1. 缺陷随锻造过程仿真与变形模型

缺陷变形模型描述了微观夹杂随宏观棒料锻造而变形的规律。采用

DEFORMv13.0 对缺陷变形过程进行仿真计算。若直接采用有限元方法开展缺陷变形分析,会面对宏观棒料和微观夹杂尺寸比过高导致的计算问题,尺寸比过高导致了有限元网格细化,造成计算时间成本的浪费和计算精度的缺失。因此,本节采用多尺度建模及有限元仿真中的代表性体积单元(representative volume element, RVE)方法。RVE 方法多用于模拟多尺度结构的宏观-微观响应。基于 RVE 方法的仿真分为两步,包括钛合金棒料锻造模拟与硬 α 夹杂变形模拟,仿真方案如图 8.31 所示。

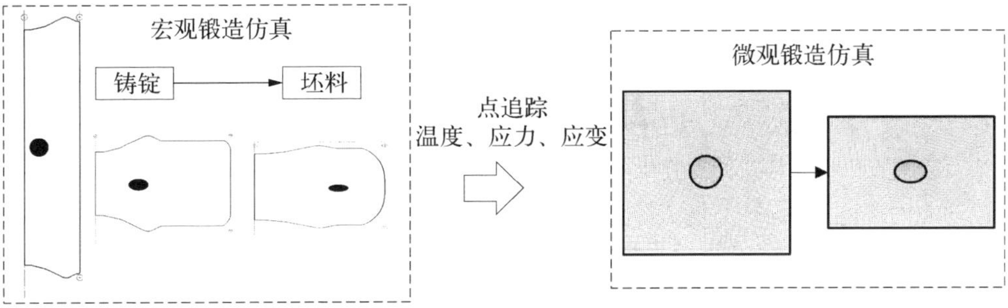

图 8.31　宏观-微观两步仿真方案

首先,开展宏观棒料的锻造仿真。假设微观夹杂的存在不会影响宏观棒料锻造过程的材料流动行为,使用 Deform v13.0 对不含缺陷的钛合金坯料锻造过程进行有限元仿真。铸锭及坯料模型如下所示。棒料高 160 mm,直径 100 mm,分别进行 910℃、930℃、950℃、970℃ 自由锻造,锻造速度为等应变率 $10\ s^{-1}$,变形量为 20%、40%、60%、80%。基体材料为 Ti6Al4V。以 910℃ 变形温度为例,锻造过程中几何、温度、应变和应变速率变化如图 8.32 所示。

其次,开展微观缺陷变形仿真,微观仿真模型如图 8.33 所示。微观缺陷变形仿真的关键输入数据是宏观锻造变形仿真获得的缺陷位置处的温度、压力和应变。微观仿真中缺陷建模为高和直径均为 4 mm 的圆柱体,材料为氮化钛缺陷材料。微观仿真模型尺寸为 20 mm 的立方体,材料为 Ti6Al4V。

由于微观仿真模型以点追踪的应力、应变和温度变化历程为边界条件,进行刚塑性变形数值模拟,因此,在 DEFORM - POST 中进行后处理,使用点追踪获得微观缺陷所在位置的应力变化、应变变化和温度变化。基于 DEFORM - POST 点追踪技术,提取棒料中心点处的温度、应力和应变历程,如图 8.34 所示。进而,假设将缺陷放置于棒料中心(径向位置 50 mm,轴向高度 60 mm),提取棒料中心位置锻造过程中的温度、应力、应变和应变速率历程,作为微观仿真步骤的边界条件。

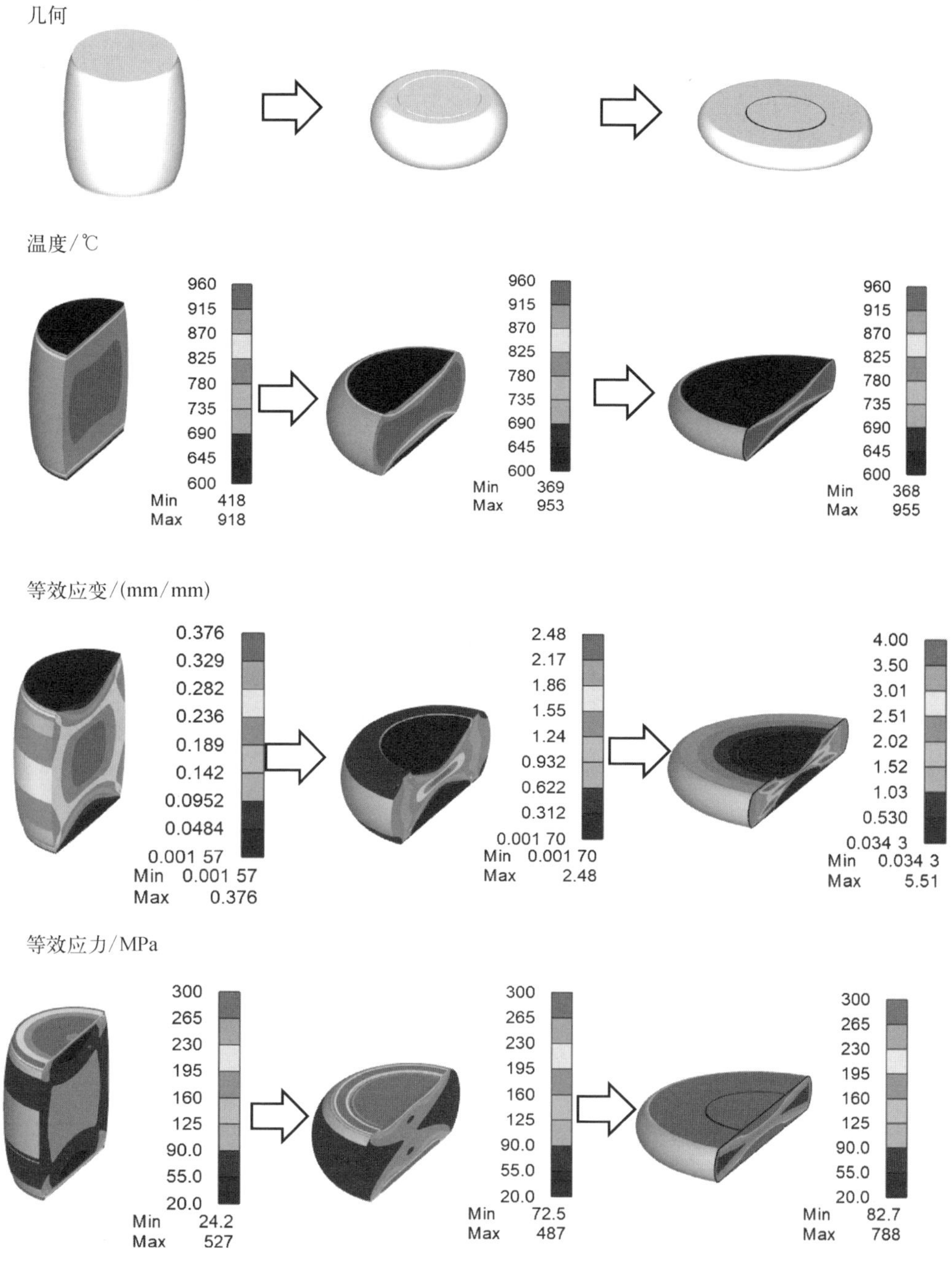

图 8.32　锻造过程温度、应变和应力变化历程

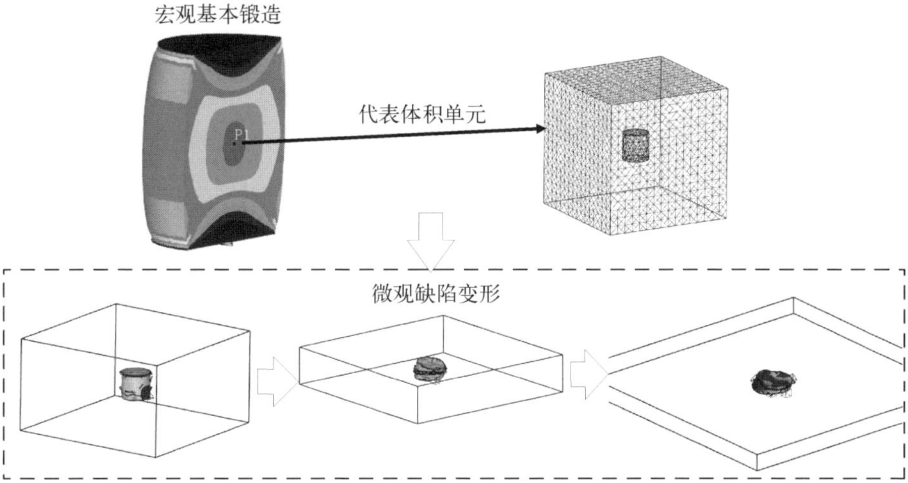

图 8.33　微观缺陷锻造过程变形示意图

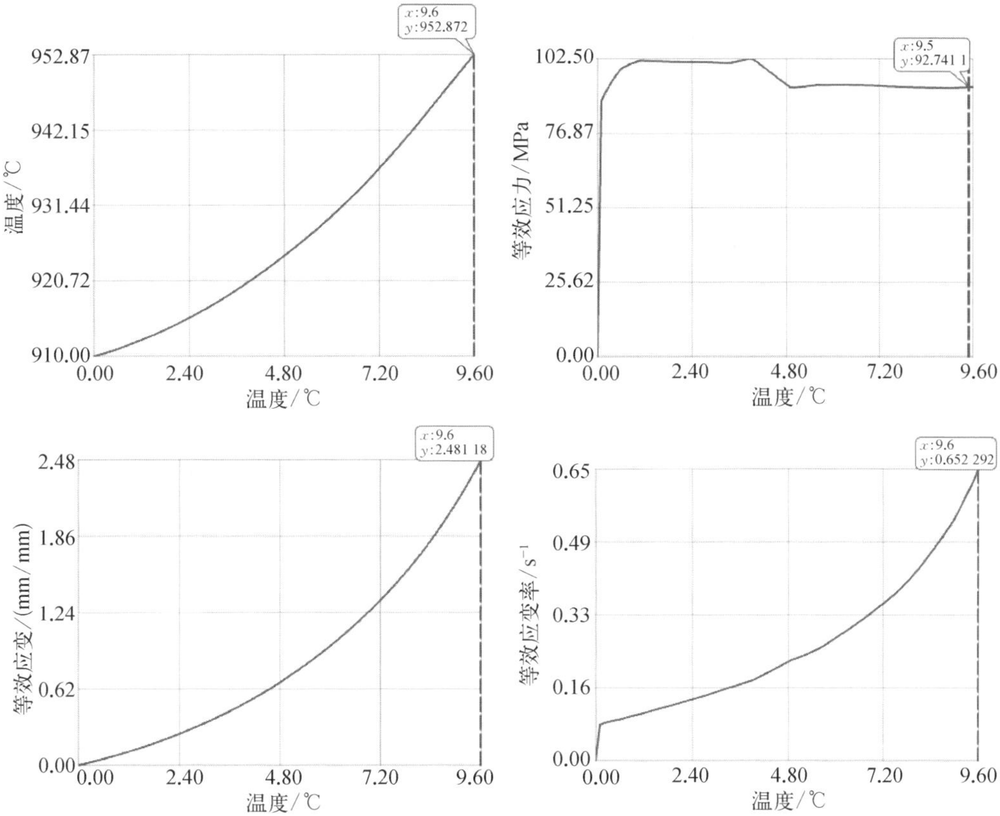

图 8.34　宏微观仿真传递温度、应力和应变数据

仿真结果如表 8.12 和图 8.35 所示。可以看出，由于基体棒料和初始缺陷形状均为棒状圆柱体，变形后缺陷径向的长和宽基本相同。缺陷尺寸的变化主要受锻造变形量影响，同时，温度升高对材料的软化效应更体现在基体钛合金材料。进而，基于保守假设，定义缺陷尺寸为缺陷径向尺寸。因此，根据仿真结果，建立缺陷随热变形工艺的变形模型如下：

$$z = z_0 + ax + by + cx^2 + dy^2 + fxy \tag{8.16}$$

其中，x 代表锻造变形温度；y 代表锻造变形量。基于仿真结果建立的缺陷随热加工变形模型参数如表 8.13 所示，拟合 R^2 为 99.542。

表 8.12　仿真结果汇总

锻造制度		变形后缺陷尺寸/mm		
温度/℃	变形量/%	长	宽	高
910	20	5.47	5.47	3.34
910	40	7.27	7.27	2.4
910	60	13.22	13.22	1.08
910	80	24.73	24.73	0.53
930	20	4.94	4.94	3.33
930	40	6.69	6.69	2.47
930	60	12.47	12.47	1.21
930	80	23.96	23.96	0.6
950	20	4.77	4.77	3.43
950	40	6.49	6.49	2.9
950	60	11.14	11.14	1.4
950	80	20.87	20.87	0.65
970	20	4.69	4.69	3.51
970	40	6.27	6.27	2.75
970	60	10.77	10.77	1.59
970	80	18.74	18.74	0.7

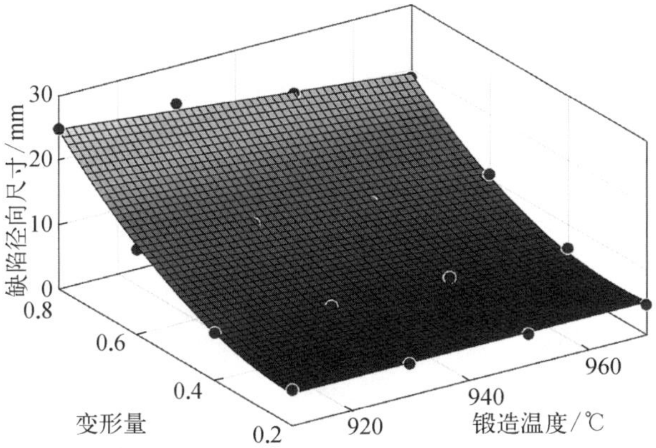

图 8.35　仿真结果拟合规律

表 8.13　变形模型拟合参数

z_0	a	b	c	d	f	R^2
−45.783	0.082 04	119.036	-2.656×10^{-5}	52.89	−0.152 8	0.995 42

2. 含人工缺陷棒料的锻造试验

为验证上述变形模型的准确性，本节开展人工植入缺陷棒料的锻造实验。制备内含缺陷棒料的具体工艺路线如图 8.36 所示。根据缺陷设计的位置将钛合金棒材切割成两段，在端面处钻孔并将缺陷放入孔内，然后采用电子束焊接技术将棒材进行封焊处理，最后采用热压工艺实现棒材自身界面及其与 TiN 材料界面的致密化(图 8.37)。从内含缺陷棒材制备全流程来看，影响植入效果的主要因素有两个方面，分别为热等静压工艺的影响和孔洞尺寸的影响。

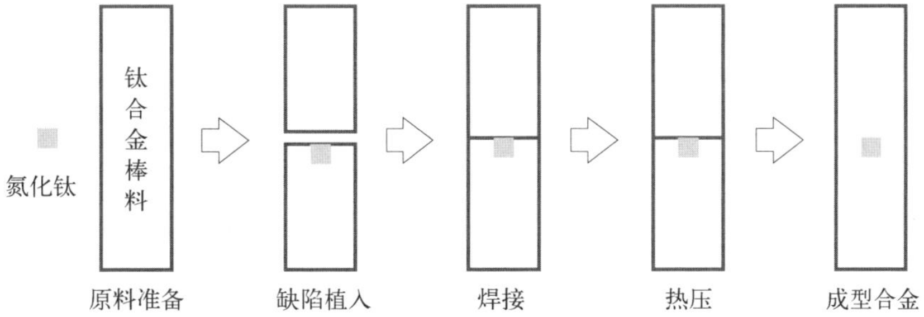

图 8.36　内含缺陷植入工艺路线图

内含缺陷棒料在热等静压过程中，缺陷与基体会发生扩散连接，扩散连接指的是互相接触的材料表面，在高温、压力和真空或保护气氛的作用下，相互靠近从而

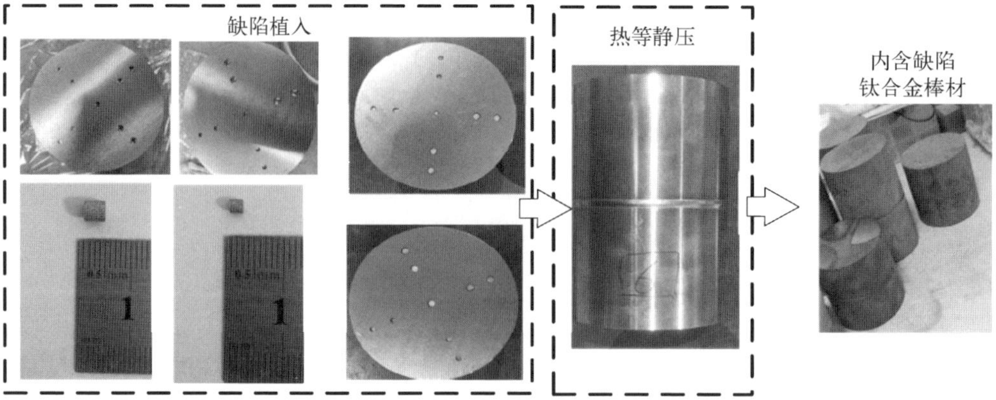

图 8.37 含缺陷棒材制备过程

发生局部塑性变形，经过一定时间后结合层的原子相互扩散，最终形成整体可靠连接的过程。与普通焊接方式不同的是，扩散连接并不发生熔化和宏观塑性变形，这也是它的优势所在，没有金属液的熔化，直接通过固相原子相互扩散达到连接的目的，避免了普通焊接中因金属熔化而产生的缺陷，从连接性的角度看，扩散连接可以实现各种材料、各种特殊结构的可靠连接。

界面扩散连接过程通常分为三个阶段。第一阶段：物理接触阶段，扩散连接时，经过处理的表面仍然呈现微观的凹凸不平，三维形貌如图 8.38 所示，材料之间的接触主要以点接触为主，高温下对其施加压力，部分接触的点最先产生塑性变形，经过持续的压力作用，接触面积逐渐增大，形成紧密接触，得到满足要求的扩散连接接头。第二阶段：扩散及界面推移阶段，在此阶段紧密接触的界面原子进行扩散迁移，此时扩散连接接头处连接方式主要为金属键，经过一定的保温时间后，扩散的结合层达到一定深度，金属键连接变成牢固的冶金连接。第三阶段：界面

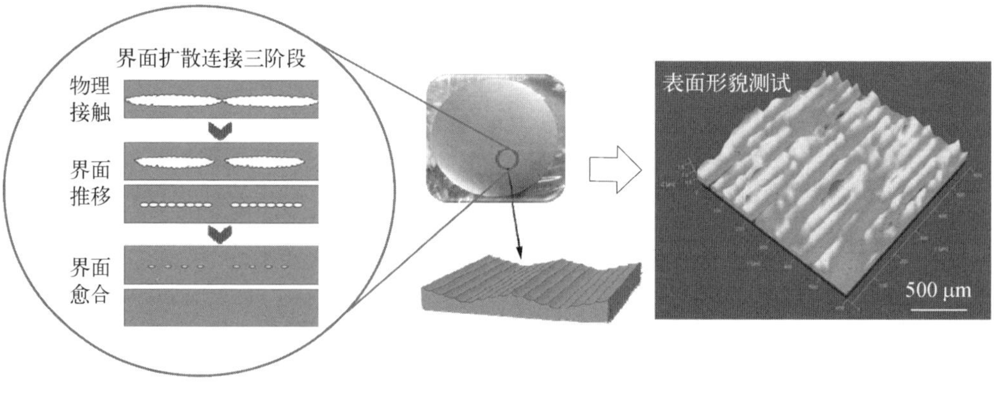

图 8.38 缺陷与基体扩散连接过程示意图

和孔洞消失阶段，主要的形式为体积扩散。通过继续扩散作用，界面孔洞逐渐消失，接头组织成分趋于均匀，原始界面消失。扩散连接过程示意图如图 8.38 所示。

温度是影响扩散连接的主导因素之一，温度升高有利于原子扩散程度的提高。同时，要想实现界面的结合，就需要使得界面局部产生塑性变形，因此热等静压压力就成为一个重要的参数。本节采用的热等静压工艺分别为 950℃ 和 160 MPa。

从图 8.39 中可以看出，中心、1/2 半径和边缘处的夹杂与基体均形成了良好的冶金结合，界面处并无明显裂纹、孔洞等缺陷存在。因此从显微组织形貌来看，TiN 缺陷的植入位置对含缺陷棒材的制备无明显的影响。然而，通过对内含缺陷棒材进行初步锻造后发现，不同的植入位置对锻造过程有着显著的影响，主要体现在两个方面：一方面是在锻造过程中，边缘处存在缺陷，从而导致在进行大变形量的锻造时在棒材边缘处产生开裂现象；另一方面，采用超声波检测技术对锻造后 TiN 缺陷位置检测发现，除了中心位置植入的 TiN 缺陷外，其余位置的 TiN 缺陷均发生了明显的移动。因此，本节缺陷位置位于棒料中心位置。在上述分析基础上，确定 TiN 缺陷材料的植入位置应位于棒材的心部。热等静压后含缺陷棒料如图 8.40 所示。

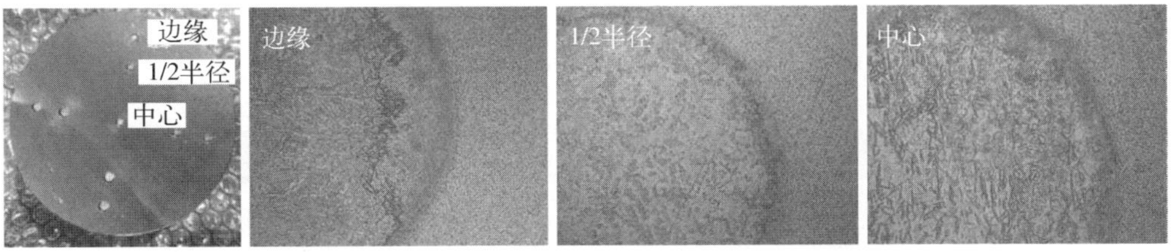

图 8.39　热等静压后棒材内部不同位置处界面形貌

图 8.40　热等静压后内含缺陷棒材宏观形貌

3. 内含缺陷形态 Micro - CT 测试

Micro - CT 试样的制备与检测流程如图 8.41 所示，首先对锻后的棒材表面进行机械加工处理,降低棒材表面的粗糙度。随后采用超声波探伤初步确定棒材内部缺陷的位置。超声波检测技术是利用发射探头向构件表面通过耦合剂发射超声波,超声波在 TC4 棒材内部传播时遇到 TiN 夹杂的界面时,将有不同的反射信号(回波)。利用不同反射信号传递到探头的时间差,可以检测到 TC4 棒材内部的 TiN 夹杂。随后根据在荧光屏上显示出的回波信号的高度、位置等可以判断 TiN 夹杂的轴向位置。根据超声波探伤结果,利用线切割切取 Micro - CT 检测用试样(图 8.42),试样尺寸为 20 mm×20 mm×25 mm,确保 TiN 夹杂在试样中心。

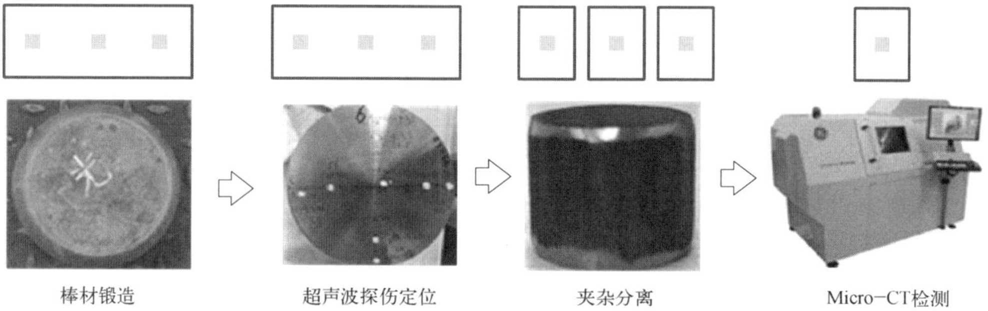

图 8.41　Micro - CT 试样的制备与检测流程

(a) 锻造温度910℃

(b) 锻造温度930℃

(c) 锻造温度950℃

(d) 锻造温度970℃

图 8.42　棒材内部 TiN 缺陷分离

采用上述方法制备的试样 Micro－CT 检测结果汇总如表 8.14 中所示。从结果中可以看出，随着锻造变形量的增加，在 TiN 缺陷的高度逐渐降低的同时，缺陷面积逐渐增加，与棒材在锻造过程中的变化相一致。变形量 80% 的棒料中缺陷未检出，因此并未确定试验测试尺寸。仿真结果与试验测试结果对比如表 8.15 所示。图 8.43～图 8.46 为不同锻造条件下 Micro－CT 检测结果，图中(a)为俯视图，(b)为主视图，(c)为侧视图，(d)为三维视图。

表 8.14　Micro－CT 检测结果

锻造制度		TiN 夹杂尺寸/mm		
温度/℃	变形量/%	长	宽	高
910	20	4.65	4.65	2.96
910	40	6.53	6.53	2.62
910	60	8.95	8.95	1.17
910	80	—	—	—
930	20	4.27	4.27	3.06
930	40	6.36	6.36	1.95
930	60	8.08	8.08	1.72
930	80	—	—	—
950	20	4.63	4.63	3.6
950	40	6.62	6.62	3.47
950	60	7.27	7.27	1.22
950	80	—	—	—
970	20	4.06	4.06	3.6
970	40	6.53	6.53	2.78
970	60	7.71	7.71	1.45
970	80	—	—	—

表 8.15　仿真结果、变形模型结果与试验测试结果误差

锻造制度		锻造后缺陷径向尺寸分析				
温度/℃	变形量/%	试验结果	仿真结果	误　差	变形模型预测	误　差
910	20	4.65	5.47	18%	4.956 264	7%
910	40	6.53	7.27	11%	7.265 464	11%

续 表

锻造制度		锻造后缺陷径向尺寸分析				
温度/℃	变形量/%	试验结果	仿真结果	误 差	变形模型预测	误 差
910	60	9.95	13.22	33%	13.806 664	39%
910	80	—	24.73	—	24.579 864	—
930	20	4.27	4.94	16%	5.007 656	17%
930	40	6.36	6.69	5%	6.704 856	5%
930	60	9.08	12.47	37%	12.634 056	39%
930	80	—	23.96	—	22.795 256	—
950	20	4.63	4.77	3%	5.037 8	9%
950	40	6.62	6.49	-2%	6.123	-8%
950	60	7.87	11.14	42%	11.440 2	45%
950	80	—	20.87	—	20.989 4	—
970	20	4.06	4.69	16%	5.046 696	24%
970	40	6.53	6.27	-4%	5.519 896	-15%
970	60	7.71	10.77	40%	10.225 096	33%
970	80	—	18.74	—	19.162 296	—

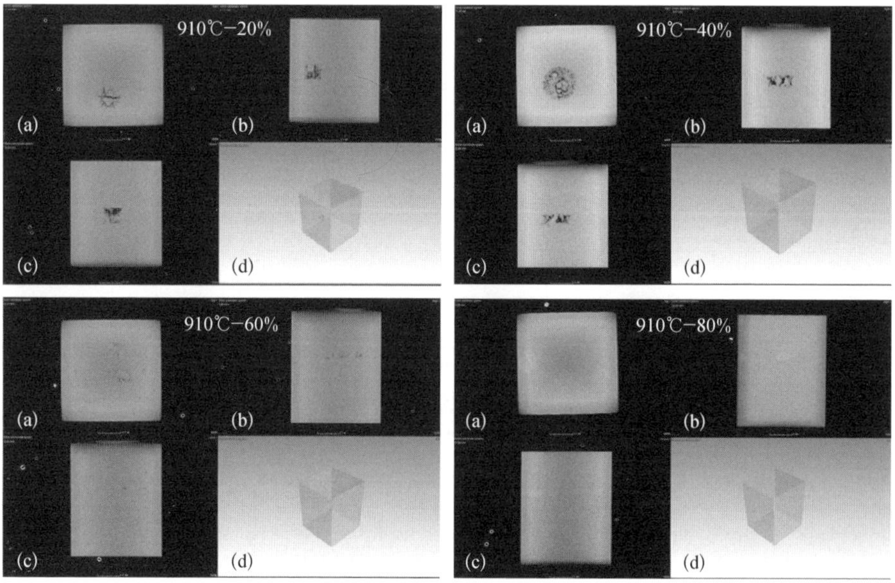

图 8.43　内含缺陷棒材 Micro－CT 检测结果(锻造温度 910℃)

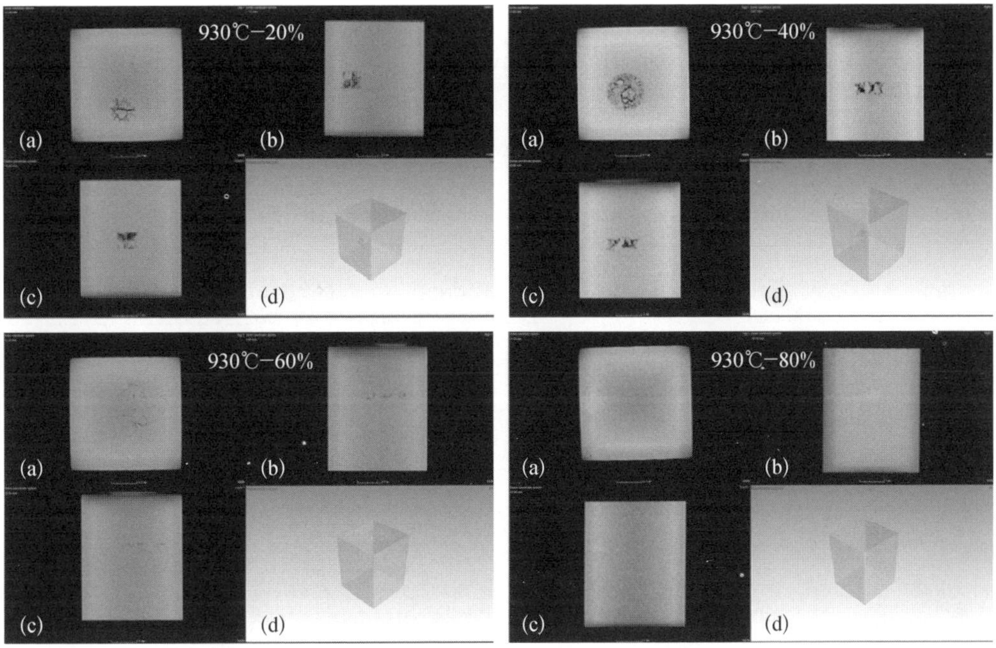

图 8.44　内含缺陷棒材 Micro－CT 检测结果(锻造温度 930℃)

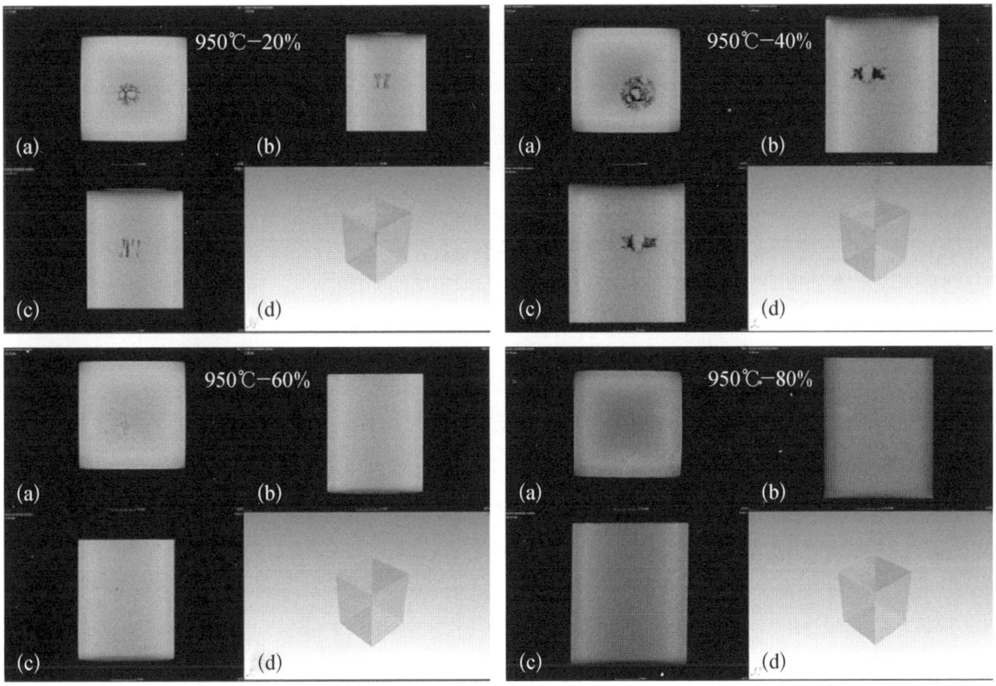

图 8.45　内含缺陷棒材 Micro－CT 检测结果(锻造温度 950℃)

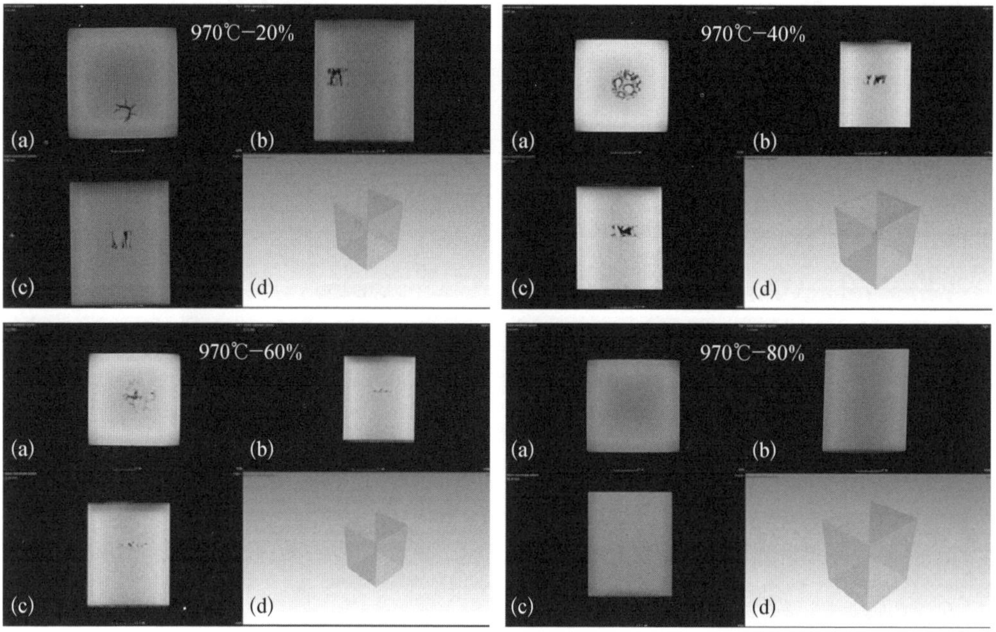

图 8.46　内含缺陷棒材 Micro－CT 检测结果(锻造温度 970℃)

8.3.3　热加工对缺陷分布曲线修正

1. 缺陷分布曲线建立与修正方法

缺陷分布曲线表征了每单位质量(百万磅)钛合金材料中,缺陷尺寸超过对应数值的缺陷数量。缺陷分布曲线的建立流程如图 8.47 所示,首先从钛合金压气机盘真实加工流程出发,累积加工流程中检出的缺陷尺寸;进而基于真实缺陷尺寸分布规律进行人工制备缺陷和缺陷植入试验;对含有缺陷棒料进行超声检测检出概率试验和金相切片试验;其次将检出概率曲线、初始缺陷三维尺寸输入理论模型中,模拟钛合金部件的加工过程,基于工业经验数据(单位质量材料中检出缺陷个数)对缺陷分布曲线基线进行调整,最终建立缺陷分布曲线基线。

自然形成的硬 α 夹杂含氮质量分数范围为 1.6%~6%,为获得致密且氮含量合理的氮化钛材料,采用热压成形技术进行氮化钛材料制备,热压工艺为:钛合金粉末与氮化钛(氮含量 20%)按照一定的比例混合均匀,装入包套模具中焊接封口,置于热等静压炉内保温保压,制备致密氮化钛。获得人工硬 α 缺陷后,开展含硬 α 夹杂棒材的制备,主要步骤为:材料准备、缺陷植入(合金熔炼、合金热压)、棒材锻造、棒材加工、缺陷检测分析。对加工成形的棒材进行内部缺陷进行超声检测,采用接触超声检测设备,检测结果显示,在棒材内部不同截面可以检测到回波。为获得缺陷的尺寸,基于超声检测得到的缺陷初步位置,采用金相法对检测到的缺

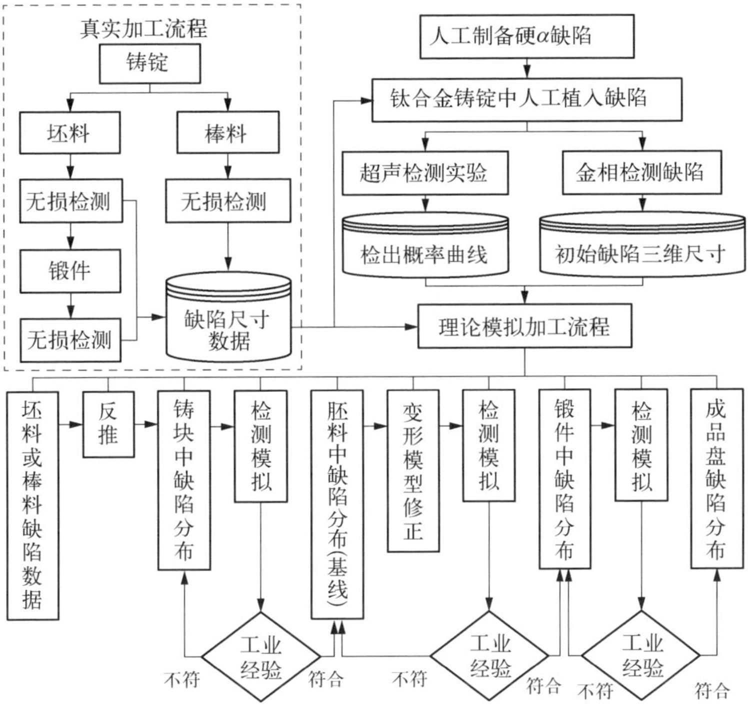

图 8.47　缺陷分布曲线建立流程图

陷进行检测分析。最后以缺陷检出概率曲线和缺陷三维尺寸为输入，通过理论模拟加工过程和检测过程获得缺陷分布曲线基线。

然而，在实际操作中发现，经过若干次迭代后，依然无法使得理论模型分析得到的缺陷检出数据同时符合 JETQC 提供的棒料与坯料检出率，理论模型存在问题。尽管导致问题的可能因素有很多，但工业委员会认为，POD 曲线可能存在的分散性的影响应放在首要位置优先考虑。这一决策基于一个基本事实，即 POD 曲线也是通过有限数据获得的，而 POD 曲线是缺陷分布分析流程中的重要工具，因此，会给缺陷分布分析结果带来不确定性。工业委员会考虑了 POD 曲线的中值、标准差以及最大检出概率值(一般而言，缺陷检出概率随缺陷尺寸增大而增大，然而由于检出设备限制，检出概率不会无限增大到 1，而是存在一个小于 1 的极限值，即缺陷尺寸增大到某一数值后，继续增大缺陷尺寸，缺陷检出概率保持不变)的影响，对棒料与坯料的 POD 曲线进行了修正，并得到了一系列满足理论分析流程要求的缺陷分布。最终缺陷分布的决定有赖于利用商业发动机实际运行经验进行校准。

2. 缺陷分布曲线修正线的建立

缺陷分布曲线的修正是利用缺陷变形模型，考虑锻造过程中缺陷尺寸的变化，对缺陷分布曲线基线进行左右平移的步骤。根据缺陷分布曲线基线的建立流程，基于保守假设，铸锭中缺陷为球形，变形后毛坯中的夹杂为椭球形，以椭球形的长轴为变形修正后的缺陷尺寸，应向右平移缺陷分布基线，如图 8.48 所示。

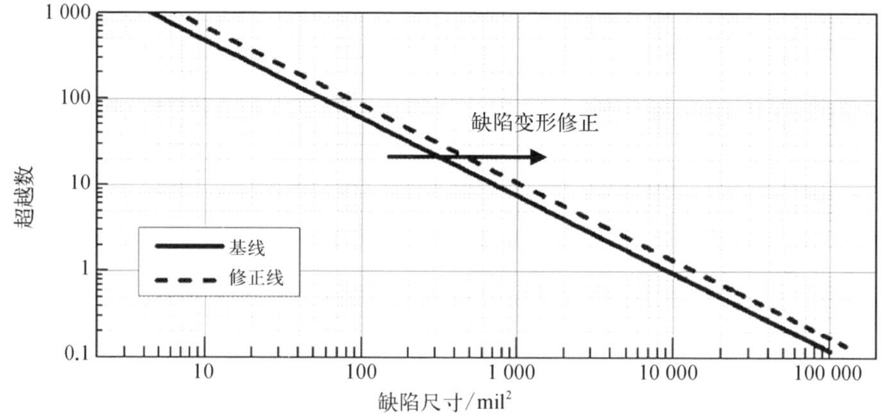

图 8.48　缺陷分布曲线修正示意图

因此，根据仿真结果建立的考虑锻造温度和变形量的缺陷变形模型，对缺陷分布曲线基线进行修正。本节使用国产材料缺陷分布曲线基线开展研究，如图 8.49 所示。

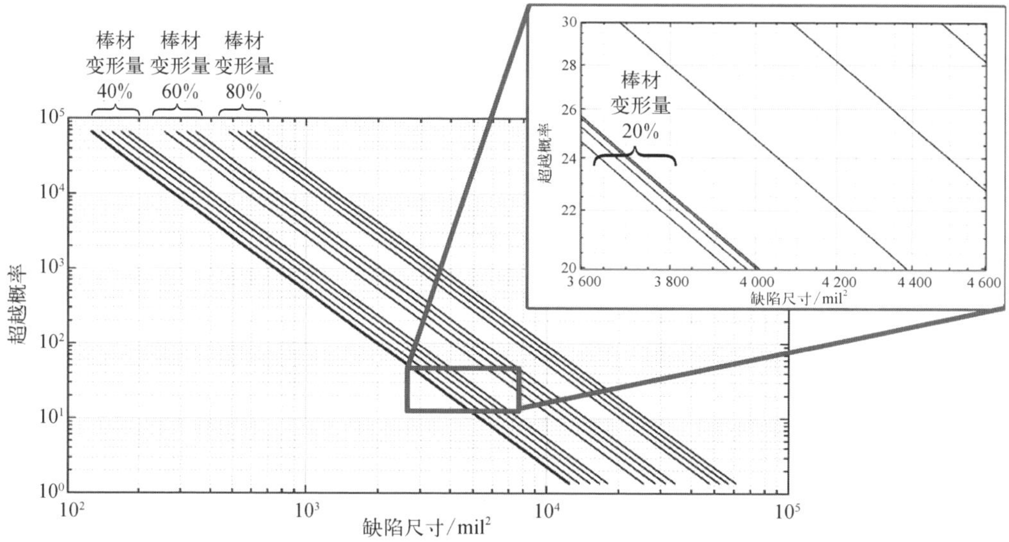

图 8.49　缺陷分布曲线基线与考虑不同热加工工艺的缺陷分布曲线修正

8.4　限寿件安全性设计判定准则验证

8.4.1　TC4 钛合金轮盘镗孔残余应力下低循环寿命试验设计

为了研究冷加工工艺引入残余应力后对轮盘低循环寿命的影响，对 TC4 钛合金模拟盘 1#(1－1~1－4#)设计整盘低周断裂试验，获得不同冷加工工艺(镗孔)下 TC4 钛合金轮盘低循环寿命，进而验证残余应力下断裂模型。

1. 模拟盘三维结构

本节采用的模拟盘主视图见图 8.50。其主要结构为 ϕ24 mm 中心孔。为了进一步增大中心孔的应力水平，轮盘外缘位置厚度增大为 25 mm。轮盘上缘为 ϕ38 mm 轴颈孔，轴颈与法兰边相连。整个轮盘通过法兰边上的 8 个 ϕ5.2 mm 小螺栓孔与转接结构连接，转接芯轴如图 8.51 所示。该设计保证轮盘盘心应力集中，应力最大。

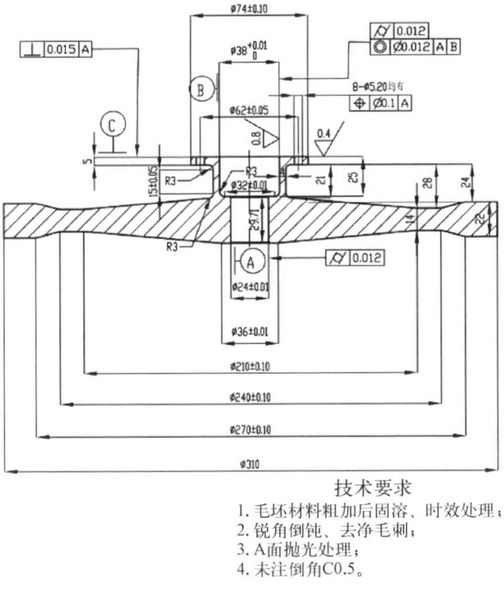

图 8.50　模拟盘 1#结构尺寸主视图（单位：mm）

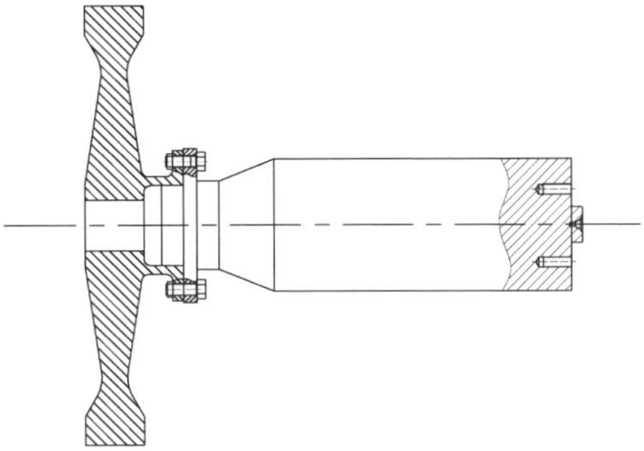

图 8.51　模拟盘 1#连接工装结构尺寸主视图

2. 模拟盘工作应力分析

1）材料参数

轮盘材料为 TC4 钛合金，通过试验获得其基本力学性能如表 8.16 所示。

表 8.16　TC4 钛合金材料参数

弹性模量 E/GPa	泊松比 μ	屈服强度 $\sigma_{0.2}$/MPa	极限强度 σ_b/MPa	密度 ρ/(kg/m^3)
108	0.361	908.5	946	4 450

2）三维模型及网格划分

根据轮盘轴对称的结构特点，选取 1/8 盘进行建模。轮盘采用六面体网格进行划分，平均网格尺寸为 2 mm，盘心进行网格加密，网格尺寸最小为 0.2 mm，最终网格数目为 26 580，节点数为 117 135，如图 8.52 所示。

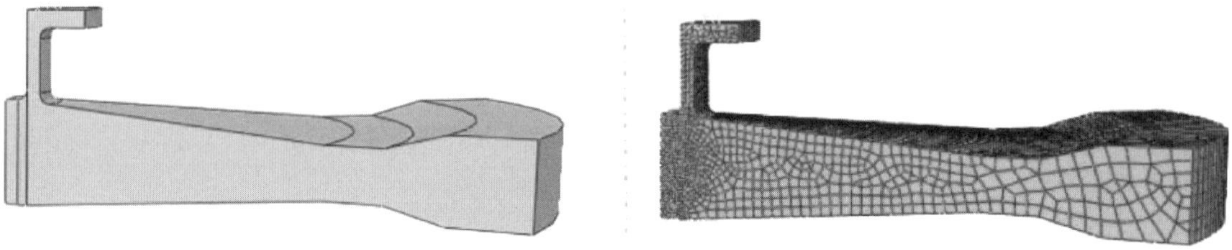

(a) 模拟盘1/8盘三维模型　　(b) 模拟盘1/8盘网格划分

图 8.52　1#模拟盘 1/8 盘三维模型及网格划分

3）边界条件及载荷设置

对 1/8 轮盘施加周期性对称边界条件，此外在法兰面施加轴向约束和周向约束，如图 8.53 所示，设置轮盘转速为 34 000 r/min、35 000 r/min、36 000 r/min、37 000 r/min、38 000 r/min、39 000 r/min、40 000 r/min。

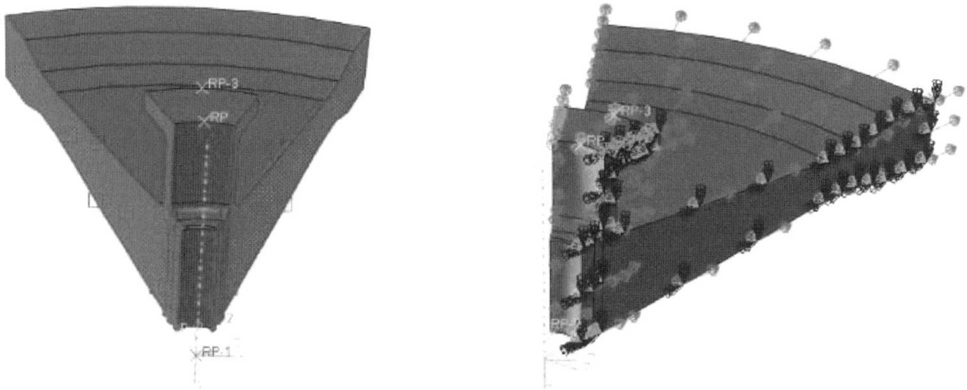

(a) 模拟盘1/8盘对称边界主从面设置　　(b) 模拟盘1/8盘约束及转速设置

图 8.53　1#模拟盘边界条件以及载荷

4）工作应力计算结果

当计算转速为 34 000~40 000 r/min 时，其计算应力云图如图 8.54 所示。轮盘最大应力位于盘心的中心孔处，并且向着中心孔的边缘区域应力更大。其最高应力均超过材料的屈服强度 908.5 MPa，其盘心超过屈服强度区域的应力云图如图 8.55 所示。可以发现，随着转速的提升，盘心的应力屈服区不断增大。

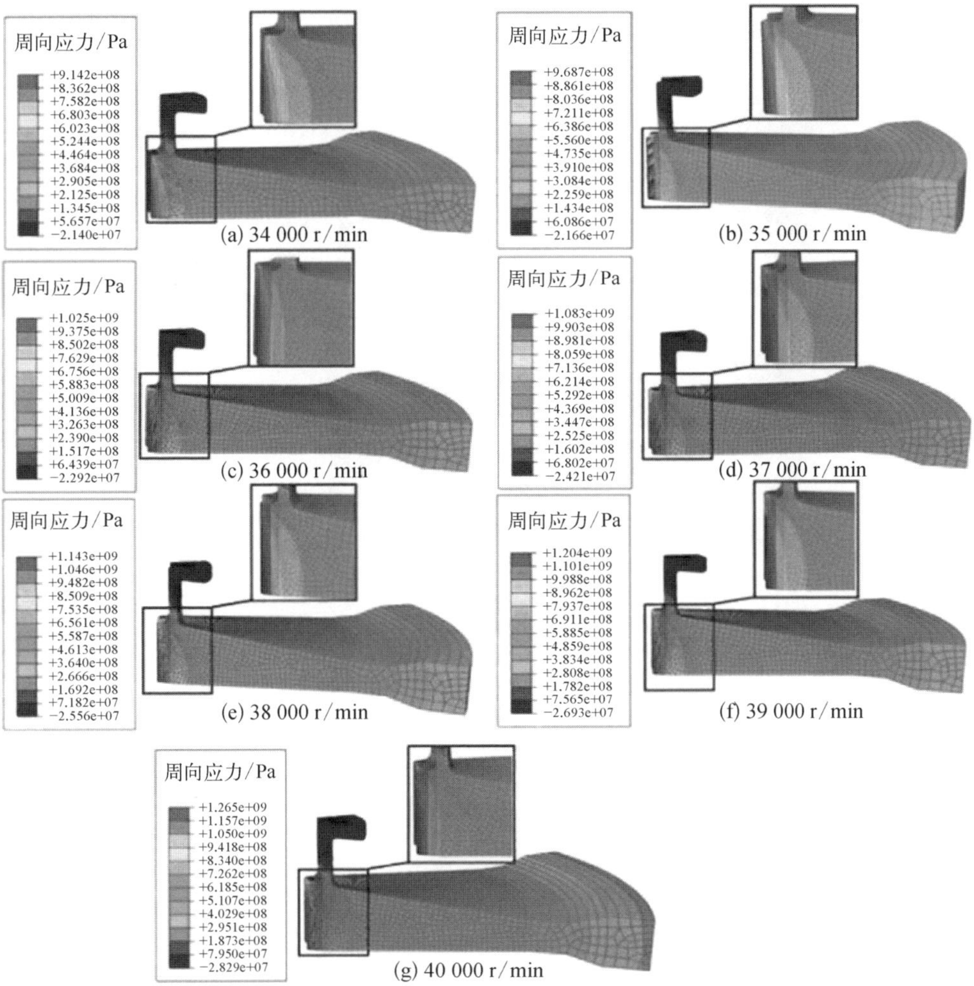

图 8.54　不同转速下轮盘周向应力云图

不同最高转速下的最大应力及不同转速下的屈服区厚度如表 8.17 所示。随着转速从 34 000 r/min 增长到 40 000 r/min，其孔边最大应力从 914.2 MPa 增长至 1256 MPa，其屈服区的厚度从 0.112 mm 增长至 4.930 mm。其最大应力与屈服区域厚度随转速的变化近似呈线性关系，如图 8.56 所示。

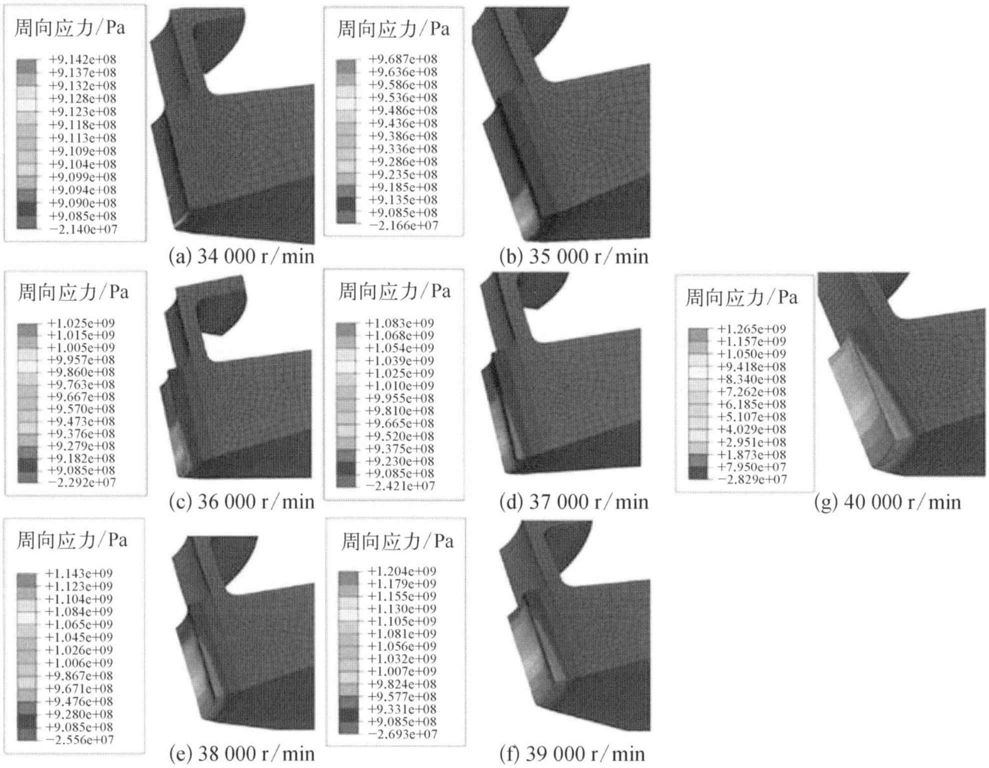

图 8.55　不同转速下轮盘超出屈服区周向应力云图

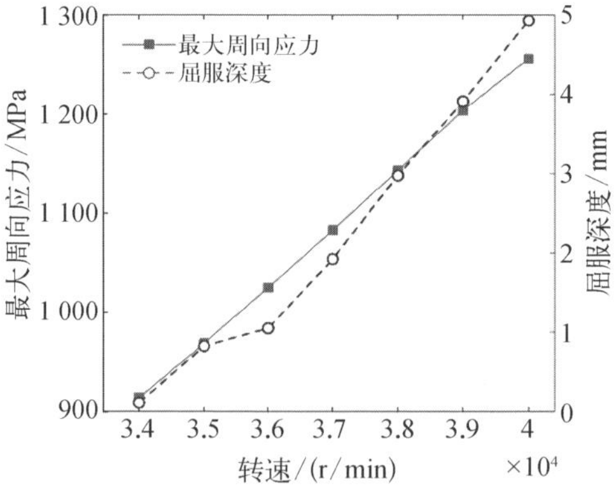

图 8.56　不同转速下的最大周向应力及屈服区厚度

表 8.17　不同转速下轮盘周向最大应力值

转速/(r/min)	最大周向应力/MPa	屈服区深度/mm	转速/(r/min)	最大周向应力/MPa	屈服区深度/mm
34 000	914.2	0.112	35 000	968.7	0.825
36 000	1 025	1.050	37 000	1 083	1.925
38 000	1 143	2.975	39 000	1 204	3.913
40 000	1 256	4.930	—	—	

3. 模拟盘镗孔残余应力分析

1）镗孔工艺参数

中心孔的镗孔工艺参数如表 8.18 所示。对于开展整盘试验的 1－1～1－4#盘,其盘心中心孔为应力集中区,也为裂纹萌生区,因此为了研究不同工艺参数对整盘寿命的影响,中心孔设计的切削进给与切削深度工艺参数不同。值得一提的是,另设计模拟盘 1－5～1－7#,盘心加工工艺分别与模拟盘 1－1～1－3#相同,因此可以通过破坏性残余应力测量试验获得,模拟盘 1－4#的残余应力借助仿真获取。

表 8.18　TC4 中心孔镗孔工艺参数

盘件编号	中心孔镗孔		
	线速度/(m/min)	刀具进给速度/(mm/r)	切削深度/mm
1－1	25	0.1	0.105
1－2	25	0.1	0.025
1－3	25	0.1	0.2
1－4	25	0.02	0.1

2）模拟盘镗孔残余应力

a. 模拟盘 1－1～1－3#镗孔残余应力试验结果

镗孔加工引入表面残余应力。镗孔加工工艺参数为切削线速度、切削进给以及切削深度。镗孔的切削线速度、切削进给以及切削深度方向如图 8.57 所示。模拟盘 1－1～1－3#不同镗孔工艺参数下的残余应力测量结果如图 8.58 所示。

图 8.57　车削及镗孔加工切削线速度、切削进给、切削深度方向示意图

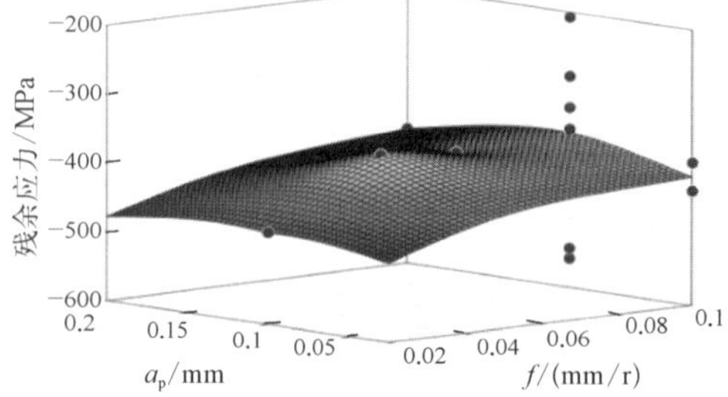

(a) 不同镗孔进给及深度下表面点残余应力三维图

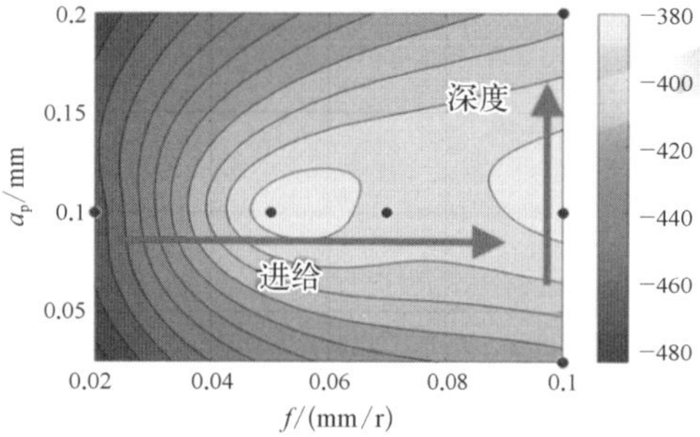

(b) 不同镗孔进给及深度下表面点残余应力云图
(切削速度v=25 m/min)

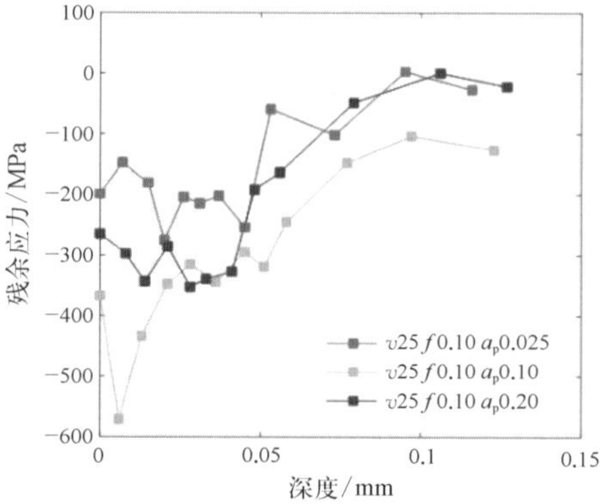

(c) 不同镗孔深度下残余应力随深度方向曲线
(切削速度v=25 m/min，进给 f=0.1 mm/r)

图 8.58　不同镗孔切削进给及切削深度下的残余应力

b. 模拟盘 1 - 4#镗孔残余应力仿真结果

模拟盘 1 - 4#镗孔工艺参数下的残余应力由于无法通过试验获取，因此借助二维正交切削仿真获取。对于二维正交切削仿真，其切削深度与切削进给的相差较大，其比值大于 4 或者小于 1/4 的情况下，更接近平面应变，因此可以简化为二维切削进行分析。模拟盘 1 - 2#及 1 - 4#均较好地满足平面应变假设。

首先对模拟盘 1 - 2#二维正交切削残余应力进行仿真，并与试验结果对比，分析仿真准确性。其镗孔线速度为 25 m/min，切削进给 0.1 mm/r，切削深度为 0.025 mm，其切削进给与切削深度比值为 4，近似满足平面情况。对其进行二维正交切削仿真，切削速度为 25 m/min，切削深度为 0.025 mm。沿着深度方向提取其残余应力，最终仿真结果与试验结果对比如图 8.59 所示。可见仿真所得表面残余应力与试验结果相近，其残余应力影响深度近似。因此接受仿真所得的残余应力结果。

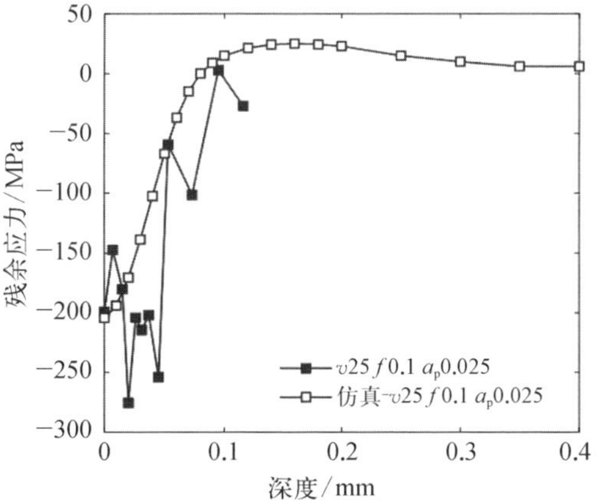

图 8.59　镗孔残余应力试验测量结果与仿真结果

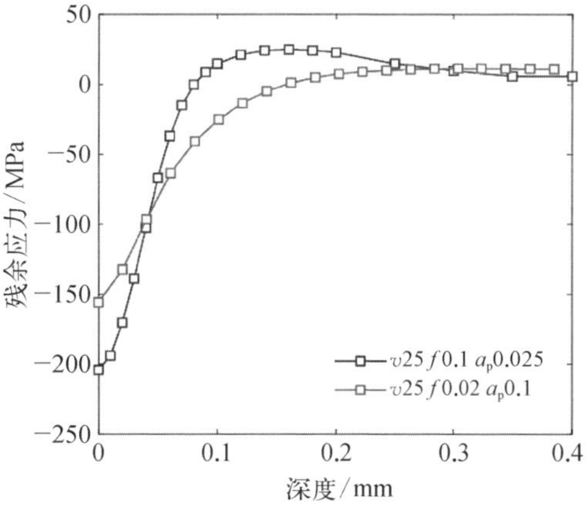

图 8.60　镗孔二维正交切削仿真结果

对于盘 1 - 4#而言，其切削深度与切削进给比值为 5，因此采用二维正交切削对盘 4#的镗孔残余应力进行仿真。切削速度为 25 m/min，切削深度为 0.02 mm。沿着深度方向提取其残余应力，其仿真结果见图 8.60。盘 1 - 4#中心孔的残余应力与盘 1 - 2#的残余压应力相比，残余压应力绝对值较小，影响深度层略有增大。这是因为切削进给降低，其表面拉应力趋势较小。

c. 模拟盘 1 - 1～1 - 4#镗孔残余应力曲线拟合

因此结合试验以及二维正交切削仿真，模拟盘 1 - 1～1 - 4#的表面残余应力如图 8.61 所示。可知，在控制切削速度不变 $v = 25$ m/min 时，切削进给不变 $f = 0.1$ mm/r，随着切削深度增大，其表面残余应力先增大后降低。当控制切削速度 $v = 25$ m/min 和切削深度相同时 $a_p = 0.1$ mm，切削残余压应力绝对值随着切削进给的增大而增大。对应到试验的盘件，可以发现 1#盘对应残余压应力最大，其次是 3#盘、2#盘，残余压应力最小的为 4#盘。

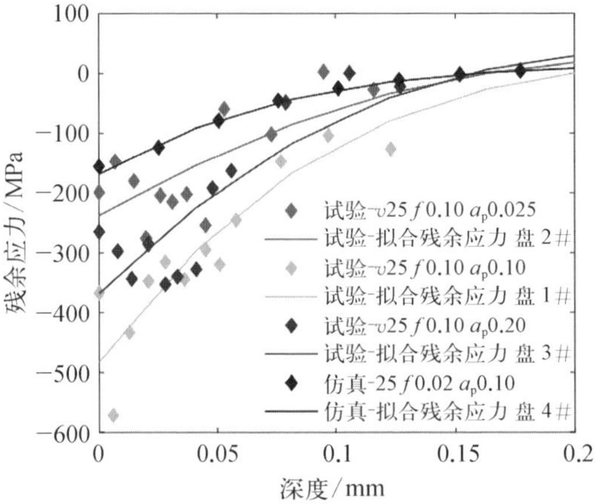

图 8.61　试验盘件镗孔残余应力

4．模拟盘寿命计算

对模拟盘的整盘寿命进行计算。由于模拟盘的周向应力最大，同时假设裂纹均为 I 型裂纹，因此假设盘上孔边表面裂纹为 I 型半圆裂纹，并且沿着轮盘的主应力正交平面扩展。

首先，提取轮盘的主应力正交平面及其节点信息，并将周向应力插值到平面四边形网格，继而进行应力分区。主应力正交平面上的四边形网格如图 8.62(a)所示，其中红色区域为角区域，绿色区域为表面层网格，灰色区域为内部网格。

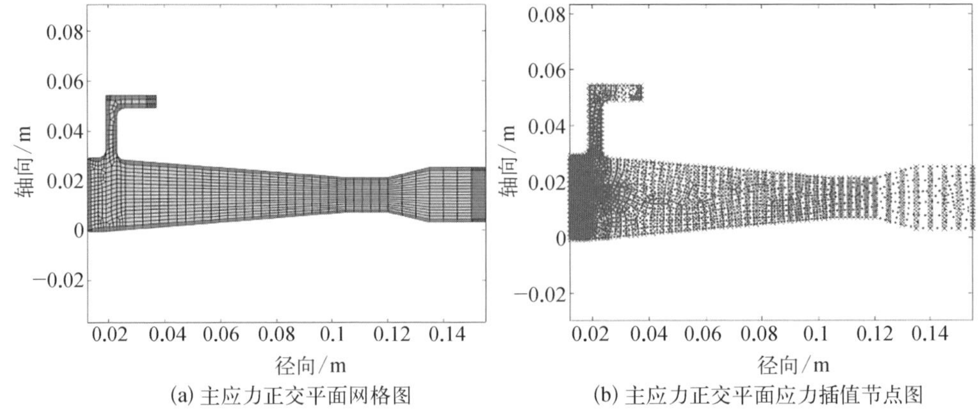

(a) 主应力正交平面网格图　　(b) 主应力正交平面应力插值节点图

图 8.62　主应力正交平面网格及插值节点图

对转速为 35 000 ~ 40 000 r/min 下的应力进行插值，所得应力云图如图 8.63(a1) ~ (f1) 所示。基于应力相似(分区内应力最大差别 34.5 MPa)原理，对主应力正交平面应力进行分区，所得分区图如图 8.63(a2) ~ (f2) 所示。

由于盘心应力最大，因此本试验重点关注孔边区域对结果的影响。对其中孔边分区，提取其裂纹扩展矩形板，其矩形板对应尺寸如图 8.63(a3) ~ (f3) 所示。对转速为 35 000~40 000 r/min 下的应力分区编号及矩形板尺寸进行统计，如表 8.19 所示。

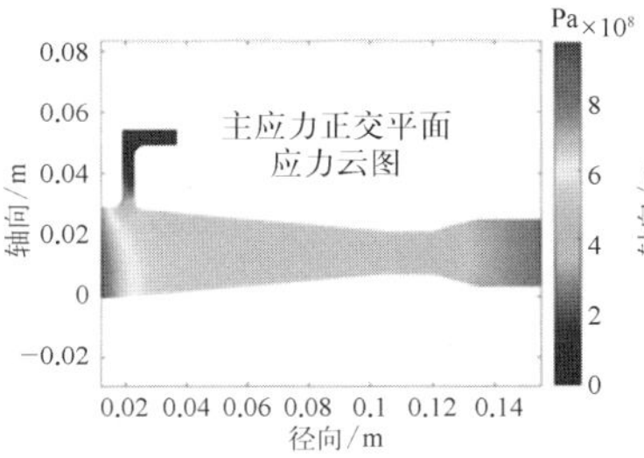

(a1) 35 000 r/min

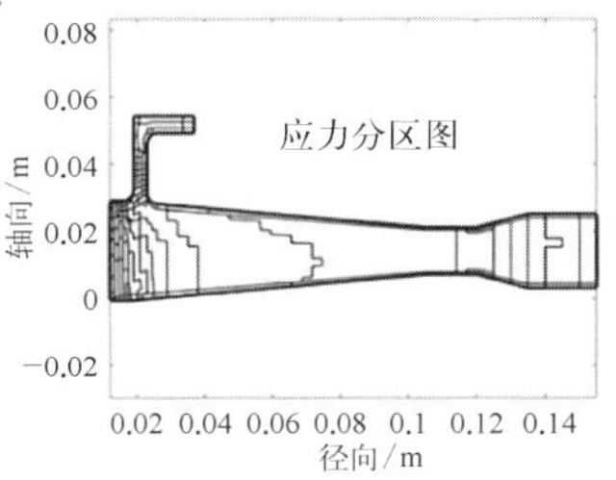

(a2) 35 000 r/min

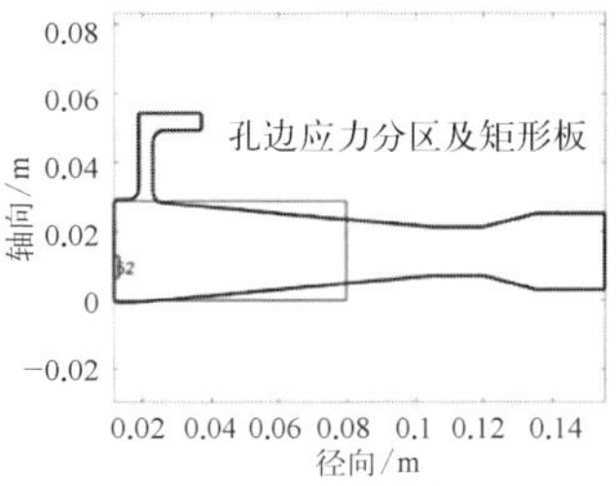

(a3) 35 000 r/min

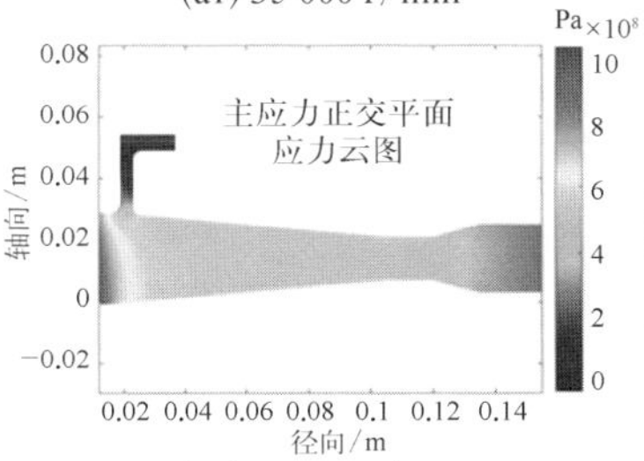

(b1) 36 000 r/min

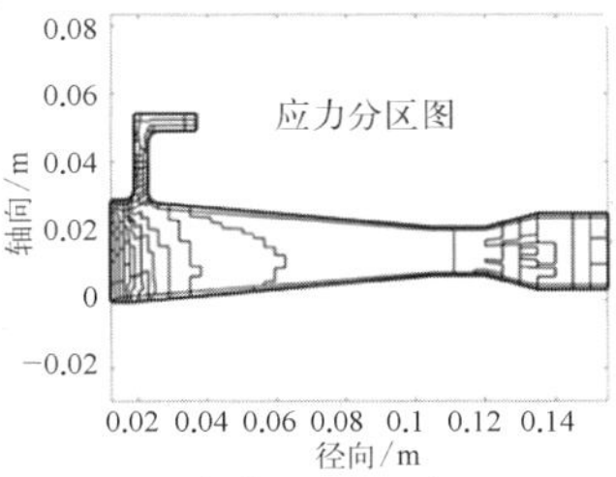

(b2) 36 000 r/min

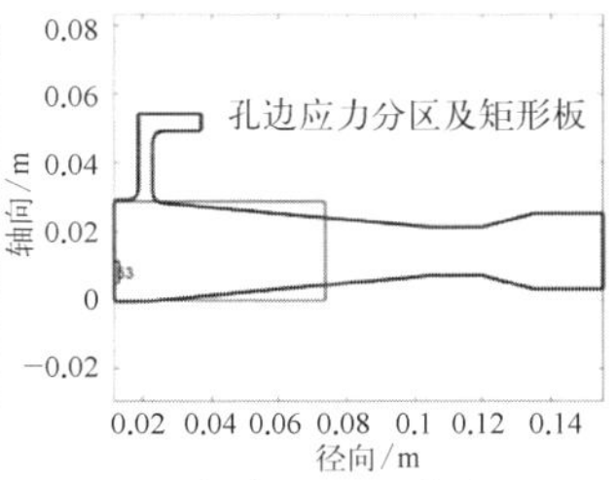

(b3) 36 000 r/min

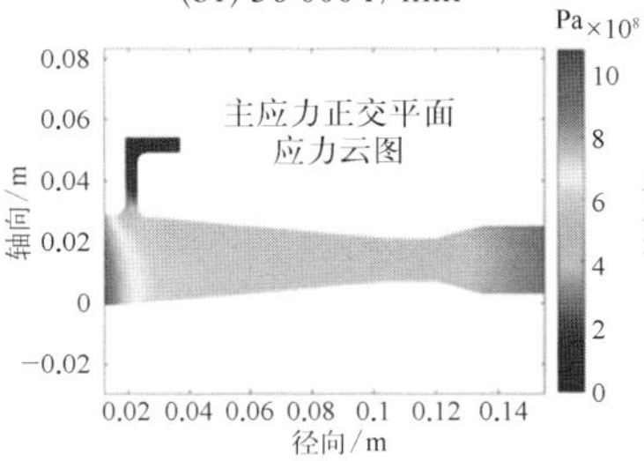

(c1) 37 000 r/min

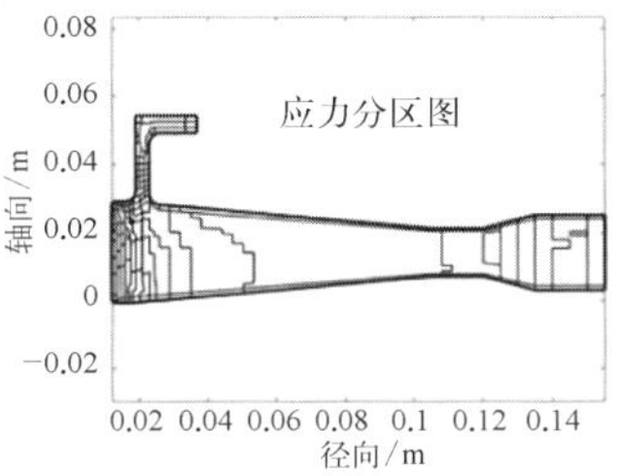

(c2) 37 000 r/min

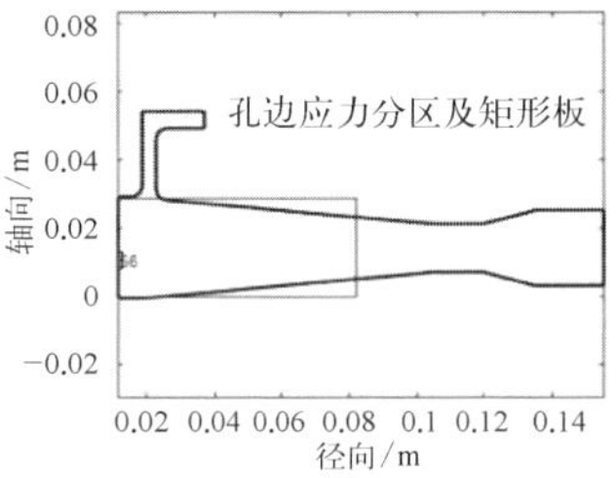

(c3) 37 000 r/min

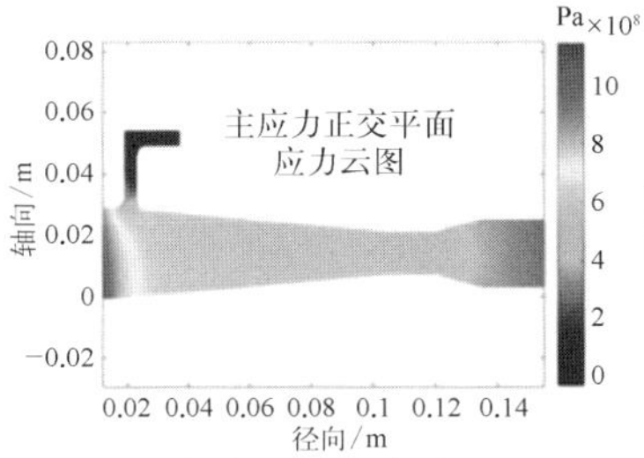

(d1) 38 000 r/min

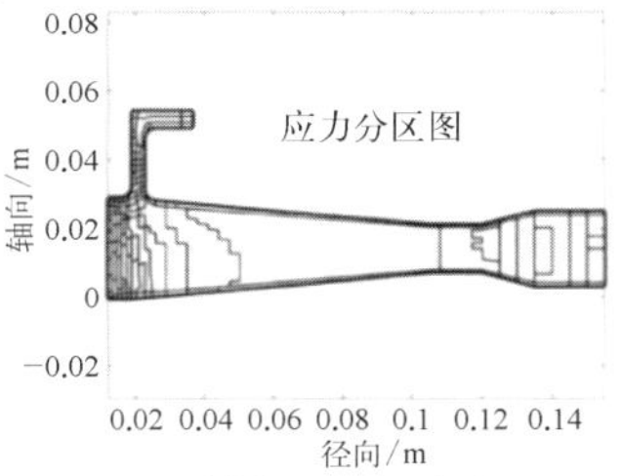

(d2) 38 000 r/min

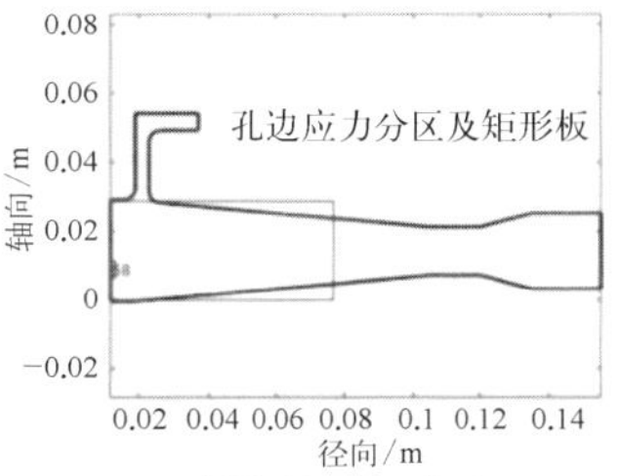

(d3) 38 000 r/min

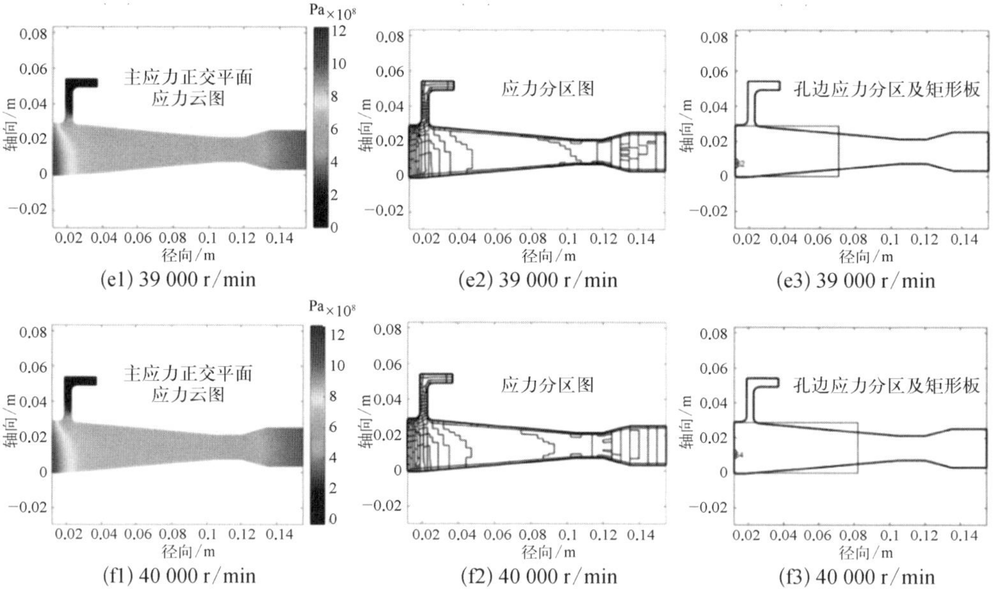

图 8.63　不同转速下主应力正交平面应力云图、应力分区图及矩形板

表 8.19　不同转速下孔边分区编号及其对应的矩形板尺寸

转速/(r/min)	孔边分区编号	矩形板沿轴向长度/mm	矩形板沿径向长度/mm
35 000	52	0.028 8	0.067 5
36 000	53	0.028 8	0.061 7
37 000	56	0.028 8	0.070 0
38 000	58	0.028 8	0.064 7
39 000	52	0.028 8	0.058 5
40 000	54	0.028 8	0.070 0

同时,提取孔边区域垂直于孔边方向的应力梯度,进而结合矩形板对应的应力强度因子计算数据库进行高效的裂纹扩展计算。孔边对应的周向应力梯度如图 8.64 所示。

计算裂纹扩展过程,采用的是应力强度因子叠加的方法。以 35 000 r/min 的情况为例,分析其工作应力及残余应力下的应力强度因子,如图 8.65 所示。可以发现,工作应力下的应力强度因子相比残余应力的应力强度因子明显较高。表层残余应力影响范围在 200 μm 内,因此残余应力的应力强度因子也主要位于表面层

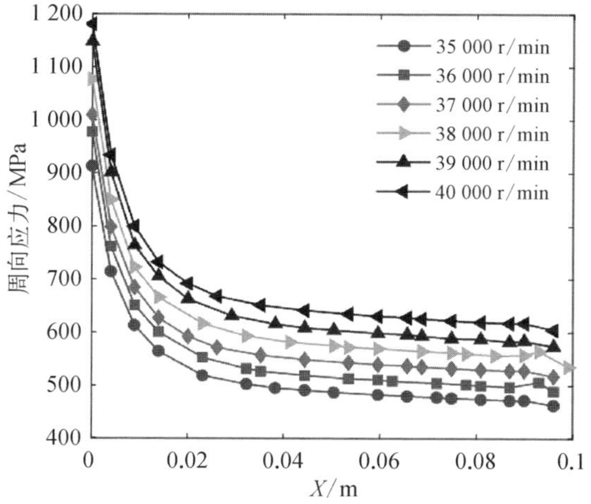

图 8.64　试验盘件不同转速下盘心孔边分区矩形板提取应力梯度

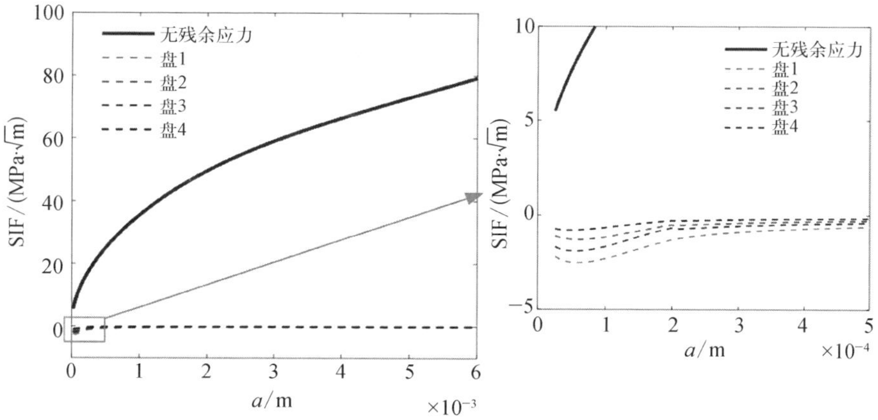

图 8.65　35 000 r/min 转速下工作应力以及残余应力下对应的裂纹尖端应力强度因子

200 μm。并且由于残余压应力的大小为 $-500 \sim -200$ MPa，其应力强度因子约为 -2 MPa · $\sqrt{m}$。本节分析的初始裂纹尺寸从 25.4 μm 开始，对于小裂纹而言，其工作应力引入的应力强度因子约为 5 MPa · $\sqrt{m}$，因此对于小裂纹而言，残余应力的影响效果更明显。

计算 35 000 r/min 情况下的裂纹扩展曲线。其中 4 个盘的加工残余应力来自镗孔加工，其中初始缺陷设置为 25.4 μm。该尺寸参照规章当中给出的缺陷尺寸。值得一提的是，初始缺陷尺寸对最终寿命的敏感性很高。

在初始缺陷为 25.4 μm 情况下，不包括残余应力的寿命为 25 370 循环。计算不同盘心镗孔残余应力下的寿命，可得模拟盘 1－1#镗孔影响后的寿命为 68 160

循环,模拟盘 1－2#寿命为 39 630 循环,模拟盘 1－3#寿命为 51 170 循环,模拟盘 1－4#寿命为 33020 循环。

当初始缺陷增大为 50 μm 的情况,不包括残余应力寿命为 15 190 循环。计算不同盘心镗孔残余应力下的寿命,可得模拟盘 1－1#寿命为 29 020 循环,模拟盘 1－2#寿命为 20 350 循环,模拟盘 1－3#寿命为 23 720 循环,模拟盘 1－4#寿命为 17 880 循环。

同时计算轮盘在不同转速下的寿命,并对其进行分析,如图 8. 66 所示。其初始缺陷均给定 25 μm 及 50 μm 进行计算,以此分析初始缺陷大小对最终结果的影响。

根据上述分析结果确定整盘低循环裂纹扩展整盘试验。为了使得盘心的塑性变形区域不影响残余应力层,因此转速确定为 35 000 r/min。该转速下,盘心刚好达到屈服强度。此外本试验主要分析裂纹扩展阶段,因此需在盘心预置初始缺陷。结合最终计算的寿命,在盘心引入的缺陷为 25～50 μm,四个轮盘的计算寿命区别较大,体现差异性。

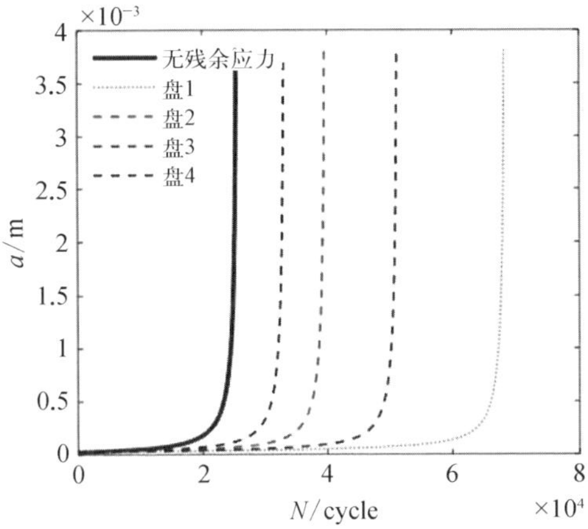

(a1) 35 000 r/min初始裂纹25.4 μm

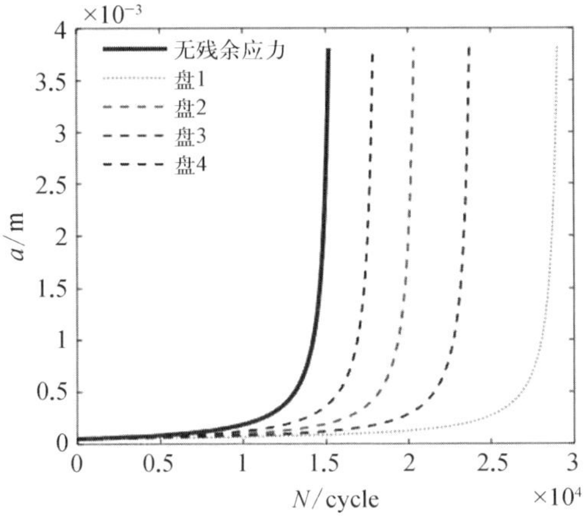

(a2) 35 000 r/min初始裂纹50 μm

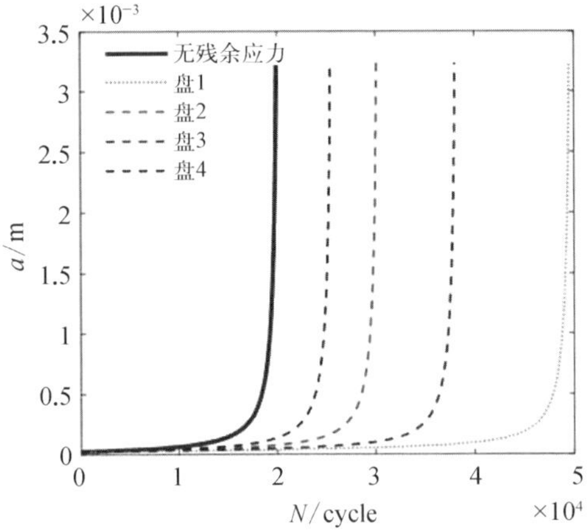

(b1) 36 000 r/min初始裂纹25.4 μm

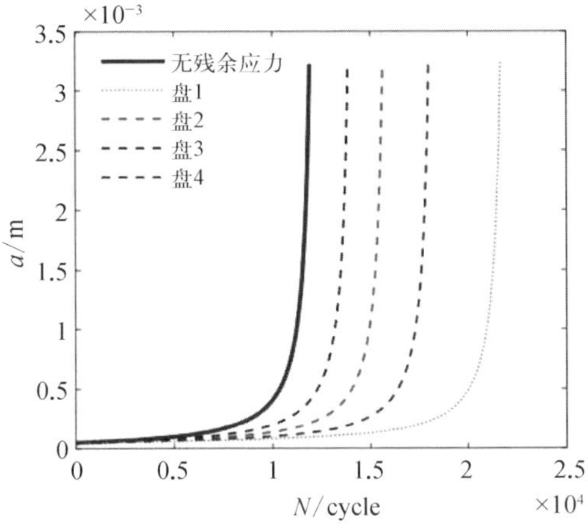

(b2) 36 000 r/min初始裂纹50 μm

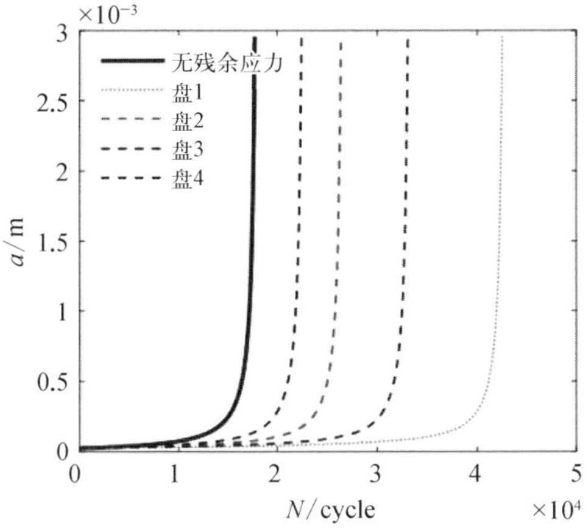

(c1) 37 000 r/min初始裂纹25.4 μm

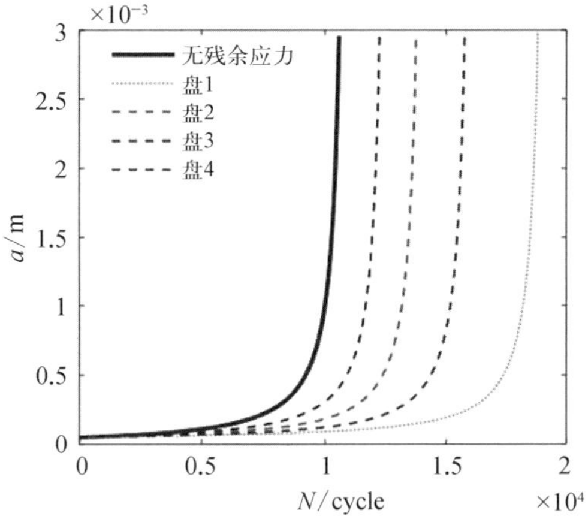

(c2) 37 000 r/min初始裂纹50 μm

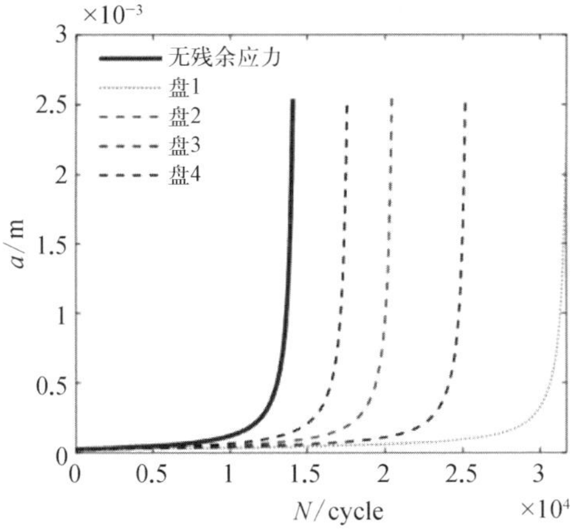

(d1) 38 000 r/min初始裂纹25.4 μm

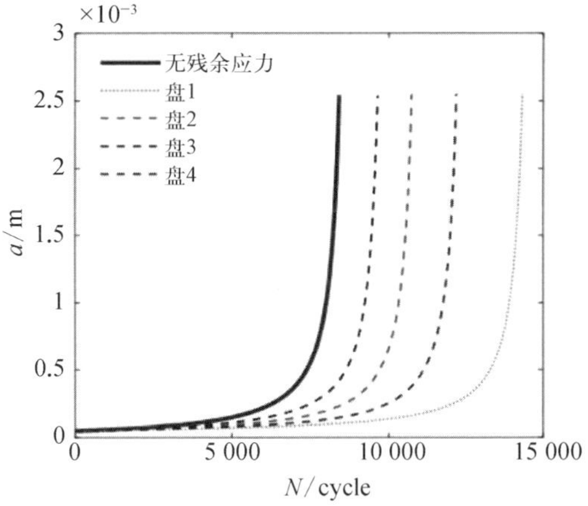

(d2) 38 000 r/min初始裂纹50 μm

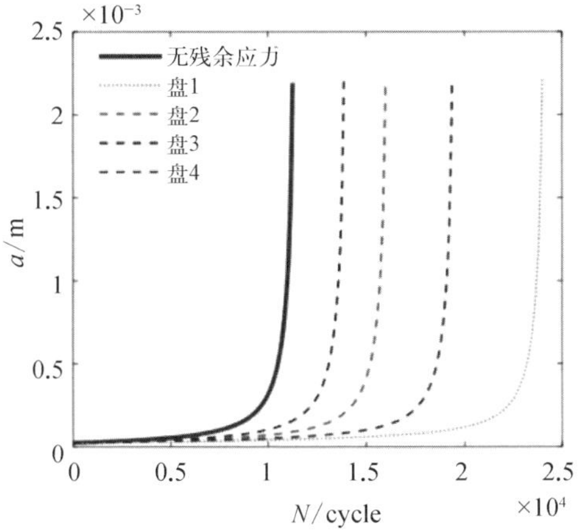

(e1) 39 000 r/min初始裂纹25.4 μm

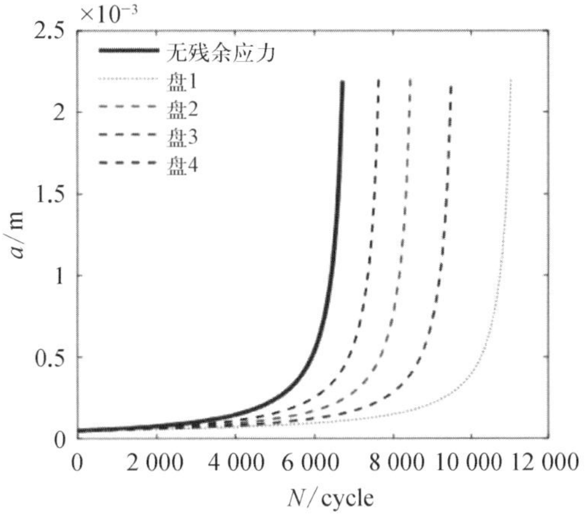

(e2) 39 000 r/min初始裂纹50 μm

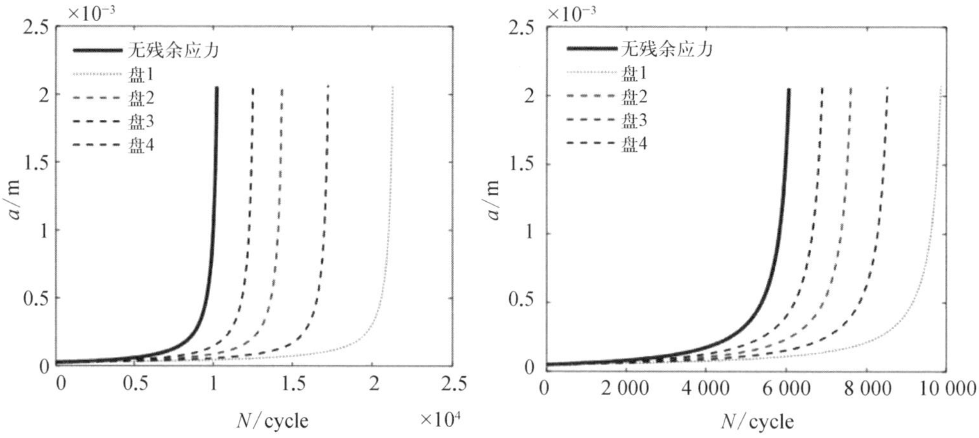

(f1) 40 000 r/min初始裂纹25.4 μm　　(f2) 40 000 r/min初始裂纹50 μm

图 8.66　不同转速下裂纹扩展寿命曲线图

8.4.2　TC4 钛合金轮盘不同镗孔残余应力下低循环扩展寿命试验验证

1. TC4 钛合金轮盘盘心表面划痕缺陷预置方案

1）中心孔划痕预置方法及位置

缺陷预制于中心孔，采用镗孔刀具模拟加工划痕。其表面划痕预置如图 8.67 所示。采用镗孔刀片以及刀杆，轮盘用卡盘装夹，用机床的精度控制进给，当刀片贴到加工孔表面时，再进给 25 μm，然后进行退刀，以此制备深度约为 25 μm 划痕，即表面缺陷。

图 8.67　中心孔划痕预置

对于模拟盘 1－1#而言，在中心孔区域预置 1~8 号缺陷，其中 1、3、5、7 号位于孔边角区域，2、4、6、8 位于盘心区域，与孔边相距 5 mm。

为了对比有残余应力和无残余应力层对最终寿命的影响，将盘心镗孔加工区域进行打磨，即 5、6、7、8 区域的表面加工层进行打磨去除，如图 8.68（a）所示。盘心打磨采用砂纸，同时采用游标卡尺测量打磨深度层，为 200 μm。该深度层也打磨掉加工表面影响层，去除残余应力。对于模拟盘 1－2#~1－4#而言，其表面保留加工残余应力层，直接预置缺陷，以此观测不同镗孔加工工艺对寿命的影响。其中预置的缺陷 1、3、5、7 均为角裂纹，2、4、6、8、9、10 为表面裂纹，如图 8.68（b）所示。

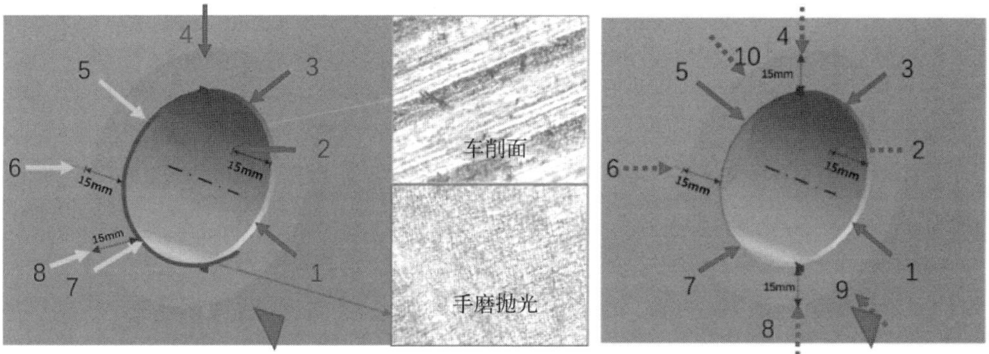

(a) 模拟盘1−1＃中心孔缺陷编号　(b) 模拟盘1−2＃~1−4＃中心孔缺陷编号

图 8.68　模拟盘中心孔缺陷编号

2）中心孔划痕测量

试验开始之前对划痕进行荧光检测，以便检查表面是否存在裂纹源。检测结果如图 8.70 所示，表明 0 循环下模拟盘上只存在划痕缺陷，并不存在裂纹。

图 8.69　0 循环荧光检测裂纹

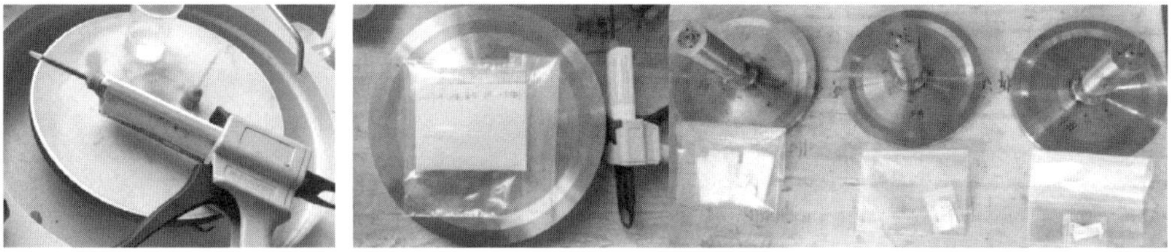

图 8.70　模拟盘 1－1#～1－4#盘心缺陷复型

同时,需要测量 0 循环下的划痕尺寸。由于表面划痕位于孔内,因此为了测量预置划痕尺寸,对所有划痕进行复型检测。采用复型胶为 Struers,如图 8.71 所示。其原理是将金属的表面形貌复刻到橡胶上,方便采用仪器观测。可见最终预置的缺陷形貌如图 8.71 所示。预置划痕长度为 400～600 μm,根据缺陷长深比 0.06～0.08,可知预置缺陷深度为 24～40 μm。

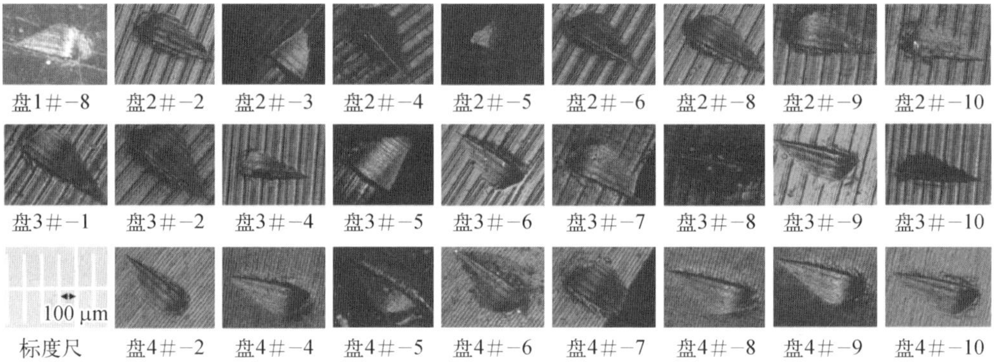

图 8.71　0 循环划痕形貌

2. *轮盘旋转破裂试验步骤及方法*

本节整盘寿命试验及断口拍摄主要由浙江大学高速旋转机械实验室完成,作者团队负责试验方案制定、缺陷预置以及数据分析,浙江大学团队对试验方案提出宝贵意见。

试验主要在浙江海骆航空科技有限公司下立式转子高速试验器上进行,主轴最高转速：60 000 r/min,最大试验转子外径：ϕ500 mm,试验转子允许最大不平衡量：15 g · mm。该试验台具备低循环疲劳试验能力,增速系统结构简单,允许高速率加载与卸载;采用超长寿命高速轴承,高效阻尼减振器,系统可靠性大大提高。试验台主机、电器仪表及计算机控制柜如图 8.72 所示。

为实现试验叶轮的高速旋转,对试验件的平衡精度要求极高。每次试验前,都将采用德国 HM2BK 型卧式动平衡机(图 8.73)对组装后的叶轮和工装试验转子进行低速动平衡[3, 4]。

图 8.72　HR6DI 下立式转子高速旋转试验器

图 8.73　HM2BK 转子动平衡机

试验总循环数约 20 000 次，试验在室温下进行，上限转速 $n_2 = 35\ 000$ r/min。下限转速为 $n_1 = 3\ 150$ r/min，循环加载过程曲线见图 8.74。试验分阶段进行，每阶段试验循环数分别为 5 000、2 500、2 500、2 500、1 000、1 000 循环。每阶段试验结束时，取下试验转子进行目视检查、盘心荧光无损检查、三维形貌复型和尺寸计量。

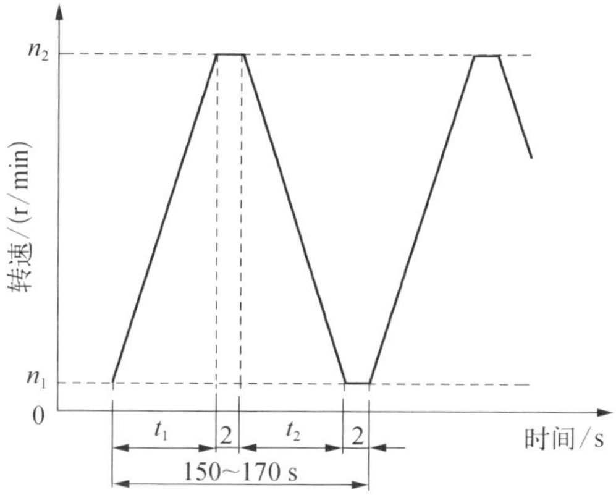

图 8.74　循环加载过程曲线

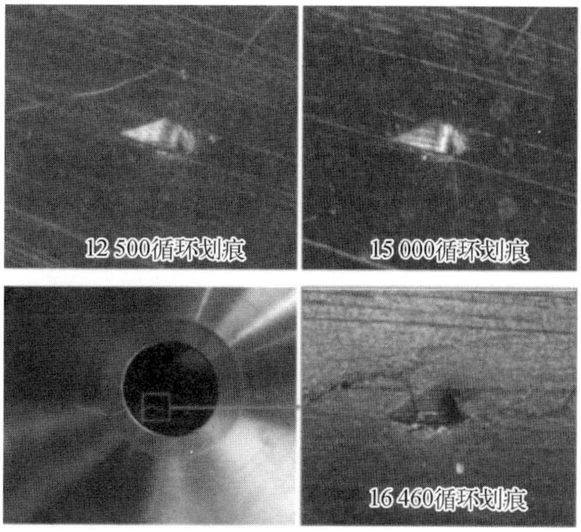

图 8.75　1－1#盘 12 500 循环、15 000 循环及 16 460 循环停机观测的划痕形貌图

3. 轮盘旋转破裂试验结果分析

1）1－1#盘断裂寿命

在 35 000 r/min 的转速下，盘 1－1#在 15 900 循环的临界振动发生激增，表明裂纹开始萌生，进而裂纹开始扩展。实际在 16 460 循环停机，观测到明显的裂纹。因此在 15 900～16 460 循环中间发生裂纹的扩展（图 8.75）。

根据 16 460 循环下的裂纹复型形貌，可知裂纹的尺寸。发生断裂的裂纹为盘心的表面裂纹。其扩展方向一方面向着 L_1 方向，另一方面向着 L_2 方向，最终延伸至角区域，并且向着 L_3 方向扩展。对三个方向的裂纹尺寸进行测量，其尺寸如图 8.76 所示。

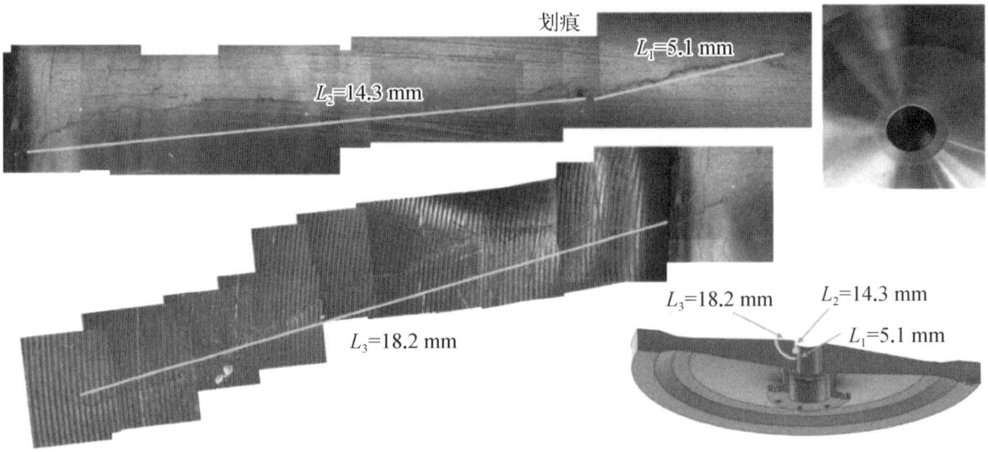

图 8.76　1－1#盘 16 460 循环停机观测的划痕形貌图

为了获得不同循环下裂纹扩展的尺寸，在 16 480、16 500、16 520、16 540 及 16 543 循环下进行停机，并对裂纹尺寸进行复型，记录不同循环下的裂纹尺寸。其复型试样如图 8.77 所示。复型的裂纹形貌如图 8.78 所示。最终统计 16 460 循环后的循环数和裂纹尺寸，如表 8.20 所示。

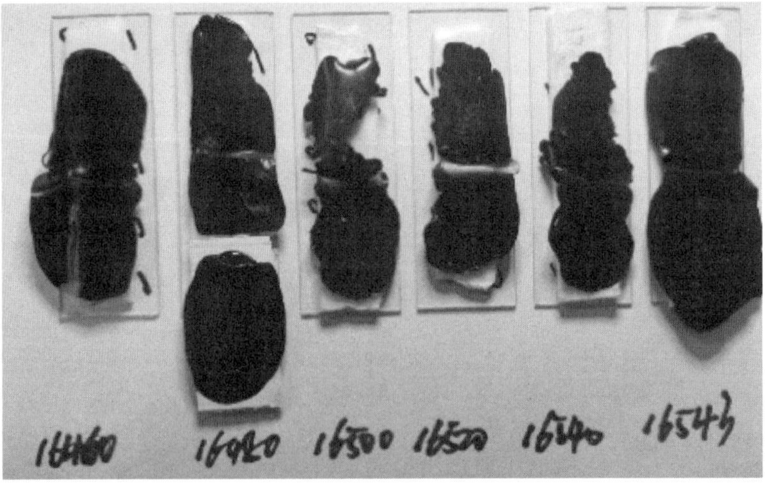

图 8.77　1－1#盘 16 460、16 480、16 500、16 520、16 540、16 543 循环停机复型试样

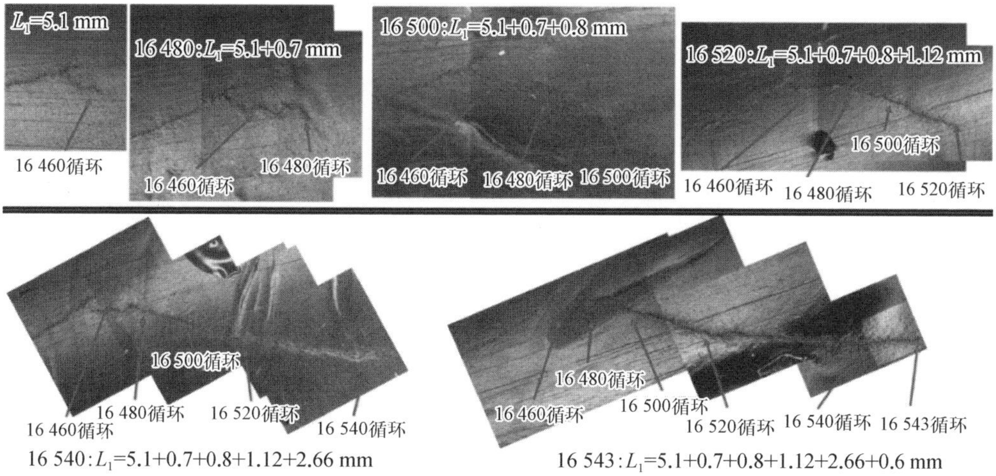

(a) 孔内L_1方向裂纹随着循环数增长而扩大

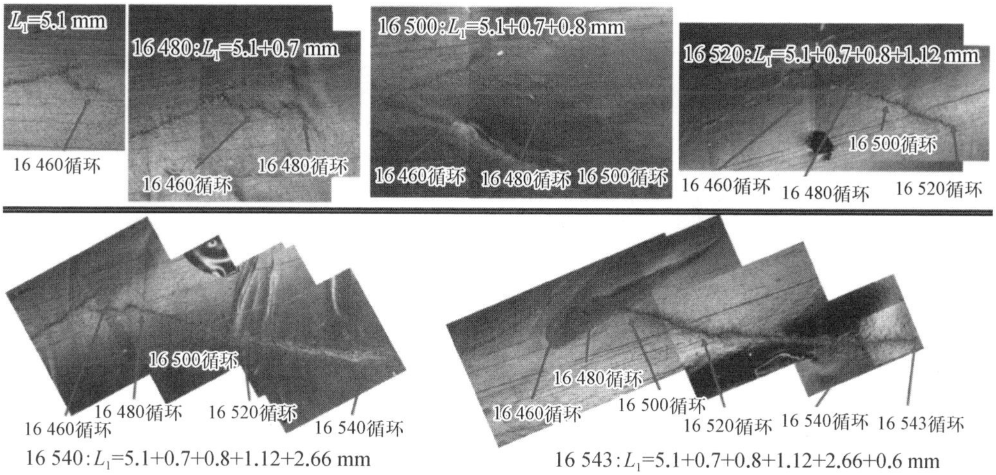

(b) 孔内L_3方向裂纹随着循环数增大而扩大

图 8.78　1－1#盘 16 460、16 480、16 500、16 520、16 523 循环停机复型裂纹形貌图

表 8.20　1－1#盘不同循环下的裂纹尺寸

循环数	12 500	15 000	16 460	16 480	16 500	16 520	16 540	16 543
L_1/mm	—	—	5. 1	5. 8	6. 6	7. 72	10. 38	10. 98
L_3/mm	—	—	18. 2	19. 1	20. 4	21. 9	25. 5	26. 7
L_2/mm	—	—	14. 3	—	—	—	—	—

根据试验结果可知,当循环数为 15 900 循环时,裂纹发生萌生。当循环数为 16 460 时,裂纹尺寸为 18.2 mm。这表明宏观裂纹扩展的过程经历的循环数为 560 循环。

对裂纹进行断口分析,如图 8.79 所示。裂纹源萌生于划痕 8 处。并且在刀尖最深区域萌生裂纹,如图 8.80 所示。刀痕长度约为 500 μm,深度约为 50 μm。划痕处产生应力集中,为裂纹萌生源。在裂纹萌生后的小裂纹扩展阶段,存在一片较为光滑的区域,半径约为 340 μm,该区域内裂纹扩展速率缓慢,裂纹反复张开闭合,引起匹配断口表面摩擦,因此较为光滑[5]。

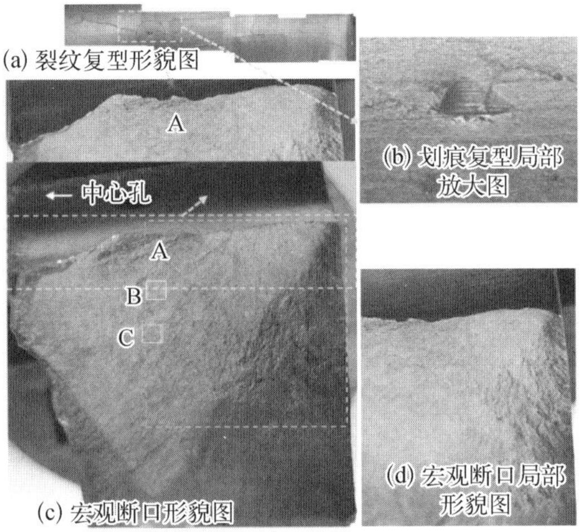

图 8.79　1-1#盘裂纹宏观形貌图

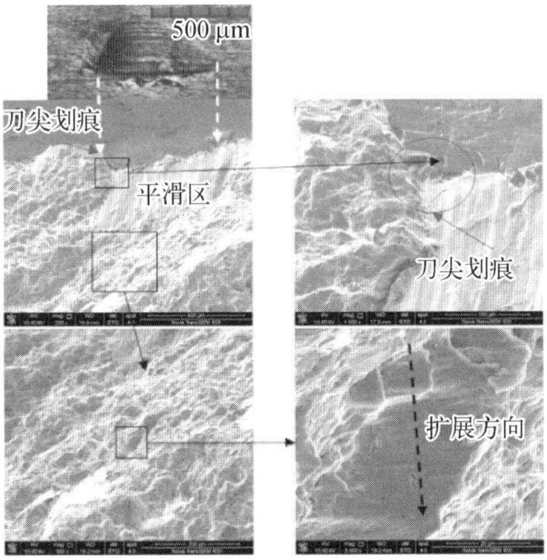

图 8.80　1-1#盘裂纹源形貌(区域 A)

裂纹扩展区 A,接近裂纹萌生区域,在晶体学上断口较为粗糙,存在台阶,边缘有棱角,平均晶粒尺寸(5 μm)小于棱角的尺寸,以穿晶断裂为主。早期的疲劳条带浅宽,垂直于裂纹扩展方向,裂纹扩展速率较慢。

对裂纹扩展区 B、C,断口形貌为云朵花样,台阶高低差别不大,断口中留下台阶,作者认为裂纹穿过片层组织时,裂纹扩展遇到阻碍,因此扩展方向频繁改变,最终沿着结合薄弱的晶界扩展,并且形成微小的二次裂纹。疲劳条带相对变细,垂直于扩展方向,裂纹扩展速率增大,如图 8.81 所示。

对 35 000 r/min 情况下的裂纹扩展进行计算。由于实际预置的划痕深度为半径 50 μm 的半圆,因此假设其初始裂纹尺寸为 50 μm 的半圆形表面裂纹,在工作应力下其对应的寿命曲线如图所示。可知当初始裂纹给定 50 μm 时,其寿命为 15 190 循环。

对表 8.20 中一定循环下的裂纹尺寸进行分析,可以发现其裂纹扩展均进入瞬断区,即裂纹应力强度因子超出断裂韧性。计算盘 1 裂纹尺寸与循环数关系如图 8.82 蓝线所示,绿色及粉色数据点为轮盘沿着 L_1 及 L_3 两个方向上裂纹扩展的尺

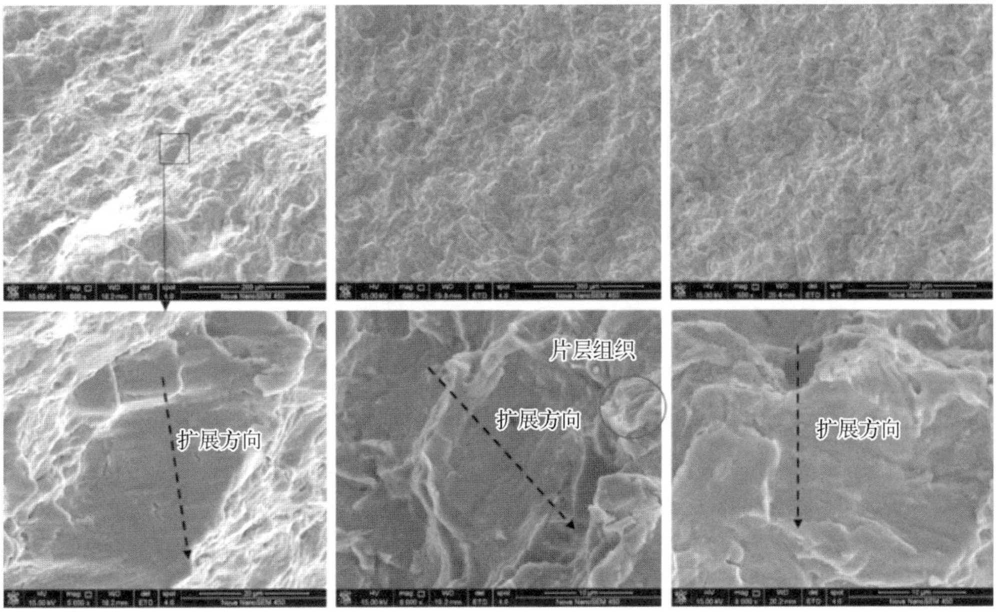

(a) 区域A：低速扩展区　(b) 区域B：扩展路径　(c)区域C：扩展路径

图 8.81　1－1#盘裂纹扩展区形貌

寸。计算所得的表 8.20 中裂纹尺寸对应尺寸的应力强度因子如图 8.83 所示，其中，瞬断区以下的裂纹扩展尺寸及对应循环数的数据来自盘心 CT 试样的裂纹扩展试验。可见对于整盘结构而言，裂纹扩展试验与计算方程有较好的对应关系。尽管裂纹进入瞬断区（高于材料断裂韧性），但在整盘结构中，仍然按照 Paris 规律扩展，同时表明整盘断裂与试样级所得的裂纹扩展速率相关性较高。

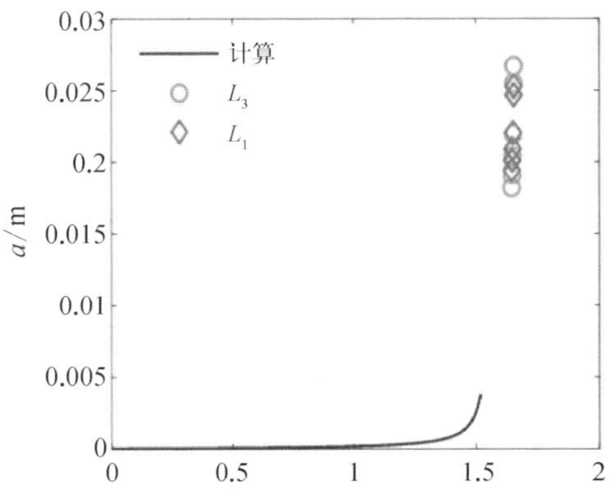

图 8.82　1－1#裂纹扩展寿命计算及试验数据

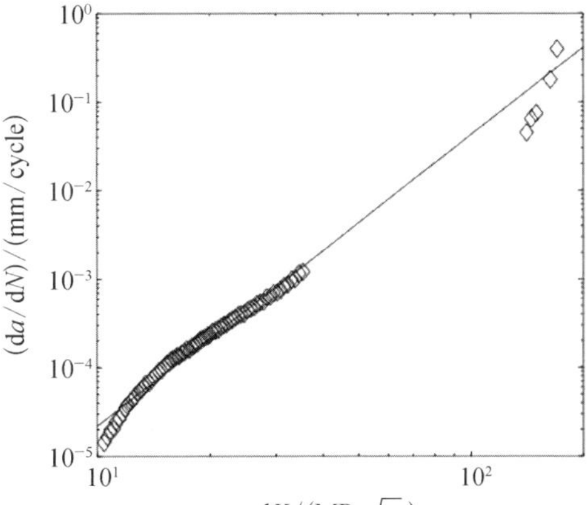

图 8.83　1－1#盘表面裂纹扩展计算应力强度因子图

值得一提的是,裂纹尺寸与缺陷尺寸并不等效。表面划痕缺陷是刀痕凹坑,也称为缺口,在工作应力下形成超过材料屈服极限的应力集中,进而萌生为裂纹。因此采用缺陷尺寸与裂纹尺寸相等的假设,实际上忽略了缺陷部分的裂纹萌生阶段。因此最终计算的寿命会偏低。

2）1－2~1－4#盘断裂寿命

对于盘1－2~1－4#而言,其表面层均包含镗孔加工残余应力层,寿命如图8.84所示。其寿命相对于盘1－1#而言明显增大,这表明包含镗孔残余应力时,与无残余应力状态相比,盘心的寿命能增大2~2.3倍。

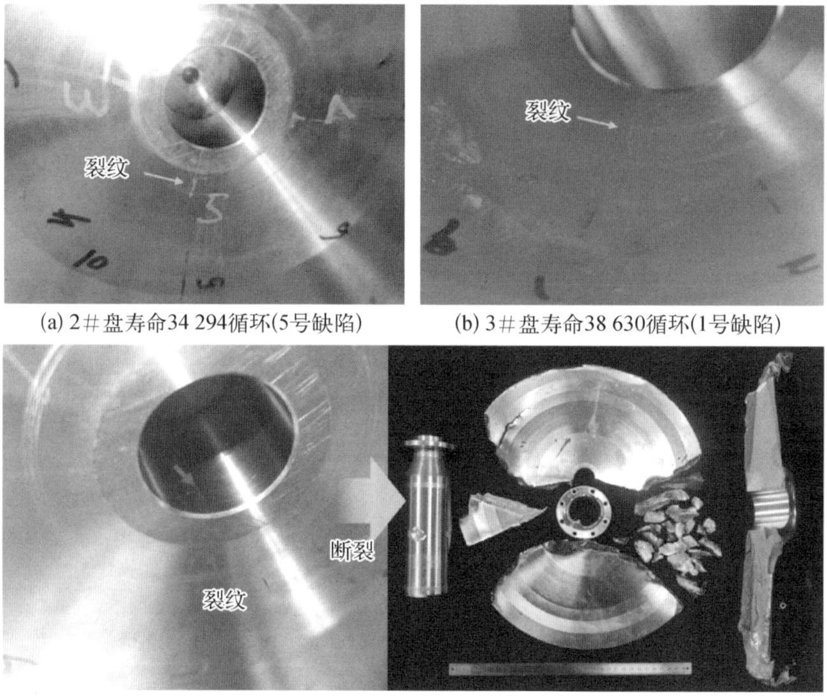

(a) 2＃盘寿命34 294循环(5号缺陷)　(b) 3＃盘寿命38 630循环(1号缺陷)

(c) 4＃盘寿命33 850循环(7号缺陷)

图8.84　1－2#~1－4#模拟盘断裂停机观测图

四个轮盘的试验寿命与计算寿命如表8.21所示。计算结果与试验结果相比均偏小。计算寿命与试验寿命误差小于47.18%。值得一提的是,裂纹尺寸与缺陷尺寸并不等效。表面划痕缺陷是刀痕凹坑,在工作应力下形成超过材料屈服极限的应力集中,进而萌生未裂纹。因此采用缺陷尺寸与裂纹尺寸相等的假设,实际上忽略了缺陷部分的裂纹萌生阶段。因此最终计算的寿命会偏低。但对于风险评估而言,计算的寿命偏向保守。

表 8.21　1－1#~1－4#盘不同循环下的裂纹尺寸

整 盘 编 号	试验寿命	计算寿命(50 μm)	误　　差
1－1#(去除残余应力层)	16 543	15 190	−0.081 79
1－2#	34 294	20 350	−0.406 6
1－3#	38 630	23 720	−0.385 97
1－4#	33 850	17 880	−0.471 79

本节首先揭示轮盘孔特征含缺陷后影响其寿命变化的机理,即轮盘缺陷由于几何不连续在轮盘表面引入应力集中,进而裂纹尖端产生塑性区,并逐渐形成裂纹;冷加工过程由于在表面引入不均匀的塑性变形,因此在表面产生残余应力。残余压应力的引入,降低了裂纹表面的拉应力,因此有效延缓其裂纹扩展过程。通过整盘断裂试验获得不同镗孔残余应力下的寿命。计算寿命与试验结果相比均偏小,计算寿命与试验寿命误差小于 47.18%。值得一提的是,裂纹尺寸与缺陷尺寸并不等效。表面划痕缺陷是刀痕凹坑,在工作应力下形成超过材料屈服极限的应力集中,进而萌生未裂纹。因此采用缺陷尺寸与裂纹尺寸相等的假设,实际上忽略了缺陷部分的裂纹萌生阶段。因此最终计算的寿命会偏低。但对于风险评估而言,计算的寿命偏向保守。

8.5　限寿件审定接受案例

在涡轴 16 发动机型号合格审定项目中,审查组结构专业组按照程序要求,分为概念设计、要求确定、符合性计划制定、计划实施、证后 5 个阶段开展审查工作。

在概念设计阶段,主要任务是使审查代表尽早介入潜在的审定项目,对某些重要领域和规章相关要求符合性的问题与意向申请人达成共识,为后续审查活动的顺利开展奠定基础。因此,审查组结构专业组多次对申请人开展了型号合格审定过程的宣贯及适用结构条款要求的指导。其次,审查组结构专业组从典型航空发动机尤其是典型涡轴类航空发动机的结构特点入手,对比涡轴 16 发动机的结构形式,对涡轴 16 发动机的整体结构各部件特点及预期功能、新颖独特设计特征、相关参数指标等内容进行详细的结构专业熟悉。

在要求确定阶段,主要任务是明确产品定义和有关的风险,确定需要满足的具体规章要求和符合性方法。识别重大问题,确定审定基础。因此,审查组根据在一阶段梳理出的涡轴 16 发动机结构特点,继续研究各部件可能存在的风险及失效形式全面梳理和识别各结构条款的实质要求和关键验证点,挖掘潜在的专用条件、等效安全、豁免，从而确定适用的结构专业审定基础。

在符合性计划制定阶段，主要任务是制定符合性验证计划，形成审定计划(CP)对后续的验证工作做好规划。因此，审查组与申请人根据已经在第二阶段确定的审定基础，结合涡轴16发动机设计特点、风险等级、审定基础中不同结构条款的复杂程度、各结构条款的实质要求和关键点、申请人的经验、人力资源情况等各因素，确定了10个结构专业审定计划以及审查组结构专业组的介入范围。在这一过程中，重点是要合理规划每一个条款的符合性验证思路，并制定每一个审定计划中的具体验证工作项，确保即将开展的验证工作能够充分地满足规章中结构条款的各项要求。

在计划实施阶段，主要任务是完成审定计划中规划的相关验证工作。因此，审查组结构专业组按照审定计划中的验证项目，以"条款衡量、数据说话"为原则，开展了全面且深入的审定工作，对分析过程进行详细评审，对试验项目进行现场目击。

在证后阶段，主要任务是在颁发型号合格证或型号设计批准书之后，完成项目的型号合格审定收尾工作，并开展证后管理工作。因此，审查组在完成了所有具体审查任务后，完成了型号合格审定结构专业总结报告，并对相关审查资料进行了归档。后续针对发动机服役期间的持续适航工作也会继续开展。

总而言之，审查组结构专业组在涡轴16项目中，尝试运用结构适航审定基本原理指导审定实践，将发动机结构适航审定原理与型号设计特征、风险、规章要求、符合性验证工作项等相结合，开展审查工作，并根据验证结果准确判定符合性，保证航空产品的安全。

涡轴16发动机典型的转子件包括：第一级离心叶轮、第二级离心叶轮、燃气涡轮盘、第一级动力涡轮盘、第二级动力涡轮盘、动力涡轮轴、动力涡轮输出轴。主要的静子结构件则包括主安装节及辅助安装节、燃气涡轮机匣和动力涡轮机匣。

第33.70条的实质要求为申请人采用局方批准的方法和流程为失效可能导致危害性发动机后果的零部件建立使用循环数限制，以确保其在失效发生前移除服役。

条款的关键技术点包括：

(1) 发动机限寿件的识别；

(2) 发动机限寿件的寿命限制建立的程序及其验证；

(3) 概率损伤容限评估；

(4) 发动机限寿件三大计划的关联与实施；

(5) 寿命的发布及其管理；

(6) 基于使用情况定寿的评估与批准。

结合涡轴16发动机结构特点，对条款关键技术点(1)～(4)逐一分析[6]。

1. 发动机限寿件的识别

需要通过安全性分析确定原发失效会造成危害性发动机后果的零部件。典型的发动机限寿件包括但不限于盘、隔圈、轮毂、轴、高压机匣和非冗余的安装部件。对于涡轴 16 发动机而言,各级转子都应作为限寿件,中间机匣、涡轮机匣等高压机匣需要通过安全性分析确定,由于涡轴 16 发动机不存在冗余的安装结构,因此安装节(扭矩管)应作为限寿件。

2. 发动机限寿件的寿命限制建立的程序及其验证

AC 33.70－1 中提出了确定批准寿命的典型程序,参考该程序建立针对涡轴 16 发动机的安全寿命批准程序。

结合涡轴 16 预期运行条件,通过分析、试验等方法开展限寿件的安全寿命分析与验证工作。主要包括:

(1) 发动机限寿件清单;

(2) 任务循环飞行剖面;

(3) 发动机性能分析;

(4) 限寿件热分析;

(5) 限寿件应力分析;

(6) 材料疲劳性能数据;

(7) 工程定寿方法;

(8) 有影响的零部件;

(9) 低循环疲劳试验参数与验证循环数;

(10) 静子类限寿件裂纹扩展寿命分析与验证;

(11) 转子类限寿件损伤容限评估;

(12) 批准寿命。

3. 概率损伤容限评估

根据 AC 33.14、AC 33.70－1 和 AC 33.70－2,损伤容限评估主要针对材料缺陷制造和使用过程中诱发的表面缺陷进行损伤容限评估。涡轴 16 发动机压气机盘材料为钛合金,应针对这些部件开展概率损伤容限评估。燃气涡轮和动力涡轮盘为高温合金材料,应采取恰当的损伤容限评估方式对这些部件的材料缺陷进行评估。所有转子器上均存在孔特征,还需针对该孔特征进行概率损伤容限评估。

4. 发动机限寿件三大计划的关联与实施

申请人需编制和执行三大计划来确保每个限寿件的完整性。其中,工程计划中包括确定限寿件清单、确定寿命和损伤容限评估三个方面。制造计划是对工程计划要求的属性进行物理实现过程的管理计划。其要点包括: ① 工艺参数的识别;② 工艺参数更改的控制标准或程序;③ 制造计划的确认与验证。使用管理计划针对使用期间的修理、维护和大修进行约束,从而与工程计划中的假设保持一致。在使用管理计划中,针对涡轴16发动机,还应建立限寿件延寿程序,规定检查间隔和部件检查要求等。

参考文献

[1] FAA. Advisory Circular 33.70-2: Damage tolerance of hole features in high-energy turbine engine rotors[S]. Washington: FAA, 2009.

[2] Corran R S J, Williams S J. Lifing methods and safety criteria in aero gas turbines[J]. Engineering failure analysis, 2007, 14(3): 518-528.

[3] Bai C E, Xuan H J, He Z K, et al. Research on centrifugal compressor disk containment of auxiliary power unit[J]. Aerospace Science and Technology, 2017, 68: 37-45.

[4] Huang X N, Chen C Y, Xuan H J, et al. Fatigue crack propagation analysis in an aero-engine turbine disc using computational methods and spin test[J]. Theoretical and Applied Fracture Mechanics, 2023, 124: 1-13.

[5] 钟群鹏,赵子华. 断口学[M]. 北京: 高等教育出版社,2006: 270-273.

[6] 张弓,何歆,冯建文,等. 涡轴16发动机结构审定[M]. 北京: 航空工业出版社,2021: 83-87.

第 9 章
限寿件安全性设计与适航验证前沿展望

高速飞行器被誉为航空史上继螺旋桨和喷气式飞机后第三次“革命”，其飞行包线范围宽广（$H=0\sim40$ km，$Ma=0\sim6$），巡航马赫数可达 3~5。变循环发动机是高速飞行器动力系统最有可能实现的解决方案之一，其相较于常规燃气涡轮航空发动机，通过多涵道气动布局，结合模式转换阀门实现工作状态切换，可以实现亚声速飞行条件下的低油耗以及超声速飞行条件下的高推力。图 9.1 和图 9.2 给出了典型的三转子、多外涵、三燃烧室的新一代先进变循环航空发动机原理构型对应的调节机构位置和关键部件布局图。

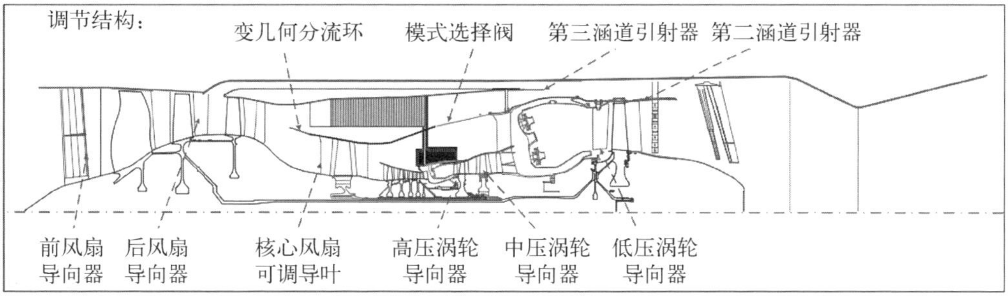

图 9.1　新一代先进航空发动机调节结构分布

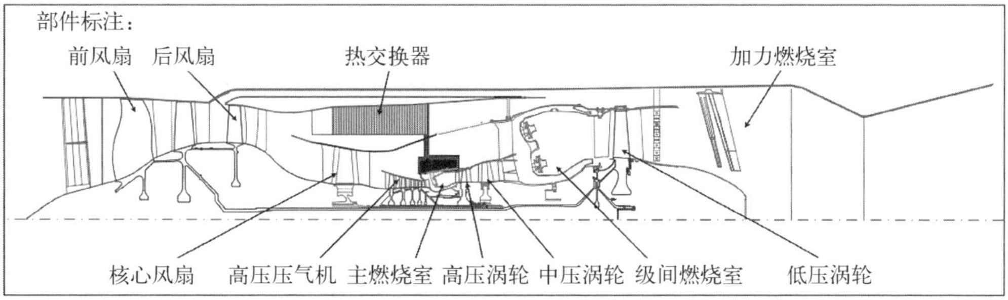

图 9.2　新一代先进航空发动机部件分布

我国由于缺乏海外空军基地、航母不足,多从本土起飞的先进战机需具备“跨速域、跨空域、长航程、长留空时间”特征以突破第二岛链及应对未来可能的“台海危机”,研制变循环发动机的意义尤为重大。但是,变循环发动机在高/低速模式切换过程中,与常规发动机相比燃气温度瞬变率由 100 K/s 增致 500 K/s 量级,结构温度变化率由 20 K/s 增至 100 K/s 量级,强瞬变载荷环境下的高温部件结构安全面临严峻挑战,是变循环发动机研制中迫切需要解决的问题,也是国内外公认的技术难点。

9.1 现状和挑战

而伴随着航空发动机发展历程,结构安全始终是国内外研究的热点(图 9.3)。20 世纪 90 年代前,第二、三代发动机瞬态效应并不凸显,通常忽略瞬态热环境的影响,以等温试验数据构建应力-寿命、应变-寿命或应变能-寿命宏观唯象关系,对结构安全分析提供了支撑。随着第四/五代发动机性能提高,过渡过程引起的瞬态效应愈发明显,导致寿命消耗远高于等温疲劳。对此,NASA、普惠公司、通用电气公司等开展了大量高温材料热-机械疲劳(thermo mechanical fatigue, TMF)破坏机理、损伤建模和疲劳寿命研究。但上述工作仍大都基于准稳态假设,在等温经验模型的基础上引入变温和温度梯度效应修正经验关系,最佳寿命预测精度只能达到 6 倍分散带水平;且此类“拟合+修正”的理论方法通常忽略结构损伤的物理过程,导致拟合参数多(如: Neu - Sehitoglu 损伤模型的拟合参数高达 16 个)、试验耗费量大,且适用范围严重受限于拟合数据类型。因此,对于第六代变循环发动机显著提高的气动热力和机械参数变化范围,现有研究工作已难以有效解决强瞬变载荷下的结构安全问题,并面临三大挑战: 复杂瞬变载荷时空特征难以精确捕捉(挑战 1),

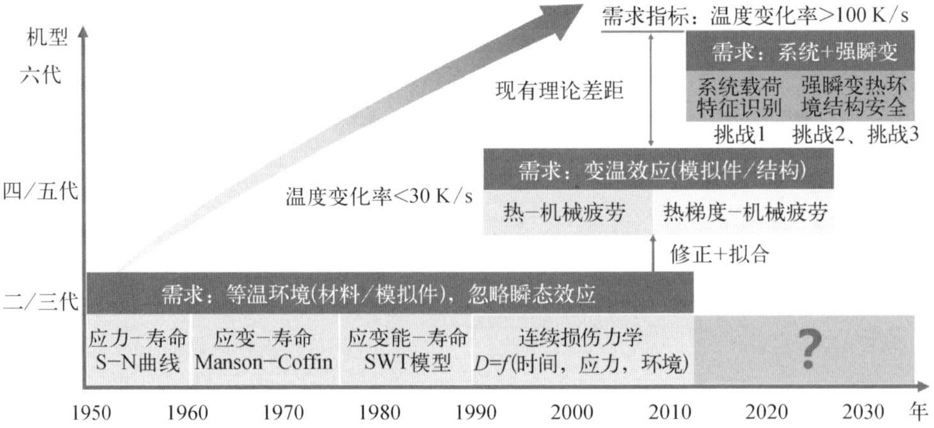

图 9.3 航空发动机结构安全问题研究历程

缺乏从描述损伤本质出发的物理模型（挑战2），结构安全分析方法适用性弱（挑战3），因此必须从多学科交叉出发，在理论方法层面寻求全新突破！

变循环发动机的涡轮部件作为失效必然引发灾难性事故的典型高温限寿件，是变循环发动机中转速最高、应力最大、热环境最恶劣的做功核心部件（图9.4），研究表明：热-机械疲劳导致寿命较等温环境下降高达70%以上，随着热环境瞬变效应进一步增加，相关的循环热冲击、温度梯度、热应力、变温速率效应将导致寿命规律愈发复杂，因此涡轮部件热-机械疲劳问题是变循环发动机结构安全问题的挑战。对此，如何精确捕捉涡轮部件环境温度变化率500 K/s量级下，与机械载荷叠加的强瞬态热-机械载荷时空分布特征，揭示温度-应力演化规律，是变循环发动机结构安全需要解决的"外因"关键问题，必须建立从整机系统到部件的多层级气动热力载荷分析技术，突破强瞬变温度-应力时空特征精确捕捉和危险载荷识别方法（解决挑战1）。同时，如何描述强瞬变热环境导致涡轮部件100 K/s量级温度变化率，以及冷却引起的结构内外温差50 K/mm量级温度梯度下的结构物理性能显著削弱，局部损伤过程加速，是变循环发动机结构安全需要解决的"内因"关键问题。对此，从机理上而言，结构损伤是材料内摩擦导致应变能转化为热耗散的过程，伴随着热力学系统由有序到无序的转变，表现为微观结构退化。熵作为系统无序程度的度量，具有统一描述复杂载荷下结构宏微观损伤的潜力。作者拟由此出发，通过热力学-连续损伤力学的学科交叉，发展基于不可逆热力学熵产的高精度、高适用性全新损伤演化模型（解决挑战2和挑战3），从而突破"等温理论框架+经验拟合"等传统方法的理论局限。

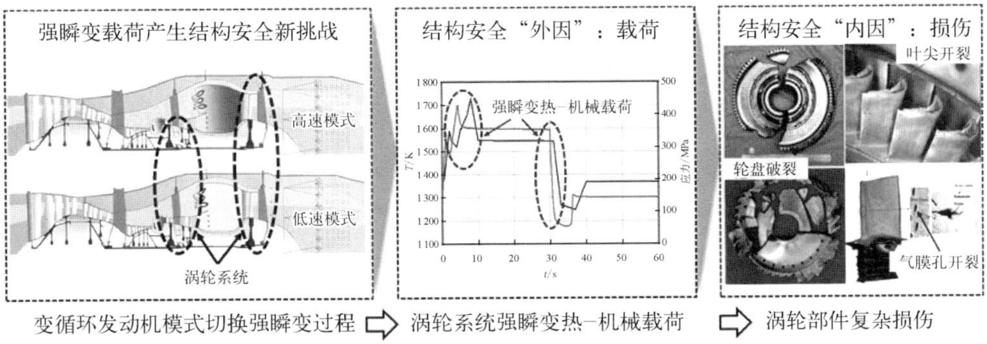

图9.4　变循环航空发动机强瞬变载荷环境下的高温结构安全问题

上述新挑战牵引出限寿件安全性设计与适航验证的前沿技术，相关工作的突破将直接支撑我国"第六代"军用变循环航空发动机关键结构件的安全设计；成果向下兼容，同样适用于我国"第四代""第五代"军用航空发动机及发动机CJ1000A等型号关键结构件的设计改进，具有显著的军事和社会效益。

9.2 限寿件失效外因前沿展望

9.2.1 强瞬变环境下限寿件载荷时空演化捕捉方法

航空发动机是一个“强整体、强耦合、强瞬变、强非线性”的复杂系统，在运行过程中，热端限寿件处于高温度水平和高温度梯度的工作环境中，与主流燃气或冷却空气时刻发生强烈的换热作用。发动机空气系统内部的冷气流经篦齿、管道、盘腔等结构实现冷却、封严等功能的同时，也时刻影响着沿程固体的壁面温度；同时，热端限寿件在受到机械载荷与热载荷的共同作用下，内部温度场随时间不断演化，与空气系统的换热作用也时刻发生变化，从而引起盘腔内部各处冷气的流量分配、温度、压力分布的瞬态变化。因此，热端限寿件的温度应力耦合演化与空气系统流动换热状态变化在本质上是动态耦合的。

航空发动机空气系统及热端部件的耦合数值仿真主要分为两类思路：一种是流体域与固体域分别计算，两者互为边界条件顺序求解，这种方法适用于稳态空气系统仿真；另一种是流体固体采用同一套控制方程同时求解，该方法不用考虑两者耦合过程的复杂边界接口和数据传递问题，但这种方法目前研究较少。

载荷分析和空气系统的流动分析解耦思路的通常做法是，首先计算空气系统各流路的流动参数，根据经验获得流体的沿程温升，从而计算流体的流动换热参数；然后进行流固换热计算，依据对流换热经验准则式，求解热端限寿件表面的对流换热系数、壁面温度或壁面热流等换热边界；最后对热端限寿件固体进行载荷分析计算，通过求解固体导热方程或者采用热分析商业软件获得热端限寿件的温度场，进而通过引入非弹性本构关系开展热端限寿件飞行历程中的应力应变计算；若对计算结果的精度有更高的要求，还需将热端限寿件的温度场重新代入空气系统中，更新流体的流动换热参数，并重复以上计算流程直到满足精度要求，这种方法在沿程温升较小的稳态或准稳态计算中可以达到一定精度的近似结果。

载荷分析和空气系统的流动分析耦合思路源于 1967 年，Finkelstein[1] 在对斯特林发动机进行分析时，提出了应用整机网络法的思想。整机网络法在一定范围内适当简化各学科繁杂因素，以获得系统粗略参数，为之后的发动机设计和评估提供了一条新的有效思路。随着技术能力、数据储备、计算水平的提升，整机网络法在航空领域的复杂管路[2]、高超声速飞机内流冷却系统[3]、冲压发动机空气冷却系统特性[4]、涡轮发动机燃油系统[5]、燃烧室部件冷却系统[6]、电热防冰系统[7]、空气系统与热端部件之间的耦合计算[8-17] 等方面应用，但主要针对稳态空气系统与部件的耦合分析。对于航空发动机过渡过程中瞬态空气系统与固体耦合仿真的计算，工程上主要采用插值的方法，对典型状态下的空气系统参数进行线性插值来代替过渡过程中空气系统参数的变化历程。也有少部分研究对瞬态空气系统和部件进行热分析耦合,但仍处于初步探索阶段,算法尚不成熟。

考虑到变循环方案采用的"双变"变循环气动热力设计方案存在气路参数瞬变强烈、沿程温升较高的强瞬变特征,现有方法则无法获得准确的流动换热边界,给热端限寿件的瞬态载荷分析带来较大的误差;另外考虑到,在发动机设计阶段,空气系统元件与其他部件的局部调整可能会给各引气流路的流量、压力等参数带来显著变化,这将直接影响热端限寿件载荷分析的热边界条件,如果发动机的电子样机方案反复修改,会使得热端限寿件分析工作的上游边界数据量呈现井喷式增长,如果仍然采用当前的解耦分析方法,计算量将大大增加,分析结果的处理速度可能跟不上方案迭代频率,难以对热端限寿件载荷时空特征进行快速评估。综上所述,对于发动机这样的"四强"复杂系统而言,当前的解耦分析方法存在数据传递烦琐、计算效率低下且难以保证精度等诸多问题,显然不能满足在发动机电子样机阶段对热端限寿件载荷时空特征快速评估的使用需求。

对此,未来需整合航空发动机一、二次流耦合的零维流热网络分析方法和高维有限元分析方法,开发两者之间边界条件与节点参数的耦合迭代求解策略,实现对热端限寿件固体域计算较传统有限元方法更为精确的瞬态边界条件赋予,更精确地捕捉航空发动机完整飞行包线内的瞬态热-机械载荷时空特征,完成限寿件全流域耦合时变影响下高精度热-机械载荷时空演化特征分析。

9.2.2　强瞬变环境下限寿件载荷时空演化捕捉工具

限寿件失效判据的形成相应需建立起新的"六要素"数据,包括采用新判据所需要的新数据库,即与热力学熵相关的潜在新材料参数(失效内因);新判据需要新输入,即限寿件在"四强"环境下的瞬态边界条件(失效外因),这对航空发动机主流二次流耦合影响下高精度载荷时空演化捕捉工具提出了需求。

一方面,需发展新一代航空发动机瞬态环境下主流二次流耦合一体化模型,建立新一代先进发动机部组件低维建模方法,具备全包线稳态、瞬态一体化模拟的能力,为限寿件载荷时空演化捕捉提供边界输入,并支撑以"双变"循环发动机发展核心的变循环技术群的集成与验证。

另一方面,需开发新一代航空发动机限寿件高精度载荷时空演化捕捉工具,获得强瞬变过渡过程的温度场时空演化规律,揭示强瞬变热-机械载荷时空特征。值得一提的是,瞬态空气系统模型是低维模型,而限寿件有限元模型是高维模型,不同维度模型的数据输入和输出具有不同特征。低维模型的计算输入接口功能更为固定,只能接受预先设置的数据形式。瞬态空气系统模型采用流体网络法求解,大量应用集总假设,模型的输出数据也较为简单,仅包括部件进出口气动参数及通过该部件的流量等,不具备空间分辨率。高维模型具备求解高时空分辨率的能力,但其计算输入的要求也相应提升,要求具有完备的计算边界,有些情况甚至需要提前知道参数的分布规律。限寿件有限元模型利用高分辨率的计算网格将对象离散化处理,模型的输出结果包含整个计算域的温度场信息,具备较高的空间分辨率。高维模型为低维模型提供计算反馈时,需对物理场进行合理的分区集总化处理。结合瞬态空气系统模型数据交互接口需求,对限寿件复杂结构进行结构分区,每个分区采用一个位置的特征温度进行表征,在有限元模型中设置分区特征温度对应位置的监测点,每次计算完成后提供新的固体分区温度信息。通过在流体网络中设置对应位置的热节点,将高维模型信息传递至低维空气系统模型,为瞬态空气系统模型计算更新下一轮计算所需的温度边界。

9.3 限寿件失效内因前沿展望

9.3.1 强瞬变环境下限寿件热力学熵新判据理论模型

过渡过程由于温度变化剧烈,会引起严重的限寿件结构损伤。以生活中的“茶杯问题”为例: 向凉茶杯倒入热水时,茶杯内壁温度瞬间升高,茶杯内外壁温差瞬间增大,“热胀冷缩”导致茶杯“内胀外缩”,茶杯受到较大的热应力,进而导致茶杯破裂。

现有基于“等温理论框架+经验拟合”的唯象模型在瞬态效应较不明显的二/三代机结构失效判据中具有较好的适用性,然而其温度变化量级仅为 20 K/s,并不适用于热端限寿件 100 K/s 量级的温度变化率的“强瞬变”环境。因此,现有结构失效判据难以满足未来新一代宽速域宽空域航空发动机限寿件的安全性设计需求。

限寿件失效是材料内摩擦导致热耗散的过程,伴随着热力学系统由有序转向无序,表现为微观结构退化,熵作为系统无序程度的度量,具有统一描述复杂载荷下结构宏微观损伤的潜力,有望回答限寿件失效的“内因”问题。

基于热力学的疲劳断裂研究借助熵产作为材料不可逆程度的度量,需要理解固体材料中熵产的生成机理和累积机制,以此为基础发展基于熵产的疲劳断裂失效模型。从 2012 年开始,国内外的学者开始回归基本的热力学原理,从不可逆过程的角度出发研究疲劳断裂模型。在热力学框架下,熵产作为不可逆程度的度量,其在各种载荷作用下的生成及累积过程是造成固体材料降解和退化的热力学因素[18]。Lemaitre - Chaboche 基于热力学第一定律和热力学第二定律,以材料单元体作为热力学系统,成功推导宏观弹塑性熵产率的具体表达式[19],代表了考虑机械载荷作用和热量不可逆传导的熵产机理宏观基本方程。此后,国内外许多研究团队基于该基本方程开发了疲劳断裂过程中的熵产计算模型和相关等效算法[20, 21],但这些方法和模型都只考虑了不可逆塑性变形所引起的熵产。而当材料温度变化微弱时,该模型退化为仅与塑性能相关的经验拟合模型[22-26]。同时,这些方法也未能全面地涵盖疲劳断裂过程其他形式载荷对于熵产机理的影响并且无法进一步解释材料微观行为的变化，亟须对熵产机理模型及多尺度分析进行进一步开发和研究。

因此，未来新一代宽速域宽空域航空发动机限寿件的安全性设计需突破强瞬态环境下关键结构件状态变化引发的损伤响应机理，辨识复杂热-机械载荷作用下关键结构件损伤演化影响因素，形成基于不可逆热力学熵产的涡轮部件结构安全分析方法，结合限寿件所在的"强瞬变"系统环境构建限寿件失效的新判据。

9.3.2　强瞬变环境下限寿件热-机械损伤演化试验技术

"四强"环境下限寿件损伤机理也对强瞬变热-机械损伤演化试验提出了需求，如何实现强瞬变热-机械载荷试验加载能力是强瞬变热-机械损伤演化试验的关键。

20 世纪 80 年代，热-机械疲劳试验技术在疲劳试验机的支撑下开始逐步发展。在加热试验方法方面，常用试件加热方式包括高温炉加热、石英灯辐射加热、燃气加热及电磁感应加热。最先发展的是高温炉加热的方式，其可使试样形成均匀温度场，且精度比较高，多用在等温疲劳的试验中，高温炉加热速度慢，且难以在其封闭炉体内进行强制冷却。石英灯辐射加热炉效率较高，15 s 内将试样升高至 1 000℃左右，但该方法需要对多根灯管进行复杂的同步反馈控制，且标距段温度均匀性控难以保证。燃气加热的热-机械疲劳试验系统也可快速加热，但标距段内的温度分布不均匀。电磁感应加热技术与气体冷却技术相结合技术加热速率快且可以根据线圈和冷气引导结构的设计来保证温度场均匀性。该方法也成为 MTS、Instron、Zwick 等知名材料测试设备商用来集成商用加热-冷却结构的首选方案，逐步成为现在热-机械疲劳裂纹扩展试验的最常用加热-冷却形式[27, 28]。

因此，热-机械疲劳实验的加热-冷却设计技术仍需进一步发展，建立可实现变温速率高、温度场均匀交变的加热-冷却系统，模拟更加贴近未来发动机热端部件工况的服役环境。其中加热-冷却方法及结构设计的核心便是设计可快速加热冷却的装置并根据考核段温度梯度的测试结果优化加热-冷却装置的布局，形成可靠的加热-冷却方案，减少试样的径向和轴向温度梯度，避免热应力带来的复杂影响。未来可以通过运用磁流热固耦合的多物理场仿真分析方法，采用电磁感应加热和冲击/强制对流冷却结合的强瞬变热-机械疲劳试验系统，开发可施加 100 K/s 量级强瞬变热-机械载荷的热-机械疲劳试验系统，并利用该试验系统针对不同热-机械载荷工况开展研究，获取强瞬变热-机械疲劳寿命规律、变形规律和微观损伤机理，从而对高温合金在强瞬变热-机械加载条件下的损伤规律及机理进行分析，实现热力学框架描述下的疲劳热力学系统熵产建模。

9.4 新材料、新工艺下的限寿件安全性设计前沿展望

1. 变形高温合金及粉末高温合金限寿件安全设计方法

当前的限寿件安全性设计流程主要以针对钛合金限寿件为例。2016 年,美国航空 AA383 高温合金脏白斑缺陷导致轮盘破裂;2020 年,越南航空 VN－920 由于粉末合金夹杂引起轮盘破裂;2022 年,VB2135 由于粉末合金夹杂引起轮盘破裂。近年来的航空发动机高温合金限寿件非包容性事故表明初始制造加工缺陷是发动机安全性潜在的"致命威胁"。亟需针对含初始缺陷高温合金的失效演化机理开展研究,准确且定量地评估罕见制造初始缺陷导致的轮盘失效风险,提高航空发动机轮盘类限寿件的安全性。

20 世纪 60 年代,粉末冶金技术被引入高温合金盘制造工艺中以进一步提高部件性能。但粉末冶金工艺同时可能在材料制造加工过程中引入了非金属杂质等缺陷,这会导致轮盘的寿命降低、提高失效风险。在粉末冶金工艺中,金属原料首先被融化倒入喷嘴中,经过雾化形成小液滴并冷却成颗粒。将金属粉末在一定压力和温度下热等静压固结后,便可以进行后续的加工形成盘件。但在粉末生成工艺中,金属熔液对坩埚壁的反复侵蚀可能会导致坩埚耐火材料的脱落而形成粉末中的陶瓷颗粒,其中部分陶瓷颗粒可能没有被分离而最终成为合金中的杂质。这些杂质可能导致材料的疲劳寿命下降,危害发动机安全性。但是目前的粉末冶金工艺中,非金属杂质不能完全去除,材料缺陷不可避免。因此,有必要针对粉末高温合金中的非金属杂质缺陷开展安全性分析。

2. 复合材料限寿件安全设计方法

未来的绿色环保型飞机对航空发动机提出了更大推力、更低耗油率的性能要求,而在传统材料体系下航空发动机已临近"技术天花板"且难以获得进一步的性能提升。陶瓷基、金属基复合材料快速发展[29],应用范围从机匣、风扇叶片等低温部件向热端限寿件、燃烧室等高温部件拓展;合理预计,未来航空发动机的各主要部件均可由复合材料制造。研制全复合材料航空发动机,将充分发挥复合材料轻质耐高温、性能可设计的优势,支撑动力性能的跨越式提升。对于复合材料限寿件而言,需建立复合材料航空发动机限寿件使用标准、评定方法及准则[30],形成全复合材料航空发动机的研制体系,为研制更高性能的航空动力产品提供关键支撑,进一步提升航空发动机的综合性能。

3. 强瞬变环境下限寿件失效风险实时预测安全性设计工具

随着先进航空发动机技术的不断演进发展,为了保证限寿件在"发动机四强特征"(强整体、强耦合、强瞬变、强非线性)下的安全性设计水平,限寿件寿命期失效

概率风险评估软件(PLEAS)有四个技术发展趋势。

(1) 强整体要求。系统性评估各种发动机新材料和新表面特征的失效风险,以保证新材料、新工艺和新设计带来的潜在失效概率低于设计目标风险值。

(2) 强耦合要求。搭建起材料、加工工艺、部件材料性能预测、运行检查和失效风险之间的关联一体化模型,揭示构件材料特性变量、制造工艺变量、设计参数变量、运行维护变量的耦合机理,从而能够判别关键变量。

(3) 强瞬变要求。研究瞬变温度场和离心力场耦合环境下的损伤演化规律,对于揭示复杂应力场中氧化、蠕变等耦合失效机理至关重要。

(4) 强非线性要求。发动机限寿件数字孪生平台是失效概率风险评估软件在全生命周期寿命管理与风险控制方面发展的目标,实现在不同运行边界条件加载下,实时甄别单台发动机运行的危险因素。

未来限寿件安全性设计软件除了上述四个技术发展趋势,另外还需要融合新材料、新制造工艺[31]的限寿件的安全性设计,例如粉末冶金的概率失效风险评估技术,同时还需完善持续适航评估模块,需要开发机群评估能力,使不同用途的发动机和飞机配置的单独运行的风险结果相结合,以帮助评估 AC 39－8 中描述的机群实时风险。

参考文献

[1] Finkelstein T. Thermodynamic analysis of stirling engines[J]. Journal of Spacecraft and Rockets, 1967, 4(9): 1184－1189.

[2] Cullimore B. Modeling of transient heat pipe effects using a generalized thermal analysis program[C]. Williamsburg: 20th Thermophysics Conference, 1985.

[3] Petley D, Jones S, Dziedzic W. Analysis of cooling systems for hypersonic aircraft[C]. Orlando: 3rd International Aerospace Planes Conference, 1991.

[4] Grabow R, Kazan T. Design of a ram air driven air cycle cooling system for fighter aircraft pods[C]. New Orleans: 31st Thermophysics Conference, 1996.

[5] Mawi M A, Arana C, Sekar B. An Engineering Analysis Tool for High Performance Combustiors and Fuel Systems[C]. Cleveland: 34th AIAA/ASME/SAE/ASEE Joint Propulsion Conference and Exhibit, 1998.

[6] Woschnak A, Oschwald M. Thermo-and fluid mechanical analysis of high aspect ratio cooling channels[C]. Salt Lake City: 37th Joint Propulsion Conference and Exhibit, 2001.

[7] Silva G, Silvares O, Zerbini E. Simulation of an airfoil electro-thermal anti-ice system operating in running wet regime[C]. Reno: 43rd AIAA Aerospace Sciences Meeting and Exhibit, 2005.

[8] Abeloff P, Dougherty F, Van Dalsem W. Thermal interaction between an impinging hot jet and a conducting solid surface[C]. Dayton: Flight Simulation Technologies Conference and Exhibit, 1990.

[9] Muller Y. Integrated fluid network-thermomechanical approach for the coupled analysis of a jet engine[C]. Orlando: ASME Turbo Expo 2009: Power for Land, Sea, and Air, 2010.

[10] Schallhorn P, Palmiter C, Farmer J, et al. Interfacing the generalized fluid system simulation program with the SINDA/G thermal program[C]. Denver: 34th Thermophysics Conference, 2000.
[11] Thornton E, Decahaumphai P, Wieting A. Integrated thermal-structural finite element analysis [C]. Seattle: 21st Structures, Structural Dynamics, and Materials Conference, 1980.
[12] 郭文,吉洪湖,蔡毅,等.高压涡轮导叶内冷通道流动特性计算分析[J].航空动力学报, 2005,20(5): 831-835.
[13] 郭文,刘玉芳,王代军,等.先进涡扇发动机空气系统与零件传热设计技术验证[J].燃气涡轮试验与研究,2007,20(4): 7-14.
[14] 刘振侠,张丽芬.采用热-流耦合方法对气冷涡轮叶片换热的计算[J].西北工业大学学报,2007,25(2): 315-319.
[15] 李磊,李元生,敖良波,等.离心式压气机流-热-固耦合分析[J].推进技术,30(4): 425-429.
[16] 侯升平.航空发动机非稳态及流固耦合复杂空气系统模拟方法研究[D].北京:北京航空航天大学,2014.
[17] 郭晓杰,顾伟,竺晓程,等.航空发动机热端部件二次流动和传热耦合方法研究[J].燃气轮机技术,2014,27(2): 40-45.
[18] Khonsari M M, Amiri M. Introduction to thermodynamics of mechanical fatigue[M]. Boca Raton: CRC Press, 2012.
[19] Lemaitre J, Chaboche J L. Mechanics of solid materials [M]. Cambridge: Cambridge University Press, 1994.
[20] Imanian A, Modarres M. A thermodynamic entropy approach to reliability assessment with applications to corrosion fatigue[J]. Entropy, 2015, 17(10): 6995-7020.
[21] Amiri M, Khonsari M M. On the role of entropy generation in processes involving fatigue[J]. Entropy, 2012, 14(1): 24-31.
[22] Imanian A, Modarres M. A thermodynamic entropy approach to reliability assessment with applications to corrosion fatigue[J]. Entropy, 2015, 17(10): 6995-7020.
[23] Naderi M, Amiri M, Khonsari M M. On the thermodynamic entropy of fatigue fracture[J]. Proceedings of the Royal Society A: Mathematical, Physical and Engineering Sciences, 2010, 466(2114): 423-438.
[24] Amiri M, Naderi M, Khonsari M M. An experimental approach to evaluate the critical damage [J]. International Journal of Damage Mechanics, 2011, 20(1): 89-112.
[25] 封硕.基于热力学分析的疲劳损伤与寿命预测研究[D].西安:西北工业大学,2015.
[26] Liu J Z, Liu X T. An improved method for fatigue life prediction of metal materials based on thermodynamic entropy[J]. International Journal of Fatigue, 2023, 170: 107546.
[27] Jacobsson L, Persson C, Melin S. Thermo-mechanical fatigue crack propagation experiments in Inconel 718[J]. International Journal of Fatigue, 2009, 31(8-9): 1318-1326.
[28] Palmer J, Jones J, Whittaker M, et al. An analysis of thermo-mechanical fatigue crack growth in the titanium alloy Ti-6246[J]. MATEC Web of Conferences, 2020, 321: 04002.
[29] 孙聪,赵群力,孙侠生.航空工程科技未来 20 年发展战略研究[J].中国工程科学,2024, 26(5): 55-64.

[30] 李龙彪. 陶瓷基复合材料在航空发动机应用与适航符合性验证研究进展[J]. 复合材料学报,2025,42(1):54-87.
[31] 孙诗誉,栗晓飞. 增材制造零件适航审定路径分析及启示[J]. 航空科学技术,2021,32(10):42-48.